渗透热机

OSMOTIC HEAT ENGINES

隆 瑞◆著

華中科技大學出版社
http://www.hustp.com
中国·武汉

图书在版编目(CIP)数据

渗透热机/隆瑞著. —武汉:华中科技大学出版社,2022.6
ISBN 978-7-5680-8111-5

Ⅰ. ①渗… Ⅱ. ①隆… Ⅲ. ①热力发动机 Ⅳ. ①TK1

中国版本图书馆 CIP 数据核字(2022)第 067852 号

渗透热机 隆 瑞 著
Shentou Reji

策划编辑:易彩萍
责任编辑:陈 骏
封面设计:原色设计
责任校对:王亚钦
责任监印:朱 玢
出版发行:华中科技大学出版社(中国·武汉) 电话:(027)81321913
武汉市东湖新技术开发区华工科技园 邮编:430223
录 排:华中科技大学惠友文印中心
印 刷:湖北金港彩印有限公司
开 本:710mm×1000mm 1/16
印 张:18.5
字 数:372 千字
版 次:2022 年 6 月第 1 版第 1 次印刷
定 价:98.00 元

前　言

低品位能源发电技术为提高能量利用效率、减少一次能源消耗、实现“碳达峰”和“碳中和”提供了有力的解决方案。热力循环是能量转换的主要实现方式，也是实现“热—电”转换的主要途径。传统的热力循环系统以物质的气态或液态为工质，将外界热量转换成工质的热力学能，然后通过膨胀机对外做功输出电能。系统需要建立较高的热力学能势差来实现高效的热-功转换。低温余热不能为传统热力循环系统建立较高的热力学能势差，因此传统热力循环在回收低温余热时能量转换效率极低。目前有机朗肯循环、卡琳娜循环等被广泛研究用于回收100 ℃左右的余热，并具有良好的应用前景。但对于温度低于80 ℃的余热资源利用问题，现有的热力循环手段的能量转换效率极低，因此需要构建新型高效的热力循环系统，实现低温余热的有效利用与转化。

渗透热机是以盐溶液为工质的热力循环系统，将外界热量转变成基于溶液浓度变化的吉布斯自由能，然后通过盐差能利用技术提取电能。整个系统具有一般热机的热-功转换特性，在低于80 ℃的余热资源利用方面显示出巨大潜力。

本书旨在系统、全面地介绍渗透热机相关知识和理论：①基于有限时间热力学和非平衡态热力学对热力循环系统的理论效率进行了研究，相关研究成果可作为实际热力系统性能分析的理论依据与指导；②系统地介绍了渗透热机的基本原理，对渗透热机的溶液分离单元与能量提取单元所采用的常见技术进行了理论与优化分析；③对基于压力延迟渗透的渗透热机及基于反向电渗析的渗透热机构型进行了研究；④介绍了一些新型的热力循环系统的性能，并对新型热力循环系统的应用进行了案例分析。本书可作为能源动力类专业的相关教材，也可以为低品位热能利用研究、分布式能源系统的开发提供参考。

本书在前人研究的基础上结合十年来的科研成果完成。感谢华中科技大学刘伟教授、刘志春教授和李松副教授的指导帮助，感谢李保德、赖肖天、匡正飞、赵娅楠、李明亮和刘治鲁等同学的研究工作，感谢赵娅楠、赵俊伟、许巍、李明亮和罗祚卿在本书撰写过程中的投入与付出。感谢国家自然科学基金(52176070，51706076)的支持。

由于时间有限，本书难免存在不足之处，恳请大家批评与指正！

隆瑞

2022 年 3 月

主要符号说明

英文字母及希腊符号

符号	说明
A	面积,水的渗透系数
A_{ap}	采光面积
A_r	接收器面积
B	盐的传质系数
C	热容,浓度
C_p	定压比热容
c	比热容
D	扩散系数,电位移
D_s	表面扩散率
$D^{eff}_{H_2O}$	水蒸气扩散系数
d	直径
E	生态学标准,能量,电场强度,电动势
E_a	活化能
F	法拉利常数
F_R	热迁移因子
w	质量分数
G	吉布斯自由能
G_b	太阳辐射强度
H	焓
h	比焓
I	电流
$\dot{I}$	㶲损失
I_s	不可逆参数
i	电流密度
J	热力学流,通量
K	渗透率

K_B	Boltzmann 常数
K_γ	入射角修正系数
k	热导,导热系数
L	唯象系数,厚度
m	质量
$\dot{m}$	质量流量
N_{cell}	单元数目
n	物质的量,指数
P	功率,压力
P^*	分压
p	热释电系数,分压力
Q	热量
q	耦合强度,电量密度,吸热量,元电荷电量
R	速率,电阻
S	熵
s	比熵
T	温度
U_L	热损失系数
V	体积流量,电压
ν	化学计量数
W	宽度,吸附量
$\dot{W}$	功率
X	热力学力
x	摩尔分数
α	透射率
α_c	电池等温系数
β	回热器时间因子
γ	比热容比,耗散强度,汽化潜热,吸热器截断因子,交换电流密度指前因子
ΔT_{pp}	夹点温差
δ	厚度
ε	孔隙率,性能系数
ε_{33}^T	介电常数

ξ	化学反应强度
η	效率
ρ	密度
ρ_c	反射比
$\dot{\sigma}$	熵产率
τ	时间,迂曲度
ϕ	势能,换热器性能系数
φ	温度比

缩略词

AD	adsorption desalination	吸附式脱盐
CPC	compound parabolic collector	复合抛物面集热器
DCMD	direct contact membrane distillation	直接接触式膜蒸馏
DLTREC	dual-loop thermally regenerative electro-chemical cycle	双回路热再生电化学循环
GA	genetic algorithm	遗传算法
LMTD	logarithmic mean temperature difference	对数平均温差
NSGA-Ⅱ	non-dominated sorting genetic algorithm-Ⅱ	非支配排序的遗传算法
OHE	osmotic heat engines	渗透热机
ORC	organic rankine cycle	有机朗肯循环
PEMFC	proton exchange membrane fuel cell	质子交换膜燃料电池
PPTD	pinch point temperature difference	夹点温差
PRO	pressure retarded osmosis	压力延迟渗透
RED	reverse electrodialysis	反向电渗析
REPC	regenerative ericsson pyroelectric cycle	再生爱立信热释电循环
RO	reverse osmosis	反渗透
SOE	solid oxide electrolyzer	固体氧化物电解器
TREC	thermally regenerative electrochemical cycle	热再生电化学循环

目　　录

第1章 引　论

随着经济发展,能源需求与消耗急剧增长[1],绿色可持续发展是当今时代的主旋律。全球能源供应主要来源于煤、石油、天然气等一次能源燃烧的热能转化。化石能源的过度开发和消耗引发了严重的环境问题。目前全球能源消耗迅速增长,预计至2040年,全球能源消费将增长48%,一次能源燃烧等产生的二氧化碳排放量将增加46%[2]。我国虽然是能源大国,但是能源人均占有量非常低,且能源的利用率也不高,能源生产与消费、能源与环境之间的矛盾不断增加。如何提高能源的利用率,减少对环境的污染等问题,引起社会的广泛关注。在能源的利用过程中,大量的能源以废热的形式未被利用而排放掉[3]。火力发电、冶金、水泥等高能耗行业的生产过程中通常20%～50%的输入能源都作为未利用的能量被损失掉。如在生产过程中排放的大量烟气(其温度一般低于370 ℃)属于中、低温热源。这些烟气的直接排放不仅造成环境污染,也是能源的巨大浪费。据统计,在我国工业余热中,中、低品位余热占总量的50%[4]~[5]。此外,低品位热能广泛存在于地热能及太阳能光热转换等可再生清洁能源体系中。

低品位热能发电技术为提高能量利用效率和减少一次能源消耗提供了有力的解决方案[6]。热力循环是能量转换的主要实现方式。构建新型高效的热力循环系统,实现低品位热能的有效利用与转化,由此减少化石能源消耗,有利于改善我国能源结构,维护国家能源安全,以此实现"碳达峰"与"碳中和"国家重大战略目标。

1.1　热力循环理论研究进展

1824年,Carnot[7]提出了一个理想热机的数学模型,即卡诺循环,它由2个等温过程和2个等熵过程组成。其热效率为工作在相同温限下所有热机的热效率的最高限。在卡诺循环中所有过程都是准静态的、可逆的,即过程无限缓慢,其时间无限长,这导致了热机的输出功率为零。因为对热机的任何过程都必须考虑时间因素,所以卡诺循环对于实际应用指导意义有限。Curzon和Ahlborn[8]通过考虑热源与工质之间的传热时间,假设热源与工质之间的传热符合牛顿冷却定律,将经典卡诺循环扩展到内可逆卡诺循环,提出了以最大输出功率为目标时,工作在相同温限热源间实际热机(即内可逆卡诺热机)的效率上限,即CA效率。这促进了有限时间热力学的研究。虽然 CA 效率后来被证明既不是最低限也不是最高限[9]，但是它对有限时间热力学发展起了奠基作用。基于热力循环的理论分析，研究实际热力循环不可逆性以及耗散特性，对实际热力循环的设计、运行和优化具有指导意义。

CA 效率的提出使有限时间热力学得到了很大的发展。由于 CA 效率是基于最大输出功率为目标得到的，因此根据实际热机的不同工作条件和目标，优化准则相差很大。例如，对于电厂，燃料的消耗是主要因素，故其热效率为主要优化目标；对于军舰，推动力为主要因素，故最大输出功率为主要优化目标；对于民用船只，燃料和动力都很重要，故输出功率和热效率都要考虑。此外还要考虑热机的经济性以及对环境的影响[10]~[11]。

为了同时考虑热机工作过程中收益和损失，Angulo-Brown[12] 提出了一个新的标准：生态学标准。其可以表示为 $E=\dot{W}-T_c\dot{\sigma}$，其中 $\dot{W}$ 为热机输出功，T_c 为冷源温度，$\dot{\sigma}$ 为熵产率。这个定义实际上是后来 Hernández 等[13] 提出的折中优化标准（Ω 标准）。为了反映环境对热机性能的影响，Yan[14] 又提出了一个新的生态学标准，即 $E=\dot{W}-T_0\dot{\sigma}$，其中 T_0 为环境温度。

除了上述的生态学标准，目前热机主要优化准则还有最大功输出优化准则和不考虑环境影响的折中优化准则。

根据实际热力循环中时间处理方式的不同，可以将内可逆卡诺循环分为连续性内可逆卡诺循环[15]~[16] 和瞬时性内可逆卡诺循环[17]~[18]。这两种循环在最大输出功率时效率是相同的，但是其最大输出功率的表达式不同。相同条件下，瞬时性内可逆卡诺循环的最大输出功率要大于连续性内可逆卡诺循环[19]。对于热力循环理论研究，很多学者提出了不同的热力学模型用于分析热机在不同优化标准下的效率。

1.1.1 基于传热规律的热机模型

对于内可逆卡诺循环，循环的不可逆性主要源于工质和热源的传热温差。因此传热规律对循环性能有很大的影响。许多学者对基于线性传热规律的内可逆卡诺循环做了研究[8],[20]~[23]。然而实际的传热规律不一定是线性的。De Vos[17]、Gutkowicz-Krusin 等[24]、Yan 等[25]、Angulo-Brown 等[26]、Chen 等[27] 研究了不同传热规律对内可逆卡诺循环的性能的影响。一般的传热规律可以表示为

$$\dot{Q}=k(T_s^n-T^n) \tag{1-1}$$

式中，k 为热导；T_s 和 T 分别为热源和工质温度；n 为指数。当 $n=1$ 时，工质和热源之间的传热规律为牛顿冷却规律[11],[28]，当 $n=4$ 时，工质和热源之间的传热规律为 Stefan-Boltzmann 辐射传热规律[29],[30]。

Erbay 等[31] 同时考虑了对流和辐射传热规律对内可逆卡诺热机最大输出功

率的影响。

内可逆卡诺循环没有考虑到绝热压缩和绝热膨胀过程中的不可逆性，而对于实际热机，其不可逆性不能忽略，进而导致了热机吸热和放热过程的熵变数值上不再相等。有学者提出循环不可逆参数来描述实际卡诺热机的内部不可逆性，即采用等温过程的熵产之比[32]~[34]。Chen 等[35]将内部不可逆性用一个参数来描述，即热机工作的实际放热量与热机内可逆工作时向冷源的放热量之比，并被很多文献采用[36]。此外，热漏对热机循环性能的影响也得到了广泛的研究[33],[35]~[38]。Chen[33]认为热漏量正比于热冷源温差。Chen 等[39]考虑了热源向环境的漏热。Moukalled 等[40]研究了高温工质向低温工质的漏热。Andresen 等[37]同时考虑了摩擦、热阻和热漏对热机最大输出功率和最大效率的影响。

Chen 等[41],[42]对基于传热规律的一般化的不可逆卡诺热机在生态学优化下的性能进行了研究。很多学者对基于传热规律的热机模型在生态学标准下的性能也进行了研究[43]。

在实际过程中，热源温度也会随着工质的吸热而降低，因此研究变温热源对于分析实际循环的性能具有重要意义。许多文献也进行了这方面的研究[23],[25],[44]。由于卡诺循环等温过程的不可实现性，因此可采用其他实际热力循环来研究相关过程，例如 Brayton 循环、Otto 循环、Desiel 循环和 Stirling 循环，假设热源换热符合传热规律模型。许多学者也在不同的标准下进行了相关研究[34],[45]~[56]。

1.1.2 低耗散模型

工质与热源的传热规律的选择对热机性能的影响较大。为了避免不同的传热规律对热机性能的影响，Esposito 等[9]提出了低耗散卡诺热机模型。在低耗散假设下，系统的松弛时间远小于等温过程的时间。工质和热源的不平衡性导致了额外的熵产，其值与过程的持续时间成反比。于是循环过程中工质向热（冷）源吸（放）热量分别为

$$Q_c = T_c\left(-\Delta S - \frac{\sum_c}{\tau_c}\right) \tag{1-2}$$

$$Q_h = T_h\left(-\Delta S - \frac{\sum_h}{\tau_h}\right) \tag{1-3}$$

式中，T_h，T_c 分别为热源和冷源的温度；τ_h，τ_c 分别为等温吸热和放热过程的持续时间；$\sum_h$，$\sum_c$ 为工质在热源吸热或冷源放热过程中由于热源的不平衡而产生的不可逆熵产。Esposito 等[9]提出了最大输出功率时热机的效率最高限不是 CA 效率，而是满足如下关系式

$$\frac{\eta_c}{2} \leqslant \eta_m \leqslant \frac{\eta_c}{2-\eta_c} \tag{1-4}$$

式(1-4)与实际热电厂的效率具有良好的符合性。文中进一步指出，在对称耗散情况下低耗散热机在最大功率时的效率回归 CA 效率。

De Tomas[57]在对称耗散条件下，提出了卡诺热机和制冷机的统一优化标准：最大化单位时间系统吸收的热量与效率的乘积，即 χ 标准。对于热机而言 χ 标准为最大输出功率。Wang 等[58]假设工质在等温工程中的不可逆性为工质和热源换热率的二次式，推导出热机在最大输出功率时的效率限。Wang 等[59]在低耗散模型下考虑了绝热过程的不可逆性和时间，结果表明不管摩擦耗散存在与否，最大输出功率时的效率限与低效率输出时大致相同，在对称耗散条件下也得到了 CA 效率。Wang 等[60]将低耗散模型引入量子卡诺循环，也得到了相同的效率限。Guo 等[61]研究了低耗散模型下不同热学循环在最大输出功率时的效率限。De Tomas 等[62]研究了低耗散模型热机在折中优化标准(Ω 标准)下的效率限。

1.1.3 基于唯象规律的热机模型

在非平衡态热力学中，熵产可以用热力学流和热力学力的乘积之和来表示。Onsager[63]~[64]提出了在局部平衡条件下的热力学中流和力的关系。

$$J_1 = L_{11}X_1 + L_{12}X_2 \tag{1-5}$$

$$J_2 = L_{21}X_1 + L_{22}X_2 \tag{1-6}$$

$$L_{11} \geqslant 0, L_{22} \geqslant 0, L_{11}L_{22} - L_{12}L_{21} \geqslant 0 \tag{1-7}$$

式中，$L_{12} = L_{21}$。L 为唯象系数，J 为热力学流，X 为热力学力。

Van den Broeck[65]将热机的熵产率表示为热力学流和热力学力的乘积之和。当热机工作温度区间非常小时，得到了热机在最大输出功率下的效率为 CA 效率。Izumida 等[66]研究了有限时间卡诺循环的 Onsager 系数。Wang 等[67]根据高温热源的传热量(热力学流)和工质温度与热源温度倒数之差(热力学力)的关系，将类卡诺热机分为三类：线性，超线性，低线性；并给出了这三种热机在最大输出功率时的效率限。Sheng 等[68]提出了热机的一种新的热力学流和热力学力的表示方法，得出在最大输出功率下的效率限与通过低耗散模型得到的效率限相同。Izumida 等[69]将 Onsager 关系式中加入二次项，研究了非线性热机在最大输出功率时的效率，并证明其可以描述低耗散卡诺热机。此外 Izumida 等[70]基于线性模型对有限热源情况下热机的最大输出功率和效率进行了分析，提出热机的最大输出功为热源㶲的 1/2。此外还有学者基于唯象规律对于热机性能进行了进一步的研究[71]~[73]。

1.1.4 其他热机理论研究进展

量子热力学和随机热力学为研究微观热机提供给了很好的方法。基于与经典热力学的比拟，许多量子热力循环被提出，比如量子 Carnot 循环、Otto 循环、

Brayton 循环等[74]~[75]。这些量子热力循环通常通过自旋耦合系统、谐振子系统和理想量子气系统来研究[76]~[80]。Esposito 等[81]对量子 Carnot 循环在最大输出功率下的性能进行了研究，在一定情况下得到了 CA 效率。Uzdin 等[82]研究了工作于极高温下量子 Otto 循环热机的性能特性。对于随机系统(如布朗运动，费曼棘轮棘齿模型)，许多学者也进行了研究[83]~[86]。Tu[87]研究了费曼棘轮棘齿热机模型在最大输出功率下的效率。Zhang 等[88]研究了增加布朗运动热机效率的方法。此外，Esposito 等[89]对电化学热机进行了研究，发现在强耦合情况下其效率二阶近似于 CA 效率。Seifert 等[90]研究了自洽的纳米尺度的热机系统，发现其在最大功率时的效率小于卡诺效率的一半。

1.2 低品位热能利用热力系统研究概况

目前用于回收低品位热能的实际热机循环主要有有机物朗肯循环(ORC)、Kalina 循环、超临界 CO_2 循环、三角循环和热泵技术等[91]~[97]。其中有机物朗肯循环和 Kalina 循环被广泛用来回收太阳能、地热、燃料电池热能和内燃机尾气热能[98]~[102]。

1.2.1 有机物朗肯循环

有机物朗肯循环(Organic Rankine Cycle，ORC)被广泛用于回收中低品位热能。有机物朗肯循环的工质为有机工质，其沸点较低。有机工质在较低温度下蒸发，变成蒸气进入膨胀机，从而推动膨胀机做功。有机物朗肯循环与传统朗肯循环的区别在于前者使用的是有机工质，而后者则选用了水作为工质。目前对 ORC 系统的研究主要在于 ORC 工质的选择。有机工质的物理化学性质对 ORC 系统的性能具有重要影响。根据工质在 T-S 图上饱和气态线的形状，可以将有机工质分为干工质、湿工质和等熵工质。Hung 等[103]研究了这三种工质对 ORC 系统的热效率的影响，发现等熵工质最为适宜。Hung 等[104]也研究了干工质对 ORC 系统性能的影响。干工质虽然可以保证汽轮机出口蒸气的过热，但是会减少功的输出和增加冷凝器的负荷。Li 等[105]认为 ORC 系统的热效率与工质的临界温度是一个弱相关关系，由于湿工质中氢键的存在，湿工质不适用于 ORC 系统。通过对 31 种有机工质的研究，Saleh 等[106]发现在同等情况下，低体积流量的工质会导致更高的 ORC 系统热效率。Victor 等[107]研究了混合工质对 ORC 系统的影响，发现纯工质的效率要比混合工质高。Garg 等[108]将有机工质的碳氢键与 CO_2 相耦合来抑制工质的可燃性，因此 ORC 可以在更高的温度下工作。Wang 等[109]提出了一个应用于 ORC 系统的新热效率模型，发现不同工质的 Jacob 数对 ORC 系统热效率的影响很大。

此外不少学者也对 ORC 系统进行了试验研究，Borsukiewicz-Gozdur[110]研究了以 R227ea 为工质的 ORC 系统。系统的热源为 60～111 ℃的热水。其发电效率达到 4.88%。Quoilin 等[111]研究了采用涡轮膨胀机并以 R123 为工质的 ORC 系统，其热源为加热空气，其发电效率达到 6%。Kang[112]研究了以 R245fa 为工质的轴向透平膨胀机的 ORC 系统，其发电效率达到 5.22%。此外关于 ORC 系统的一些其他结构形式，如具有再热循环、有机物闪蒸循环、跨临界有机物朗肯循环的 ORC 系统也得到了广泛的研究[113]。

1.2.2 Kalina 循环

20 世纪 80 年代，Kalina 提出了以氨水混合物为工质的蒸气动力循环，也就是 Kalina 循环。在一般 ORC 循环中，工质的蒸发过程为等温过程。而在 Kalina 循环中工质的蒸发过程为变温过程，因此具有较高的平均蒸发温度和效率。当热源温度较低时，其效率比 ORC 循环高 10%～20%[114]。Kalina 循环既适用于高温热源，又适用于回收中低温余热资源。根据余热资源温度的不同，Kalina 循环具有不同的结构形式，例如 KCS11 适用于温度为 121～204 ℃的热源，而 KCS34 则适用于温度低于 121 ℃的热源。

影响 Kalina 循环性能的主要参数为分离器、膨胀机进口压力、进口温度和膨胀机出口压力[114]~[117]。与有机物朗肯循环相比，Kalina 循环的工作压力要远高于有机物朗肯循环[118]。同时氨水混合物中氨的质量分数也对 Kalina 循环的性能具有重要影响，存在一个最优的质量分数使系统的性能达到最好，该最优值约为 70%[119]。Nag 等[115]从㶲的角度来研究 Kalina 循环的性能，发现氨水混合物中氨的质量分数为 73%时，系统的性能最佳。此外一般情况下氨水无毒无害，对环境较为友好，但是当温度较高时，氨水对设备的腐蚀较强，此时应该对膨胀机叶片进行特殊处理。

1.2.3 新型低温热能利用技术

基于 Seebeck 效应的热电技术设备有着体积小、便于安装维修、没有运动部件等特点。热电材料和装置得到了广泛的研究[120]~[125]。但是现阶段该技术的热电转换效率较低，其效率为 5%～10%[126]，并且其性能因子(ZT)一般小于 2[125]。在电化学系统中，Seebeck 效应也得到了相应研究。但是由于电解质溶液的离子导电率远小于电子的导电率，其效率也较低[127]~[128]。

一种新型利用电化学系统回收能源的方式是构建基于电化学反应的热电效应的热力学循环(即类斯特林循环)。其工作原理为：电池在不同温度下充电和放电，从而对外输出净功[129]。其效率可以达到卡诺效率的 40%～50%[127]。Lee 等[128]通过试验研究了利用电化学循环来回收低温热能，循环的工作温度在 10～

60 ℃时，效率达到5.7%。Yang 等[130]对传统的电化学循环进行了改进并提出了一个不需要充电的电化学循环，循环的工作温度在 20～60 ℃时，效率达到 2%。

此外一个不需要分离膜电池的电化学循环也得到了研究，循环的工作温度在 15～55 ℃时，其效率达到 3.5%。

基于热释电效应的材料的电极化随着温度的变化，可以将温度波动转换为电能[131]。与热电材料不同，其工作环境不需要稳定的温度梯度，因此可以运用到更加复杂的场合。与电化学循环类似，也可以通过材料的热释电性能构建热力循环[132]~[136]。基于 2 个铁电陶瓷电容器构建热释电卡诺循环[137]~[138]。由于其需要交强电场环境，会造成大量各向异性损失，因此其应用前景不大。基于热释电效应的 Ericsson 循环也可被构建，其由等温过程和等电场过程组成[139]~[140]。同样基于热释电效应的斯特林循环也可以构建[140]~[141]。基于热释电循环的 Ericsson 循环比斯特林循环效率高[142]。回收低温余热时，若能量密度为 1 J/cm^3 时，则其效率可以达到 5.4%，而传统的余热回收方式的效率仅为 1%[137],[143]~[145]。此外，以盐溶液为工质的渗透热机在回收低温热能方面也展现出巨大的潜力[146]~[148]。本书将对此进行详细的讲述。

1.3 本章小结

热力循环是能量转换的主要方式。本章简述了热力循环的理论研究、目前相对成熟的低品位热能利用热力循环系统（如有机物朗肯循环和 Kalina 循环）以及一些新型的热力循环系统的研究进展。这些循环技术的发展对低品位热能的高效利用具有十分重大的意义。

参考文献

[1] CHU S, MAJUMDAR A. Opportunities and challenges for a sustainable energy future[J]. Nature, 2012, 488(7411): 294-303.

[2] ENERGY U. S. Information administration, international energy outlook [R]. U. S. Department of Energy, 2016.

[3] FORMAN C, MURITALA I K, PARDEMANN R, et al. Estimating the global waste heat potential [J]. Renewable and Sustainable Energy Reviews, 2016, 57: 1568-1579.

[4] 顾伟，翁一武，曹广益，等. 低温热能发电的研究现状和发展趋势[J]. 热能动力工程，2007，22(2)：115-119.

[5] HUNG T C. Waste heat recovery of organic Rankine cycle using dry fluids [J]. Energy Conversion and Management,2001,42(5):539-553.

[6] 孟欣,杨永平. 中国工业余热利用技术概述[J]. 能源与节能,2016(7):76-77.

[7] CARNOT S. Reflexions sur la puissance motrice du feu et sur les machines [M]. Paris:Ecole Polytechnique,1824.

[8] CURZON F L,AHLBORN B. Efficiency of a Carnot engine at maximum power output[J]. American Journal of Physics,1975,43(1):22.

[9] ESPOSITO M,KAWAI R,LINDENBERG K,et al. Efficiency at maximum power of low-dissipation Carnot engines[J]. Physical Review Letters,2010,105(15):150603.

[10] DURMAYAZ A,SOGUT O S,SAHIN B,et al. Optimization of thermal systems based on finite-time thermodynamics and thermoeconomics[J]. Progress in Energy and Combustion Science,2004,30(2):175-217.

[11] SALAMON P. Finite time optimizations of a Newton's law Carnot cycle [J]. The Journal of Chemical Physics,1981,74(6):3546.

[12] ANGULO-BROWN F. An ecological optimization criterion for finite-time heat engines[J]. Journal of Applied Physics,1991,69(11):7465.

[13] HERNáNDEZ A C, MEDINA A, ROCO J, et al. Unified optimization criterion for energy converters [J]. Physical Review E, 2001, 63 (3):037102.

[14] YAN Z. Comment on "An ecological optimization criterion for finite-time heat engines"[J]. Appl. Phys. 69,7465 (1991)][J]. Journal of Applied Physics,1993,73(7):3583.

[15] WU C. Output power and efficiency upper bound of real solar heat engines [J]. International Journal of Ambient Energy,1988,9(1):17-21.

[16] WU C,WALKER L C T D. Finite-time thermodynamics and its potential naval shipboard application[J]. Naval Engineers Journal,1989,101(1):35-39.

[17] DE VOS A. Efficiency of some heat engines at maximum-power conditions [J]. American Journal of Physics,1985,53:570.

[18] WU C. Power optimization of a finite-time Rankine heat engine [J]. International Journal of Heat and Fluid Flow,1989,10(2):134-138.

[19] WU C,KIANG R,LOPARDO V,et al. Finite-time thermodynamics and endoreversible heat engines [J]. International Journal of Mechanical Engineering Education,1993,21:337.

[20] RUBIN M H. Optimal configuration of a class of irreversible heat engines.

Ⅰ[J]. Physical Review A,1979,19(3):1272.
[21] RUBIN M H. Optimal configuration of a class of irreversible heat engines. Ⅱ[J]. Physical Review A,1979,19(3):1277.
[22] RUBIN M H. Optimal configuration of an irreversible heat engine with fixed compression ratio[J]. Physical Review A,1980,22(4):1741.
[23] CHEN J,YAN Z. Unified description of endoreversible cycles[J]. Physical Review A,1989,39(8):4140.
[24] GUTKOWICZ-KRUSIN D,PROCACCIA I,ROSS J. On the efficiency of rate processes. Power and efficiency of heat engines[J]. The Journal of Chemical Physics,1978,69(9):3898.
[25] YAN Z,CHEN J. Optimal performance of a generalized Carnot cycle for another linear heat transfer law[J]. The Journal of Chemical Physics, 1990,92(3):1994.
[26] ANGULO-BROWN F, PáEZ-HERNáNDEZ R. Endoreversible thermal cycle with a nonlinear heat transfer law[J]. Journal of Applied Physics, 1993,74(4):2216-2219.
[27] CHEN L, YAN Z. The effect of heat-transfer law on performance of a two-heat-source endoreversible cycle [J]. The Journal of Chemical Physics,1989,90(7):3740.
[28] GONZALEZ-AYALA J,ARIAS-HERNANDEZ L A,ANGULO-BROWN F. Connection between maximum-work and maximum-power thermal cycles[J]. Physical Review E,2013,88(5).
[29] JETER S M. Maximum conversion efficiency for the utilization of direct solar radiation[J]. Solar Energy,1981,26(3):231-236.
[30] DE VOS A,PAUWELS H. On the thermodynamic limit of photovoltaic energy conversion[J]. Applied Physics,1981,25(2):119-125.
[31] ERBAY L B, YAVUZ H. An analysis of an endoreversible heat engine with combined heat transfer[J]. Journal of Physics D: Applied Physics, 1997,30(20):2841.
[32] WU C, KIANG R L. Finite-time thermodynamic analysis of a Carnot engine with internal irreversibility[J]. Energy,1992,17(12):1173-1178.
[33] CHEN J. The maximum power output and maximum efficiency of an irreversible Carnot heat engine[J]. Journal of Physics D: Applied Physics, 1994,27(6):1144.
[34] ARAGóN-GONZáLEZ G, CANALES-PALMA A, LEóN-GALICIA A, et al. A criterion to maximize the irreversible efficiency in heat engines[J].

Journal of Physics D:Applied Physics,2003,36(3):280.

[35] CHEN L,LI J,SUN F. Generalized irreversible heat-engine experiencing a complex heat-transfer law[J]. Applied Energy,2008,85(1):52-60.

[36] ZHOU S,CHEN L,SUN F,et al. Optimal performance of a generalized irreversible Carnot-engine[J]. Applied Energy,2005,81(4):376-387.

[37] ANDRESEN B,SALAMON P,BERRY R S. Thermodynamics in finite time:extremals for imperfect heat engines[J]. The Journal of Chemical Physics,1977,66(4):1571.

[38] BEJAN A. Theory of heat transfer-irreversible power plants [J]. International Journal of Heat and Mass Transfer,1988,31(6):1211-1219.

[39] CHEN L,SUN F,WU C. A generalised model of a real heat engine and its performance[J]. Journal of the Institute of Energy, 1996, 69 (481): 214-222.

[40] MOUKALLED F, NUWAYHID R, NOUEIHED N. The efficiency of endoreversible heat engines with heat leak[J]. International Journal of Energy Research,1995,19(5):377-389.

[41] CHEN L,ZHOU J,SUN F,et al. Ecological optimization for generalized irreversible Carnot engines[J]. Applied Energy,2004,77(3):327-338.

[42] CHEN L,XIAOQIN Z,SUN F,et al. Ecological optimization for generalized irreversible Carnot refrigerators [J]. Journal of Physics D: Applied Physics,2005,38(1):113-118.

[43] CHENG C Y. The ecological optimization of an irreversible Carnot heat engine[J]. Journal of Physics D:Applied physics,1997,30(11):1602.

[44] ONDRECHEN M J. The generalized Carnot cycle: A working fluid operating in finite time between finite heat sources and sinks[J]. The Journal of Chemical Physics,1983,78(7):4721.

[45] GE Y, CHEN L, SUN F. Finite-time thermodynamic modelling and analysis of an irreversible Otto-cycle[J]. Applied Energy, 2008, 85 (7): 618-624.

[46] GE Y,CHEN L,SUN F,et al. Thermodynamic simulation of performance of an Otto cycle with heat transfer and variable specific heats of working fluid[J]. International Journal of Thermal Sciences,2005,44(5):506-511.

[47] WANG W,CHEN L,SUN F,et al. Power optimization of an irreversible closed intercooled regenerated brayton cycle coupled to variable-temperature heat reservoirs[J]. Applied Thermal Engineering,2005,25(8-9):1097-1113.

[48] WANG W, CHEN L, SUN F, et al. Power optimization of an endoreversible closed intercooled regenerated Brayton-cycle coupled to variable-temperature heat-reservoirs[J]. Applied Energy, 2005, 82(2): 181-195.

[49] GORDON J, HULEIHIL M. General performance characteristics of real heat engines[J]. Journal of Applied Physics, 1992, 72(3): 829-837.

[50] GE Y, CHEN L, SUN F. Finite-time thermodynamic modeling and analysis for an irreversible Dual cycle[J]. Mathematical and Computer Modelling, 2009, 50(1-2): 101-108.

[51] BLANK D A, DAVIS G W, WU C. Power optimization of an endoreversible Stirling cycle with regeneration[J]. Energy, 1994, 19(1): 125-133.

[52] LADAS H G, IBRAHIM O. Finite-time view of the Stirling engine[J]. Energy, 1994, 19(8): 837-843.

[53] TYAGI S, KAUSHIK S, SALOHTRA R. Ecological optimization and parametric study of irreversible Stirling and Ericsson heat pumps[J]. Journal of Physics D: Applied Physics, 2002, 35(16): 2058.

[54] TYAGI S, KAUSHIK S, SALHOTRA R. Ecological optimization and performance study of irreversible Stirling and Ericsson heat engines[J]. Journal of Physics D: Applied Physics, 2002, 35(20): 2668.

[55] CHENG C Y. Ecological optimization of an irreversible Brayton heat engine[J]. Journal of Physics D: Applied Physics, 1999, 32(3): 350.

[56] WANG J, CHEN L, GE Y, et al. Ecological performance analysis of an endoreversible modified Brayton cycle [J]. International Journal of Sustainable Energy, 2014, 33(3): 619-634.

[57] DE TOMáS C, HERNáNDEZ A C, ROCO J M M. Optimal low symmetric dissipation Carnot engines and refrigerators[J]. Physical Review E, 2012, 85(1): 010104.

[58] WANG Y, TU Z C. Efficiency at maximum power output of linear irreversible Carnot-like heat engines[J]. Physical Review E, 2012, 85(1): 011127.

[59] WANG J, HE J. Efficiency at maximum power output of an irreversible Carnot-like cycle with internally dissipative friction[J]. Physical Review E, 2012, 86(5): 051112.

[60] WANG J, HE J, WU Z. Efficiency at maximum power output of quantum heat engines under finite-time operation[J]. Physical Review E, 2012, 85(3): 031145.

[61] GUO J, WANG J, WANG Y, et al. Universal efficiency bounds of weak-dissipative thermodynamic cycles at the maximum power output [J].

Physical Review E,2013,87(1):012133.

[62] DE TOMAS C,ROCO J M M,HERNáNDEZ A C,et al. Low-dissipation heat devices: Unified trade-off optimization and bounds[J]. Physical Review E,2013,87(1):012105.

[63] ONSAGER L. Reciprocal relations in irreversible processes. Ⅰ[J]. Physical Review,1931,37(4):405-426.

[64] ONSAGER L. Reciprocal relations in irreversible processes. Ⅱ[J]. Physical Review,1931,38(12):2265-2279.

[65] VAN DEN BROECK C. Thermodynamic efficiency at maximum power [J]. Physical Review Letters,2005,95(19):190602.

[66] IZUMIDA Y, OKUDA K. Onsager coefficients of a finite-time Carnot cycle[J]. Physical Review E,2009,80(2):021121.

[67] WANG Y,TU Z C. Bounds of efficiency at maximum power for linear, superlinear and sublinear irreversible Carnot-like heat engines[J]. Europhysics Letters,2012,98(4):40001.

[68] SHENG S,TU Z C. Weighted reciprocal of temperature,weighted thermal flux, and their applications in finite-time thermodynamics[J]. Physical Review E,2014,89(1):012129.

[69] IZUMIDA Y, OKUDA K. Efficiency at maximum power of minimally nonlinear irreversible heat engines[J]. Europhysics Letters, 2012, 97(1):10004.

[70] IZUMIDA Y,OKUDA K. Work output and efficiency at maximum power of linear irreversible heat engines operating with a finite-sized heat source [J]. Physical Review Letters,2014,112(18):180603.

[71] JIMéNEZ DE CISNEROS B,ARIAS-HERNáNDEZ L,HERNáNDEZ A. Linear irreversible thermodynamics and coefficient of performance[J]. Physical Review E,2006,73(5):057103.

[72] JIMéNEZ DE CISNEROS B,HERNáNDEZ A C. Coupled heat devices in linear irreversible thermodynamics[J]. Physical Review E, 2008, 77(4):041127.

[73] SELLITTO A. Crossed nonlocal effects and breakdown of the Onsager symmetry relation in a thermodynamic description of thermoelectricity [J]. Physica D:Nonlinear Phenomena,2014,283:56-61.

[74] QUAN H,LIU Y X,SUN C,et al. Quantum thermodynamic cycles and quantum heat engines[J]. Physical Review E,2007,76(3):031105.

[75] QUAN H. Quantum thermodynamic cycles and quantum heat engines. Ⅱ

[J]. Physical Review E,2009,79(4):041129.

[76] HE J, CHEN J, HUA B. Quantum refrigeration cycles using spin-1/2 systems as the working substance[J]. Physical Review E, 2002, 65 (3):036145.

[77] LIN B, CHEN J. Performance analysis of an irreversible quantum heat engine working with harmonic oscillators[J]. Physical Review E,2003,67 (4):046105.

[78] HABER H E, WELDON H A. Thermodynamics of an ultrarelativistic ideal Bose gas[J]. Physical Review Letters,1981,46(23):1497.

[79] SáNCHEZ SALAS N, HERNáNDEZ A. Adiabatic rocking ratchets: Optimum performance regimes [J]. Physical Review E, 2003, 68 (4):046125.

[80] DEFFNER S, LUTZ E. Nonequilibrium work distribution of a quantum harmonic oscillator[J]. Physical Review E,2008,77(2):021128.

[81] ESPOSITO M, KAWAI R, LINDENBERG K, et al. Quantum-dot Carnot engine at maximum power[J]. Physical Review E,2010,81(4):041106.

[82] UZDIN R, KOSLOFF R. Universal features in the efficiency at maximal work of hot quantum Otto engines[J]. Europhysics Letters,2014,108(4): 40001.

[83] FEYNMAN R, LEIGHTON R, SANDS M. The feynman lectures on physics [M]. Addison Wesley,1963.

[84] EINSTEIN A. Investigations on the theory of the Brownian movement [M]. Courier Dover Publications,1956.

[85] ASFAW M. Modeling an efficient Brownian heat engine[J]. The European Physical Journal B,2008,65(1):109-116.

[86] SCHMIEDL T, SEIFERT U. Efficiency at maximum power: An analytically solvable model for stochastic heat engines [J]. Europhysics Letters, 2008,81.

[87] TU Z. Efficiency at maximum power of Feynman's ratchet as a heat engine[J]. Journal of Physics A: Mathematical and Theoretical,2008,41 (31):312003.

[88] ZHANG Y P, HE J Z, XIAO Y L. An approach to enhance the efficiency of a Brownian heat engine[J]. Chinese Physics Letters,2011,28(10):100506.

[89] ESPOSITO M, LINDENBERG K, VAN DEN BROECK C. Universality of efficiency at maximum power[J]. Physical Review Letters,2009,102(13): 130602.

[90] SEIFERT U. Efficiency of autonomous soft nanomachines at maximum Power[J]. Physical Review Letters,2011,106(2):020601.

[91] LARJOLA J. Electricity from industrial waste heat using high-speed organic Rankine cycle (ORC)[J]. International Journal of Production Economics,1995,41(1):227-235.

[92] SCHUSTER A, KARELLAS S, KAKARAS E, et al. Energetic and economic investigation of Organic Rankine Cycle applications[J]. Applied Thermal Engineering,2009,29(8):1809-1817.

[93] SINGH R,MILLER S A,ROWLANDS A S,et al. Dynamic characteristics of a direct-heated supercritical carbon-dioxide Brayton cycle in a solar thermal power plant[J]. Energy,2013,50:194-204.

[94] HO T, MAO S S, GREIF R. Comparison of the Organic Flash Cycle (OFC) to other advanced vapor cycles for intermediate and high temperature waste heat reclamation and solar thermal energy[J]. Energy, 2012,42(1):213-223.

[95] STEFFEN M,LöFFLER M,SCHABER K. Efficiency of a new Triangle Cycle with flash evaporation in a piston engine[J]. Energy, 2013, 57: 295-307.

[96] FRANCO A, VACCARO M. On the use of heat pipe principle for the exploitation of medium-low temperature geothermal resources[J]. Applied Thermal Engineering,2013,59(1-2):189-199.

[97] TCHANCHE B F, LAMBRINOS G, FRANGOUDAKIS A, et al. Low-grade heat conversion into power using organic Rankine cycles—A review of various applications[J]. Renewable and Sustainable Energy Reviews, 2011,15(8):3963-3979.

[98] WANG M, WANG J, ZHAO Y, et al. Thermodynamic analysis and optimization of a solar-driven regenerative organic Rankine cycle (ORC) based on flat-plate solar collectors[J]. Applied Thermal Engineering, 2013,50(1):816-825.

[99] SPROUSE C,DEPCIK C. Review of organic Rankine cycles for internal combustion engine exhaust waste heat recovery[J]. Applied Thermal Engineering,2013,51(1-2):711-722.

[100] MACIáN V,SERRANO J R,DOLZ V,et al. Methodology to design a bottoming Rankine cycle, as a waste energy recovering system in vehicles. Study in a HDD engine[J]. Applied Energy,2013,104:758-771.

[101] VETTER C, WIEMER H J, KUHN D. Comparison of sub-and

supercritical Organic Rankine Cycles for power generation from low-temperature/low-enthalpy geothermal wells, considering specific net power output and efficiency[J]. Applied Thermal Engineering, 2013, 51(1-2): 871-879.

[102] VATANI A, KHAZAELI A, ROSHANDEL R, et al. Thermodynamic analysis of application of organic Rankine cycle for heat recovery from an integrated DIR-MCFC with pre-reformer[J]. Energy Conversion and Management, 2013, 67: 197-207.

[103] HUNG T, SHAI T, WANG S. A review of organic Rankine cycles (ORCs) for the recovery of low-grade waste heat[J]. Energy, 1997, 22(7): 661-667.

[104] HUNG T, WANG S, KUO C, et al. A study of organic working fluids on system efficiency of an ORC using low-grade energy sources[J]. Energy, 2010, 35(3): 1403-1411.

[105] LIU B T, CHIEN K H, WANG C C. Effect of working fluids on organic Rankine cycle for waste heat recovery[J]. Energy, 2004, 29(8): 1207-1217.

[106] SALEH B, KOGLBAUER G, WENDLAND M, et al. Working fluids for low-temperature organic Rankine cycles[J]. Energy, 2007, 32(7): 1210-1221.

[107] VICTOR R A, KIM J K, SMITH R. Composition optimisation of working fluids for Organic Rankine Cycles and Kalina cycles[J]. Energy, 2013, 55: 114-126.

[108] GARG P, KUMAR P, SRINIVASAN K, et al. Evaluation of carbon dioxide blends with isopentane and propane as working fluids for organic Rankine cycles[J]. Applied Thermal Engineering, 2013, 52(2): 439-448.

[109] WANG D, LING X, PENG H, et al. Efficiency and optimal performance evaluation of organic Rankine cycle for low grade waste heat power generation[J]. Energy, 2013, 50: 343-352.

[110] BORSUKIEWICZ-GOZDUR A. Experimental investigation of R227ea applied as working fluid in the ORC power plant with hermetic turbogenerator[J]. Applied Thermal Engineering, 2013, 56(1-2): 126-133.

[111] QUOILIN S, LEMORT V, LEBRUN J. Experimental study and modeling of an Organic Rankine Cycle using scroll expander[J]. Applied Energy, 2010, 87(4): 1260-1268.

[112] KANG S H. Design and experimental study of ORC (organic Rankine cycle) and radial turbine using R245fa working fluid[J]. Energy,2012,41(1):514-524.

[113] LECOMPTE S,HUISSEUNE H,VAN DEN BROEK M,et al. Review of organic Rankine cycle (ORC) architectures for waste heat recovery[J]. Renewable and Sustainable Energy Reviews,2015,47:448-461.

[114] ZHANG X,HE M,ZHANG Y. A review of research on the Kalina cycle [J]. Renewable and Sustainable Energy Reviews,2012,16(7):5309-5318.

[115] NAG P K,GUPTA A V S S K S. Exergy analysis of the Kalina cycle[J]. Applied Thermal Engineering,1998,18(6):427-439.

[116] IBRAHIM M B,KOVACH R M. A Kalina cycle application for power generation[J]. Energy,1993,18(9):961-969.

[117] OGRISECK S. Integration of Kalina cycle in a combined heat and power plant,a case study[J]. Applied Thermal Engineering,2009,29(14-15):2843-2848.

[118] BOMBARDA P, INVERNIZZI C M, PIETRA C. Heat recovery from Diesel engines:A thermodynamic comparison between Kalina and ORC cycles[J]. Applied Thermal Engineering,2010,30(2-3):212-219.

[119] DESIDERI U, BIDINI G. Study of possible optimisation criteria for geothermal power plants [J]. Energy Conversion And Management, 1997,38(15-17):1681-1691.

[120] ROSI F. Thermoelectricity and thermoelectric power generation [J]. Solid-State Electronics,1968,11(9):833-868.

[121] BELL L E. Cooling,heating,generating power,and recovering waste heat with thermoelectric systems[J]. Science,2008,321(5895):1457-1461.

[122] DISALVO F J. Thermoelectric cooling and power generation[J]. Science, 1999,285(5428):703-706.

[123] GOULD C,SHAMMAS N,GRAINGER S,et al. A comprehensive review of thermoelectric technology, micro-electrical and power generation properties [C]. 26th International Conference on Microelectronics,2008.

[124] TRITT T M,SUBRAMANIAN M. Thermoelectric materials,phenomena,and applications:a bird's eye view[J]. MRS Bulletin,2006,31(03):188-198.

[125] CHEN G, DRESSELHAUS M, DRESSELHAUS G, et al. Recent developments in thermoelectric materials [J]. International Materials Reviews,2003,48(1):45-66.

[126] NUWAYHID R Y, SHIHADEH A, GHADDAR N. Development and

testing of a domestic woodstove thermoelectric generator with natural convection cooling[J]. Energy Conversion and Management,2005,46(9):1631-1643.

[127] QUICKENDEN T,MUA Y. A review of power generation in aqueous thermogalvanic cells[J]. Journal of the Electrochemical Society,1995,142(11):3985-3994.

[128] LEE S W,YANG Y,LEE H W,et al. An electrochemical system for efficiently harvesting low-grade heat energy[J]. Nature Communications,2014,5:3942.

[129] CHUM H,OSTERYOUNG R A. Review of thermally regenerative electrochemical systems[M]. Solar Energy Research Institute:Golden,CO,1981.

[130] YANG Y,LEE S W,GHASEMI H,et al. Charging-free electrochemical system for harvesting low-grade thermal energy[J]. Proceedings of the National Academy of Sciences,2014,111(48):17011-17016.

[131] LINES M E,GLASS A M. Principles and applications of ferroelectrics and related materials[M]. Clarendon Press Oxford,2001.

[132] SEBALD G,PRUVOST S,GUYOMAR D. Energy Harvesting from temperature:Use of pyroelectric and electrocaloric properties [J]. Electrocaloric Materials,2014,34:225-249.

[133] OLSEN R B,BRUNO D A,BRISCOE J M. Pyroelectric conversion cycles [J]. Journal of Applied Physics,1985,58(12):4709.

[134] BOWEN C R,TAYLOR J,LEBOULBAR E,et al. Pyroelectric materials and devices for energy harvesting applications[J]. Energy Environmental Science,2014,7(12):3836-3856.

[135] SEBALD G,LEFEUVRE E,GUYOMAR D. Pyroelectric energy conversion:optimization principles [J]. IEEE Transactions on Ultrasonics,Ferroelectrics and Frequency Control,2008,55(3):538-551.

[136] OLSEN R B,BRUNO D A,BRISCOE J M,et al. Pyroelectric conversion cycle of vinylidene fluoride-trifluoroethylene copolymer[J]. Journal of Applied Physics,1985,57(11):5036-5042.

[137] SEBALD G,PRUVOST S,GUYOMAR D. Energy harvesting based on Ericsson pyroelectric cycles in a relaxor ferroelectric ceramic[J]. Smart Materials and Structures,2008,17(1):015012.

[138] OLSEN R B,BRUNO D A,BRISCOE J M. Pyroelectric conversion cycles [J]. Journal of Applied Physics,1985,58(12):4709-4716.

[139] NGUYEN H, NAVID A, PILON L. Pyroelectric energy converter using co-polymer P (VDF-TrFE) and Olsen cycle for waste heat energy harvesting[J]. Applied Thermal Engineering, 2010, 30(14): 2127-2137.

[140] KHODAYARI A, PRUVOST S, SEBALD G, et al. Nonlinear pyroelectric energy harvesting from relaxor single crystals [J]. Ultrasonics, Ferroelectrics and Frequency Control, IEEE Transactions on, 2009, 56 (4): 693-699.

[141] GUYOMAR D, PRUVOST S, SEBALD G. Energy harvesting based on FE-FE transition in ferroelectric single crystals[J]. IEEE Transactions on Ultrasonics, Ferroelectrics and Frequency Control, 2008, 55 (2): 279-285.

[142] NAVID A, VANDERPOOL D, BAH A, et al. Towards optimization of a pyroelectric energy converter for harvesting waste heat[J]. International Journal of Heat and Mass Transfer, 2010, 53(19-20): 4060-4070.

[143] FATUZZO E, KIESS H, NITSCHE R. Theoretical efficiency of pyroelectric power converters[J]. Journal of Applied Physics, 1966, 37 (2): 510-516.

[144] VAN DER ZIEL A. Solar power generation with the pyroelectric effect [J]. Journal of Applied Physics, 1974, 45(9): 4128-4128.

[145] BHATIA B, DAMODARAN A R, CHO H, et al. High-frequency thermal-electrical cycles for pyroelectric energy conversion[J]. Journal of Applied Physics, 2014, 116(19): 194509.

[146] LONG R, LI B, LIU Z, et al. Hybrid membrane distillation-reverse electrodialysis electricity generation system to harvest low-grade thermal energy[J]. Journal of Membrane Science, 2017, 525: 107-115.

[147] LONG R, XIA X, ZHAO Y, et al. Screening metal-organic frameworks for adsorption-driven osmotic heat engines via grand canonical Monte Carlo simulations and machine learning [J]. iScience, 2021, 24 (1): 101914.

[148] ZHAO Y, LI M, LONG R, et al. Review of osmotic heat engines for low-grade heat harvesting[J]. Desalination, 2022, 527: 115571.

第2章 热力循环系统的理论效率

基于热力循环的理论分析，研究实际热力循环不可逆性的表征以及耗散特性，对实际热力循环的设计、运行和优化都具有指导意义。目前热力循环的主要理论模型有基于工质与热源且符合一定传热规律的模型、低耗散模型以及基于唯象规律的线性不可逆模型和最小非线性模型等。在低耗散模型、线性不可逆模型或最小非线性模型中，工质在吸热和放热过程是等温的，其优势在于不必考虑具体的传热规律。而基于传热规律的模型可以考虑工质在吸热和放热过程中温度的变化，但结果受工质和热源换热过程中传热规律的选择影响较大。

在热力循环系统优化中，最大输出功率优化最为常见，其次还有生态学优化和不考虑环境影响的折中 Ω 优化。

本章研究了基于传热定律的模型和基于唯象规律的最小非线性模型在不用优化标准下热机的理论效率限，以及热机在任意输出功率下的效率。此外，还进一步探讨了基于先验概率的一般化热机的性能。

2.1 基于牛顿传热规律的热机效率分析

2.1.1 数学模型

对于一般化热机而言，工质从温度为 T_h 的高温热源吸收热量 Q_h，然后向温度为 T_c 的低温热源释放热量 Q_c。循环结束后，热机对外做功。假设工质和热源的换热关系符合线性传热规律，表示为[1]~[2]

$$\frac{dQ}{dt} = cm\frac{dT}{dt} = k(T_s - T) \tag{2-1}$$

式中，c 为比热容；m 为质量；T 为工质温度；T_s 为热源温度；k 为热导(换热系数乘以换热面积)。

在吸热过程中，工质的温度(T_{hw})是时间的函数。

$$T_{hw}(t) = T_h + (T_{h0} - T_h)e^{-t/\Psi_h} \tag{2-2}$$

式中，$\Psi_h = c_h m/k_h$，反映了在吸热过程中工质的热响应程度，具有时间的量纲；c_h 为吸热过程中工质的比热容；k_h 为吸热过程中工质与热源换热的热导；T_{h0} 为工质吸热过程中的初始温度。

假设工质在吸热过程中经历的时间为 τ_h，工质的吸热量可以计算为

$$Q_h = \int_0^{\tau_h} k_h(T_h - T_{hw})dt = c_h m(T_h - T_{h0})(1 - e^{-\tau_h/\Psi_h}) \tag{2-3}$$

工质在吸热过程中的熵变为

$$\Delta s_h = \int_0^{\tau_h} \frac{dQ_h}{T} = c_h m \ln \frac{T_h + (T_{h0} - T_h)e^{-\tau_h/\Psi_h}}{T_{h0}} \tag{2-4}$$

同理在循环的放热过程中，工质的温度、放热量和熵变分别为

$$T_{cw}(t) = T_c - (T_c - T_{c0})e^{-t/\Psi_c} \tag{2-5}$$

$$Q_c = \int_0^{\tau_c} k_c(T_{cw} - T_c)dt = c_c m(T_{c0} - T_c)(1 - e^{-\tau_c/\Psi_c}) \tag{2-6}$$

$$\Delta s_c = \int_0^{\tau_c} \frac{dQ_c}{T} = -c_c m \ln \frac{T_c - (T_c - T_{c0})e^{-\tau_c/\Psi_c}}{T_{c0}} \tag{2-7}$$

式中，$\Psi_c = c_c m/k_c$，反映了在放热过程中工质的热响应程度，具有时间的量纲；c_c 为放热过程中工质的比热容；k_c 为放热过程中工质与热源换热的热导；τ_c 为工质在放热过程中经历的时间；T_{c0} 为工质在放热过程中的初始温度。

在这里，我们假设循环中压缩和膨胀过程的时间可以忽略不计，但是其不可逆性不可忽略。其不可逆性可以用循环不可逆参数 I_s 表示，用来度量在膨胀和压缩过程中工质的不可逆性。其意义为循环吸热和放热过程中熵变绝对值之比，即

$$I_s = |\Delta s_c/\Delta s_h|$$

当 $I_s=1$ 时，循环是内可逆的；当 $I_s>1$ 时，循环是内不可逆的。

在工质吸热和放热过程中有

$$\frac{T_c - (T_c - T_{c0})e^{-\tau_c/\Psi_c}}{T_{c0}} \left[\frac{T_h + (T_{h0} - T_h)e^{-\tau_h/\Psi_h}}{T_{h0}}\right]^{I_s\gamma} = 1 \tag{2-8}$$

式中，$\gamma = c_h/c_c$ 为工质在吸热和放热过程中比热容之比。我们可以得到工质在吸热和放热过程中初始温度的关系。

在循环中热机的熵变为

$$\sigma = \frac{Q_c}{T_c} - \frac{Q_h}{T_h} \tag{2-9}$$

输出的功率为

$$p = \frac{Q_h - Q_c}{\tau_h + \tau_c} \tag{2-10}$$

效率为

$$\eta = 1 - \frac{Q_c}{Q_h} \tag{2-11}$$

将式(2-3)和式(2-6)代入式(2-11)，热机的效率可以表示为

$$\eta = 1 - \frac{(1-\eta_C)\left(\frac{1}{\varphi} - 1\right)(1 - e^{-\tau_c/\Psi_c})}{\gamma\left\{1 - \frac{1 - e^{-\tau_h/\Psi_h}}{[(1 - e^{-\tau_c/\Psi_c})\varphi + e^{-\tau_c/\Psi_c}]^{-1/I_s\gamma} - e^{-\tau_h/\Psi_h}}\right\}(1 - e^{-\tau_h/\Psi_h})} \tag{2-12}$$

式中，$\varphi = T_c / T_{c0}$ 。在放热过程中工质的最终温度应不低于低温热源温度，故 $\varphi \leqslant 1$ 。

2.1.2 热机在最大输出功率下的效率

热机的最大输出功率下的效率常常作为研究的重点。本节中我们将研究热机在最大输出功率下的效率。将式(2-3)和式(2-6)代入式(2-11)，结合式(2-8)并对 T_{c0} 求导有

$$\frac{(1-e^{-\tau_h/\Psi_h})^2}{I_s}\frac{[(1-e^{-\tau_c/\Psi_c})\varphi+e^{-\tau_c/\Psi_c}]^{-1/I_s\gamma-1}}{\{[(1-e^{-\tau_c/\Psi_c})\varphi+e^{-\tau_c/\Psi_c}]^{-1/I_s\gamma}-e^{-\tau_h/\Psi_h}\}^2}-\frac{1-\eta_C}{\varphi^2}=0 \tag{2-13}$$

一般来说，热机在最大输出功率下的效率可以通过联立式(2-12)和式(2-13)求得。然而式(2-13)是超越方程，一般情形下($I_s\gamma \neq 1$)不能得到解析解。接下来本书将讨论热机在最大输出功率下的效率。

1. 当 $I_s\gamma = 1$ 时热机的效率

当 $I_s\gamma = 1$ 时，因 $I_s \geqslant 1$，故 $\gamma \leqslant 1$ 。表明工质在放热过程中的比热容大于或等于其在吸热过程中的比热容。此时式(2-13)可简化为

$$\left\{\frac{(1-e^{-\tau_h/\Psi_h})\varphi}{1-e^{-\tau_h/\Psi_h}[(1-e^{-\tau_c/\Psi_c})\varphi+e^{-\tau_c/\Psi_c}]}\right\}^2 = I_s(1-\eta_C) \tag{2-14}$$

热机的效率可写为

$$\eta = 1-\frac{1-e^{-\tau_h/\Psi_h}[(1-e^{-\tau_c/\Psi_c})\varphi+e^{-\tau_c/\Psi_c}]}{\gamma(1-e^{-\tau_h/\Psi_h})\varphi}(1-\eta_C) \tag{2-15}$$

联立式(2-14)和式(2-15)可以得到最大功率下的效率为

$$\eta^* = 1-\sqrt{I_s(1-\eta_C)} \tag{2-16}$$

式(2-16)给出了在 $I_s\gamma = 1$ 时热机在最大输出功率下的效率，它和循环的持续时间没有关系，并与文献中内不可逆卡诺循环相等[3]。但是它们的物理意义和优化空间不同。在内不可逆卡诺循环中，最大功率时的效率是通过对循环时间求导而得到的。本文模型中是对工质在吸热和放热过程的初始温度求导而得到的。与卡诺模型中等温吸热放热不同，本文工质在吸热和放热过程中温度不再保持恒定。如图2-1所示，热机的吸热和放热过程不再是等温的。

2. 当 $I_s\gamma \neq 1$ 时热机的效率

当 $I_s\gamma \neq 1$ 时，式(2-13)为超越方程，不能显式求得解析解。在此，本文定义 τ/Ψ 为工质在换热器中与热源的无量纲接触时间，反映工质与热源的热力学平衡程度。τ/Ψ 越大，表示工质在换热器中经历时间越长，换热越充分，进而导致工质在高温热源吸热后温度越高，向低温热源放热后温度越低。本文采用数值计算的方式来研究循环参数对最大输出功率下效率的影响。

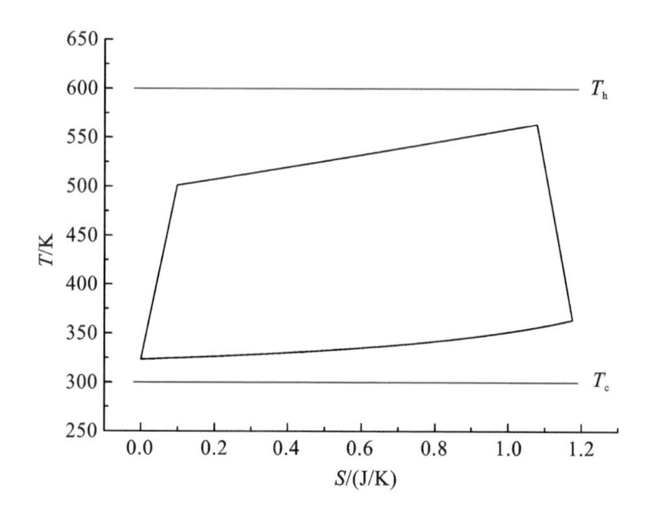

图 2-1　热机在最大功率优化下的 *T-S* 图

（其中，$I_s=1.2, I_s\gamma=1, T_h=600\ K, T_c=300\ K, \tau_h/\Psi_h=\tau_c/\Psi_c=1, c_c m=10\ J/K$）

从图 2-2 中我们可以看到在给定无量纲接触时间时，热机在最大功率时的效率随着内不可逆参数 I_s 的增加而单调减少。当 I_s 大于某一值时，效率为 0，此时由于内部不可逆性过大，导致热机不能正常运行。

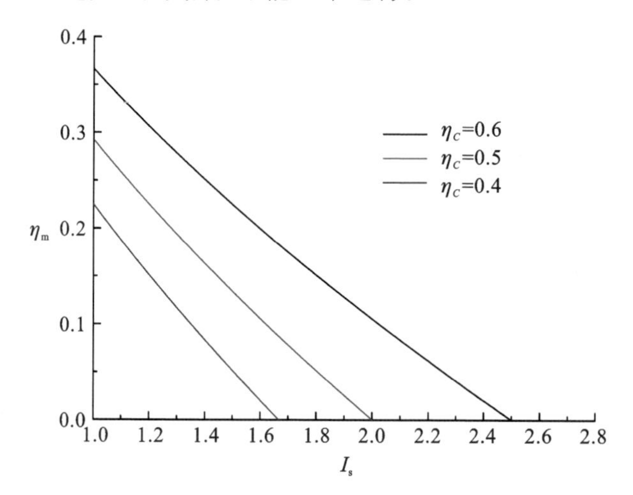

图 2-2　热机在最大功率下的效率随着 I_s 的变化关系

（其中 $\gamma=1.5, \tau_h/\Psi_h=\tau_c/\Psi_c=1$）

在图 2-3 中我们可以看到，在一定范围内效率随着比热容之比的增加而减少，并且在 $\gamma\to 0$ 和 $\gamma\to\infty$ 时分别取得效率的最高限和最低限。

无量纲接触时间对效率的影响如图 2-4 和图 2-5 所示。从图 2-4 中可以看到，当比热容之比小于内不可逆参数的倒数时（$\gamma<1/I_s$），在给定 τ_c/Ψ_c 的情况下，热机在最大输出功率下的效率在一定范围内随着 τ_h/Ψ_h 的增加而增加。在 $\tau_h/\Psi_h\to$

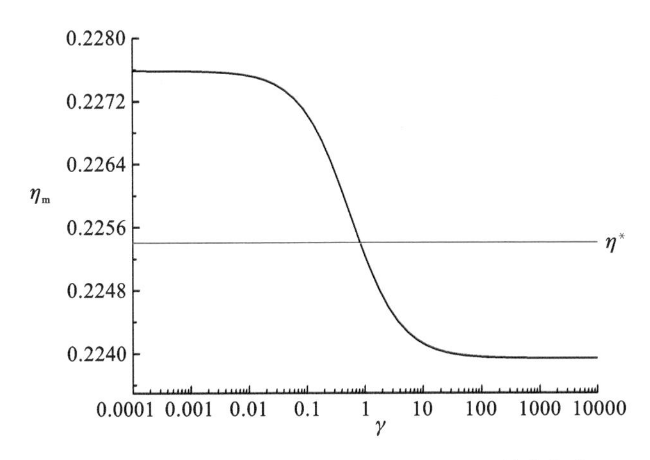

图 2-3　热机在最大输出功率时的效率随着 γ 的变化关系

（其中 $I_s = 1.2, \eta_C = 0.5, \tau_h/\Psi_h = \tau_c/\Psi_c = 1$）

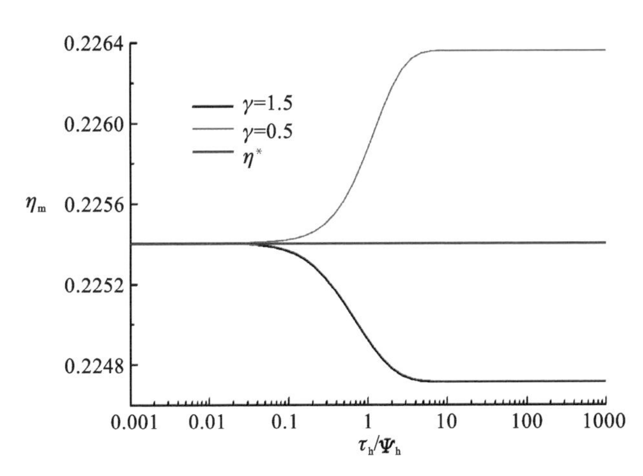

图 2-4　热机在最大输出功率时的效率随着 τ_h/Ψ_h 的变化关系

（其中 $I_s = 1.2, \eta_C = 0.5, \tau_c/\Psi_c = 1, \gamma = 0.5, 1/I_s, 1.5$）

0 和 $\tau_h/\Psi_h \to \infty$ 时分别取得效率的最小值和最大值，其最小值为 $\eta*$ 。反之，当 $\gamma > 1/I_s$ 时，效率随着 τ_h/Ψ_h 的增加而减小，并在 $\tau_h/\Psi_h \to \infty$ 和 $\tau_h/\Psi_h \to 0$ 时分别取得效率的最小值和最大值，其最大值为 η^* 。当 $\gamma = 1/I_s$ 时，热机在最大输出功率时的效率为 η^* ，并且它和 τ_h/Ψ_h 无关。从图 2-5 中可以看到，当给定 τ_h/Ψ_h 时，τ_c/Ψ_c 对最大输出功率下效率的影响与在给定 τ_c/Ψ_c 的情况下 τ_h/Ψ_h 对效率的影响相同。

此外，当 $\tau_h/\Psi_h \to 0$ 和 $\tau_c/\Psi_c \to 0$ 时，工质与换热器接触时间很短，工质在换热器进出口处的温度基本相等。此时热机的吸热和放热过程接近于等温过程。工质的比热容对工质在换热过程中的温度没有影响。因此本文的模型可简化为内不可逆卡诺模型[3]。其最大输出功率下的效率为 η^* ，与工质性质无关，如图 2-4 和图 2-5 所示。

基于以上分析，当 $\gamma < 1/I_s$ 时，热机在最大输出功率下的效率在 $\tau/\Psi \to \infty$ 和

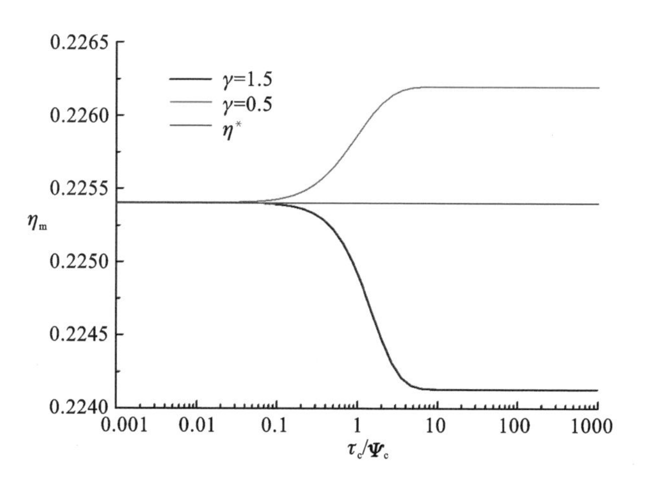

图 2-5 热机在最大输出功率时的效率随着 τ_c/Ψ_c 的变化关系

（其中 $I_s=1.2, \eta_C=0.5, \tau_h/\Psi_h=1, \gamma=0.5, 1/I_s, 1.5$）

$\tau/\Psi\to 0$ 时分别获得其最大值和最小值，其最小值为 η^*。当 $\gamma>1/I_s$ 时，热机在最大输出功率下的效率在 $\tau/\Psi\to\infty$ 和 $\tau/\Psi\to 0$ 时分别获得其最小值和最大值，其最大值为 η^*。因此当循环内不可逆参数一定且 $\tau/\Psi\to\infty$ 时，热机在最大输出功率时的效率的上下限分别在 $\gamma\to 0$ 和 $\gamma\to\infty$ 时取得。

当 $\tau/\Psi\to\infty$ 时，工质在换热器中与热源交换热量的时间足够长，工质在换热器出口处的温度等于热源温度。式(2-12)和式(2-13)中的指数项 $\exp(-\tau/\Psi)$ 可以忽略。因此，式(2-12)和式(2-13)可以简化为

$$\varphi^{1/I_s\gamma+1}=I_s(1-\eta_C) \tag{2-17}$$

和

$$\eta=1-\frac{(1-\varphi)}{\gamma(\varphi-\varphi^{1/I_s\gamma+1})}(1-\eta_C) \tag{2-18}$$

联立式(2-17)和式(2-18)，有

$$\eta_m=1-\frac{1-[I_s(1-\eta_C)]^{\frac{I_s\gamma}{I_s\gamma+1}}}{\gamma\{[I_s(1-\eta_C)]^{\frac{I_s\gamma}{I_s\gamma+1}}-I_s(1-\eta_C)\}}(1-\eta_C) \tag{2-19}$$

从而在非对称极限 $\gamma\to 0$ 和 $\gamma\to\infty$ 的情况下，本文可以得到内不可逆热机在最大输出功率时的效率上下限

$$\eta_m^+=1-\frac{I_s(1-\eta_C)\ln[I_s(1-\eta_C)]}{I_s(1-\eta_C)-1} \tag{2-20}$$

$$\eta_m^-=1-\frac{I_s(1-\eta_C)-1}{\ln[I_s(1-\eta_C)]} \tag{2-21}$$

在不考虑内部耗散的情况下，本文模型为一般内可逆热机模型，热机的不可逆性主要源于工质和热源传热的不可逆性。此时，$I_s=1$，并且 η^* 变为CA效率。并且在本文模型中，工质在吸热和放热过程中温度不是等温的。

根据前文分析，在 $\gamma < 1$ 的情况下，热机最大输出功率时的效率的下限为 CA 效率，在 $\gamma > 1$ 的情况下，热机最大输出功率时的效率的上限为 CA 效率。因此对于工质在吸热阶段比热容大于或等于放热阶段比热容的热力循环，例如 Diesel 循环（$c_h = c_p, c_c = c_v$），Brayton 循环（$c_c = c_h = c_p$）和 Otto 循环（$c_c = c_h = c_v$）等，它们在最大输出功率时的效率小于或等于 CA 效率。反之，如 Atkinson 循环（$c_h = c_v, c_c = c_p$）等，其在最大输出功率下的效率的最小值为 CA 效率。

2.1.3　热机在生态学优化下的效率

生态学优化标准通过引入环境温度考虑了能量的获取与损失，代表着热机做功与由环境产生的损失的一种妥协。对热机而言，其表达式为

$$\dot{E} = \frac{Q_h - Q_c - T_0\sigma}{\tau_h + \tau_c} \tag{2-22}$$

联立式(2-3)、式(2-6)和式(2-9)，代入上式并对 T_{c0} 求导有

$$\left(\frac{T_0}{T_h}+1\right)\frac{(1-e^{-\tau_h/\Psi_h})^2}{I_s} \frac{\left[(1-e^{-\tau_c/\Psi_c})\varphi + e^{-\tau_c/\Psi_c}\right]^{-1/I_s\alpha - 1}}{\left\{\left[(1-e^{-\tau_c/\Psi_c})\varphi + e^{-\tau_c/\Psi_c}\right]^{-1/I_s\alpha} - e^{-\tau_h/\Psi_h}\right\}^2} - \left(\frac{T_0}{T_c}+1\right)\frac{1-\eta_C}{\varphi^2} = 0 \tag{2-23}$$

式中，$\varphi = T_c/T_{c0}$ 。

一般来说，热机在生态学优化的效率可以通过联立式(2-23)和式(2-12)求得。然而式(2-23)是超越方程，一般情形下（$I_s\gamma \neq 1$）不能得到解析解。接下来本书将讨论热机在生态学优化下的效率。

1. 当 $I_s\gamma = 1$ 时热机的效率

当 $I_s\gamma = 1$ 时，因 $I_s \geqslant 1$ ，故 $\gamma \leqslant 1$ 。工质在放热过程中的比热容大于或等于其在吸热过程中的比热容。此时式(2-23)可简化为

$$\left\{\frac{(1-e^{-\tau_h/\Psi_h})\varphi}{1-e^{-\tau_h/\Psi_h}\left[(1-e^{-\tau_c/\Psi_c})\varphi + e^{-\tau_c/\Psi_c}\right]}\right\}^2 = \frac{T_0/T_c+1}{T_0/T_h+1} I_s(1-\eta_C) \tag{2-24}$$

根据式(2-12)，热机的效率可写为

$$\eta = 1 - \frac{1-e^{-\tau_h/\Psi_h}\left[(1-e^{-\tau_c/\Psi_c})\varphi + e^{-\tau_c/\Psi_c}\right]}{\gamma(1-e^{-\tau_h/\Psi_h})\varphi}(1-\eta_C) \tag{2-25}$$

联立式(2-24)和式(2-25)可以得到在生态学优化标准下的效率

$$\eta_E^* = 1 - \sqrt{\frac{T_0/T_h+1}{T_0/T_c+1} I_s(1-\eta_C)} \tag{2-26}$$

式(2-26)给出了在 $I_s\gamma = 1$ 时在生态学优化下热机的效率。图 2-6 为生态学优化标准下的热机过程曲线的 T-S 图。其具有非等温的吸热放热过程，并且压缩与膨胀过程也不是等熵的。

在不考虑内部耗散的情况下，有 $I_s = \gamma = 1$，方程可简化为

$$\eta^*_{\mathrm{E,endo}} = 1 - \sqrt{\frac{T_0/T_h + 1}{T_0/T_c + 1}(1-\eta_C)} \tag{2-27}$$

它和内可逆卡诺循环在生态学优化下的效率表达式一样。如前面所述，它们的优化空间和物理意义不同，并且在本书模型下，循环的吸/放热过程不再是等温过程，如图 2-6 所示。

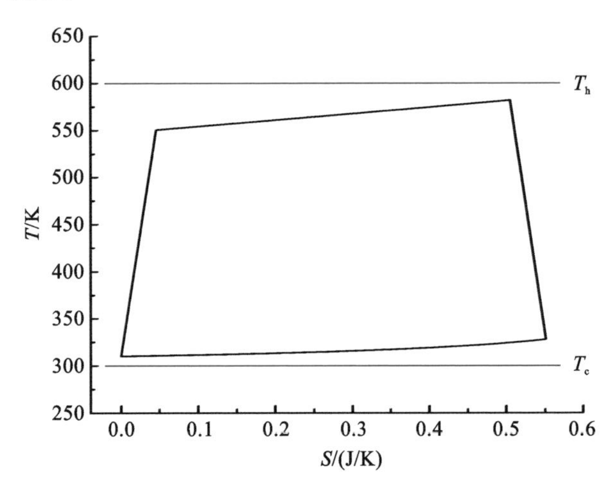

图 2-6　热机在生态学标准优化下的 *T-S* 图

（其中 $I_s = 1.2, I_s\gamma = 1, T_h = 600$ K, $T_c = 300$ K, $\tau_h/\Psi_h = \tau_c/\Psi_c = 1, T_0 = 273$ K, $c_c m = 10$ J/K）

2. 当 $I_s\gamma \neq 1$ 时热机的效率

当 $I_s\gamma \neq 1$ 时，式(2-24)为超越方程，不能显式求得解析解。这里本书采用数值计算的方式来研究循环参数对生态学优化下热机效率的影响。从图 2-7 中我们

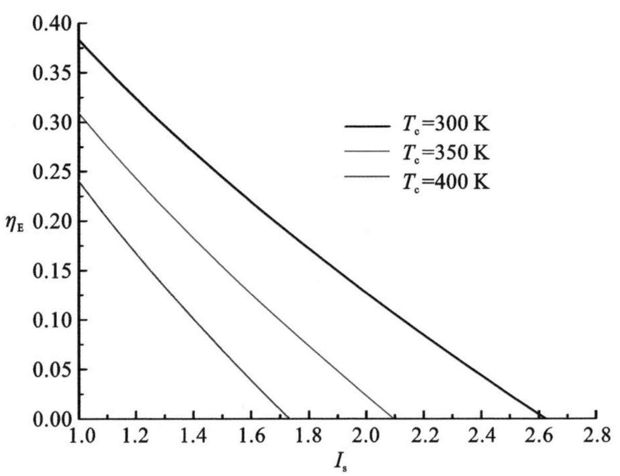

图 2-7　热机在生态学标准优化下的效率随着 I_s 的变化关系

（其中 $T_h = 600$ K, $T_0 = 273$ K, $\gamma = 0.5, \tau_h/\Psi_h = \tau_c/\Psi_c = 1$）

可以看到，在给定无量纲接触时间时，热机在生态学优化下效率随着内不可逆参数 I_s 的增加而单调减少。当 I_s 大于某一值时，效率为 0。由于内部不可逆性太大，热机不能正常运行。

在图 2-8 中我们可以看到，在一定范围内效率随着比热容之比的增加而减少，并且在 $\gamma \to 0$ 和 $\gamma \to \infty$ 时分别取得效率的最高限和最低限。

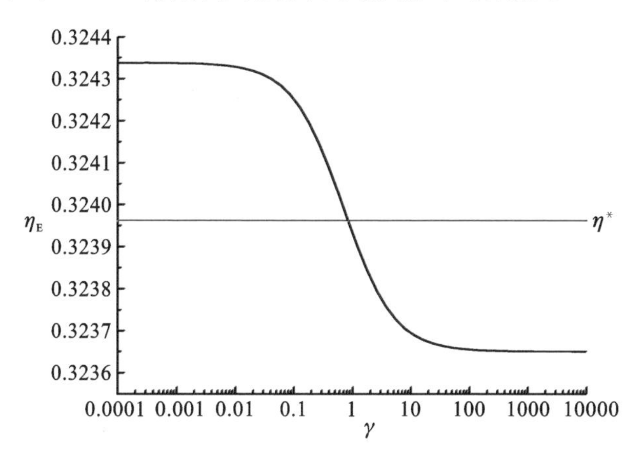

图 2-8　热机在生态学标准优化下的效率随着 γ 的变化关系

（其中 $I_s = 1.2, \eta_C = 0.5, \tau_h/\Psi_h = \tau_c/\Psi_c = 1, T_0 = 273$ K）

无量纲接触时间对效率的影响如图 2-9 和图 2-10 所示。从图 2-9 中可以看到，当比热容之比小于内不可逆参数的倒数时（$\gamma < 1/I_s$），在给定 τ_c/Ψ_c 的情况下，在生态学优化下热机的效率在一定范围内随着 τ_h/Ψ_h 的增加而增加。在 $\tau_h/\Psi_h \to 0$ 和 $\tau_h/\Psi_h \to \infty$ 时分别取得效率的最小值和最大值，其最小值为 η_E^*。反之，当 $\gamma > 1/I_s$ 时，效率随着 τ_h/Ψ_h 的增加而减小，并在 $\tau_h/\Psi_h \to \infty$ 和 $\tau_h/\Psi_h \to 0$

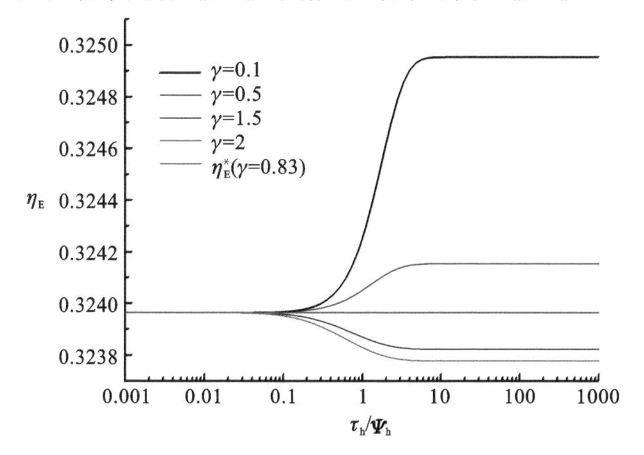

图 2-9　热机在生态学标准优化下的效率随着 τ_h/Ψ_h 的变化关系

（其中 $I_s = 1.2, \eta_C = 0.5, \tau_c/\Psi_c = 1, T_0 = 273$ K）

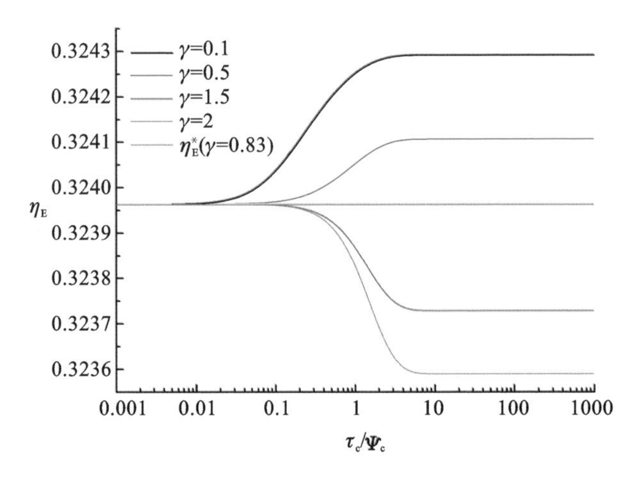

图 2-10　热机在生态学标准优化下的效率随着 τ_c/Ψ_c 的变化关系

（其中 $I_s=1.2$，$\eta_C=0.5$，$\tau_h/\Psi_h=1$，$T_0=273$ K）

时分别取得效率的最小值和最大值，其最大值为 η_E^*。当 $\gamma=1/I_s$ 时，热机在生态学优化下热机的效率为 η_E^*，并且它和 τ_h/Ψ_h 无关。从图 2-10 中可以看到，当给定 τ_h/Ψ_h 时，τ_c/Ψ_c 对生态学优化下热机效率的影响与在给定 τ_c/Ψ_c 的情况下 τ_h/Ψ_h 对效率的影响相同。

此外，当 $\tau_h/\Psi_h\to0$ 和 $\tau_c/\Psi_c\to0$ 时，工质与换热器接触时间很短，工质在换热器进出口处的温度基本相等。此时热机的吸热和放热过程接近于等温过程。我们把指数项 $\exp(-\tau/\Psi)$ 泰勒展开为 τ/Ψ 的一阶形式，式(2-23)和式(2-12)可简化为

$$\left[\frac{\varphi}{1+\dfrac{(1-\varphi)\tau_c/\Psi_c}{I_s\gamma\tau_h/\Psi_h}}\right]^2=\frac{T_0/T_c+1}{T_0/T_h+1}I_s(1-\eta_C) \tag{2-28}$$

$$\eta=1-\frac{1+\dfrac{(1-\varphi)\tau_c/\Psi_c}{I_s\gamma\tau_h/\Psi_h}}{\varphi/I_s}(1-\eta_C) \tag{2-29}$$

联立式(2-28)和式(2-29)，我们得到了和式(2-26)一样的表达式。它和工质的比热容之比没有关系，如图 2-9 和图 2-10 所示。当 $\gamma<1/I_s$ 时，热机在生态学优化下的效率在 $\tau/\Psi\to\infty$ 和 $\tau/\Psi\to0$ 时分别获得其最大值和最小值。其最小值为 η_E^*。当 $\gamma>1/I_s$ 时，热机在生态学优化下的效率在 $\tau/\Psi\to\infty$ 和 $\tau/\Psi\to0$ 时分别获得其最小值和最大值。其最大值为 η_E^*。因此当循环内不可逆参数一定且 $\tau/\Psi\to\infty$ 时，热机在生态学优化下效率的上下限分别在 $\gamma\to0$ 和 $\gamma\to\infty$ 时取得。

当 $\tau/\Psi\to\infty$ 时，工质在换热器中与热源交换热量的时间足够长，工质在换热器出口处的温度等于热源温度。式(2-23)和式(2-12)中的指数项 $\exp(-\tau/\Psi)$ 可以忽略。因此，式(2-23)和式(2-12)可以简化为

$$\varphi^{1/I_s\gamma+1} = \frac{T_0/T_c+1}{T_0/T_h+1}I_s(1-\eta_C) \tag{2-30}$$

和

$$\eta = 1 - \frac{(1-\varphi)}{\gamma(\varphi-\varphi^{1/I_s\gamma+1})}(1-\eta_C) \tag{2-31}$$

联立式(2-30)和式(2-31)，有

$$\eta_E = 1 - \frac{1-\left[\dfrac{T_0/T_c+1}{T_0/T_h+1}I_s(1-\eta_C)\right]^{\frac{I_s\gamma}{I_s\gamma+1}}}{\gamma\left\{\left[\dfrac{T_0/T_c+1}{T_0/T_h+1}I_s(1-\eta_C)\right]^{\frac{I_s\gamma}{I_s\gamma+1}}-\dfrac{T_0/T_c+1}{T_0/T_h+1}I_s(1-\eta_C)\right\}}(1-\eta_C) \tag{2-32}$$

从而在非对称极限 $\gamma \to 0$ 和 $\gamma \to \infty$ 的情况下，我们可以得到内不可逆热机在生态学优化下的效率上下限

$$\eta_E^+ = 1 - \frac{I_s(1-\eta_C)\ln\left[\dfrac{T_0/T_c+1}{T_0/T_h+1}I_s(1-\eta_C)\right]}{\dfrac{T_0/T_c+1}{T_0/T_h+1}I_s(1-\eta_C)-1} \tag{2-33}$$

$$\eta_E^- = 1 - \frac{\dfrac{T_0/T_c+1}{T_0/T_h+1}I_s(1-\eta_C)-1}{\dfrac{T_0/T_c+1}{T_0/T_h+1}\ln\left[\dfrac{T_0/T_c+1}{T_0/T_h+1}I_s(1-\eta_C)\right]} \tag{2-34}$$

在不考虑内部耗散的情况下，本文模型为一般内可逆热机模型，热机的不可逆性主要源于工质和热源传热的不可逆性。此时，$I_s = 1$，并且 η_E^* 变为 $\eta_{E,endo}^*$，与内可逆卡诺热机模型结果相同。在 $\gamma < 1$ 的情况下，热机在生态学优化下的效率的下限为 $\eta_{E,endo}^*$，在 $\gamma > 1$ 的情况下，热机在生态学优化下的效率的上限为 $\eta_{E,endo}^*$。因此对于工质在吸热阶段比热容大于等于放热阶段比热容的热力循环，例如 Diesel 循环（$c_h = c_p, c_c = c_v$），Brayton 循环（$c_c = c_h = c_p$）和 Otto 循环（$c_c = c_h = c_v$）等，它们在最大输出功率时的效率小于等于 $\eta_{E,endo}^*$。反之，如 Atkinson 循环（$c_h = c_v, c_c = c_p$）等，其在最大输出功率下的效率的最小值为 $\eta_{E,endo}^*$。

此外，将 $I_s = 1$ 代入式(2-33)和式(2-34)，我们可以得到一般内可逆热机在生态学优化下效率的上下限

$$\eta_{E,endo}^+ = 1 - \frac{(1-\eta_C)\ln\left[\dfrac{T_0/T_c+1}{T_0/T_h+1}(1-\eta_C)\right]}{\dfrac{T_0/T_c+1}{T_0/T_h+1}(1-\eta_C)-1} \tag{2-35}$$

$$\eta_{E,endo}^- = 1 - \frac{\dfrac{T_0/T_c+1}{T_0/T_h+1}(1-\eta_C)-1}{\dfrac{T_0/T_c+1}{T_0/T_h+1}\ln\left[\dfrac{T_0/T_c+1}{T_0/T_h+1}(1-\eta_C)\right]} \tag{2-36}$$

2.1.4 热机在 Ω 准则下的效率

对于热机而言，其 Ω 准则可以定义为 $\Omega=(2\eta-\eta_C)Q_h$ [4]。它也表征了收益和损失的一个折中。与生态学标准相比，它不需要显式的计算熵产，并且它与环境没有关系。目标函数可以表示为

$$\dot{\Omega}=\frac{(2-\eta_C)Q_h-2Q_c}{\tau_h+\tau_c} \tag{2-37}$$

在这里为了便于理论分析和比较，仅考虑内可逆热机，即 $I_s=1$，联立式(2-3)，式(2-6)和式(2-9)，代入上式并对 T_{c0} 求导，有

$$\frac{(1-e^{-\tau_h/\Psi_h})^2[(1-e^{-\tau_c/\Psi_c})\varphi+e^{-\tau_c/\Psi_c}]^{-1/\gamma-1}}{\{[(1-e^{-\tau_c/\Psi_c})\varphi+e^{-\tau_c/\Psi_c}]^{-1/\gamma}-e^{-\tau_h/\Psi_h}\}^2}-2\frac{1-\eta_C}{(2-\eta_C)\varphi^2}=0 \tag{2-38}$$

式中，$\varphi=T_c/T_{c0}$。

一般来说热机在 Ω 标准优化下的效率可以通过联立式(2-38)和式(2-12)求得。然而式(2-38)是超越方程，一般情形下($\gamma\neq1$)不能得到解析解。接下来本书将讨论热机在 Ω 标准优化下的效率。

1. 当 $\gamma=1$ 时热机的效率

当 $\gamma=1$ 时，工质在循环过程中比热容保持不变，不随温度变化而变化。此时式(2-38)可简化为

$$\left\{\frac{(1-e^{-\tau_h/\Psi_h})\varphi}{1-e^{-\tau_h/\Psi_h}[(1-e^{-\tau_c/\Psi_c})\varphi+e^{-\tau_c/\Psi_c}]}\right\}^2=2\frac{(1-\eta_C)}{(2-\eta_C)} \tag{2-39}$$

根据式(2-12)，热机的效率可写为

$$\eta=1-\frac{1-e^{-\tau_h/\Psi_h}[(1-e^{-\tau_c/\Psi_c})\varphi+e^{-\tau_c/\Psi_c}]}{\gamma(1-e^{-\tau_h/\Psi_h})\varphi}(1-\eta_C) \tag{2-40}$$

联立式(2-39)和式(2-40)可以得到在 Ω 标准优化下的效率

$$\eta_\Omega^s=1-\sqrt{\frac{(1-\eta_C)(2-\eta_C)}{2}}=\frac{3}{4}\eta_C+\frac{1}{32}\eta_C^2+\frac{3}{128}\eta_C^3+O(\eta_C^4) \tag{2-41}$$

式(2-41)给出了在 $\gamma=1$ 时在 Ω 标准优化下热机的效率，它与内可逆卡诺热机在相遇准则下的结果相同[4]。图 2-11 为 Ω 标准优化下的热机过程曲线的 T-S 图。其吸热和放热过程是非等温的，这与内可逆卡诺循环的过程曲线不同。

2. 当 $\gamma\neq1$ 时热机的效率

当 $I_s\gamma\neq1$ 时，式(2-38)为超越方程，不能显式求得解析解。本文采用数值计算的方式来研究循环参数对 Ω 标准优化下热机效率的影响。在图 2-12 中我们可以看到，在一定范围内效率随着比热容之比的增加而减少，并且在 $\gamma\to0$ 和 $\gamma\to\infty$ 时分别取得效率的最高限和最低限。

无量纲接触时间对效率的影响如图 2-13 和图 2-14 所示。从图 2-13 中，我们可以看到，当比热容之比小于 1 时，在给定 τ_c/Ψ_c 的情况下，热机在 Ω 标准优化下

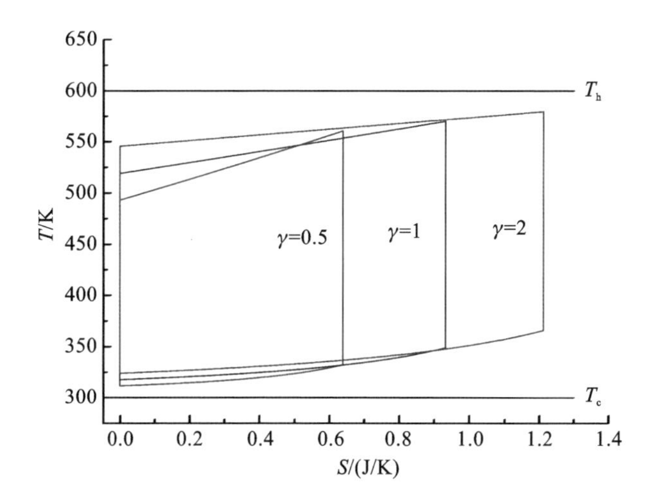

图 2-11　热机在 Ω 标准优化下的 *T-S* 图

（其中 $\gamma=1, T_h=600\ K, T_c=300\ K, \tau_h/\Psi_h=\tau_c/\Psi_c=1, c_c m=10\ J/K$）

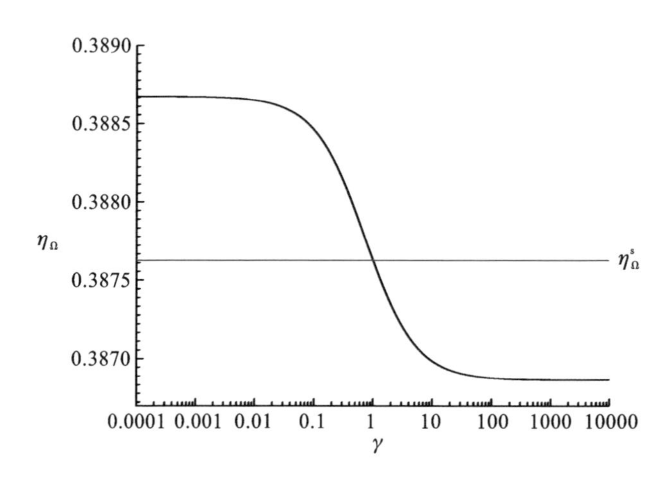

图 2-12　热机在 Ω 标准优化下的效率随着 γ 的变化关系

（其中 $\eta_C=0.5, \tau_h/\Psi_h=\tau_c/\Psi_c=1$）

的效率在一定范围内随着 τ_h/Ψ_h 的增加而增加。在 $\tau_h/\Psi_h\to 0$ 和 $\tau_h/\Psi_h\to\infty$ 时分别取得效率的最小值和最大值，其最小值为 η_Ω^s 。反之，当 $\gamma>1$ 时，效率随着 τ_h/Ψ_h 的增加而减小，并在 $\tau_h/\Psi_h\to\infty$ 和 $\tau_h/\Psi_h\to 0$ 时分别取得效率的最小值和最大值，其最大值为 η_Ω^s 。当 $\gamma=1$ 时，热机在 Ω 标准优化下热机的效率为 η_Ω^s ，并且它和 τ_h/Ψ_h 无关。从图 2-14 中可以看到，当给定 τ_h/Ψ_h 时，τ_c/Ψ_c 对 Ω 标准优化下热机效率的影响与在给定 τ_c/Ψ_c 的情况下 τ_h/Ψ_h 对效率的影响相同。

此外，当 $\tau_h/\Psi_h\to 0$ 和 $\tau_c/\Psi_c\to 0$ 时，工质与换热器接触时间很短，工质在换热器进出口处的温度基本相等。此时热机的吸热和放热过程接近于等温过程。我们把指数项 $\exp(-\tau/\Psi)$ 泰勒展开为 τ/Ψ 的一阶形式，式(2-38)和式(2-12)可简化为

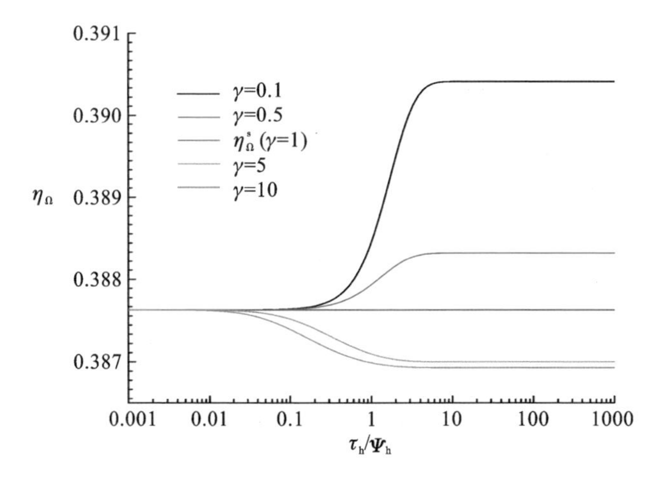

图 2-13 热机在 Ω 标准优化下的效率随着 τ_h/Ψ_h 的变化关系

（其中 $\eta_C = 0.5, \tau_c/\Psi_c = 1$）

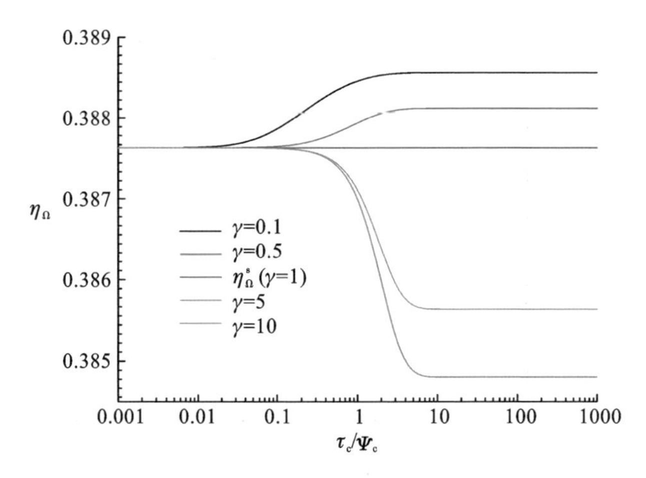

图 2-14 热机 Ω 标准优化下的效率随着 τ_c/Ψ_c 的变化关系

（其中 $\eta_C = 0.5, \tau_h/\Psi_h = 1$）

$$\left[\frac{\varphi}{1+\dfrac{(1-\varphi)\tau_c/\Psi_c}{\gamma\tau_h/\Psi_h}}\right]^2 = 2\,\frac{(1-\eta_C)}{(2-\eta_C)} \tag{2-42}$$

$$\eta = 1-\frac{1+\dfrac{(1-\varphi)\tau_c/\Psi_c}{\gamma\tau_h/\Psi_h}}{\varphi}(1-\eta_C) \tag{2-43}$$

联立式(2-42)和式(2-43)，我们得到了和式(2-41)一样的表达式。此时模型简化为内可逆卡诺热机模型，如图 2-15 所示。当 $\gamma < 1$ 时，热机在 Ω 标准优化下的效率在 $\tau/\Psi \to \infty$ 和 $\tau/\Psi \to 0$ 时分别获得其最大值和最小值，其最小值为 η_Ω^s。当 $\gamma > 1$ 时，热机在 Ω 标准优化下的效率在 $\tau/\Psi \to \infty$ 和 $\tau/\Psi \to 0$ 分别获得其最小

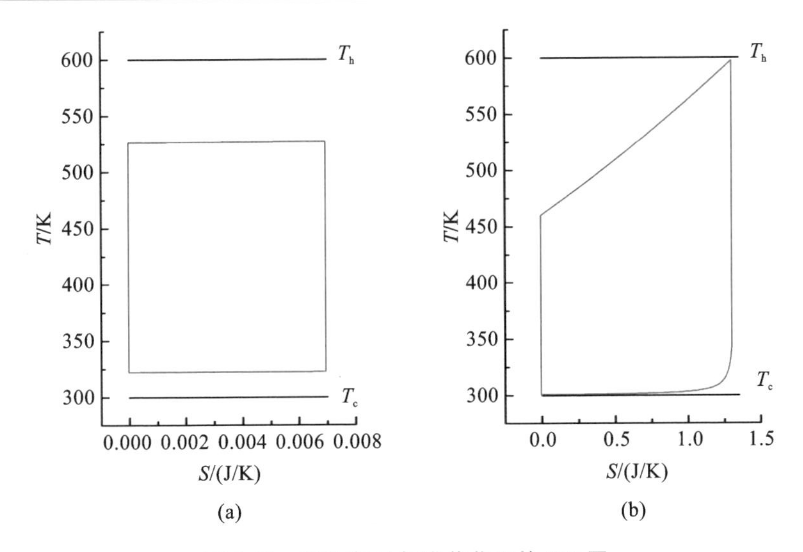

图 2-15　热机在 Ω 标准优化下的 *T-S* 图

(a) $\tau_h/\Psi_h=\tau_c/\Psi_c=0.01$；(b) $\tau_h/\Psi_h=\tau_c/\Psi_c=4$

(其中 $\gamma=0.5, T_h=600$ K, $T_c=300$ K, $c_c m=10$ J/K)

值和最大值，其最大值为 η_Ω^s 。当 $\tau/\Psi\to\infty$ 时，热机在 Ω 标准优化下效率的上下限分别在 $\gamma\to 0$ 和 $\gamma\to\infty$ 时取得。

当 $\tau/\Psi\to\infty$ 时，工质在换热器中与热源交换热量的时间足够长，工质在换热器出口处的温度等于热源温度，如图 2-15 所示。式(2-23)和式(2-12)中的指数项 $\exp(-\tau/\Psi)$ 可以忽略。因此，式(2-38)和式(2-12)可以简化为

$$\varphi^{1/\gamma+1}=2\frac{(1-\eta_C)}{(2-\eta_C)} \tag{2-44}$$

$$\eta=1-\frac{(1-\varphi)}{\gamma(\varphi-\varphi^{1/\gamma+1})}(1-\eta_C) \tag{2-45}$$

联立式(2-44)和式(2-45)，有

$$\eta_\Omega=1-\frac{1-[2(1-\eta_C)/(2-\eta_C)]^{\frac{\gamma}{\gamma+1}}}{\gamma\{[22(1-\eta_C)/(2-\eta_C)]^{\frac{\gamma}{\gamma+1}}-22(1-\eta_C)/(2-\eta_C)\}}(1-\eta_C) \tag{2-46}$$

从而在非对称极限 $\gamma\to 0$ 和 $\gamma\to\infty$ 的情况下，我们可以得到内可逆热机在 Ω 标准优化下的效率上下限

$$\eta_\Omega^+=1+\frac{(2-\eta_C)(1-\eta_C)\ln\left(\frac{2-2\eta_C}{2-\eta_C}\right)}{\eta_C}=\frac{3}{4}\eta_C+\frac{1}{24}\eta_C^2+\frac{1}{32}\eta_C^3+O(\eta_C^4) \tag{2-47}$$

$$\eta_\Omega^-=1+\frac{\eta_C}{2\ln\left(\frac{2-2\eta_C}{2-\eta_C}\right)}=\frac{3}{4}\eta_C+\frac{1}{48}\eta_C^2+\frac{1}{64}\eta_C^3+O(\eta_C^4) \tag{2-48}$$

根据以上两式，我们还可以得到 $\eta_{\Omega}^{s} \approx (\eta_{\Omega}^{+} + \eta_{\Omega}^{-})/2$ 。此外，在低耗散模型中[5]，热机在 Ω 标准优化下效率的下限为 $\eta_{\Omega}^{LD-} = 3\eta_C/4$ ，上限为

$$\eta_{\Omega}^{LD+} = \frac{3-2\eta_C}{4-3\eta_C}\eta_C = \frac{3}{4}\eta_C + \frac{1}{16}\eta_C^2 + \frac{3}{64}\eta_C^3 + O(\eta_C^4) \tag{2-49}$$

在随机热机和微型热电循环中[6]，热机在 Ω 标准优化下效率分别为

$$\eta_{\Omega}^{SS} = \frac{3}{4}\eta_C + \frac{1}{32}\eta_C^2 + \frac{1}{64}\eta_C^3 + O(\eta_C^4) \tag{2-50}$$

$$\eta_{\Omega}^{ELB} = \frac{3}{4}\eta_C + \frac{1}{32}\eta_C^2 + \frac{19+\mathrm{csch}^2(a_0/2)}{768}\eta_C^3 + O(\eta_C^4) \tag{2-51}$$

式中，a_0 为方程 $a_0 = 2\coth(a_0/2)$ 的一阶根。

从以上公式中可以看到，不同热机在 Ω 标准优化下的效率都为关于 η_C 的一阶相似，其系数为 3/4。这种相似在最小非线性模型中也可以看到[5]~[7]。

2.2 基于唯象规律的热机效率分析

非平衡态热力学中，热力学流和热力学力之间存在一定的关系，但是其唯象系数很难确定。在局部平衡条件下，Onsager 提出了唯象系数满足一定的关系，即 Onsager 关系式。对于热机而言，其熵产率可以表示为热力学流和热力学力的乘积。热力循环中的吸热量、放热量和功率可以用热力学流和热力学力来描述。基于此种关系可以构建基于唯象规律的热力循环模型。唯象规律可以描述热机中热力学流和热力学力的规律。由于基于唯象规律的线性不可逆模型要求热力循环的工作温度区间很接近，没有考虑到由于热源和热源的耦合而造成的损失，Izumida 等[8]将热力学流和热力学力的线性关系中加入二次耗散项来描述循环的热力学流和热力学力的关系，也就是本书将要研究的最小非线性模型。Izumida 等[8]研究了热机在最大输出功率时的效率，其上限为 $\eta_C/(2-\eta_C)$ 。本节将研究基于最小非线性热机模型在生态学标准和折中标准（Ω 标准）下的效率限，以及热机在任意功率下的效率限。

2.2.1 数学模型

对于一般化热机而言，工质从温度为 T_h 的高温热源吸收热量 Q_h，然后向温度为 T_c 的低温热源释放热量 Q_c，在此期间热机对外做功。在循环结束后工质恢复到其初始状态。因此工质的熵变为 0。热机的总的熵产率 $\dot{\sigma}$ 可以表示为[7]

$$\dot{\sigma} = -\frac{\dot{Q}_h}{T_h} + \frac{\dot{Q}_c}{T_c} = -\frac{P}{T_c} + \dot{Q}_h\left(\frac{1}{T_c} - \frac{1}{T_h}\right) \tag{2-52}$$

假设系统对外做功是通过一个额外的力 F 及位移 x 来实现的。对应的热力学力和热力学流可以定义为 $X_1 = F/T_c$ 和 $J_1 = \dot{x}$ 。于是功率可以表示为 $P =$

$-F\dot{x}=-J_1X_1T_c$；另外的一对热力学力和热力学流可以定义为 $X_2=1/T_c-1/T_h$ 和 $J_2=\dot{Q}_h$。为了进一步考虑到热机内部耗散，有学者在热力学流和热力学力的关系中加入二次项来描述热机[8]。

$$J_1=L_{11}X_1+L_{12}X_2 \tag{2-53}$$

$$J_2=L_{21}X_1+L_{22}X_2-\gamma_hJ_1^2 \tag{2-54}$$

在研究中，耗散作用很小，不会使系统很大程度偏离平衡态。Onsager 系数关系依然成立。二次项 $\gamma_hJ_1^2$ 表示为工质向高温热源吸热过程产生的功的耗散。γ_h 表示耗散强度（$\gamma_h>0$）。热机向低温热源放热量为

$$\dot{Q}_c=\dot{Q}_h-P=\dot{Q}_h+J_1X_1T_c\equiv J_3 \tag{2-55}$$

联立式(2-53)，式(2-54)和式(2-55)，可分别表示为

$$J_2=\frac{L_{21}}{L_{11}}J_1+L_{22}(1-q^2)X_2-\gamma_hJ_1^2 \tag{2-56}$$

$$J_3=\frac{L_{21}}{L_{11}}\frac{T_c}{T_h}J_1+L_{22}(1-q^2)X_2+\gamma_cJ_1^2 \tag{2-57}$$

式中，$q=L_{12}/\sqrt{L_{11}L_{22}}$ 为无量纲的耦合强度（$|q|\leqslant 1$）[9]；$\gamma_cJ_1^2$ 为向低温热源放热过程中产生的功的耗散；$\gamma_c=T_c/L_{11}-\gamma_h$ 为耗散强度。这两个耗散二次项导致工质向高温热源吸热减少，而向低温热源放热增加，对外输出功减少。

循环对外做功可以表示为

$$P=\frac{L_{21}}{L_{11}}\eta_CJ_1-\frac{T_c}{L_{11}}J_1^2 \tag{2-58}$$

热机的效率可表示为

$$\eta=\frac{P}{\dot{Q}_h}=\frac{\dfrac{L_{21}}{L_{11}}\eta_CJ_1-\dfrac{T_c}{L_{11}}J_1^2}{\dfrac{L_{21}}{L_{11}}J_1+L_{22}(1-q^2)X_2-\gamma_hJ_1^2} \tag{2-59}$$

2.2.2　热机在生态学优化下的效率

生态学优化标准通过引入环境温度考虑了能量的获取与损失，代表着热机做功与由环境产生的损失的一种抵消。为了便于分析，这里仅分析紧耦合下最小非线性模型在生态学优化标准下的效率。$E=P-T_0\dot{\delta}$ 表示为

$$E=\frac{L_{21}}{L_{11}}\eta_CJ_1-\frac{T_c}{L_{11}}J_1^2-T_0\left(\frac{\gamma_h}{T_h}+\frac{\gamma_c}{T_c}\right)J_1^2 \tag{2-60}$$

对式(2-60)求导，令 $\partial E/\partial J_1=0$ 可得

$$J_{1,\max E}=\frac{\dfrac{L_{21}}{L_{11}}\eta_C}{2\dfrac{T_c}{L_{11}}+2T_0\left(\dfrac{\gamma_h}{T_h}+\dfrac{\gamma_c}{T_c}\right)} \tag{2-61}$$

将式(2-61)代入式(2-59)可以得到热机在生态学优化下的效率

$$\eta_{\max E}=\eta_C\frac{\left(1+2\frac{T_0}{T_c}\right)\beta-2\frac{T_0}{T_c}\eta_C}{\left(2+2\frac{T_0}{T_c}\right)\beta-\left(2\frac{T_0}{T_c}+1\right)\eta_C}\tag{2-62}$$

式中，$\beta=\frac{T_c}{L_{11}\gamma_h}=\gamma_c/\gamma_h+1$。由于 $\gamma_c=T_c/L_{11}-\gamma_h>0$，有 $1<\beta<\infty$。通过对 β 求极限可以得到热机在生态学优化下的效率的上下限

$$\eta_{\max E}^{-}\equiv\frac{1+2\frac{T_0}{T_c}}{2+2\frac{T_0}{T_c}}\eta_C<\eta_{\max E}<\frac{1+2\frac{T_0}{T_c}-2\frac{T_0}{T_c}\eta_C}{2+2\frac{T_0}{T_c}-\left(2\frac{T_0}{T_c}+1\right)\eta_C}\eta_C\equiv\eta_{\max E}^{+}\tag{2-63}$$

根据式(2-62)，热机在对称耗散情况下（$\gamma_c/\gamma_h=1$）的效率为

$$\eta_{\max E}^{\mathrm{sym}}=\frac{2\left(1+2\frac{T_0}{T_c}\right)-2\frac{T_0}{T_c}\eta_C}{2\left(2+2\frac{T_0}{T_c}\right)-\left(2\frac{T_0}{T_c}+1\right)\eta_C}\eta_C\tag{2-64}$$

2.2.3 热机在 Ω 标准下的效率

对于热机而言，其 Ω 准则可以定义为 $\Omega=(2\eta-\eta_C)Q_h$[4]。目标函数可以表示为

$$\dot{\Omega}=2P-\eta_CJ_2=-\left(2\frac{T_c}{L_{11}}-\eta_C\gamma_h\right)J_1^2+\frac{L_{21}}{L_{11}}\eta_CJ_1-\eta_CL_{22}(1-q^2)X_2\tag{2-65}$$

对式(2-65)求导，并求解 $\partial\dot{\Omega}/\partial J_1=0$ 有

$$J_{1,\max\dot{\Omega}}=\frac{\frac{L_{21}}{L_{11}}\eta_C}{4\frac{T_c}{L_{11}}-2\eta_C\gamma_h}\tag{2-66}$$

将式(2-66)代入式(2-59)可以得到热机在 Ω 准则下的效率

$$\eta_{\max\dot{\Omega}}=\eta_C\frac{3\beta-2\eta_C}{4\beta-3\eta_C+\frac{1}{\beta}\left(\frac{1}{q^2}-1\right)(4\beta-2\eta_C)^2}\tag{2-67}$$

式中，$\beta=\frac{T_c}{L_{11}\gamma_h}=\gamma_c/\gamma_h+1$。由于 $\gamma_c=T_c/L_{11}-\gamma_h>0$，有 $1<\beta<\infty$。通过对 β 求极限可以得到热机在 Ω 准则下的效率的上下限

$$\frac{3}{4+16\left(\frac{1}{q^2}-1\right)}\eta_C\leqslant\eta_{\max\dot{\Omega}}\leqslant\frac{3-2\eta_C}{4\left(\frac{1}{q^2}-1\right)\eta_C^2-\left[3+16\left(\frac{1}{q^2}-1\right)\right]\eta_C+4+16\left(\frac{1}{q^2}-1\right)}\eta_C\tag{2-68}$$

从式(2-68)可以看到，效率的上下限都随着 q^2 的增加而单调增加。当热机在紧耦合情形下 $|q| \to 1$，效率上限取得其最大值

$$\frac{3}{4}\eta_C \leqslant \eta_{\max\dot{\Omega}} \leqslant \frac{3-2\eta_C}{4-3\eta_C}\eta_C \equiv \eta^{+}_{\max\dot{\Omega}} \tag{2-69}$$

式(2-69)与文献[5]中通过低耗散模型得到的结果相同。根据式(2-67)，热机在对称耗散情况下（$\gamma_c/\gamma_h = 1$）的效率为

$$\eta^{\text{sym}}_{\max\dot{\Omega}} = \eta_C\,\frac{6-2\eta_C}{8-3\eta_C} = \frac{3}{4}\eta_C + \frac{1}{32}\eta_C{}^2 + O(\eta_C{}^3) \tag{2-70}$$

内可逆热机在 Ω 准则下的效率为[4]

$$\eta^{\text{endo}}_{\max\dot{\Omega}} = 1 - \sqrt{\frac{(1-\eta_C)(2-\eta_C)}{2}} = \frac{3}{4}\eta_C + \frac{1}{32}\eta_C{}^2 + \frac{3}{128}\eta_C{}^3 + O(\eta_C{}^4) \tag{2-71}$$

比较式(2-70)和式(2-71)，我们可以看到，在对称耗散情况下热机在 Ω 准则下的效率二阶近似于内可逆热机的效率。这意味着此模型可以描述内可逆卡诺热机。此外，式(2-71)也可以通过低耗散模型在对称耗散的情况下得到[5]。根据文献[8]可以知道低耗散卡诺热机模型可以用于描述紧耦合下最小非线性模型。

将式(2-66)代入式(2-65)，在紧耦合情况下有

$$\dot{\Omega} = \frac{\left(\dfrac{L_{21}}{L_{11}}\eta_C\right)^2}{8\dfrac{T_c}{L_{11}} - 4\eta_C\gamma_h} \tag{2-72}$$

基于文献[8]，式(2-72)对 $\lambda = \tau_c/\tau_h$ 求导，有

$$\lambda_{\text{opt}} = \sqrt{\frac{2(1-\eta_C)}{2-\eta_C}} \tag{2-73}$$

将 $\beta_{\text{opt}} = (1-\eta_C)/\lambda_{\text{opt}} + 1$ 代入式(2-67)，得到了和式(2-71)一样的表达式。由于优化空间不同，最小非线性模型和低耗散模型在各自对称耗散情形下效率也不同。但是通过对 $\dot{\Omega}(\lambda)$ 进一步求导可得出这两种模型的一致性。根据前文分析，式(2-70)和式(2-71)二阶近似，说明对于最小非线性模型而言，吸热和放热时间对热机效率没有影响。这与前文基于牛顿传热规律在比热容之比为 1 的情况下的结论是一样的。

对于最小非线性模型而言，在紧耦合情况下（$\gamma_h = \gamma_c$），在放热和吸热过程的不可逆熵产之比为

$$\frac{\sum_c}{\sum_h} = \frac{2}{(1-\eta_C)(2-\eta_C)} \tag{2-74}$$

然而在低耗散模型中，在对称耗散的情况下，$\sum_c/\sum_h = 1$。这也解释了这两种模型在各自对称耗散情况下效率的细微差别。

式(2-56)和式(2-57)中第二项表征高温热源向低温热源的漏热。它们对最大

功率没有影响,但是会减少其效率。在非紧耦合条件下($|q|<1$),热机效率随着 q 增大而减小。基于式(2-68),热机在 Ω 准则下的效率下限由耦合强度决定。然而耦合强度取决于热机的制造和工作条件,故无法准确确定。图 2-16 显示了热机在不同耦合强度下效率限与实际热机效率的比较。实际效率位于耦合强度在 $q^2=1$ 和 $q^2=0.8$ 之间。

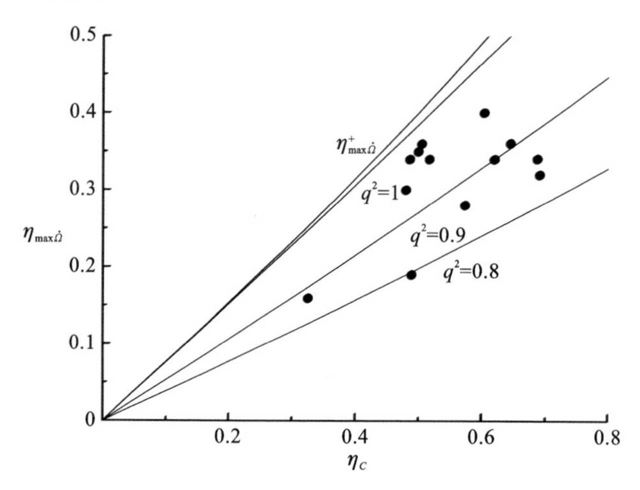

图 2-16　热机实际效率与在对称耗散情况下效率的比较

2.2.4　热机在任意输出功率下的效率

根据式(2-58),热机的输出功率取决于 J_1,对 J_1 进行求导 $\partial P/\partial J_1=0$ 可以得到热机的最大输出功率[10]

$$J_{1,\max,P}=\frac{L_{21}\eta_C}{2T_c} \tag{2-75}$$

此外,二阶导数 $\partial^2 P/\partial J_1^2<0$ 也表明 P 在 $J_{1,\max,P}$ 处取得最大值。

联立式(2-75)和式(2-53)有

$$X_{1,\max,P}=-\frac{L_{21}\eta_C}{2L_{11}T_c} \tag{2-76}$$

热机的最大输出功率及相应的效率为

$$P_{\max}=\frac{q^2L_{22}\eta_C{}^2}{4T_c} \tag{2-77}$$

$$\eta_{\max,P}=\frac{\eta_C}{2}\frac{q^2}{2-q^2\left[1+\dfrac{\eta_C}{2(1+\gamma_c/\gamma_h)}\right]} \tag{2-78}$$

为了研究热机在任意输出功率 P 时的性能,这里定义了相对功率变化和相对效率变化(δP 和 $\delta\eta$)[11]~[12]

$$\delta P = \frac{P - P_{\max}}{P_{\max}}, \delta\eta = \frac{\eta - \eta_{\max,P}}{\eta_{\max,P}} \tag{2-79}$$

热机的功率不可能超过其最大功率，由 $-1 \leqslant \delta P \leqslant 0$，可将热机功率和最大功率的比值写成

$$\frac{P}{P_{\max}} = \frac{-J_1 X_1 T_c}{-J_{1,\max,P} X_{1,\max,P} T_c} = \left(2 - \frac{X_1}{X_{1,\max,P}}\right)\frac{X_1}{X_{1,\max,P}} \tag{2-80}$$

热机在任意功率下的效率与最大功率对应的效率之比为

$$\begin{aligned}\frac{\eta}{\eta_{\max,P}} &= \frac{P}{P_{\max}} \frac{J_{2,\max,P}}{J_2} \\ &= \left(2 - \frac{X_1}{X_{1,\max,P}}\right)\frac{X_1}{X_{1,\max,P}} \frac{1 - q^2\left(\frac{1}{2} + A\right)}{1 - q^2\left[\frac{1}{2}\frac{X_1}{X_{1,\max,P}} + \left(2 - \frac{X_1}{X_{1,\max,P}}\right)^2 A\right]}\end{aligned} \tag{2-81}$$

式中，$J_{2,\max,P}$ 为热机在最大功率下的吸热量；$A = \frac{\eta_C}{4(1 + \gamma_c/\gamma_h)}$。

由于 $\eta_C < 1$ 且 $0 < \gamma_c/\gamma_h < \infty$，所以 $0 < A < \frac{1}{4}$。热力学力在 $0 < X_1/X_{1,\max,P} < 2$ 范围内有 $\eta/\eta_{\max,P} > 0$。当 $q^2 < 1$ 时，$\eta/\eta_{\max,P}$ 是 $X_1/X_{1,\max,P}$ 的凹函数。当 $X_1/X_{1,\max,P} = 2$ 时，$\eta/\eta_{\max,P} = 0$。当 $q^2 = 1$ 时，式(2-81)可写为

$$\frac{\eta}{\eta_{\max,P}} = \frac{X_1}{X_{1,\max,P}} \frac{\frac{1}{2} - A}{\frac{1}{2} - \left(2 - \frac{X_1}{X_{1,\max,P}}\right)A} \tag{2-82}$$

式(2-82)是关于 $X_1/X_{1,\max,P}$ 的单调递增函数。$X_1/X_{1,\max,P} \neq 0$ 时，$\eta/\eta_{\max,P} \neq 0$。当 $X_1/X_{1,\max,P} = 1$ 时，无论 $q^2 = 1$ 或 $q^2 \neq 1$，都有 $\eta/\eta_{\max,P} = 1$。图 2-17 为热机在 $\eta_C = 0.2$ 和 $\gamma_c/\gamma_h = 1$ 时的性能曲线。在紧耦合条件下（$q^2 = 1$），当热力学

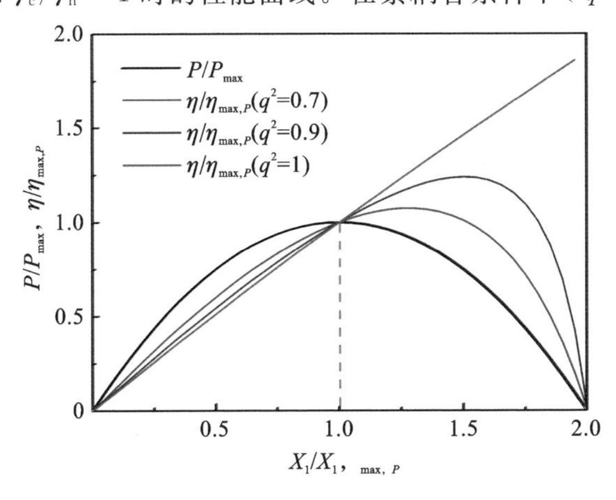

图 2-17　在不同耦合强度下热机的相对功率与效率随着热力学力的变化关系

力 $X_1 < X_{1,\max,P}$ 时，热机功率偏离其最大值，效率降低。当热力学力 $X_1 > X_{1,\max,P}$ 时，热机功率远离其最大值，效率升高。与紧耦合情况相比，非紧耦合作用会在 $X_1 < X_{1,\max,P}$ 时增加热机效率。此外存在一个最佳的热力学力使其效率最高。由于热源与冷源之间的漏热影响，最佳的热力学力位于 $X_1 > X_{1,\max,P}$ 区间。

结合式(2-79)和式(2-80)有

$$\frac{X_1}{X_{1,\max,P}} = 1 \pm \sqrt{-\delta P} \tag{2-83}$$

式(2-81)可改写为

$$\frac{\eta}{\eta_{\max,P}} = (1+\delta P)\frac{1-q^2\left[\dfrac{1}{2}+\dfrac{\eta_C}{4(1+\gamma_c/\gamma_h)}\right]}{1-q^2\left[\dfrac{1\pm\sqrt{-\delta P}}{2}+\dfrac{(1\mp\sqrt{-\delta P})^2}{4(1+\gamma_c/\gamma_h)}\eta_C\right]} \tag{2-84}$$

根据式(2-78)和式(2-84)，热机在任意功率下的效率为

$$\eta(P) = \frac{\eta_C}{4}(1+\delta P)\frac{q^2}{1-q^2\left[\dfrac{1\pm\sqrt{-\delta P}}{2}+\dfrac{(1\mp\sqrt{-\delta P})^2}{4(1+\gamma_c/\gamma_h)}\eta_C\right]} \tag{2-85}$$

1. 在紧耦合条件下的热力学效率界限

在紧耦合条件下($q^2=1$)，式(2-85)可以写成

$$\eta(P) = \frac{\eta_C}{2}\frac{1\pm\sqrt{-\delta P}}{1-\dfrac{1\mp\sqrt{-\delta P}}{2(1+\gamma_c/\gamma_h)}\eta_C} \tag{2-86}$$

式中，正号对应随热力学力的增加而效率增加的区间 $X_1 > X_{1,\max,P}$ ，负号对应随着热力学力的增加效率降低的区间 $X_1 < X_{1,\max,P}$ 。

在非对称耗散极限 $\gamma_c/\gamma_h \to \infty$ 和 $\gamma_c/\gamma_h \to 0$ 时，基于式(2-86)可以得到热机在任意功率下效率的下限和上限

$$\eta(P)^- = \frac{\eta_C}{2}(1\pm\sqrt{-\delta P}) \tag{2-87}$$

$$\eta(P)^+ = \eta_C\frac{1\pm\sqrt{-\delta P}}{2-(1\mp\sqrt{-\delta P})\eta_C} \tag{2-88}$$

式(2-87)也可以在紧耦合条件下基于线性不可逆热机模型得到[11]，在文献[11]中，式(2-87)、式(2-88)为效率的上界和下界。然而在此，式(2-87)只是在不同热力学力区间下效率的下界。在区间 $X_1 > X_{1,\max,P}$ 中，热机在任意功率下效率位于

$$\frac{\eta_C}{2}(1+\sqrt{-\delta P}) < \eta(P)_{X_1>X_{1,\max,P}} < \eta_C\frac{1+\sqrt{-\delta P}}{2-(1-\sqrt{-\delta P})\eta_C} \tag{2-89}$$

式(2-89)也可以通过低耗散热机模型导出[13]，进一步说明了低耗散模型只是紧耦合下最小非线性模型的一种特例[7]~[8]。

同理，在区间 $X_1 < X_{1,\max,P}$ 有

$$\frac{\eta_C}{2}(1-\sqrt{-\delta P})<\eta(P)_{X_1<X_{1,\max,P}}<\eta_C\frac{1-\sqrt{-\delta P}}{2-(1+\sqrt{-\delta P})\eta_C} \tag{2-90}$$

在对称耗散条件下($\gamma_c/\gamma_h=1$),效率限由下式给出

$$\eta(P)_{\text{sym}}=\eta_C\frac{1\pm\sqrt{-\delta P}}{2-(1\mp\sqrt{-\delta P})\eta_C/2} \tag{2-91}$$

如图 2-18 所示,在区间 $X_1<X_{1,\max,P}$,随着热机功率的增加(δP 从 -1 增加到 0),热机效率的上下限也增加,其界限差值也增加。在区间 $X_1>X_{1,\max,P}$,功率远离最大功率时,效率增加,效率的上下界限也增加,但是其界限差值减少。当功率消失时,效率回归于卡诺效率。

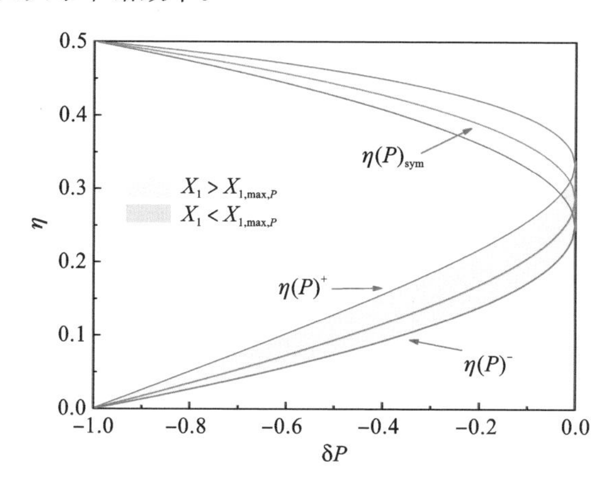

图 2-18　热机在任意功率下的效率限

当 $\delta P\rightarrow 0$ 时,式(2-89)和式(2-90)为在基于低耗散模型和最小非线性模型下的效率限[8],[14]

$$\frac{\eta_C}{2}\leqslant\eta_{\max,P}\leqslant\frac{\eta_C}{2-\eta_C} \tag{2-92}$$

基于式(2-79),相对效率变化 $\delta\eta$ 为

$$\delta\eta=\frac{(\pm\sqrt{-\delta P})\left(1-\dfrac{\eta_C}{(1+\gamma_c/\gamma_h)}\right)}{1-\dfrac{1\mp\sqrt{-\delta P}}{2(1+\gamma_c/\gamma_h)}\eta_C} \tag{2-93}$$

图 2-19 显示了相对效率变化与耗散比 γ_c/γ_h 的关系。

$\delta\eta$ 随着 γ_c/γ_h 的增加先增加后保持不变。当 $\gamma_c/\gamma_h\rightarrow\infty$ 时, $\delta\eta\rightarrow\pm\sqrt{-\delta P}$ 。在区间 $X_1>X_{1,\max,P}$,相对效率变化在非对称耗散极限 $\gamma_c/\gamma_h\rightarrow 0$ 和 $\gamma_c/\gamma_h\rightarrow\infty$ 时分别达到最小值和最大值。在区间 $X_1<X_{1,\max,P}$,相对效率变化在非对称耗散极限 $\gamma_c/\gamma_h\rightarrow 0$ 和 $\gamma_c/\gamma_h\rightarrow\infty$ 时分别达到最大值和最小值。

当 $\gamma_c/\gamma_h\rightarrow\infty$,式(2-93)可简化为

$$\delta\eta=\pm\sqrt{-\delta P} \tag{2-94}$$

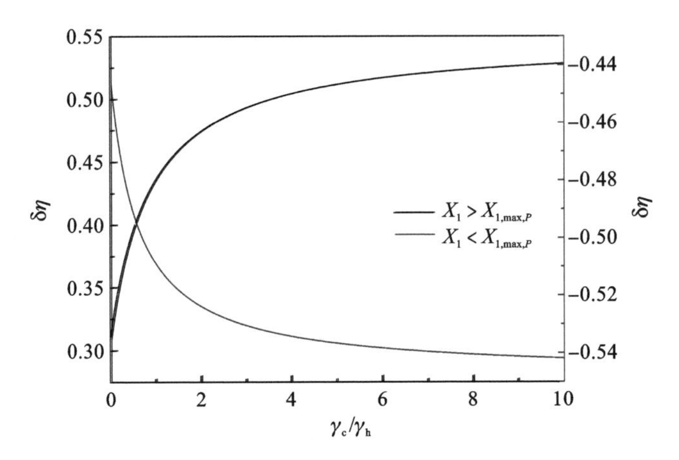

图 2-19 相对效率变化与耗散比之间关系

（其中卡诺效率为 0.5，$\delta P=-0.3$）

当 $\gamma_c/\gamma_h \to 0$，式(2-93)可简化为

$$\delta\eta=\frac{2(1-\eta_C)(\pm\sqrt{-\delta P})}{2-(1\mp\sqrt{-\delta P})\eta_C} \tag{2-95}$$

热机在任意功率输出下相对效率变化的界限为

$$\frac{2(1-\eta_C)\sqrt{-\delta P}}{2-(1-\sqrt{-\delta P})\eta_C}<\delta\eta<\sqrt{-\delta P} \quad (\text{当 } X_1>X_{1,\max,P}) \tag{2-96}$$

$$-\sqrt{-\delta P}<\delta\eta<\frac{2(1-\eta_C)(-\sqrt{-\delta P})}{2-(1+\sqrt{-\delta P})\eta_C} \quad (\text{当 } X_1<X_{1,\max,P}) \tag{2-97}$$

式(2-96)也可以通过基于低耗散热机模型分析得到[13]。如图 2-20 所示，在区间 $X_1<X_{1,\max,P}$ 内，随着功率的增加，相对效率变化增加，其上下界限也增加，而上下界限差值先增加后减少。在区间 $X_1>X_{1,\max,P}$，当热机功率远离其最大功率

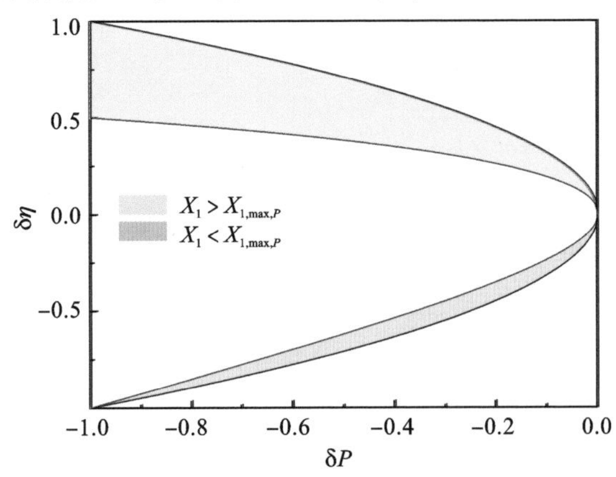

图 2-20 相对效率变化区间随着相对功率变化的关系

时，相对效率变化增加，上下界限差值也增加。当 $\delta P\to 0$ 时，$\delta\eta$ 对 δP 导数不存在，表示在接近最大功率区间工作时，效率的增益要比功率损失大得多。所以热机的最佳工作区间应为 $X_1 > X_{1,\max,P}$ 。

2. 非紧耦合条件下的效率界限

基于式(2-85)，热机在任意功率下的效率随着 q^2 的增加而增加。当 $|q|\neq 1$ 时，存在热源与冷源之间的漏热。漏热不会影响功率输出，但是会降低热机效率。因此，式(2-88)的效率限适用于任何情况。图 2-21 为不同耦合强度下的效率及相对效率变化。热机效率和在最大功率时的效率随着耦合强度的增加而增加。在区间 $X_1 > X_{1,\max,P}$ 内，相对效率变化随着耦合强度的增加而增加，在区间 $X_1 < X_{1,\max,P}$ 内，相对效率变化随着耦合强度的增加而减少，较小的功率损失可以得到较大的效率增益。

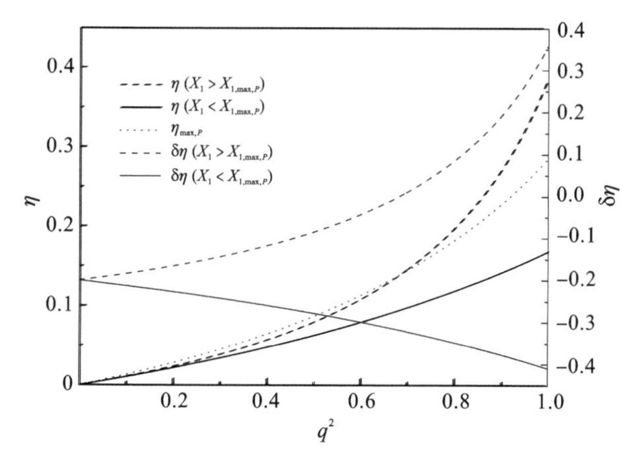

图 2-21　不同耦合强度下的效率及相对效率变化

（其中卡诺效率为 0.5，$\delta P=-0.2$，$\gamma_c/\gamma_h=1$）

2.3　基于先验概率的热机效率分析

我们在研究一个热力循环系统时，可能无法确定其影响参数的具体值，但知道其取值范围。这时我们可以根据实际情况来计算给定参数在这个范围内取值的概率，进而估算热力循环系统的性能。最近基于先验概率的热力学优化得到了一些研究成果[15]~[18]。在最大功率优化下，在对称极限中也得到了 CA 效率。这为分析热力循环系统提供了一个新的方法。此外在前人的研究中，不同热力循环模型（量子热机和布朗运动热机）也得到了相同的效率，这其中必然存在着某种联系。为了揭示这种联系，本文提出了一个统一的基于先验概率的微观模型。

2.3.1 数学模型

一个二维的微观热力系统主要由粒子、高温热源(T_1)和低温热源(T_2)组成,其中 $T_1 > T_2$,粒子与高低温热源耦合的势能分别为 ϕ_1 和 ϕ_2 。它们与其相应的热源处于热力学平衡态。假设粒子数目的概率分布函数为 $f(x)$,其中 $x = \phi_i/K_B T_i$,($i = 1,2$),K_B 为 Boltzmann 常数。这个假设与量子热力学中的 Bose-Einstein 分布、Fermi-Dirac 分布及统计热力学中的 Maxwell-Boltzmann 分布及布朗运动规律相一致[19]~[27]。所有的分布函数都是 $e^{\phi_i/K_B T_i}$ 的函数。对于费曼棘轮热机系统而言,粒子向前向后来回运动,在不同的位置与不同的热源相互接触。$f(x)$ 为粒子向前或者向后运动的概率。对于二维量子系统而言,$f(x)$ 为粒子的占有概率。在开始状态,与高温热源相接触的粒子的能量为 $E_{h,int} = \phi_1 f(\phi_1/T_1)$,粒子携带热量从高温热源移动到低温热源。在终态的对外做功过程中,两个系统交换其初始概率分布。粒子的能量为 $E_{h,fin} = \phi_1 f(\phi_2/T_2)$,粒子向高温热源吸收的热量可以表示为[28]

$$\dot{Q}_h = E_{h,int} - E_{h,fin} = \phi_1 R[f(\phi_1/T_1) - f(\phi_2/T_2)] \tag{2-98}$$

式中,R 为速率常数,具有 1/s 的量纲。

整个循环过程中,系统对外做功为

$$P = \phi_1 R[f(\phi_1/T_1) - f(\phi_2/T_2)] - \phi_2 R[f(\phi_1/T_1) - f(\phi_2/T_2)] \tag{2-99}$$

对于费曼棘轮热机而言,粒子作往复运动,在不同位置接触不同热源。也有一个交换操作,上面的吸热和做功的表达式也适用。系统的效率可以表示为

$$\eta = (\phi_1 - \phi_2)/\phi_1 \tag{2-100}$$

假设 η 是给定的,但是 ϕ_1 与 ϕ_2 的具体值不确定。根据式(2-100),ϕ_1 与 ϕ_2 满足一定的关系。因此功率可以表示为 η 和 ϕ_1 或者 η 和 ϕ_2 的函数。于是式(2-99)可以表示为

$$P(\eta,\phi_2) = \frac{\phi_2 \eta R_0}{1-\eta}\left[f\left(\frac{\phi_2}{(1-\eta)K_B T_1}\right) - f\left(\frac{\phi_2}{K_B T_2}\right)\right] \tag{2-101}$$

接下来,虽然我们不知道 ϕ_2 的具体值,但是它的取值范围为 $\phi_2 \in [\phi_2^{min}, \phi_2^{max}]$。其中 ϕ_2^{max} 和 ϕ_2^{min} 分别为 ϕ_2 的上限和下限。$\Gamma(\phi_2)$ 为其先验概率分布函数。于是功率的期望值可以写为

$$\overline{P}(\eta) = \int_{\phi_2^{min}}^{\phi_2^{max}} \frac{\phi_2 \eta R_0}{1-\eta}\left[f\left(\frac{\phi_2}{(1-\eta)K_B T_1}\right) - f\left(\frac{\phi_2}{K_B T_2}\right)\right]\Gamma(\phi_2)\,d\phi_2 \tag{2-102}$$

根据式(2-102),$\overline{P}(\eta)$ 的取值依赖于 $\Gamma(\phi_2)$ 。因此先验概率分布函数的选择对系统输出功率具有很大的影响。基于 Bayesian 统计,在一系列假设下,Thomas 和 Johal[16] 得到了其概率分布函数 $\Gamma(\phi_2) = 1/[\phi_2 \ln(\phi_2^{max}/\phi_2^{min})]$ 。它反映了粒子携带较低能量比携带较高能量要更容易些。这个概率分布已经被用于研究不同的热机[16]~[18]。式(2-102)变为

$$\overline{P}(\eta)=\frac{\eta R_0}{(1-\eta)\ln(\phi_2^{\max}/\phi_2^{\min})}\int_{\phi_2^{\min}}^{\phi_2^{\max}}\left[f\left(\frac{\phi_2}{(1-\eta)K_B T_1}\right)-f\left(\frac{\phi_2}{K_B T_2}\right)\right]\mathrm{d}\phi_2$$
$$=\frac{\eta R_0 K_B}{(1-\eta)\ln(\phi_2^{\max}/\phi_2^{\min})}[A(1-\eta)T_1-BT_2]$$

(2-103)

其中

$$A=\int_{\phi_2^{\min}/(1-\eta)K_B T_1}^{\phi_2^{\max}/(1-\eta)K_B T_1} f(x)\mathrm{d}x \tag{2-104}$$

$$B=\int_{\phi_2^{\min}/K_B T_2}^{\phi_2^{\max}/K_B T_2} f(x)\mathrm{d}x \tag{2-105}$$

2.3.2　热机在最大输出功率下的效率

根据式(2-104)和式(2-105)，B 与效率 η 无关，而 A 与其有关。通过对式(2-103)求导，并令 $\partial\overline{P}(\eta)/\partial\eta=0$ 可以得到在最大期望功率时的效率

$$AT_1+\frac{\eta}{K_B(1-\eta)^2}\left[\phi_2^{\max}f\left(\frac{\phi_2^{\max}}{(1-\eta)K_B T_1}\right)-\phi_2^{\min}f\left(\frac{\phi_2^{\min}}{(1-\eta)K_B T_1}\right)\right]$$
$$-\frac{BT_2}{(1-\eta)^2}=0$$

(2-106)

式(2-106)为在先验概率下，热机在最大功率时效率的一般约束式。其效率取决于粒子的概率分布函数和能量的取值范围。

当 $\phi_2^{\min}/K_B T_2\rightarrow 0$ 和 $\phi_2^{\max}/K_B T_2\rightarrow\infty$ 时，基于 ϕ_1 与 ϕ_2 的约束关系，我们可以得到 $\phi_i^{\min}/K_B T_i\rightarrow 0$ 和 $\phi_i^{\max}/K_B T_i\rightarrow\infty$（$i=1,2$）。此时 $A=B$，式(2-106)简化为

$$T_1-\frac{T_2}{(1-\eta)^2}=0 \tag{2-107}$$

求解式(2-107)有

$$\eta_{\overline{P}}=1-\sqrt{T_2/T_1}\equiv\eta_{CA} \tag{2-108}$$

式(2-108)与 CA 效率的表达式相同。CA 效率在内可逆卡诺热机、线性不可逆热机以及低耗散与最小非线性模型在对称耗散情况下的值也可得出[14],[29]~[32]。在 $\phi_i^{\min}/K_B T_i\rightarrow 0$ 和 $\phi_i^{\max}/K_B T_i\rightarrow\infty$ 时，本文模型适用于任何基于先验概率分布的微观热机模型。例如当概率分布函数为 $f(x)=\mathrm{e}^{-\phi_i/K_B T_i}$，本文微观模型变为费曼棘轮热机模型。式(2-106)变为

$$T_1(\mathrm{e}^{-\phi_2^{\min}/(1-\eta)T_1}-\mathrm{e}^{-\phi_2^{\max}/(1-\eta)T_1})+\frac{\eta}{(1-\eta)^2}(\phi_2^{\max}\mathrm{e}^{-\phi_2^{\max}/(1-\eta)T_1}-\phi_2^{\min}\mathrm{e}^{-\phi_2^{\min}/(1-\eta)T_1})$$
$$-\frac{T_2}{(1-\eta)^2}(\mathrm{e}^{-\phi_2^{\min}/T_2}-\mathrm{e}^{-\phi_2^{\max}/T_2})=0$$

(2-109)

基于式(2-109)可以得到效率随着 $\phi_2^{\min}$ 与 $\phi_2^{\max}$ 的变化关系，如图 2-22 所示。当 $\phi_i^{\max}/K_B T_i \to \infty$ 和 $\phi_i^{\min}/K_B T_i \to 0$ 时，效率趋向于 CA 效率。在文献[15]~[16]中 Johal 等研究了分布函数为 $f(x) = 1/(e^{\phi_i/K_B T_i} + 1)$ 的量子热机，在相同的极限下也得到了 CA 效率。

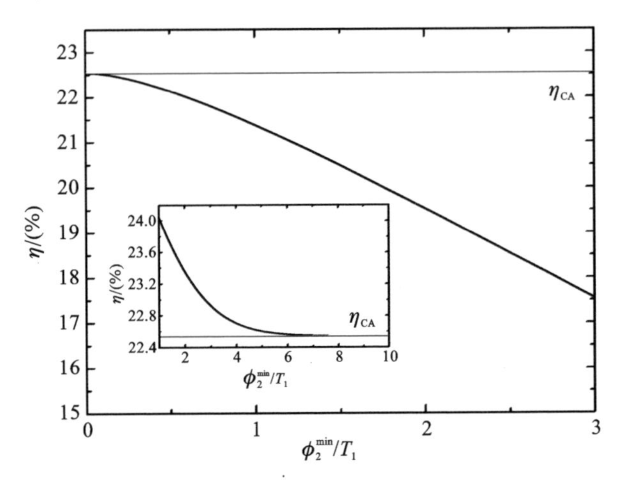

图 2-22　效率随着 $\phi_2^{\min}$ 与 $\phi_2^{\max}$ 的变化关系

(其中 $T_1=500$ K，$T_2=300$ K)

2.4　本章小结

本章基于一般化的非等温并且具有内部不可逆性的热机模型，分析了热机在最大输出功率、生态学准则和 Ω 准则优化下热机的性能，得到了在不同优化准则下热机效率限的理论值；分析了基于唯象规律的最小非线性模型热机在生态学准则和 Ω 准则优化下热机效率的理论限，揭示了最小非线性模型和低耗散模型的联系；对热机在任意输出功率下的效率进行了研究，得到了热机最优的工作区间；为阐明基于先验概率的不同微观热力循环模型具有相同效率的现象，提出了一个统一的基于先验概率的微观模型。

参考文献

[1] LONG R，LIU W. Unified trade-off optimization for general heat devices with nonisothermal processes[J]. Physical Review E，2015，91(4)：042127.

[2] LONG R，LIU W. Ecological optimization for general heat engines[J]. Physica A：Statistical Mechanics and its Applications，2015，434：232-239.

[3] CHEN J. The maximum power output and maximum efficiency of an irreversible Carnot heat engine[J]. Journal of Physics D: Applied Physics, 1994,27(6):1144.

[4] HERNáNDEZ A C, MEDINA A, ROCO J, et al. Unified optimization criterion for energy converters[J]. Physical Review E,2001,63(3):037102.

[5] DE TOMAS C,ROCO J M M,HERNáNDEZ A C,et al. Low-dissipation heat devices:Unified trade-off optimization and bounds[J]. Physical Review E,2013,87(1):012105.

[6] SCHMIEDL T,SEIFERT U. Efficiency at maximum power:An analytically solvable model for stochastic heat engines[J]. Europhysics Letters,2008, 81:20003.

[7] LONG R,LIU Z,LIU W. Performance optimization of minimally nonlinear irreversible heat engines and refrigerators under a trade-off figure of merit [J]. Physical Review E,2014,89(6):062119.

[8] IZUMIDA Y, OKUDA K. Efficiency at maximum power of minimally nonlinear irreversible heat engines [J]. Europhysics Letters, 2012, 97 (1):10004.

[9] VAN DEN BROECK C. Thermodynamic efficiency at maximum power[J]. Physical Review Letters,2005,95(19):190602.

[10] LONG R, LIU W. Efficiency and its bounds of minimally nonlinear irreversible heat engines at arbitrary power[J]. Physical Review E,2016, 94(5-1):052114.

[11] RYABOV A, HOLUBEC V. Maximum efficiency of steady-state heat engines at arbitrary power[J]. Physical Review E,2016,93(5):050101.

[12] HOLUBEC V,RYABOV A. Efficiency at and near maximum power of low-dissipation heat engines[J]. Physical Review E,2015,92(5):052125.

[13] HOLUBEC V,RYABOV A. Maximum efficiency of low-dissipation heat engines at arbitrary power[J]. Journal of Statistical Mechanics Theory & Experiment,2016,2016(7):073204.

[14] ESPOSITO M, KAWAI R, LINDENBERG K, et al. Efficiency at maximum power of low-dissipation Carnot engines[J]. Physical Review Letters,2010,105(15):150603.

[15] JOHAL R S. Universal efficiency at optimal work with Bayesian statistics [J]. Physical Review E,2010,82(6):061113.

[16] THOMAS G,JOHAL R S. Expected behavior of quantum thermodynamic machines with prior information [J]. Physical Review E, 2012, 85

(4):041146.

[17] THOMAS G,ANEJA P,JOHAL R S. Informative priors and the analogy between quantum and classical heat engines[J]. Physica Scripta, 2012, T151:014031.

[18] ANEJA P,JOHAL R S. Prior information and inference of optimality in thermodynamic processes[J]. Journal of Physics A: Mathematical and Theoretical,2013,46(36):365002.

[19] NIVEN R K. Exact Maxwell-Boltzmann, Bose-Einstein and Fermi-Dirac statistics[J]. Physics Letters A,2005,342(4):286-293.

[20] CRACKNELL R F, NICHOLSON D, QUIRKE N. Direct molecular dynamics simulation of flow down a chemical potential gradient in a slit-shaped micropore[J]. Physical Review Letters,1995,74(13):2463.

[21] UEHLING E A,UHLENBECK G. Transport phenomena in Einstein-Bose and Fermi-Dirac gases. I[J]. Physical Review,1933,43(7):552.

[22] MEWES M O,ANDREWS M,KURN D,et al. Output coupler for Bose-Einstein condensed atoms[J]. Physical Review Letters,1997,78(4):582.

[23] KARATZAS I. Brownian motion and stochastic calculus[M]. Springer, 1991.

[24] EINSTEIN A. Investigations on the theory of the Brownian movement [M]. Courier Dover Publications,1956.

[25] SONNTAG R E, VANWYLEN G J. Introduction to thermodynamics: classical and statistical[M]. Wiley New York,1982.

[26] ACIKKALP E, CANER N. Determining performance of an irreversible nano scale dual cycle operating with Maxwell-Boltzmann gas[J]. Physica A:Statistical Mechanics and its Applications,2015,424:342-349.

[27] ACIKKALP E,CANER N. Determining of the optimum performance of a nano scale irreversible Dual cycle with quantum gases as working fluid by using different methods [J]. Physica A: Statistical Mechanics and its Applications,2015,433(0):247-258.

[28] LONG R,LIU W. Performance of micro two-level heat devices with prior information[J]. Physics Letters A,2015,379(36):1979-1982.

[29] WANG J, HE J. Efficiency at maximum power output of an irreversible Carnot-like cycle with internally dissipative friction[J]. Physical Review E,2012,86(5):051112.

[30] WANG Y, TU Z C. Efficiency at maximum power output of linear irreversible Carnot-like heat engines[J]. Physical Review E, 2012, 85

(1):011127.

[31] GUO J, WANG J, WANG Y, et al. Universal efficiency bounds of weak-dissipative thermodynamic cycles at the maximum power output[J]. Physical Review E, 2013, 87(1):012133.

[32] WANG J, HE J, WU Z. Efficiency at maximum power output of quantum heat engines under finite-time operation[J]. Physical Review E, 2012, 85(3):031145.

第3章　渗透热机的原理

低品位能源发电技术为提高能量利用效率、减少一次能源消耗、实现“碳达峰”和“碳中和”提供了有力的解决方案。热力循环是能量转换的主要实现方式，也是实现“热—电”转换的主要途径。传统的热力循环系统以纯物质或混合物质的气态或液-气态为工质（如有机物朗肯循环中的有机工质），将外界热量转换成工质的热力学能，然后通过膨胀机对外做功提取电能。系统需要建立较高的热力学能势差来实现高效的热功转换，而低温余热不能为传统热力循环系统建立较高的热力学能势差，因此传统热力循环在回收低温余热时能量转换效率极低。目前有机朗肯循环、卡琳娜循环等被广泛研究用于回收温度高于 100 ℃的余热，并具有良好的应用前景。但对于温度低于 80 ℃余热资源的利用问题，现有的热力循环手段能量转换效率极低，迫切需要构建新型高效的热力循环系统，实现低温余热的有效利用与转化。

3.1　渗透热机的运行原理

渗透热机（osmotic heat engine，OHE）是以盐溶液为工质的热力循环系统，将外界热量转变成基于溶液浓度变化的吉布斯自由能，然后通过盐差能利用技术提取电能。整个系统具有一般热机的“热—功”转换特性，被用来回收低于 80 ℃的余热资源。渗透热机由盐溶液分离单元和能量提取单元组成。盐溶液分离单元指将盐溶液分离成两种浓度不同的溶液，可通过热量或动力驱动技术实现。常见的热量驱动分离技术有膜蒸馏（membrane distillation，MD）技术、多效蒸馏（multi-effect distillation，MED）技术、吸附式蒸馏（adsorption distillation，AD）技术等。常见的动力驱动分离技术有电渗析（electrodialysis，ED）技术和反渗透（reverse osmosis，RO）技术等。能量提取单元主要基于盐差能利用技术，将从盐溶液分离单元中产生的高浓度和低浓度溶液的混合吉布斯自由能转换为电能对外输出。常见的盐差能利用技术有压力延迟渗透（pressure retarded osmosis，PRO）技术和反向电渗析（revers electrodialysis，RED）技术。

3.1.1　渗透热机的构建

一般而言渗透热机有两种构建方式：一种是基于溶液热分离技术和盐差能利用技术的渗透热机循环系统；另一种是基于动力驱动分离技术和盐差能利用技术

的渗透热机循环系统。

1. 基于溶液热分离技术和盐差能利用技术的渗透热机

图 3-1 为基于溶液热分离技术和盐差能利用技术的渗透热机示意图。该系统在低温余热的驱使下基于热量驱动分离技术(如膜蒸馏、吸附式蒸馏和多效蒸馏)将一定浓度的盐溶液分离成高、低浓度溶液,实现了低品位热能到溶液的混合吉布斯自由能的转换。溶液的混合吉布斯自由能经盐差能利用技术(如反向电渗析和压力延迟渗透等)转换为电能。于是整个系统实现了一般热机的"热—功"转换功能。这类热机有很多不同的结构形式,比如基于膜蒸馏与压力延迟渗透的渗透热机等。

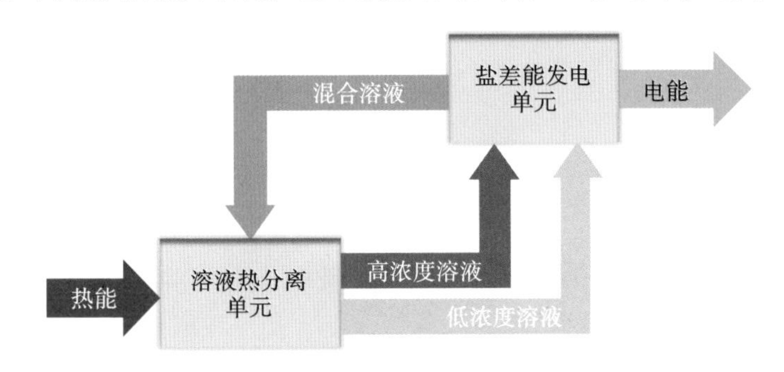

图 3-1 基于溶液热分离技术和盐差能利用技术的渗透热机示意图

2. 基于溶液动力驱动分离技术和盐差能利用技术的渗透热机

图 3-2 为基于溶液动力驱动分离技术和盐差能利用技术的渗透热机示意图。该系统在较低温度下利用动力驱动分离技术(如反渗透和电渗析等)将一定浓度的盐溶液分离成高、低浓度溶液。其产生的高、低浓度溶液经低温余热加热升温,溶液的混合吉布斯自由能将升高。溶液的混合吉布斯自由能经盐差能利用技术转换为电能。在一定条件下可使动力驱动分离技术所消耗的功量小于盐差能利用技术提取的功量,整个系统对外输出净功,从而实现了一般化热机"热—功"的转换特性。该系统由四个基本过程组成:溶液分离过程(耗功)、加热过程、能量提取过程(做功)和冷却过程。在溶液分离过程中可使用电渗析或反渗透产生高浓度和低浓度溶液。在能量提取过程中使用反向电渗析或压力延迟渗透,从产生的盐度梯度能中提取能量。在溶液被加热和冷却过程管路中可以放置一个回热器,以减少外界热量输入。在理想回热的情况下,该类型循环具有类斯特林循环的形式。与基于溶液热分离技术和盐差能利用技术的渗透热机相比,基于溶液动力驱动分离技术和盐差能利用技术的渗透热机具有实现更高能量转换效率的潜力。

3.1.2 盐溶液分离单元

渗透热机中盐溶液分离单元所采用的技术手段可根据驱动分离过程所需的能量类型分为热量驱动分离技术和动力驱动分离技术。

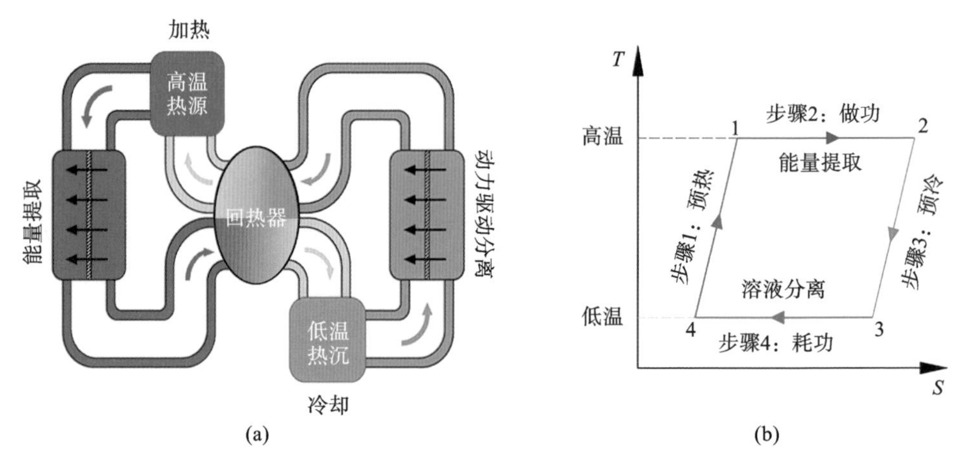

图 3-2　基于溶液动力驱动分离技术和盐差能利用技术的渗透热机示意图

1．热量驱动分离技术

热量驱动分离技术通过蒸发相变从盐溶液中提取纯溶剂或去除溶液中易被热分解的盐来实现溶液分离[1]。多效蒸馏(MED)是一项成熟的商业技术，到 2019 年，MED 技术占脱盐市场份额为 7%，是所有热脱盐技术中效率最高的。在 70 ℃以下，MED 每立方米产水的比电能和比热能耗分别为 1.5 kW·h 和 6 kW·h[2]~[5]。在 MED 过程中，盐溶液在第一阶段被低温热源加热而蒸发，蒸汽的潜热在下一次的蒸发过程被利用，同时每个阶段的蒸汽被冷凝并收集以得到稀溶液，直到蒸汽温度降至 30～40 ℃[6]。膜蒸馏(MD)是一种与膜技术相结合的热量驱动分离技术。膜蒸馏系统具有运行温度低、技术复杂度低、施工成本低等优点，适用于小型渗透热机系统。在膜蒸馏过程中，高、低浓度溶液被多孔疏水膜隔开。在外界热能驱使下，盐溶液中的水在膜的一侧相变为蒸汽。在疏水膜界面产生的蒸汽压差驱动下，蒸汽实现跨膜迁移并在另一侧冷凝，从而实现盐溶液的分离[7]~[11]。根据产水侧蒸汽冷凝不同的机理，MD 一般可分为四种不同的亚型：直接接触式膜蒸馏(direct contact membrane distillation，DCMD)、气隙式膜蒸馏(air-gap membrane distillation，AGMD)、减压膜蒸馏(vacuum membrane distillation，VMD)和扫气式膜蒸馏(sweeping-gas membrane distillation，SGMD)[3]。近年来，吸附式蒸馏(AD)可以利用比 MED 和 MD 更低温度的低温热能(低至 40 ℃)，已经成为渗透热机盐溶液分离单元中极有竞争力的候选技术[12]。在 AD 过程中，溶剂在蒸发器中相变为蒸汽，并被多孔吸附剂吸附，在外界热源的驱动下，吸附的溶剂从吸附剂中解附，进入冷凝器，产生稀溶液[13]~[17]。上述的盐溶液热分离都通过从盐溶液中提取纯溶剂来实现。从溶液中提取盐是热量驱动分离的另一种实现方案，在这种方案中碳酸氢铵(NH_4HCO_3)常被用作热分解盐[18]。碳酸氢铵溶液在低温热能的驱动下可热分解成二氧化碳和氨气，从而产生稀溶液。同时，将分解生成的二氧化碳和氨气重新溶解在碳酸氢铵溶液中来制备浓溶液。

2. 动力驱动分离技术

动力驱动分离技术为渗透热机中盐溶液分离单元可采用的另一种分离技术。动力驱动的分离过程通常与膜技术相联系。反渗透(RO)是应用最广泛的脱盐技术,占全球海水淡化容量的69%[4]。在反渗透(RO)过程中,向高浓度溶液侧施加压力以对抗膜两侧的渗透压差。在压力驱动下,溶剂从高浓度侧向低浓度侧迁移,从而实现盐溶液的分离[19]。电渗析(ED)是一种借助于外部直流电的动力驱动分离技术。阳离子/阴离子被迫在电流的驱动下定向通过交替安装的阳离子/阴离子交换膜(CEM/AEM),从而实现溶液的稀释或浓缩。

3.1.3 能量提取单元

渗透热机中能量提取单元将盐溶液分离单元中产生的不同浓度溶液的混合吉布斯自由能转化为电能。从溶液的混合吉布斯自由能中获取电能主要由盐差能利用技术实现。其中,反向电渗析(RED)和压力延迟渗透(PRO)是最具代表性,也是目前发展最好的技术。

RED的概念最早由Pattle在1954年提出,然后在过去的几十年里得到了广泛的研究[20]。在RED过程中,阴、阳离子在盐度梯度驱动下定向通过离子交换膜,通过电极上的氧化还原反应对外输出电能[21]。目前对RED的研究主要集中在建模与仿真[22]~[25]、膜堆设计[26]~[27]、膜的开发[28]~[31]、性能优化[32]~[37]和应用[1],[38]~[40]等方面。1973年,PRO系统首次由Leob提出[41]。但是多年来受限于膜性能,其发展一直受到阻碍[42]。随着膜技术的发展,PRO的性能有了很大提高,它相较于其他盐差能发电技术具有更高的功率密度和效率[43]。在PRO系统中,浓溶液和稀溶液被半透膜分离在两侧。在跨膜盐度梯度产生的渗透势驱动下,低浓度侧的溶剂渗透到加压的高浓度侧,然后利用水轮机减压发电[44]。

最近,一些新盐差能利用技术也被提出,如基于双电层的电容混合(CapMix)[45]~[47]和基于特定离子电极反应的混合熵电池(MEB)[48]~[51]。整个技术系列可简称为蓄电池混合(AccMix)。目前AccMix的性能在效率和功率密度上略逊于RED和PRO,但仍处于研究阶段。该技术在渗透热机能量提取单元中的应用值得进一步评估和发展。

3.2 渗透热机的分类

渗透热机虽然有两种构建方式,但一般根据其能量提取单元的所采用的技术手段对其进行分类。常见的有基于压力延迟渗透的渗透热机和基于反向电渗析的渗透热机。

3.2.1 基于压力延迟渗透的渗透热机

基于压力延迟渗透的渗透热机概念由 Loeb[52] 在 1975 年提出。其后许多学者对基于 PRO 的渗透热机系统进行了研究。Altaee 等人[53] 构建了采用 MED 分离技术的 MED-PRO 渗透热机，对比了单级和双级 PRO 构型对 MED-PRO 渗透热机的影响，发现双级 PRO 构型比单级 PRO 构型可提高 18% 的发电性能。Tong 等人[54] 合成了一种独立的氧化石墨烯膜，研究了其在基于 PRO 的渗透热机中的应用，由于去除了膜的支撑层，内部的浓差极化显著降低，获得了较高的水通量和功率密度。Lin 等人[55] 提出了一种 MD-PRO 渗透热机系统，评估了其热力学性能和能量转换效率，以 1.0 mol/kg 的 NaCl 溶液为工质，在热源温度为 60 ℃ 且热沉温度为 20 ℃时，理论能量转换效率可达 9.8%。Shaulsky 等人[56] 研究了甲醇作为溶剂在 MD-PRO 渗透热机系统中的性能，当 3 mol/kg LiCl-CH_3OH 为工作溶液时，热机系统最大功率密度为 72.1 W/m^2。McGinnis 等人[57] 提出了基于NH_4HCO_3热分解的 PRO 渗透热机系统，其效率达到 5%～10%，功率密度则达到 200 W/m^2。Tong 等人[58] 从热力学效率、系统性能和合适的应用场景等方面系统地研究了基于 NH_4HCO_3 热分解的 PRO 渗透热机，当热源温度为 323 K，浓溶液和稀溶液的浓度分别为 2 mol/kg 和 0.01 mol/kg 时，系统的能量效率和㶲效率分别达到 4.61% 和 17.90%。Zhao 等[59] 和 Long 等[60] 基于稳态模型研究了 AD-PRO 渗透热机系统在不同运行条件和工作溶液下的性能，与水溶液为工质相比，以甲醇盐溶液为工质时，渗透热机的性能可以得到较大提升。Long 等[61] 基于巨正则系蒙特卡洛方法和机器学习方法对以甲醇盐溶液为工质的 AD-PRO 渗透热机的吸附剂筛选进行了研究，揭示了吸附剂特性与系统性能之间的关系。此外，Long 等[62] 构建了 RO-PRO 渗透热机系统，当热源和冷源温度分别为 60 ℃和 20 ℃，回热效率为 90%时，系统的能量转换效率达到 1.4%。

3.2.2 基于反向电渗析的渗透热机

基于反向电渗析的渗透热机概念最早由 Loeb 于 1979 年提出[63]。在基于 RED 的渗透热机中，盐的种类不仅影响 RED 过程性能，还影响热分离过程性能，进而决定整个系统的性能，因此选择合适的具有特定性质的盐溶液具有重要意义。Micari 等人[64] 实验研究了纯单价盐（LiCl、NH_4Cl 和 NaCl）和二元混合盐（NaCl-NH_4Cl、NH_4Cl-LiCl 和 NaCl-LiCl）对 RED 渗透热机发电性能的影响。发现对于纯盐溶液，NH_4Cl 溶液在浓度范围（0.5～5 mol/kg）内表现最好。LiCl 溶液浓度越大，系统的功率密度越高。对于混合盐溶液，在某些情况下其电阻低于相应的两种纯盐溶液的电阻，从而导致更高的功率密度。Giacalone 等人[65] 从理论上分析了一些非常规盐（LiCl、NaAc、CsAc 和 KAc）对 RED 渗透热机性能的影响，当 LiCl 和 KAc 浓度为 15～17 mol/kg 时，其热效率最高为 13%，㶲效率达到 50%。Ortega-Delgado 等人[66]比较两种工作盐（NaCl 和 KAc）对 MED-RED 渗透热机中的性能的影响，在热源温度为 80 ℃时采用 NaCl 溶液为工质时理论热效率为 6.3%，采用 KAc 溶液为工质时理论热效率达到 10%。胡军勇[67]也研究了 MED-RED 渗透热机，在热源与冷源温度分别为 80 ℃和 20 ℃时，能量转化效率为 1.27%。Long 等人[39]提出了 DCMD-RED 渗透热机系统，在热源温度和冷源温度分别为 60 ℃和 20 ℃，电效率可达 1.15%。Olkis 等人[12]提出了 AD-RED 渗透热机基于稳态模型的系统理论㶲效率可达 30%。Zhao 等[38]对 AD-RED 渗透热机性能进行了动态模拟，当热源和冷源温度分别为 70 ℃和 20 ℃时，系统的电效率和 COP 分别为 0.39%和 0.84%。Zhao 等[68]进一步改进了 AD-RED 系统的构型，采用了不同热量回收方式来增加系统的热电转换性能。此外，Giacalone 等人[69]构建了基于 NH_4HCO_3 热分解的 RED 渗透热机模型，该系统可连续稳定运行 55 小时以上。

3.3　本章小结

渗透热机是以盐溶液为工质，将外界热量转变成基于溶液浓度变化的吉布斯自由能，并通过盐差能利用技术提取电能的热力循环系统。整个系统具有一般热机“热—功”转换特性，可用于低品位余热资源回收利用。本章讲述了渗透热机的原理及构建方式。渗透热机有两种构建方式：一种是构建基于溶液热分离技术和盐差能利用技术的渗透热机循环系统；另一种是构建基于动力驱动分离技术和盐差能利用技术的渗透热机循环系统。

参考文献

[1] TAMBURINI A, TEDESCO M, CIPOLLINA A, et al. Reverse electrodialysis heat engine for sustainable power production[J]. Applied Energy, 2017, 206:1334-1353.

[2] OPHIR A, LOKIEC F. Advanced MED process for most economical sea water desalination[J]. Desalination, 2005, 182(1):187-198.

[3] MICALE G, CIPOLLINA A, RIZZUTI L. Seawater desalination for freshwater production[M]. Springer Berlin Heidelberg, 2009.

[4] JONES E, QADIR M, VAN VLIET M T H, et al. The state of desalination and brine production: A global outlook[J]. Science of The Total Environment,

2019,657:1343-1356.

[5] LATTEMANN S,HöPNER T. Environmental impact and impact assessment of seawater desalination[J]. Desalination,2008,220(1):1-15.

[6] MISTRY K H,ANTAR M A,LIENHARD V J H. An improved model for multiple effect distillation[J]. Desalination and Water Treatment,2013,51(4-6):807-821.

[7] LIN S,YIP N Y,ELIMELECH M. Direct contact membrane distillation with heat recovery:Thermodynamic insights from module scale modeling[J]. Journal of Membrane Science,2014,453:498-515.

[8] ALKHUDHIRI A,DARWISH N,HILAL N. Membrane distillation:A comprehensive review[J]. Desalination,2012,287:2-18.

[9] MILADI R,FRIKHA N,KHEIRI A,et al. Energetic performance analysis of seawater desalination with a solar membrane distillation[J]. Energy Conversion and Management,2019,185:143-154.

[10] KUANG Z,LONG R,LIU Z,et al. Analysis of temperature and concentration polarizations for performance improvement in direct contact membrane distillation[J]. International Journal of Heat and Mass Transfer,2019,145:118724.

[11] LONG R,LAI X,LIU Z,et al. Direct contact membrane distillation system for waste heat recovery:Modelling and multi-objective optimization[J]. Energy,2018,148:1060-1068.

[12] OLKIS C,SANTORI G,BRANDANI S. An adsorption reverse electrodialysis system for the generation of electricity from low-grade heat[J]. Applied Energy,2018,231:222-234.

[13] WU J W,BIGGS M J,HU E J. Thermodynamic analysis of an adsorption-based desalination cycle[J]. Chemical Engineering Research and Design,2010,88(12):1541-1547.

[14] NAEIMI A,NOWEE S M,AKHLAGHI AMIRI H A. Numerical simulation and theoretical investigation of a multi-cycle dual-evaporator adsorption desalination and cooling system[J]. Chemical Engineering Research and Design,2020,156:402-413.

[15] DAKKAMA H J,YOUSSEF P G,AL-DADAH R K,et al. Adsorption ice making and water desalination system using metal organic frameworks/water pair[J]. Energy Conversion and Management,2017,142:53-61.

[16] LI M,ZHAO Y,LONG R,et al. Computational fluid dynamic study on adsorption-based desalination and cooling systems with stepwise porosity

distribution[J]. Desalination,2021,508:115048.

[17] LI M,ZHAO Y,LONG R,et al. Field synergy analysis for heat and mass transfer characteristics in adsorption-based desalination and cooling systems [J]. Desalination,2021,517:115244.

[18] MCCUTCHEON J R, MCGINNIS R L, ELIMELECH M. A novel ammonia—carbon dioxide forward (direct) osmosis desalination process [J]. Desalination,2005,174(1):1-11.

[19] LONG R,LAI X,LIU Z,et al. A continuous concentration gradient flow electrical energy storage system based on reverse osmosis and pressure retarded osmosis[J]. Energy,2018,152:896-905.

[20] PATTLE R. Production of electric power by mixing fresh and salt water in the hydroelectric pile[J]. Nature,1954,174(4431):660-660.

[21] TIAN H,WANG Y,PEI Y,et al. Unique applications and improvements of reverse electrodialysis:A review and outlook[J]. Applied Energy,2020, 262:114482.

[22] GURRERI L, CIOFALO M, CIPOLLINA A, et al. CFD modelling of profiled-membrane channels for reverse electrodialysis[J]. Desalination and Water Treatment,2015,55(12):3404-3423.

[23] TEDESCO M, MAZZOLA P, TAMBURINI A, et al. Analysis and simulation of scale-up potentials in reverse electrodialysis[J]. Desalination and Water Treatment,2015,55(12):3391-3403.

[24] TEDESCO M, CIPOLLINA A, TAMBURINI A, et al. Modelling the reverse electrodialysis process with seawater and concentrated brines[J]. Desalination and Water Treatment,2012,49(1-3):404-424.

[25] LONG R, LI B, LIU Z, et al. Reverse electrodialysis: Modelling and performance analysis based on multi-objective optimization[J]. Energy, 2018,151:1-10.

[26] VEERMAN J, POST J W, SAAKES M, et al. Reducing power losses caused by ionic shortcut currents in reverse electrodialysis stacks by a validated model[J]. Journal of Membrane Science,2008,310(1):418-430.

[27] DŁUGOŁĘCKI P,DĄBROWSKA J,NIJMEIJER K,et al. Ion conductive spacers for increased power generation in reverse electrodialysis[J]. Journal of Membrane Science,2010,347(1):101-107.

[28] GI HONG J, CHEN Y. Evaluation of electrochemical properties and reverse electrodialysis performance for porous cation exchange membranes with sulfate-functionalized iron oxide[J]. Journal of Membrane Science,

2015,473:210-217.

[29] GULER E,ZHANG Y,SAAKES M,et al. Tailor-made anion-exchange membranes for salinity gradient power generation using reverse electrodialysis [J]. ChemSusChem,2012,5(11):2262-2270.

[30] KOTOKA F,MERINO-GARCIA I,VELIZAROV S. Surface modifications of anion exchange membranes for an improved reverse electrodialysis process performance:A review[J]. Membranes,2020,10(8):160.

[31] FAN H,HUANG Y,YIP N Y. Advancing the conductivity-permselectivity tradeoff of electrodialysis ion-exchange membranes with sulfonated CNT nanocomposites[J]. Journal of Membrane Science,2020,610:118259.

[32] SIMõES C,PINTOSSI D,SAAKES M,et al. Electrode segmentation in reverse electrodialysis: Improved power and energy efficiency [J]. Desalination,2020,492:114604.

[33] KIM H,YANG S,CHOI J,et al. Optimization of the number of cell pairs to design efficient reverse electrodialysis stack[J]. Desalination,2021,497.

[34] VERMAAS D A,VEERMAN J,SAAKES M,et al. Influence of multivalent ions on renewable energy generation in reverse electrodialysis [J]. Energy & Environmental Science,2014,7(4):1434-1445.

[35] VEERMAN J,DE JONG R M,SAAKES M,et al. Reverse electrodialysis: Comparison of six commercial membrane pairs on the thermodynamic efficiency and power density[J]. Journal of Membrane Science,2009,343(1):7-15.

[36] VERMAAS D A,VEERMAN J,YIP N Y,et al. High efficiency in energy generation from salinity gradients with reverse electrodialysis[J]. ACS Sustainable Chemistry & Engineering,2013,1(10):1295-1302.

[37] LONG R,LI B,LIU Z,et al. Performance analysis of reverse electrodialysis stacks:Channel geometry and flow rate optimization[J]. Energy,2018,158:427-436.

[38] ZHAO Y,LI M,LONG R,et al. Dynamic modelling and analysis of an adsorption-based power and cooling cogeneration system [J]. Energy Conversion and Management,2020,222:113229.

[39] LONG R,LI B,LIU Z,et al. Hybrid membrane distillation-reverse electrodialysis electricity generation system to harvest low-grade thermal energy[J]. Journal of Membrane Science,2017,525:107-115.

[40] LI W,KRANTZ W B,CORNELISSEN E R,et al. A novel hybrid process of reverse electrodialysis and reverse osmosis for low energy seawater

desalination and brine management [J]. Applied Energy, 2013, 104: 592-602.

[41] LEE K L, BAKER R W, LONSDALE H K. Membranes for power generation by pressure-retarded osmosis[J]. Journal of Membrane Science, 1981, 8 (2): 141-171.

[42] LOGAN B E, ELIMELECH M. Membrane-based processes for sustainable power generation using water[J]. Nature, 2012, 488(7411): 313-319.

[43] LEE C, CHAE S H, YANG E, et al. A comprehensive review of the feasibility of pressure retarded osmosis: Recent technological advances and industrial efforts towards commercialization [J]. Desalination, 2020, 491: 114501.

[44] TAWALBEH M, AL-OTHMAN A, ABDELWAHAB N, et al. Recent developments in pressure retarded osmosis for desalination and power generation[J]. Renewable and Sustainable Energy Reviews, 2020: 110492.

[45] BROGIOLI D, ZHAO R, BIESHEUVEL P. A prototype cell for extracting energy from a water salinity difference by means of double layer expansion in nanoporous carbon electrodes[J]. Energy & Environmental Science, 2011, 4(3): 772-777.

[46] BROGIOLI D. Extracting renewable energy from a salinity difference using a capacitor[J]. Physical Review Letters, 2009, 103(5): 058501.

[47] RICA R, ZIANO R, SALERNO D, et al. Capacitive mixing for harvesting the free energy of solutions at different concentrations[J]. Entropy, 2013, 15(4): 1388.

[48] LA MANTIA F, PASTA M, DESHAZER H D, et al. Batteries for efficient energy extraction from a water salinity difference [J]. Nano Letters, 2011, 11(4): 1810-1813.

[49] MARINO M, MISURI L, CARATI A, et al. Boosting the voltage of a salinity-gradient-power electrochemical cell by means of complex-forming solutions[J]. Applied Physics Letters, 2014, 105(3): 033901.

[50] YE M, PASTA M, XIE X, et al. Performance of a mixing entropy battery alternately flushed with wastewater effluent and seawater for recovery of salinity-gradient energy[J]. Energy and Environmental Science, 2014, 7 (7): 2295-2300.

[51] LA MANTIA F, BROGIOLI D, PASTA M. 6-Capacitive mixing and mixing entropy battery. Sustainable Energy from Salinity Gradients: Woodhead Publishing, 2016: 181-218.

[52] LOEB S. Method and apparatus for generating power utilizing pressure-retarded-osmosis [P]. US Patent,1975.

[53] ALTAEE A, PALENZUELA P, ZARAGOZA G, et al. Single and dual stage closed-loop pressure retarded osmosis for power generation: Feasibility and performance[J]. Applied Energy,2017,191:328-345.

[54] TONG X, WANG X, LIU S, et al. Low-grade waste heat recovery via an osmotic heat engine by using a freestanding graphene oxide membrane[J]. ACS Omega,2018,3(11):15501-15509.

[55] LIN S, YIP N Y, CATH T Y, et al. Hybrid pressure retarded osmosis-membrane distillation system for power generation from low-grade heat: Thermodynamic analysis and energy efficiency[J]. Environmental Science and Technology,2014,48(9):5306-5313.

[56] SHAULSKY E, BOO C, LIN S, et al. Membrane-based osmotic heat engine with organic solvent for enhanced power generation from low-grade heat[J]. Environmental Science and Technology,2015,49(9):5820-5827.

[57] MCGINNIS R L, MCCUTCHEON J R, ELIMELECH M. A novel ammonia—carbon dioxide osmotic heat engine for power generation[J]. Journal of Membrane Science,2007,305(1):13-19.

[58] TONG X, LIU S, YAN J, et al. Thermolytic osmotic heat engine for low-grade heat harvesting: Thermodynamic investigation and potential application exploration[J]. Applied Energy,2020,259:114192.

[59] ZHAO Y, LUO Z, LONG R, et al. Performance evaluations of an adsorption-based power and cooling cogeneration system under different operative conditions and working fluids[J]. Energy,2020,204:117993.

[60] LONG R, ZHAO Y, LI M, et al. Evaluations of adsorbents and salt-methanol solutions for low-grade heat driven osmotic heat engines[J]. Energy,2021,229:120798.

[61] LONG R, XIA X, ZHAO Y, et al. Screening metal-organic frameworks for adsorption-driven osmotic heat engines via grand canonical Monte Carlo simulations and machine learning[J]. iScience,2021,24(1):101914.

[62] LONG R, ZHAO Y, LUO Z, et al. Alternative thermal regenerative osmotic heat engines for low-grade heat harvesting[J]. Energy,2020,195:117042.

[63] LOEB S. Method and apparatus for generating power utilizing reverse electrodialysis:US,US4171409 A[P]. 1979.

[64] MICARI M, BEVACQUA M, CIPOLLINA A, et al. Effect of different

aqueous solutions of pure salts and salt mixtures in reverse electrodialysis systems for closed-loop applications[J]. Journal of Membrane Science, 2018,551:315-325.

[65] GIACALONE F,OLKIS C,SANTORI G,et al. Novel solutions for closed-loop reverse electrodialysis: Thermodynamic characterisation and perspective analysis[J]. Energy,2019,166:674-689.

[66] ORTEGA-DELGADO B,GIACALONE F,CIPOLLINA A,et al. Boosting the performance of a reverse electrodialysis-multi-effect distillation heat engine by novel solutions and operating conditions[J]. Applied Energy, 2019,253:113489.

[67] 胡军勇.低品位热能驱动的溶液浓差"热—电"循环特性研究[D].大连理工大学,2020.

[68] ZHAO Y,LI M,LONG R,et al. Advanced adsorption-based osmotic heat engines with heat recovery for low grade heat recovery[J]. Energy Reports,2021,7:5977-5987.

[69] GIACALONE F,VASSALLO F,SCARGIALI F,et al. The first operating thermolytic reverse electrodialysis heat engine[J]. Journal of Membrane Science,2020,595:117522.

第 4 章　盐溶液分离技术

渗透热机由盐溶液分离单元和能量提取单元组成。盐溶液分离单元将盐溶液分离成两种浓度不同的溶液。在渗透热机中，盐溶液的分离方式对渗透热机循环系统的构型和性能具有重要影响。目前盐溶液的分离技术手段主要有基于热量驱动的分离技术（如膜蒸馏，吸附式蒸馏等）以及基于动力驱动的分离技术（如反渗透技术）。本章针对直接接触式膜蒸馏系统、吸附式蒸馏系统以及反渗透系统进行了理论介绍与优化分析。

4.1　直接接触式膜蒸馏系统

典型的直接接触式蒸馏（DCMD）系统如图 4-1 所示[1]。高、低浓度溶液由多孔疏水膜隔开、高浓度溶液从低品位热源中吸收热量，温度升高；低浓度溶液温度则相对较低。在膜两侧的蒸汽压差的驱动下，溶剂（这里以水为例）从温度较高的高浓度侧穿过多孔疏水膜进入温度较低的低浓度侧溶液，从而实现了溶液的分离。与此同时，由于跨膜水携带的汽化潜热和跨膜热传导，低浓度侧溶液温度升高。为了提高系统性能，通常在 DCMD 组件前放置回热器，用来回收 DCMD 组件低浓度侧出口溶液所携带的热量，以减少系统从热源吸收的热量，从而提高膜蒸馏系统的能量利用效率。

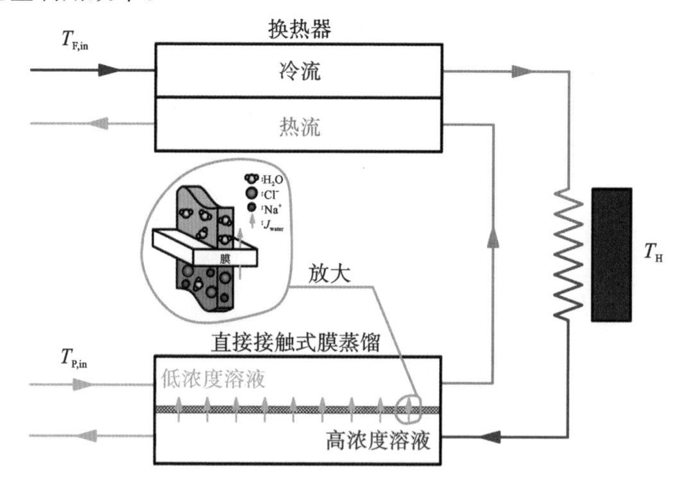

图 4-1　直接接触式蒸馏（DCMD）系统示意图

4.1.1　直接接触式蒸馏系统的数学描述

1. DCMD 过程传热传质特性

在 DCMD 过程中，蒸汽在膜两侧蒸汽气压差的驱动下实现跨膜传输。通常假设跨膜质量通量和蒸汽气压差之间具有线性关系[2]

$$J_w = B_m(p_F - p_P) \tag{4-1}$$

式中，B_m 为传质系数，由 DCMD 膜组件特性和运行条件决定；p_F 和 p_P 分别为高、低浓度侧气-液分界面上的蒸汽分压。下标 F 和 P 分别表示高、低浓度溶液。

给定温度 T 和蒸汽气压(p^v)的关系如下[3]

$$p^v = \exp\left(23.1964 - \frac{3816.44}{T - 46.13}\right) \tag{4-2}$$

高浓度溶液侧膜表面的蒸汽分压可由下式进行计算[4]

$$p_F = (1 - f)(1 - 0.5f - 10f^2)p^v \tag{4-3}$$

式中，f 为含盐摩尔分数。为了确定式中的传质系数，必须考虑多孔膜中的流型。根据 Knudsen 数的不同，可将流型区域分为 Knudsen 区、普通扩散区和过渡区。对于大多数情况，DCMD 过程中流型位于过渡区，传质系数由下式给出

$$B_m = 1/(1/B^D + 1/B^K) \tag{4-4}$$

式中，B^K 和 B^D 分别为努森区($K_n > 1$)和普通扩散区($K_n < 0.01$)中的传质系数

$$B^K = \frac{2}{3}\frac{\varepsilon r}{\tau\delta}\left(\frac{8M}{\pi RT}\right)^{1/2} \tag{4-5}$$

$$B^D = \frac{\varepsilon}{\tau\delta}\frac{PD}{P_a}\frac{M}{RT} \tag{4-6}$$

式中，ε，τ，r 和 δ 分别为孔隙率、迂曲度、孔径和膜厚度；P 为孔隙内的总压，D 为水的扩散系数。

基于质量守恒定律，在高、低浓度通道的任意位置 x 处有

$$\frac{dm_F(x)}{dx} = \frac{A_{MD}}{L_{MD}}B_m(x)[p_F(x) - p_P(x)] \tag{4-7}$$

$$\frac{dm_P(x)}{dx} = \frac{A_{MD}}{L_{MD}}B_m(x)[p_F(x) - p_P(x)] \tag{4-8}$$

式中，A 为膜面积；L 为膜长度。由于跨膜水携带了汽化潜热和跨膜热传导，热量从高温高浓度溶液传递到低温低浓度溶液。据文献[5]，高、低浓度溶液的能量守恒方程为

$$\begin{aligned}&\frac{d[m_F(x)h_L(C(x),T_F(x))]}{dx}\\&= \frac{dm_F(x)}{dx}[h_{vap}(C(x),T_F(x)) + h_L(0,T_F(x))] + \frac{A_{MD}}{L_{MD}}\xi_F(x)\end{aligned} \tag{4-9}$$

$$\frac{\mathrm{d}[m_{\mathrm{P}}(x)h_{\mathrm{L}}(0,T_{\mathrm{P}}(x))]}{\mathrm{d}x}$$
$$=\frac{\mathrm{d}m_{\mathrm{P}}(x)}{\mathrm{d}x}[h_{\mathrm{vap}}(0,T_{\mathrm{P}}(x))+h_{\mathrm{L}}(0,T_{\mathrm{P}}(x))+c_{\mathrm{p,v}}(T_{\mathrm{F}}(x)-T_{\mathrm{P}}(x))]+\frac{A_{\mathrm{MD}}}{L_{\mathrm{MD}}}\xi_{\mathrm{P}}(x) \tag{4-10}$$

式中，$\xi_{\mathrm{F}}(x)$ 和 $\xi_{\mathrm{P}}(x)$ 分别为高浓度侧膜/低浓度侧膜界面处的热传导[5]。

$$\xi_{\mathrm{F}}(x)=\frac{J_{\mathrm{w}}C_{\mathrm{p,v}}}{\exp(C_{\mathrm{p,v}}\delta J_{\mathrm{w}}/k_{\mathrm{MD}})-1}(T_{\mathrm{F}}-T_{\mathrm{P}}) \tag{4-11}$$

$$\xi_{\mathrm{P}}(x)=\frac{J_{\mathrm{w}}C_{\mathrm{p,v}}\exp(C_{\mathrm{p,v}}\delta_{\mathrm{m}}J_{\mathrm{w}}/k_{\mathrm{MD}})}{\exp(C_{\mathrm{p,v}}\delta J_{\mathrm{w}}/k_{\mathrm{MD}})-1}(T_{\mathrm{F}}-T_{\mathrm{P}}) \tag{4-12}$$

式中，$k_{\mathrm{MD}}=\varepsilon k_{\mathrm{v}}+(1-\varepsilon)k_{\mathrm{s}}$ 为有效导热系数；k_{v} 和 k_{s} 分别为蒸汽和膜的导热系数；$C_{\mathrm{p,v}}$ 为蒸汽的比热容。

在膜组件进口和出口处分别有

$$T_{\mathrm{F}}(L_{\mathrm{MD}})=T_2,\quad T_{\mathrm{P}}(0)=T_{\mathrm{P,in}} \tag{4-13}$$

$$m_{\mathrm{F}}(L_{\mathrm{MD}})=m_{\mathrm{F,in}},\quad m_{\mathrm{F}}(0)=\alpha m_{\mathrm{F,in}} \tag{4-14}$$

式中，α 为相对流量，表征低浓度溶液流量和高浓度溶液流量之比。下标 in 表示进口。对于给定温度和浓度的盐溶液，相对流量是影响 DCMD 系统性能的主要参数。

通过求解式(4-7)至式(4-10)以及相关的边界条件可以获得膜组件两侧沿程溶液温度和流量分布。

2. 回热器换热特性

为了提高 DCMD 系统的效率，可采用回热器，利用低浓度溶液的热能来预热高浓度溶液，从而减少外界能量输入。基于能量守恒定律，回热器换热特性的控制方程为[5]~[6]

$$m_{\mathrm{h}}\frac{\mathrm{d}h_{\mathrm{L}}(0,T_{\mathrm{h}}(x))}{\mathrm{d}x}=K_{\mathrm{RE}}\frac{A_{\mathrm{RE}}}{L_{\mathrm{RE}}}[T_{\mathrm{h}}(x)-T_{\mathrm{c}}(x)] \tag{4-15}$$

$$m_{\mathrm{c}}\frac{\mathrm{d}h_{\mathrm{L}}(C_1,T_{\mathrm{c}}(x))}{\mathrm{d}x}=K_{\mathrm{RE}}\frac{A_{\mathrm{RE}}}{L_{\mathrm{RE}}}[T_{\mathrm{h}}(x)-T_{\mathrm{c}}(x)] \tag{4-16}$$

式中，K_{RE} 为换热系数，A_{RE} 和 L_{RE} 分别为传热面积和传热长度。T_{h} 和 T_{c} 分别为热流体和冷流体的温度。沿回热器的温度分布可通过求解能量平衡方程(式(4-15)和式(4-16))来计算，其中边界条件为

$$T_{\mathrm{h}}(L_{\mathrm{RE}})=T_4,\quad T_{\mathrm{c}}(0)=T_{\mathrm{F,in}} \tag{4-17}$$

3. 性能指标

直接接触式膜蒸馏系统的主要性能指标有造水比(*GOR*)和质量回收率。*GOR* 反映了系统对外部热源的利用效率。质量回收率反映了系统的产水能力。

GOR 的定义为

$$GOR=\frac{\int_0^{L_{\mathrm{MD}}}J_{\mathrm{w}}\Delta h\mathrm{d}x}{Q_{\mathrm{H}}} \tag{4-18}$$

式中，Δh 为蒸发焓。从低温热源吸收的热量 Q_H 由下式计算

$$Q_H = m_{F,in}(h_1 - h_2) \tag{4-19}$$

质量回收率 ξ 定义为跨膜传输量与高浓度溶液初始进口量之比

$$\xi = \Delta m_{MD}/m_{F,in} \tag{4-20}$$

此外，DCMD 过程的热效率可用于评估 DCMD 过程本身的性能，可用下式计算

$$\eta = \frac{\int_0^{L_{MD}} J_w \Delta h \mathrm{d}x}{Q_{MD}} = \frac{\int_0^{L_{MD}} J_w \Delta h \mathrm{d}x}{m_{F,in}h_2 - m_{F,out}h_3} \tag{4-21}$$

式中，h_3 为 DCMD 过程中高浓度溶液的出口焓，下标 out 表示出口。

4.1.2　模型验证

为了验证本节所提出的改进数学模型，这里选取文献[7]中的相关实验结果作为参照。DCMD 模型中疏水膜长度为 0.5 m，宽度为 0.15 m。在不同的盐溶液入口速度下，计算了高、低浓度溶液的出口处温度以及跨膜水通量。在计算中，进料溶液的 NaCl 的质量分数为 1%，高浓度溶液的入口处温度为 333.15 K，低浓度溶液的入口处温度为 293.15 K。如图 4-2 所示，计算结果与实验测量数据之间的具有良好的一致性，验证了本文所提出的改进模型的准确性。

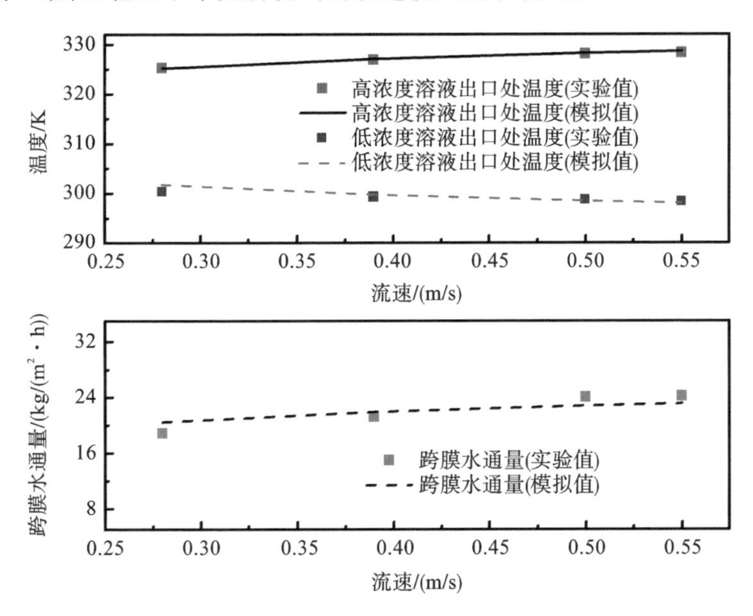

图 4-2　出口处温度和跨膜水通量模拟结果与实验值的比较

4.1.3　相对流量对系统性能的影响

为了探究高、低浓度溶液相对流量对直接接触式膜蒸馏系统性能的影响，这里

采用文献[7]中的疏水膜来研究 DCMD 系统的性能。DCMD 模型长度为 2 m,膜的有效面积为 16 m^2,膜孔隙率为 0.83,弯曲度为 2.52,导热系数为 0.12 W/(m^2·K),回热器有效换热面积为 24 m^2,长度为 4 m,换热系数设置为 1000 W/(m^2·K)。膜两侧一侧为盐溶液,一侧为纯水。高浓度侧盐溶液的入口处温度为333.15 K,低浓度侧纯水的入口处温度为 293.15 K。不同相对流量下的 *GOR*、热效率和质量回收率如图 4-3 所示。随着高、低浓度溶液相对流量的增加,*GOR* 先增大,达到峰值后减小。热效率也呈现出相同的趋势,但在达到峰值后,其下降速率较为缓慢。*GOR* 最大对应的相对流量与热效率最大对应的相对流量不相等,前者较大。*GOR* 体现了整个系统的能量效率,而热效率仅体现了膜蒸馏过程的性能。由此可以得到,回热可以显著提高膜蒸馏系统的性能。质量回收率随着相对流量的增大而增大,达到最大值后保持稳定。较小的相对流量可使质量回收率达到最大值。

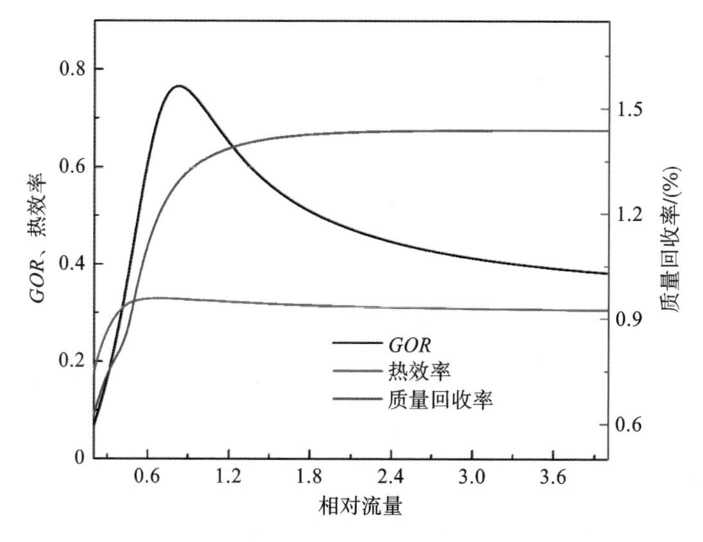

图 4-3　*GOR*、热效率以及质量回收率随着相对流量的变化

4.1.4　性能优化

多目标优化广泛应用于协调数个相互冲突的性能指标,其优化结果通常是一组目标间冲突最小的非支配解集(帕累托前沿)。由于帕累托前沿的每一点都代表着目标的特定权重,为了选择最优点,需要采用决策算法,如 LINMAP、TOPSIS 或 Belman-Zadeh 法[8]~[9]。其中,TOPSIS 方法得到了广泛应用,用于筛选最优点时具有与非理想点的偏差最大,且与理想点的偏差最小的最优点。对于直接接触式膜蒸馏系统而言,*GOR* 和质量回收率是两个重要的性能指标。*GOR* 反映了低温余热的利用程度,质量回收率反映了产水量。基于前文分析,最优 *GOR* 对应的相对流量与最优质量回收率对应的相对流量不一致。DCMD 系统的 *GOR* 与质量

回收率不能同时达到最大值。为此，基于 NSGA-Ⅱ 对 DCMD 系统进行了优化分析，以实现 *GOR* 和质量回收率之间的协调。

1. 帕累托前沿和最终优化点

图 4-4 为基于多目标优化方法得到的不同盐溶液浓度下的 DCMD 系统性能的帕累托前沿。从图中可以看到最大 *GOR* 和跨膜水通量的矛盾现象。由于帕累托前沿中的每个点代表两个冲突目标的特定权重，左上角点代表 *GOR* 占有更多权重，对应于 *GOR* 的单目标优化结果；而右下角表示跨膜水通量占有更多权重，对应于跨膜水通量的单目标优化结果。随着盐溶液浓度的增加，帕累托前沿向左移动，且浓度越大，*GOR* 和跨膜水通量的峰值越低。星号标记点表示 TOPSIS 算法选择的最优点。在多目标优化下，*GOR* 和水回收率分别取得其相对最优值。

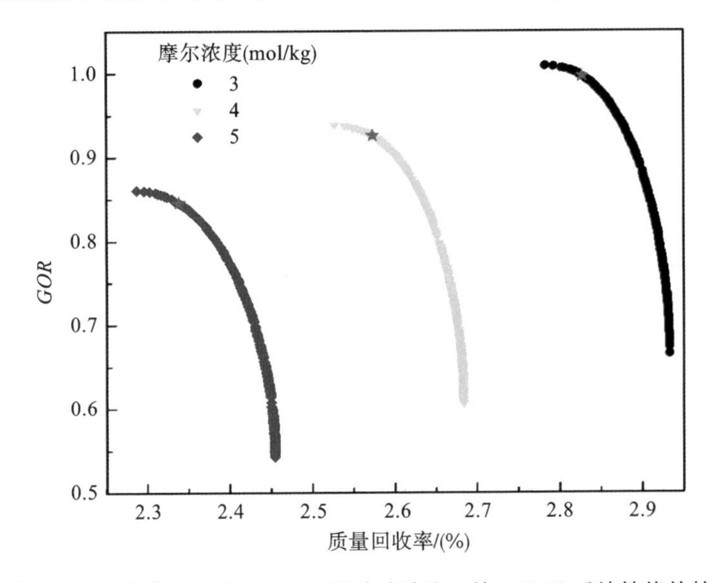

图 4-4　基于多目标优化方法得到的不同盐溶液浓度下的 DCMD 系统性能的帕累托前沿

2. 不同优化目标下系统性能比较

图 4-5 为不同优化目标下膜组件和回热器中高、低浓度溶液的轴向温度分布。其温度分布在不同的相对流量下呈现不同特征。在给定的高浓度侧进口溶液浓度及运行温度条件下，膜蒸馏系统的性能由相对流量决定。根据相对流量的大小，DCMD 系统的运行工况可分为三个区域：渗透极限区（PLR）、供液极限区（FLR）和传质极限区（MTLR）[5]。在 PLR 区间，相对流量较小，低浓度侧溶液不足。而在 FLR 区间中，高浓度侧溶液不足，DCMD 过程的驱动力耗尽，盐溶液温度从 T_H 下降到 $T_C{}^*$，其中 $T_C{}^*$ 可通过求解方程 $p_w(0,T_C)=p_w(C_F,T_C{}^*)$ 进行计算。当跨膜传质系数或疏水膜面积过小时，低浓度侧溶液的温度不能升至 $T_H{}^*$，高浓度侧溶液的温度不能降至 $T_C{}^*$。在最大 *GOR* 优化和多目标优化下，DCMD 运行工况属于 MTLR 区间。此外，在 PLR 或 FLR 情况下，高浓度或者低

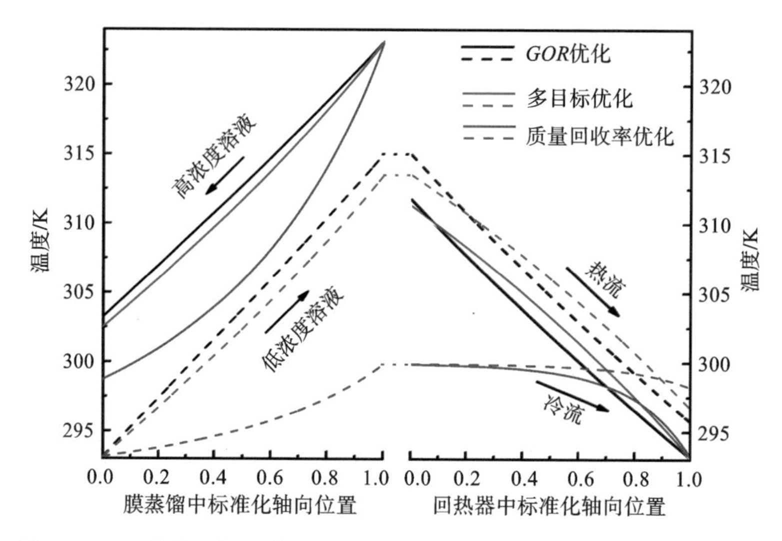

图 4-5　不同优化目标下膜组件和回热器中高、低浓度溶液的轴向温度分布

浓度溶液不足导致回热器(RE)中的传热受限;而在 MTLR 情况下,回热器中的传热不会受到限制。

在不同的优化目标下,沿膜组件流动方向的高、低浓度溶液的质量流量如图 4-6 所示。低浓度侧溶液的质量流量沿轴向增加,而高浓度侧溶液的质量流量减少。这是由于蒸汽在跨膜蒸汽压差驱动下穿过疏水膜,从高浓度侧进入低浓度侧所导致。在跨膜水通量的单目标优化下,产水量最大;而在 *GOR* 单目标优化下的产水量最小。在跨膜水通量的优化中,相对质量流率相比其他优化目标情况下都大一些。如图 4-7 所示,在跨膜水通量优化中,膜组件中盐溶液的浓度最高,而在

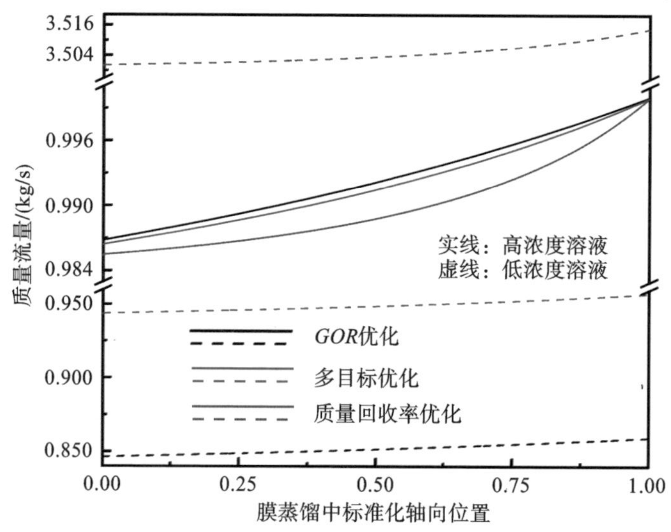

图 4-6　不同优化目标下膜组件中高、低浓度溶液的质量流量分布

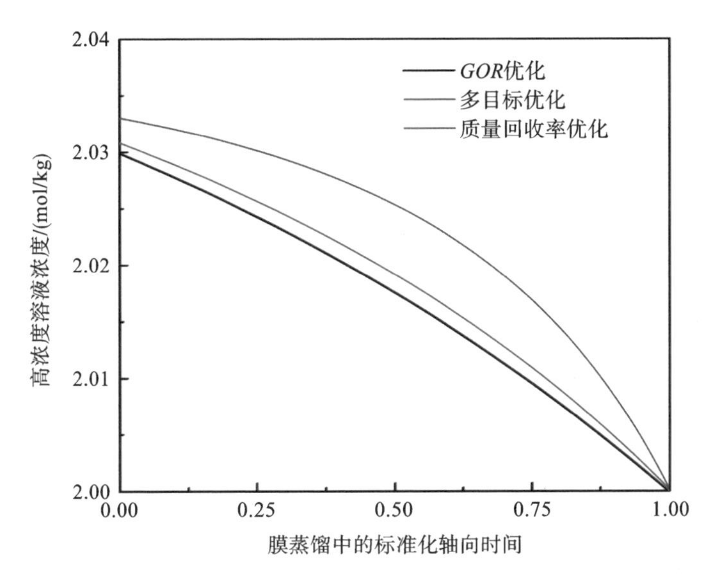

图 4-7　不同优化目标下膜组件中高浓度侧盐溶液浓度分布

GOR 优化下，膜组件中盐溶液的浓度最低。由于多目标优化在上述两个目标之间进行了取舍，因此出口处浓度和质量流量在此取得相对最优值。

不同优化目标下的 *GOR*、热效率和质量回收率对比如图 4-8 所示。与单目标 *GOR* 优化下的性能相比，多目标优化下的 *GOR* 仅降低了 1.8%，而跨膜水通量增加了 2.4%。与单目标跨膜水通量优化下的性能相比，多目标优化下的跨膜水通量仅降低了 6.7%，而 *GOR* 提高了 83.2%。此外，比较在不同优化目标下的热效率，可以看出多目标优化下的热效率也是处于两者之间。

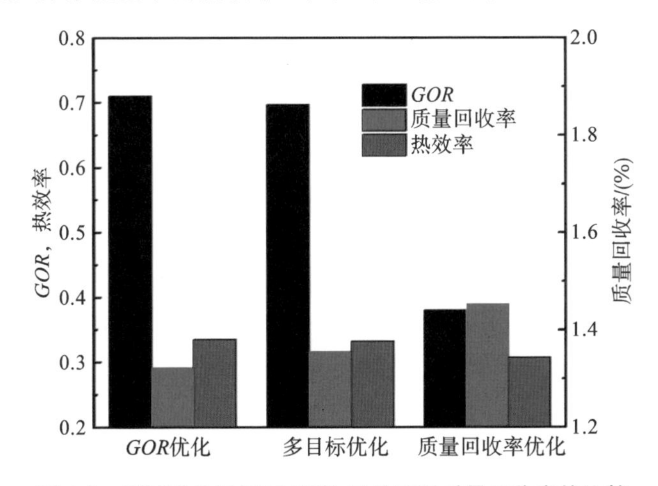

图 4-8　不同优化目标下 ***GOR***、热效率和质量回收率的比较

3. 不同浓度和温度下的系统性能

为了进一步研究 DCMD 系统在多目标优化下的性能表现，图 4-9 给出了不同

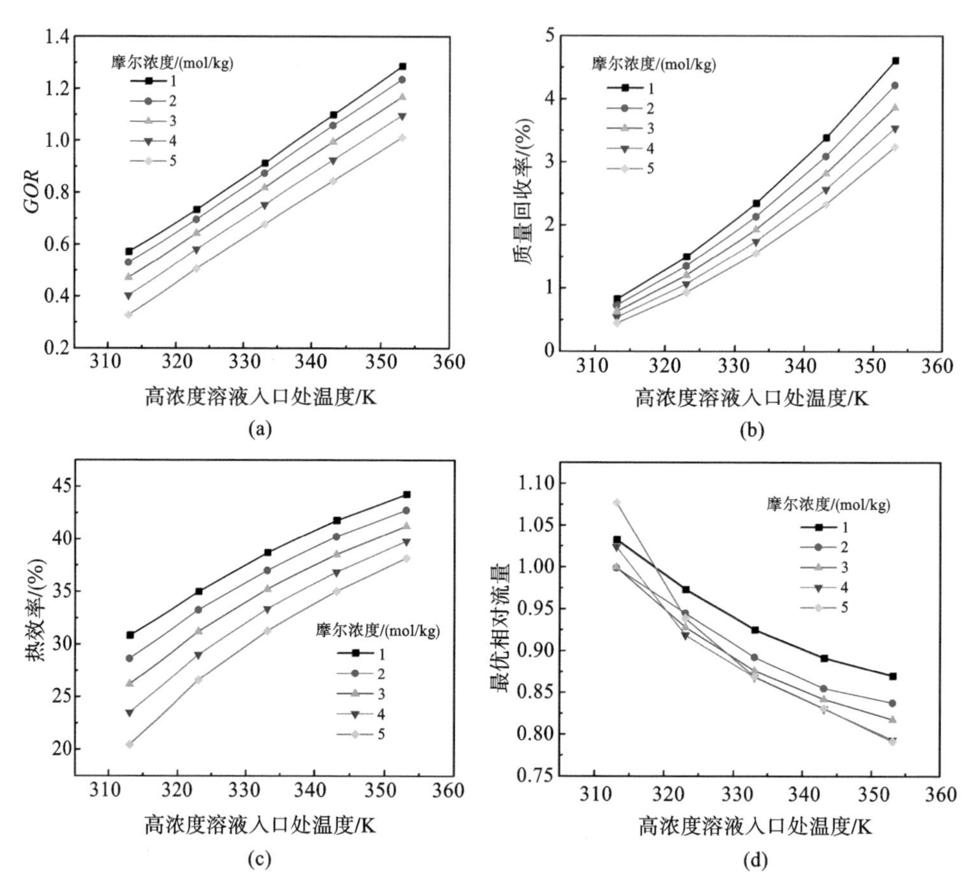

图 4-9　在多目标优化条件下 DCMD 系统参数随高浓度侧盐溶液入口处温度和浓度的变化

(a)*GOR*；(b)质量回收率；(c)热效率；(d)最优相对流量

高浓度侧盐溶液入口处温度下的系统性能指标以及对应的高、低浓度溶液最优相对流量。图 4-9(a)为多目标优化下 *GOR* 和盐溶液入口处温度之间的关系。在最优条件下，*GOR* 随着高浓度侧盐溶液入口处温度的升高呈近线性增加。高浓度侧盐溶液浓度越低，*GOR* 越大。如图 4-9(b)所示，质量回收率随着高浓度侧盐溶液入口处温度的升高而增加，热效率也随着高浓度侧盐溶液温度的升高而增加。与质量流量的不同，在较高温度下，热效率随高浓度侧盐溶液温度升高而缓慢增加。此外，盐溶液的浓度越大，DCMD 系统的热效率越低，如图 4-9(c)所示。如图 4-9(d)所示，随热源温度的升高，最优相对流量反而减小。在较高温度下，DCMD 系统中盐溶液浓度越高，对应的最优相对流量越低；而在较低温度下，DCMD 中盐溶液浓度越低，对应的最优相对流量也越低，这是传热特性和疏水膜两侧蒸汽压差的耦合作用导致的。

4.2　直接接触膜蒸馏过程的温度极化和浓度极化

在 DCMD 过程中，跨膜热质传递会引起膜两侧温度和浓度的极化现象。水的跨膜传输会导致膜表面盐溶液浓度与主流溶液浓度不同，此现象称为浓度极化。同样由于热量的传输，膜表面的温度与主流溶液温度也不同，此现象称为温度极化。温度极化和浓度极化现象的存在会削弱水的跨膜运输驱动力，降低 DCMD 过程的性能。传统的基于一维的分析方法不能揭示 DCMD 过程的浓度和温度极化现象，而基于计算流体力学（CFD）技术可以精确模拟 DCMD 过程的流动、传热和传质特性，以揭示其热质传递规律。

4.2.1　传热传质过程的数学描述

1. 流动与传热控制方程

如图 4-10 所示，在 DCMD 过程中同时存在跨膜热量和质量传递，膜两侧的高、低浓度溶液区域内的热质传递特性可由 Navier-Stocks 方程和组分运输方程来描述[10]

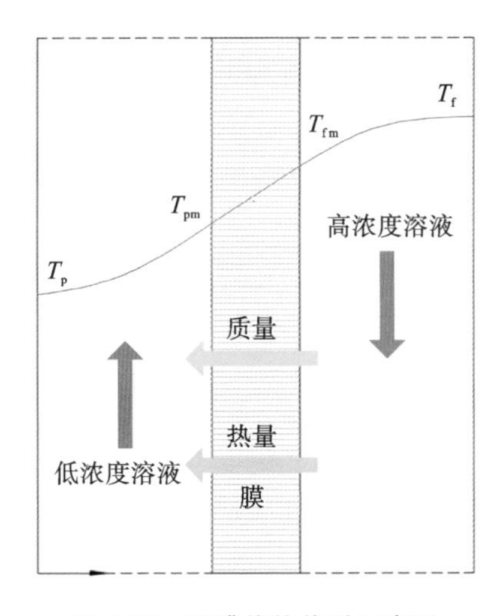

图 4-10　跨膜传热传质示意图

$$\nabla\cdot(\rho\vec{\nu}) = S_w \tag{4-22}$$

$$\nabla\cdot(\vec{\nu}\rho C_p T) = \nabla\cdot(k\nabla T) + S_h \tag{4-23}$$

$$\nabla\cdot(\rho\vec{\nu}\vec{\nu}) = -\nabla p + \nabla(\bar{\bar{\tau}}) + \rho g \tag{4-24}$$

$$\nabla\cdot(\rho\vec{\nu}Y_i) = -\nabla\cdot\vec{J}_i + S_i \tag{4-25}$$

式中，S_w 为由跨膜水通量带来的质量源项；S_h 为热量源项，源于跨膜的导热和跨膜水携带的汽化潜热；Y_i 和 $\vec{J}_i$ 分别为组分 i 的质量分数和扩散通量；S_i 为组分质量源项，对于溶液中的 NaCl，$S_i=0$，对于水，$S_i=S_w$。

$\overline{\overline{\tau}}$ 的计算公式为

$$\overline{\overline{\tau}}=\mu\left[(\nabla\vec{\nu}+\nabla\vec{\nu}^T)-\frac{2}{3}\nabla\cdot\vec{\nu}I\right] \tag{4-26}$$

在 DCMD 过程中，跨膜质量通量(J_w)可由下式计算

$$J_w=B_m(p_F-p_P) \tag{4-27}$$

式中，B_m 为传质系数；p_F、p_P 分别为高浓度侧和低浓度侧蒸汽分压。通常情况下，膜内蒸汽流动处于基于 Knudsen 扩散和普通分子扩散的复合状态。传质系数为[11]

$$B_m=1/\left[\frac{\tau\delta}{\varepsilon}\frac{P_a}{PD}\frac{RT}{M}+\frac{3}{2}\frac{\tau\delta}{\varepsilon r}\left(\frac{8M}{\pi RT}\right)^{-1/2}\right] \tag{4-28}$$

式中，ε、τ、r 和 δ 分别为孔隙度、弯曲度、孔径和膜厚度；P 为孔隙内的总压；D 为水的扩散系数。

从高温高浓度溶液到低温低浓度溶液的总的热量传递由蒸汽跨膜运输所携带的潜热和跨膜热传导组成，可通过下式计算

$$q_{MD}=J_m\Delta H_v+\frac{K_m}{\delta}(T_{h,m}-T_{l,m}) \tag{4-29}$$

式中，下标 m 表示膜-液分界面；ΔH_v 为汽化潜热。

$$\Delta H_v=-0.001351T_{h,m}^2-1.4461T_{h,m}+2986.5 \tag{4-30}$$

2. DCMD 性能描述

DCMD 过程中的局部换热系数表示为

$$h_t=\frac{q_{MD}}{T_{h,b}-T_{l,b}} \tag{4-31}$$

式中，下标 b 表示主流溶液。

热效率是通过跨膜蒸汽传递的热量与总的传热量的比率，由下式计算

$$\eta=\frac{J_w\Delta H_v}{q_{MD}} \tag{4-32}$$

温度极化现象用温度极化系数(TPC)来描述，温度极化指主流和膜表面之间的温度偏差

$$TPC=\frac{T_{h,m}-T_{l,m}}{T_h-T_l} \tag{4-33}$$

在浓度边界层中，主流溶液中的浓度与膜表面的浓度不同，这是浓度极化现象，其程度可通过浓度极化系数(CPC)进行评估

$$CPC=\frac{c_m}{c_b}-1 \tag{4-34}$$

水力能量消耗(HEC)也是评估模型实用性的重要性能参数

$$HEC = \frac{\Delta P \cdot V}{J_w \cdot A} \tag{4-35}$$

式中，A 为膜面积；V 为跨膜水通量。

4.2.2 模型验证

为了验证数值模型的可靠性，将本研究中计算的跨膜水通量与文献[12]中基于疏水多孔 PTFE 膜实验获得的跨膜水通量进行了比较。膜厚度、孔径和孔隙率分别为 0.11 mm、0.22 μm 和 0.83。高浓度溶液为质量分数为 1%的 NaCl 溶液，低浓度溶液为去离子水。表 4-1 显示了不同高浓度溶液流速下跨膜水通量的实验数据和模拟结果之间的比较。数值结果与实验数据吻合较好，误差小于 1.3%。

表 4-1 不同高浓度溶液流速下跨膜水通量实验结果和模拟结果的比较

速度/(m/s)	跨膜水通量/(L/(m² · h))		
	实验结果	模拟结果	误差/(%)
0.17	4.93233	4.94221	0.51205
0.28	5.38346	5.39425	1.27212
0.39	5.78947	5.80107	0.90377
0.5	6.09023	6.10243	0.92415
0.55	6.33083	6.34352	0.658

4.2.3 结果与讨论

膜两侧溶液通道的几何结构对跨膜传热传质特性具有重要的影响。通道壁面上安装不同的扰流元件来增强流体扰动，会影响 DCMD 过程的流体力学性能以及传热传质特性。图 4-11 为不同截面形状(矩形、半圆形和三角形)和特征长度的扰流元件示意图。特征长度定义为扰流元件的高度，从 0.5 mm 到 1 mm 不等。相邻扰流元件的间距固定为 4 mm。高、低浓度溶液通道的长度均为 200 mm，高度均为 2 mm。高、低浓度溶液进口温度分别为 323.15 K 和 293.15 K。在层流情况下，高、浓度溶液进口流量均为 0.05 m/s($Re_F = 358, Re_P = 200$)；在湍流情况下，高、浓度溶液进口流量均为 0.55 m/s($Re_F = 3935, Re_P = 2196$)。高温高浓度溶液从左向右流动，低温低浓度溶液沿相反方向流动。

1. 速度场、温度场和浓度场

图 4-12 和图 4-13 分别显示了在层流和湍流条件下膜两侧溶液通道某一截面的局部速度、温度和浓度分布。速度分布用矢量箭头表示，温度和浓度分布用等高线图表示。图 4-12 表明，在层流条件下，溶液流动存在明显的速度、温度和浓度边界层，而在流道中采用扰流元件可以显著减小边界层的厚度。由于主流溶液与

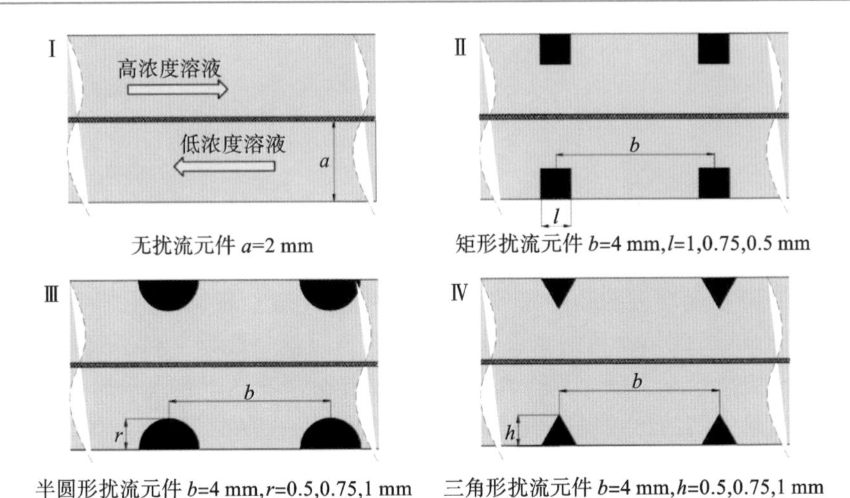

图 4-11　不同截面形状(矩形、半圆形和三角形)和特征长度的扰流元件

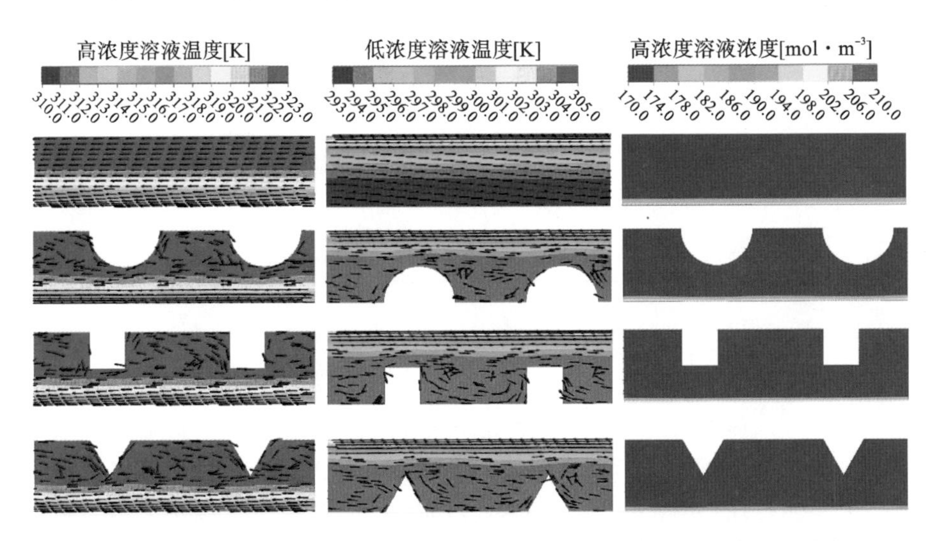

图 4-12　层流条件下膜两侧溶液通道某一截面的局部速度、温度和浓度分布

膜表面存在明显的温差,可以观察到温度极化现象。与速度边界层和热边界层不同,由于强烈的扩散效应,浓度边界层薄很多。从图 4-12 中还可以观察到膜表面的极化现象,主流溶液与膜-液分界面附近流体之间存在浓度差。在扰流元件影响下,形成的纵向涡流将大量流体带到膜表面附近,导致热边界层和浓度边界层变薄。如图 4-13 所示,在湍流条件下,速度、温度和浓度边界层变得非常薄,这是因为在相邻扰流元件之间形成强烈的二次流会干扰边界层。因此在层流条件下,主流与膜附近流体的浓度差可达 36 mol/m^3,而在湍流条件下,主流溶液与膜附近流体的浓度差仅为 1 mol/m^3。在湍流条件下的浓差极化效应可以忽略不计。

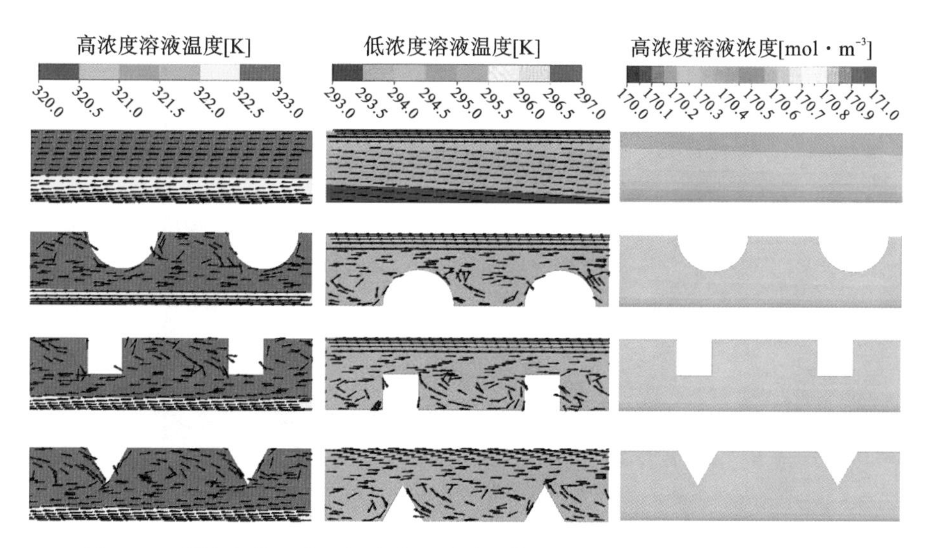

图 4-13　湍流条件下膜两侧溶液通道某一截面的局部速度、温度和浓度分布

2. 热量传递特性

(1) 换热系数。

图 4-14 和图 4-15 分别为层流和湍流条件下局部换热系数沿高浓度溶液流动方向的分布。如图 4-14 所示在层流条件下，由于 DCMD 结构的逆流特性，所有结构的局部换热系数分布均呈 U 形。扰流元件可以极大扰动流场并减薄热边界层，显著提高换热系数，进而强化换热。扰流元件特征长度越长，流体扰动越大，换热系数越大。在相同特征长度下，采用不同形状扰流元件时换热系数没有明显差异。如图 4-15 所示，在湍流条件下，没有扰流元件时换热系数曲线仍呈 U 形。在

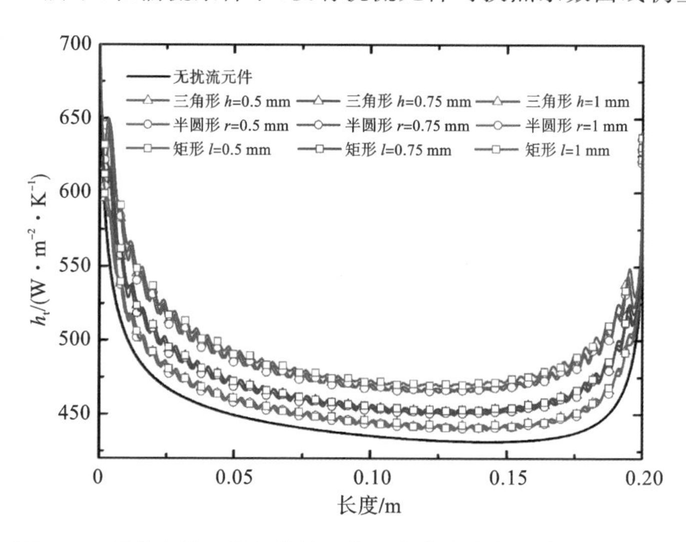

图 4-14　层流条件下局部换热系数沿高浓度溶液流动方向的分布

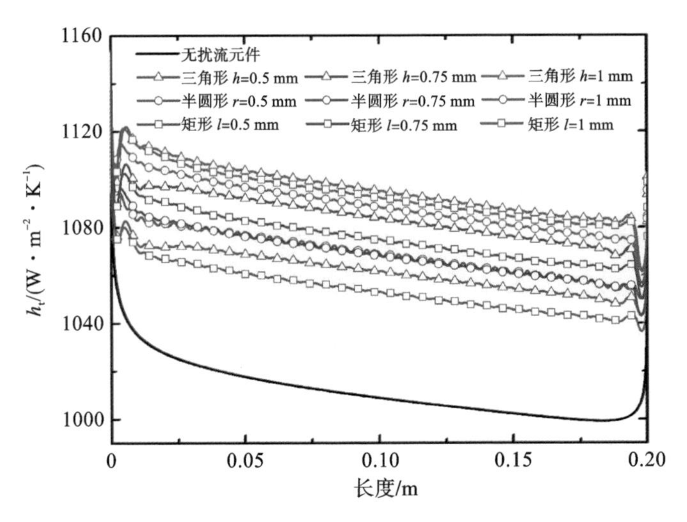

图 4-15　湍流条件下局部换热系数沿高浓度溶液流动方向的分布

扰流元件影响下，除入口段外，膜两侧表面的高、低浓度溶液之间的蒸汽压差沿高浓度溶液流动方向减小，跨膜水通量减少，其携带的汽化潜热降低，不同结构下的换热系数沿高浓度溶液流动方向减小。特征长度增大，流场扰动越强，换热系数越大。在相同的特征长度下，不同形状的扰流元件对流场的影响也有差异。在入口段，由于扰流元件的存在和热边界层的扰动，局部换热系数呈现显著变化。当特征长度为 0.5 mm 时，采用半圆形扰流元件时换热系数最大，采用三角形扰流元件时换热系数次之，采用矩形扰流元件时换热系数最小。当特征长度为 0.75 mm 和 1 mm 时，采用三角形扰流元件时换热系数最大，采用矩形扰流元件时次之，采用半圆形扰流元件时换热系数最小。

（2）温度极化系数。

从图 4-16 和图 4-17 可以看到层流和湍流条件下沿高浓度溶液流动方向均存在温度极化现象。在层流条件下，*TPC* 曲线均呈 U 形。由图 4-16 可知，由于热边界层受到扰流元件的强烈影响，采用扰流元件时 *TPC* 明显大于没有扰流元件时的 *TPC*。这是因为在相邻扰流元件之间产生的纵向涡对热边界层产生了强烈的扰动，尤其在扰流元件尺寸较大的情况下。对于特征长度相同而形状不同的扰流元件组件，其 *TPC* 没有太大的差异，说明在层流条件下，扰流元件形状对 *TPC* 的影响不大。与层流条件下相比，湍流条件下的流场具有更薄的热边界层，*TPC* 显著增加。在入口段，由于存在扰流元件和热边界层的扰动，*TPC* 具有明显的波动。如图 4-17 所示，在充分发展段，*TPC* 沿流动方向保持稳定，而换热系数略有变化。对于所有扰流元件结构，特征长度越大，*TPC* 越大。在特征长度为0.5 mm 的情况下，采用半圆形扰流元件结构时 *TPC* 最大，采用三角形扰流元件结构时次之，采用矩形扰流元件结构时 *TPC* 最小。在湍流条件下，扰流元件形状对 *TPC* 的影

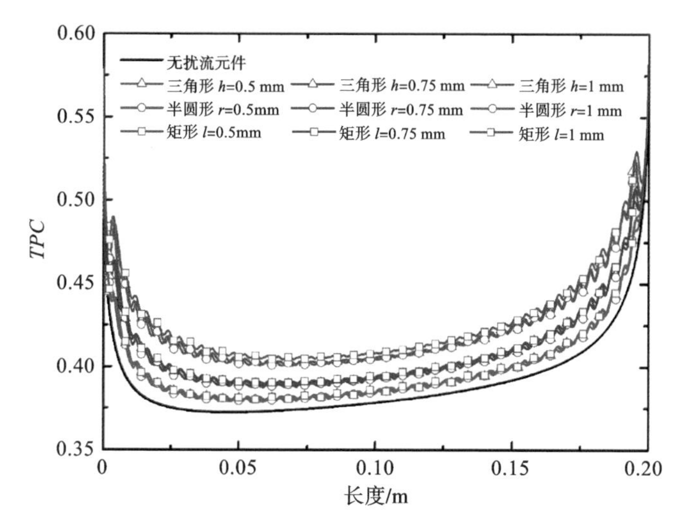

图 4-16　层流条件下温度极化系数沿高浓度溶液流动方向的分布

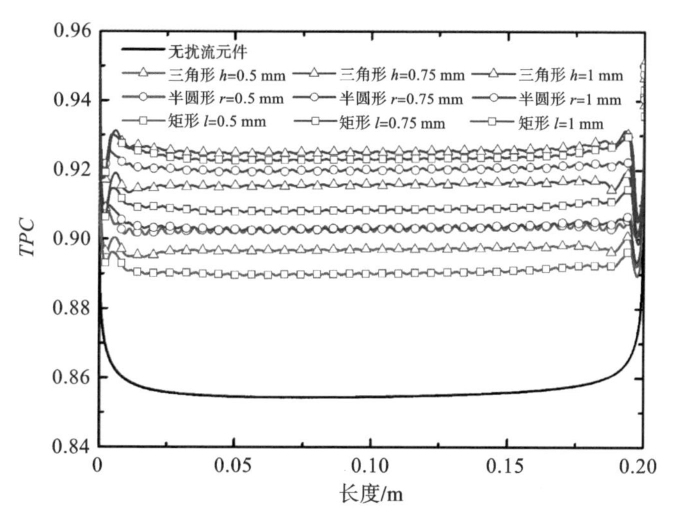

图 4-17　湍流条件下温度极化系数沿高浓度溶液流动方向的分布

响比层流条件下更为显著。在特征长度为 0.75 mm 和 1 mm 时，采用三角形扰流元件结构时 *TPC* 值最大，采用矩形扰流元件结构时次之，采用半圆形扰流元件结构时 *TPC* 最小。

3. 质量传递特性

(1) 传质系数。

图 4-18 和图 4-19 分别为在层流和湍流条件下沿高浓度溶液流动方向的传质系数分布。水的跨膜运输由 Knudsen 扩散和普通分子扩散的耦合作用决定。由式(4-28)可知，传质系数主要取决于膜的物性以及膜的平均温度。在层流条件下，

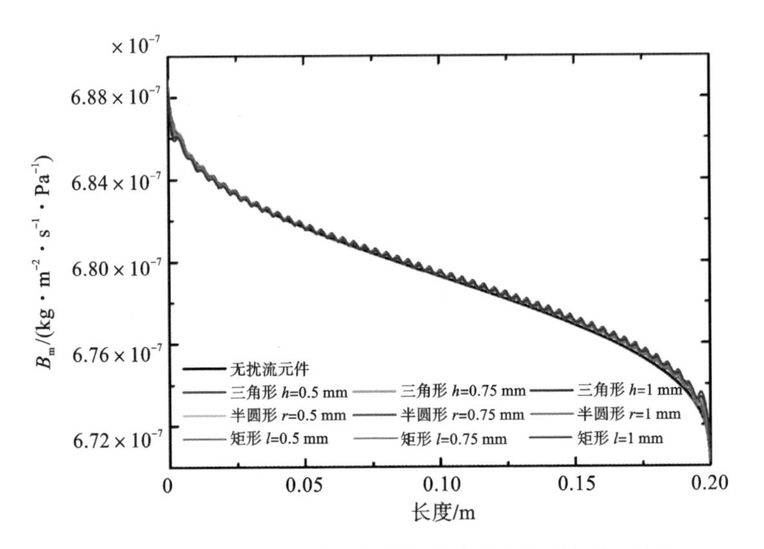

图 4-18　层流条件下传质系数沿高浓度溶液流动方向的分布

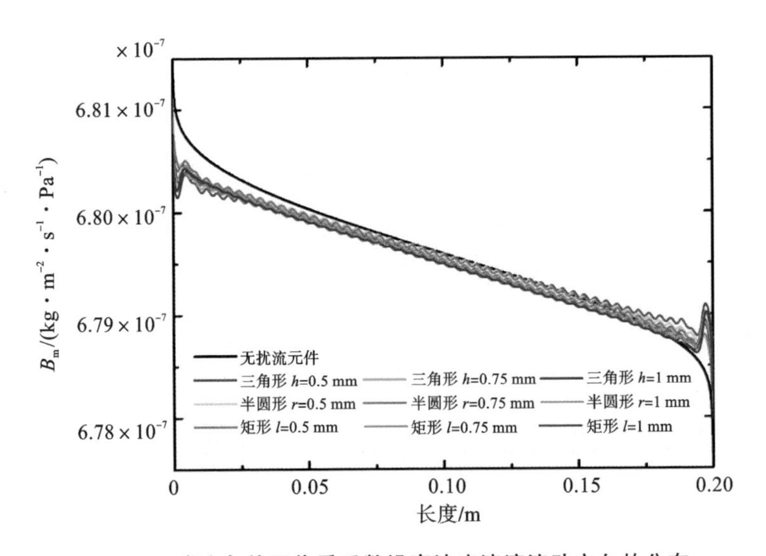

图 4-19　湍流条件下传质系数沿高浓度溶液流动方向的分布

各工况的传质系数呈现相似的趋势：最高值出现在高浓度溶液的入口处，随后沿高浓度溶液流动方向减小。在湍流下也存在相同的趋势，如图 4-19 所示。在入口段，由于扰流元件的存在和热边界的扰动，传质系数的波动幅度更大。采用不同扰流元件结构时，传质系数没有太大差异。在层流条件下，传质系数沿流动方向的变化小于 3%，在湍流条件下，传质系数沿流动方向的变化小于 1%。

(2) 浓度极化系数。

图 4-20 和图 4-21 为在层流和湍流条件下沿高浓度溶液流动方向的浓差极化系数的变化。在层流条件下，随着浓度边界层的发展，CPC 沿高浓度溶液流动方

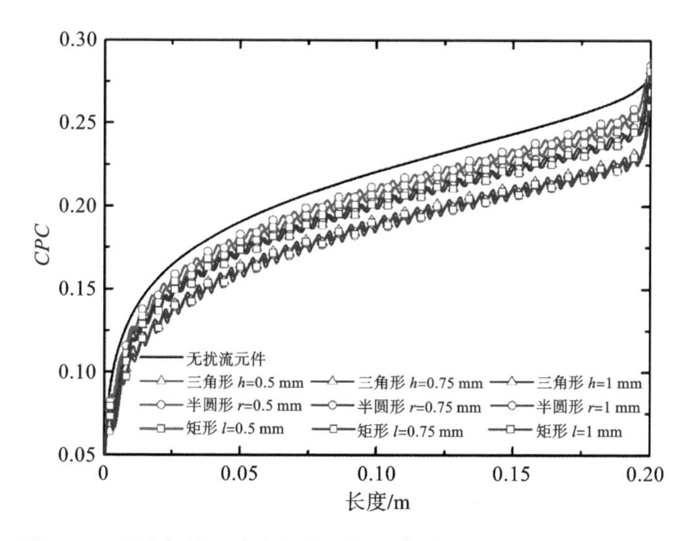

图 4-20　层流条件下浓度极化系数沿高浓度溶液流动方向的分布

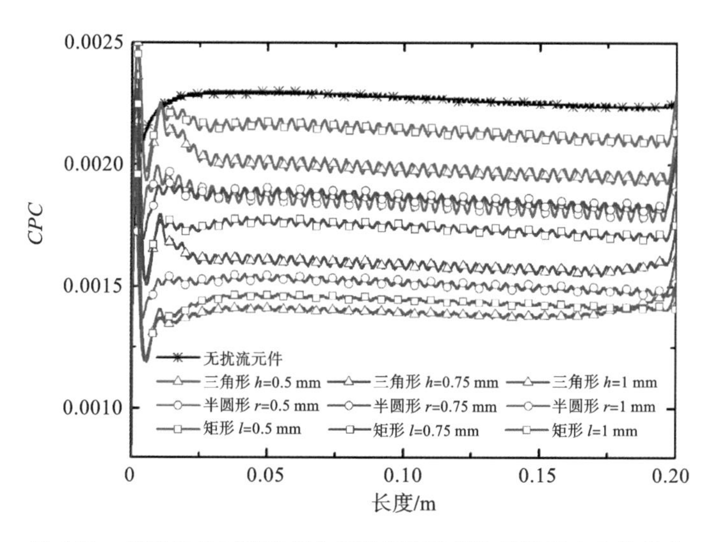

图 4-21　湍流条件下浓度极化系数沿高浓度溶液流动方向的分布

向增加。如图 4-20 所示，没有扰流元件时浓度边界层最厚，其 CPC 也最高。在扰流元件影响下，扰流元件特征长度越大，其 CPC 值越小。扰流元件尺寸越大，浓度边界层的扰动越大，CPC 越小。在相同特征长度下，采用不同形状扰流元件时 CPC 没有太大差异。在湍流条件下，CPC 比层流条件下小两个数量级，如图 4-20 和图 4-21 所示，这是因为湍流条件下具有更薄的浓度边界层。在湍流条件下，没有扰流元件时 CPC 仍然是最高的，这意味着在层流和湍流条件下，扰流元件都可以减弱浓差极化现象。

4. 过程总体性能

(1) 产水量。

图 4-22 和图 4-23 分别为在层流和湍流条件下局部跨膜质量流量沿高浓度溶液流动方向的分布。在入口段,由于扰流元件的存在以及热边界和浓度边界的发展,局部跨膜质量通量呈显著变化。在跨膜温度差和浓度差决定了蒸汽分压差的影响下,其沿高浓度溶液流动方向先减小后增大。在层流条件下,扰流元件可以显著增加跨膜质量通量。特征长度越大,局部跨膜质量通量越大。如图 4-22 所示,在相同的特征长度下,扰流元件形状对 *TPC* 和 *CPC* 没有明显影响,局部跨膜质量通量也没有明显差异。如图 4-23 所示,在湍流条件下,局部跨膜质量通量显著增强。由于扰流元件的存在,在充分发展段,传质系数减小。不同扰流元件结构下,局部跨膜质量通量沿流动方向减小。特征长度越大,跨膜质量通量越大。在特征长度为 0.5 mm 时,采用半圆形扰流元件结构时跨膜质量通量最大,采用矩形扰流元件结构时跨膜质量通量最小。在特征长度为 0.75 mm 和 1 mm 时,采用三角形扰流元件结构时跨膜质量通量最大,采用半圆形扰流元件结构时跨膜质量通量最小。然而,与层流条件下的跨膜质量通量相比,在湍流时采用扰流元件结构对跨膜质量通量增加幅度较小。

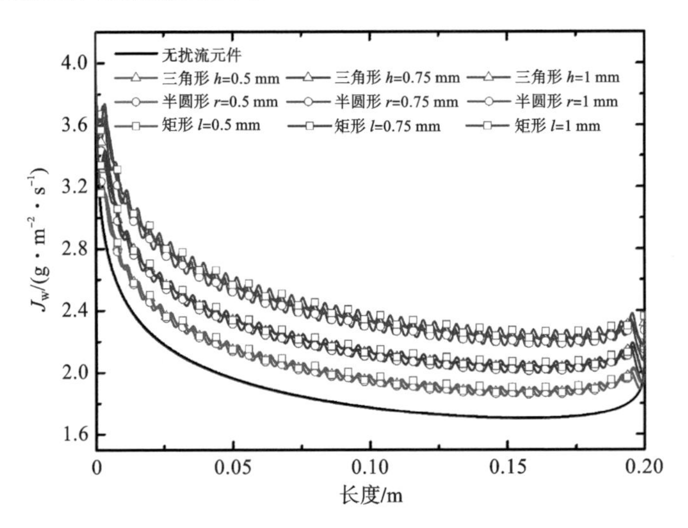

图 4-22　层流条件下跨膜质量通量沿高浓度溶液流动方向的分布

(2) 热效率。

图 4-24 和图 4-25 分别为在层流和湍流条件下不同结构沿高浓度溶液流动方向的局部热效率分布。如图 4-24 所示,在层流情况下,由于跨膜水通量降低,热效率沿流动方向降低,这主要是传质系数的降低引起的。因此,热效率与传质系数呈现相同的趋势。采用扰流元件在热效率方面的提升效果不明显。在湍流条件下,由于流场的强烈扰动,采用扰流元件时热效率在入口段具有剧烈

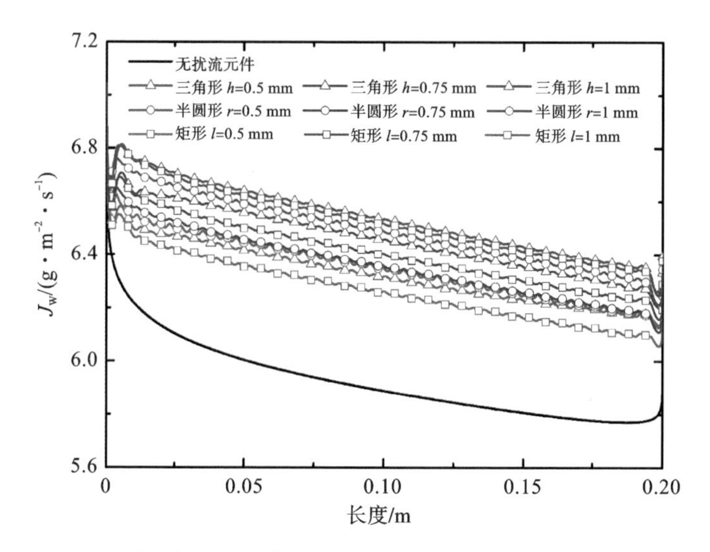

图 4-23　湍流条件下跨膜质量通量沿高浓度溶液流动方向的分布

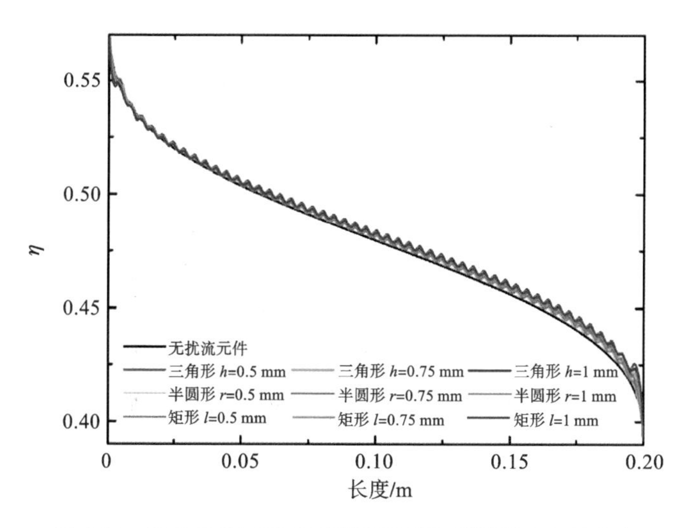

图 4-24　层流条件下热效率沿高浓度溶液流动方向的分布

的波动。在湍流条件下，在流道壁面上设置扰流元件可以明显提升热效率。热效率对扰流元件形状不敏感，这是由于湍流条件下流场本身就有强烈的扰动，如图 4-25 所示。

(3) 性能对比。

膜两侧通道内放置扰流元件强化了温度极化现象，抑制了浓度极化现象，从而提高了 DCMD 过程产水量。然而，在流道中添加扰流元件会增加流动阻力，从而导致额外的压力损失。在层流和湍流条件下，采用不同扰流元件时平均水通量和 *HEC* 分别如图 4-26 和图 4-27 所示。在层流条件下，采用扰流元件结构可以获

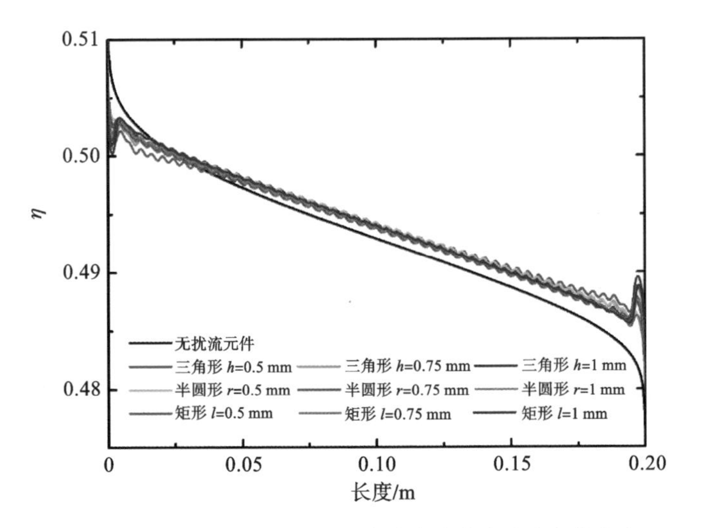

图 4-25　湍流条件下热效率沿高浓度溶液流动方向的分布

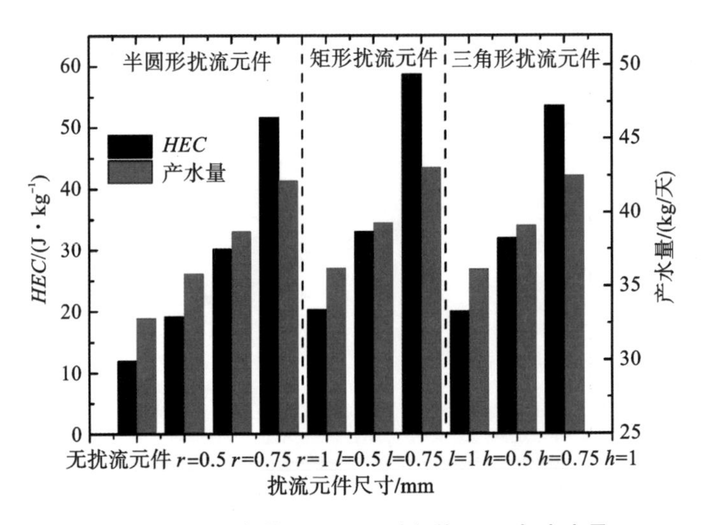

图 4-26　层流条件下 DCMD 过程的 *HEC* 与产水量

得更高的产水量，但会增加水力能量耗。*HEC* 和产水量均随着扰流元件特征长度的增加而增加，这表明扰流元件越高，产水量越高，水力能量耗越大。对于特征长度为 1 mm 的矩形扰流元件结构，水产量高达 43.03 kg/天，而 *HEC* 为58.68 J/kg。产水量增加了 31%，然而 *HEC* 增加了近 5 倍。在湍流条件下的产水量远大于层流条件下的产水量，同时能耗显著增加。采用特征长度为 1 mm 的三角形扰流元件结构时最高产水量为 113.01 kg/天，*HEC* 为 14967 J/kg。与没有采用扰流结构时相比，产水量仅增加 10.3%，然而 *HEC* 却有 9.3 倍的增幅。这表明在湍流条件下采用扰流元件来提高产水量是不合适的。

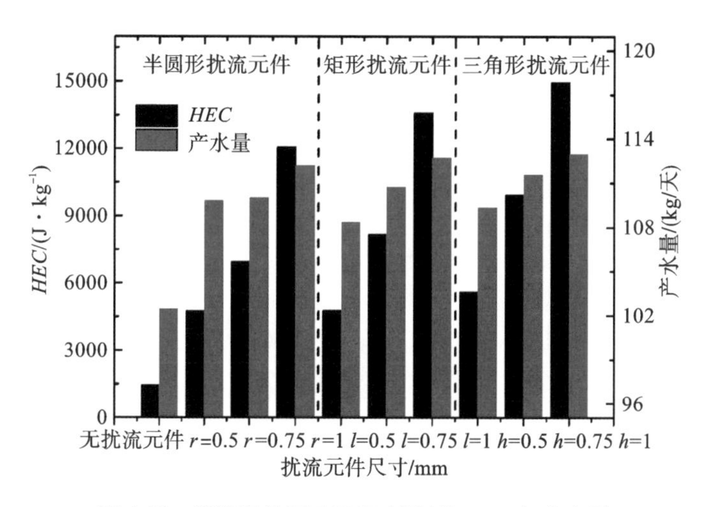

图 4-27　湍流条件下 DCMD 过程的 *HEC* 与产水量

4.3　吸附式蒸馏系统

吸附式蒸馏系统如图 4-28 所示[13]。一般而言吸附式蒸馏系统可以同时实现海水淡化和制冷功能。吸附式蒸馏系统的主要工作流程分为四个过程：①吸附—

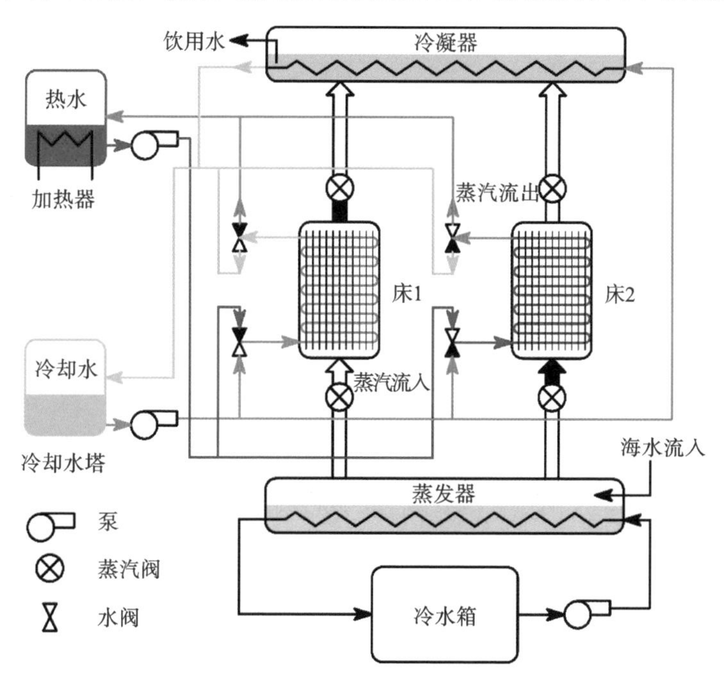

图 4-28　吸附式蒸馏系统的示意图

蒸发过程，吸附床吸附蒸汽并在蒸发器中产生冷量；②预热过程，吸附床被热流体加热升温升压，为解附过程做准备；③解附—冷凝过程，蒸汽解附并在冷凝器中产生淡水；④预冷过程，吸附床被冷却，开始下一个循环。

4.3.1 吸附式蒸馏系统的数学描述

用来描述吸附式蒸馏系统的传统方法是基于计算流体力学（CFD）模型，使用一个恒定的边界条件代替吸附床与蒸发器或冷凝器连接时的特性，以求解床层温度、压力和吸附量随时间和空间的变化。对于实际情况而言，在吸附过程中海水中溶剂的蒸发会导致较大的溶液浓度、质量和蒸汽压变化，同时蒸发潜热和与冷水的热交换还会导致蒸发器温度压力随时间变化。在冷凝过程中，除了浓度不存在变化以外，其他参数也是波动的。本节提出了一个改进的 CFD 模型，其借鉴了模型中对蒸发器和冷凝器的几种假设，求解其质量和能量守恒方程。另外，吸附床的温度、压力和吸附量作为求解条件得出蒸发器中海水的浓度和质量，从而实现不同组件之间的联系和耦合。

1. 吸附床

吸附动力学由线性驱动力（LDF）描述[14]

$$LDF = \frac{\partial W}{\partial t} = \frac{60D_s}{d_p^2}(W_o - W) \tag{4-36}$$

式中，W 为瞬时吸附量；d_p 为吸附剂颗粒直径；D_s 为表面扩散率，可以通过下式计算

$$D_s = D_{so}\exp\left(-\frac{E_a}{RT}\right) \tag{4-37}$$

式中，D_{so} 为预指数因子；E_a 为活化能；T 为床层温度；R 为通用气体常数。

平衡吸附量 W_o 可用 Dubinin-Astakhov 方程计算[15]

$$W_o = W_\infty \exp\left\{-\left[\frac{RT}{E}\ln\left(\frac{P_s}{P}\right)\right]^n\right\} \tag{4-38}$$

式中，W_∞ 为最大吸附量；E 为特征能量，由吸附剂特性决定；P_s 为床层温度下的饱和压力；P 为瞬时压力；n 为非均质性因子，与吸附剂的孔径分布有关。

由于蒸汽流过吸附剂颗粒之间狭窄空隙的速度相对较慢，动量方程中的惯性项和黏性项可以忽略不计，床内压降可通过达西方程计算

$$\vec{U} = -\frac{K}{\mu}\nabla P \tag{4-39}$$

式中，$\vec{U}$ 为蒸汽速度矢量；μ 为蒸汽黏度；K 为床层渗透率，可通过 Blake-Kozeny 方程计算

$$K = \frac{d_{p,\mathrm{eff}}^2(\varepsilon_b\varepsilon_{fo})^3}{150(1-\varepsilon_b\varepsilon_{fo})^2} \tag{4-40}$$

式中，ε_b 为床层孔隙率；ε_{fo} 为泡沫金属孔隙率。

基于泡沫金属的吸附床的构型是两种多孔材料的复合体，床层渗透率不可避免地受到添加的泡沫金属材料的影响，因此必须考虑泡沫金属的孔隙率，而且应该用考虑到吸附剂颗粒和泡沫金属空隙的有效直径 $d_{p,eff}$ 代替吸附剂颗粒直径。

在质量和能量守恒方程中，热容、密度和导热系数都应基于泡沫金属的热物理性质进行修正，连续性方程和能量方程为[16]~[18]

$$\frac{\partial(\varepsilon_{fo}\varepsilon_b\rho_v)}{\partial t}+\nabla(\rho_v\vec{U})+\varepsilon_{fo}\rho_b\frac{\partial W}{\partial t}=0 \tag{4-41}$$

$$\begin{aligned}&(\varepsilon_{fo}\varepsilon_b\rho_v C_{pv}+\rho_{fo}C_{pfo}+\varepsilon_{fo}\rho_b(C_{ps}+WC_{pw}))\frac{\partial T}{\partial t}+\rho_v C_{pv}\vec{U}\cdot\nabla T\\&=\nabla\cdot(k_{eff}\nabla T)+\varepsilon_{fo}\rho_b H_a\frac{\partial W}{\partial t}\end{aligned} \tag{4-42}$$

式中，ρ_b、ρ_v 和 ρ_{fo} 分别为床层、蒸汽和泡沫金属的密度；C_{ps}、C_{pv}、C_{pw} 和 C_{pfo} 分别为吸附剂、蒸汽、水和泡沫金属的比热容；H_a 为吸附潜热，k_{eff} 为有效导热系数。泡沫铝的热物理参数见表 4-2。

表 4-2　热物理参数[19]~[20]

C_{ps} $\left(\frac{kJ}{kg}\cdot K\right)$	E_a $\left(\frac{J}{mol\cdot K}\right)$	D_{so} $\left(\frac{m^2}{s}\right)$	ρ_b $\left(\frac{kg}{m^3}\right)$	d_p (mm)	k_b $\left(\frac{W}{m}\cdot K\right)$
924	42000	2.54×10^{-4}	740	0.35	0.198

H_a $\left(\frac{kJ}{kg}\right)$	X_∞ $\left(\frac{kg_v}{kg_a}\right)$	E $\left(\frac{J}{mol}\right)$	n	ρ_{Al} $\left(\frac{kg}{m^3}\right)$	C_{pfo} $\left(\frac{kJ}{kg}\cdot K\right)$	k_{fo} $\left(\frac{W}{m}\cdot K\right)$
2415	0.37	4280	1.15	2700	895	58

通过管壁的导热微分方程为[21]~[22]

$$\frac{\partial T}{\partial t}=\alpha\nabla^2 T \tag{4-43}$$

式中，α 是铝的热扩散率。

2. 蒸发器

在蒸发器和冷凝器中质量守恒方程为

$$\frac{dM_{w,Hex}}{dt}=-M_s\frac{dW}{dt} \tag{4-44}$$

式中，$M_{w,Hex}$ 为换热器中水的质量；M_s 为吸附剂的总质量。蒸发器的能量守恒方程为[23]

$$[(MC_p)_{Hex}+(MC_p)_{sw}]^{eva}\frac{dT_{eva}}{dt}=-h_{fg}M_s\frac{dW}{dt}+\dot{m}_{ch,eva}C_{p,ch}(T_{ch,in}-T_{ch,out})^{eva} \tag{4-45}$$

式中，$(MC_p)_{Hex}$ 和 $(MC_p)_{sw}$ 是蒸发器中换热器和海水的热质量。左式表示蒸发器的总热容量，右式表示水蒸发带走的潜热和与冷水交换的热量。应该注意的是，该方程仅针对吸附过程，对其他过程，右式第一项应去除。h_{fg}是海水的汽化潜热，$m_{ch,eva}$、$C_{p,ch}$、$T_{ch,in}$和 $T_{ch,out}$分别为冷水的质量流量、热容、入口和出口处温度。冷水温度可通过下式计算[24]

$$T_{ch,out}=T_{eva}+(T_{ch,in}-T_{eva})\exp\left(\frac{-UA_{eva}}{m_{ch,eva}C_{p,ch}}\right) \tag{4-46}$$

式中，$(UA)_{eva}$为蒸发器的总换热系数。换热描述参数见表 4-3。

表 4-3 换热描述参数[25]

参数	值
L	560 mm
R_0	13 mm
H	12 mm
N	40
$T_{ch,in}$	20 ℃
$T_{w,in}$	20 ℃
T_{hw}	75 ℃
T_{cw}	30 ℃
T_{ini}	60 ℃
$T_{eva,ini}$	10 ℃
$m_{w,con}C_{p,w}$	1.37×4.186 kW
$m_{ch,eva}C_{p,ch}$	0.71×4.186 kW
$(MC_p)_{con}$	(24.28×0.386+20×4.186)kJ/K
$(MC_p)_{eva}$	(12.45×0.386+50×4.186)kJ/K
$(UA)_{con}$	(4115.23×3.73)W/K
$(UA)_{eva}$	(2557.54×1.91)W/K

3. 冷凝器

在冷凝器中能量守恒方程为[23]

$$\begin{aligned}&[(MC_p)_{Hex}+(MC_p)_w]^{cond}\frac{dT_{cond}}{dt}\\&=h_{fg}M_s\frac{dW}{dt}+\dot{m}_{w,con}C_{p,w}(T_{w,in}-T_{w,out})^{cond}\end{aligned} \tag{4-47}$$

式中，$(MC_p)_{Hex}$和$(MC_p)_w$分别为冷凝器中换热器和冷凝水的热质量。右式第二项表示被冷却水带走的热量。$m_{w,con}$、$T_{w,in}$和 $T_{w,out}$分别为冷却水的质量流量、入口处和出口处温度。冷却水出口处温度的数学表达式为[24]

$$T_{w,out} = T_{con} + (T_{w,in} - T_{con})\exp\left(\frac{-UA_{con}}{m_{w,con}C_{p,w}}\right) \tag{4-48}$$

式中，$(UA)_{con}$为冷凝器的总换热系数。除解附过程外，无吸附质流入冷凝器，因此在余下的三个过程中(吸附、预热和预冷)，左式第一项为0。

4. 边界条件和循环控制

表4-4详细给出了每一过程的初始条件和边界条件。热源温度设定为75 ℃，对流换热系数设定为恒定值1800 W/(m^2 · K)。与传统的CFD模型不同，本研究采用的边界条件基于求解在集总模型中的能量和质量守恒方程来获得蒸发器和冷凝器中随时间变化的温度和压力。此外，考虑到吸附阶段蒸发器内水的蒸发，海水浓度是随时间变化的，蒸发器压力P_{eva}的数学表达式为

$$P_{eva} = (1 - 0.537S)P_{sat} \tag{4-49}$$

式中，S为海水浓度；P_{sat}为水的饱和压力，可以根据文献[26]计算

$$P_{sat} = 8.143 \times 10^{10} e^{-5071.7/T_{eva}} \tag{4-50}$$

表4-4 初始条件和边界条件

初始条件：	
$t_{ini}=0;P(t_{ini})=P_{ini}=P_{sat}@T_{eva};T(t_{ini})=T_{ini};W(t_{ini})=W_{ini}=W_o(T_{ini},P_{ini});T_{eva}(t_{ini})=T_{eva,ini};M_{sw}=M_{0,eva};T_{con}(t_{ini})=T_{w,in};M_w=M_{0,con};\ T_f(r=R_0)=T_{cw}$	
边界条件：	
$\frac{\partial P}{\partial r}\|_{r=R_0}=\frac{\partial P}{\partial r}\|_{z=0}=\frac{\partial P}{\partial r}\|_{z=L};\frac{\partial T}{\partial r}\|_{r=R}=\frac{\partial T}{\partial r}\|_{z=0}=\frac{\partial T}{\partial r}\|_{z=L};-k_{eff}\frac{\partial T}{\partial r}\|_{r=R_0}=h(T_f-T)$	
吸附过程	$T_f=T_{cw};P(r=R)=P_{eva}$
预热过程	$T_f=T_{hw};\frac{\partial P}{\partial r}\|_{r=R}=0$
解附过程	$T_f=T_{hw};P(r=R)=P_{con}$
预冷过程	$T_f=T_{cw};\frac{\partial P}{\partial r}\|_{r=R}=0$

在计算过程中，每个过程何时结束都需要遵循一些控制条件。这里，当瞬时吸附量达到最终平衡吸附量的一定比例时，吸附和解附过程结束[27]

$$W_{min} = W_{min}^* + a(W_{max}^* - W_{min}^*) \tag{4-51}$$

$$W_{max} = W_{max}^* - b(W_{max}^* - W_{min}^*) \tag{4-52}$$

式中，W_{min}^*和W_{max}^*分别为冷凝器和蒸发器压力以及根据加热和冷却水温度计算的平衡吸附量。在许多文献中[28]~[29]，达到可能的最终平衡吸附量的80%($a=b=0.2$)被认为是这类系统的最优控制条件，因为它延长了反应速率相对较低的吸附过程的时间。尽管吸附和解附时间不等，该条件并不局限于单床系统，也可适用于多床系统[30]~[31]。此外，不对称的控制条件(即$a \neq b$)还未被研究，因此在本节也对其进行了探讨。在预热或预冷过程中，当床层压力达到冷凝或蒸发压力时预热或预冷过程停止。

5. 性能指标

系统性能优化主要依据四个参数：比制冷功率（SCP），总制冷功率（TCP），比每日产水量（$SDWP$）和总每日产水量（$TDWP$）

$$SCP=\frac{h_{fg}\Delta W_{av,ad}}{t_{cycle}},\quad TCP=M_s\frac{h_{fg}\Delta W_{av,ad}}{t_{cycle}} \tag{4-53}$$

$$SDWP=\frac{\Delta W_{av,ad}}{\rho_w t_{cycle}},\quad TDWP=M_s\frac{\Delta W_{av,ad}}{\rho_w t_{cycle}} \tag{4-54}$$

式中，$\Delta W_{av,ad}$和$\Delta W_{av,des}$分别为吸附和解附过程的工作量；t_{cycle}为循环时间；ρ_w为水的密度。

4.3.2 模型验证

为了验证模型的可靠性，将吸附过程的瞬时平均温度和平均吸附量与文献[20]的结果进行比较。从图 4-29 中可以看出，本研究的计算结果与文献数据偏差较小，验证了本节所提出的模型的准确性。

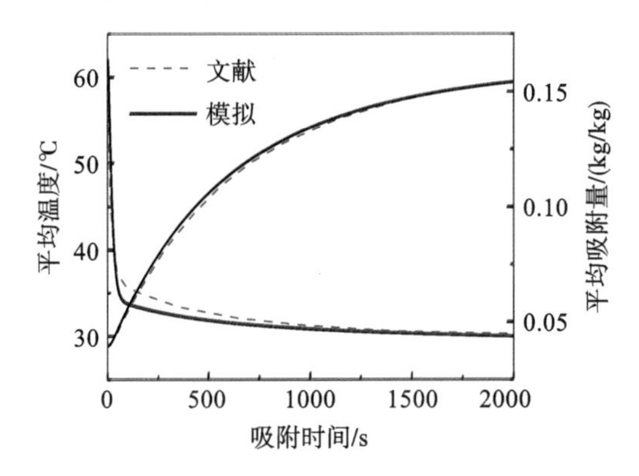

图 4-29 模型计算结果与文献数据的对比

4.3.3 结果与讨论

我们使用硅胶/水作为工作对，基于前文所提出的改进的 CFD 模型对整个吸附式蒸馏和制冷系统进行模拟研究。如图 4-30 所示，采用泡沫铝包裹的单床吸附器以增强床内传热。吸附剂颗粒和泡沫金属材料附着在圆管的外壁，管内通以冷却/加热流体，为了节省计算资源，三维管式吸附床被简化为二维轴对称模型，其几何参数。圆管数量根据研究中选择的蒸发器和冷凝器参数由文献[25]确定。由于该吸附床由两种多孔介质混合而成，其各自的孔隙率对吸附式蒸馏和制冷系统性能参数均有很大影响。这里首先对这两个孔隙率进行优化，然后探究不同类型的泡沫金属和吸附剂对系统性能的影响，并找到最优的吸附床配置。默认工作条件下循环控制条件均设定为 $a=b=0.3$。最后，对非对称循环条件进行探讨，以进一步提升系统性能。

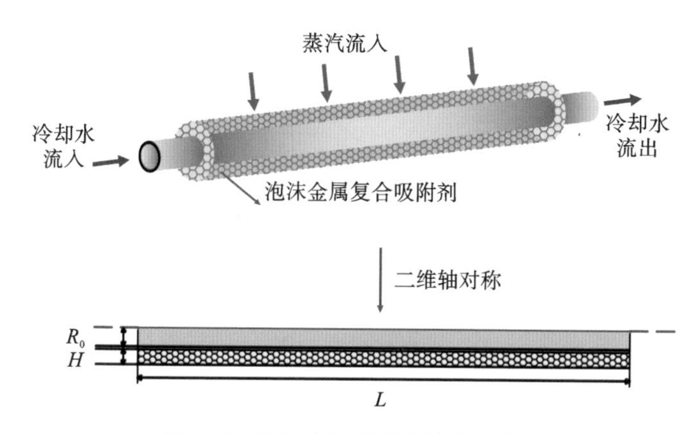

图 4-30　泡沫金属吸附床的物理模型

1. 吸附过程的动力学特性

图 4-31 显示了前 5 个循环内吸附床的平均温度和平均吸附量随时间的变化关系。图 4-32 显示了前 5 个循环内吸附床、蒸发器和冷凝器的温度随时间变化的关系。泡沫铝和吸附剂孔隙率控制为 0.9 和 0.4。从图中可以看出，系统在大约 3 个循环周期后达到循环稳态。图 4-31 中温度曲线的大幅波动说明添加泡沫金属显著增强了吸附床的传热能力。在吸附过程中，在床层吸附量增加的同时温度降低，蒸发器与吸附床相连，而冷凝器处于孤立状态。在该过程初始阶段，吸附剂颗粒的不饱和导致海水迅速蒸发，大量释放的冷量使蒸发器温度下降。随着蒸汽被吸附，床层接近饱和，海水蒸发速度减慢，导致蒸发器温度再次上升。在解附过程中，冷凝器温度的变化也有类似的描述。大量释放的蒸汽和冷凝热导致冷凝器初始温度升高。

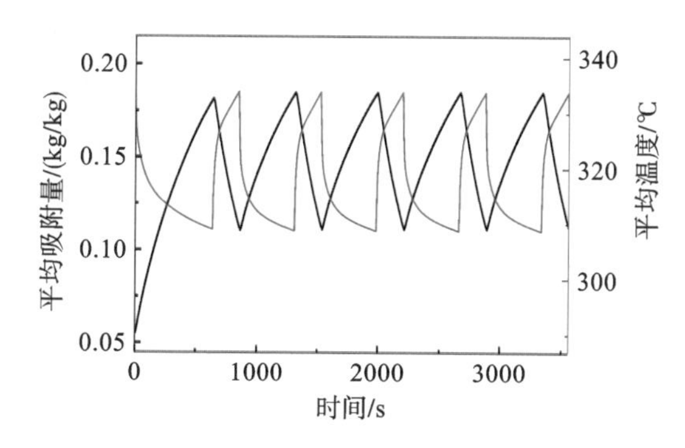

图 4-31　吸附床平均温度和平均吸附量随时间的变化

2. 泡沫金属孔隙率的影响

图 4-33 显示了吸附时间、解附时间和循环时间随泡沫金属孔隙率的变化。泡沫铝孔隙率范围为 0.60～0.95。孔隙率为 1.0 代表不添加泡沫铝的纯硅胶吸附床。加入金属骨架显著提高了床的传热系数。

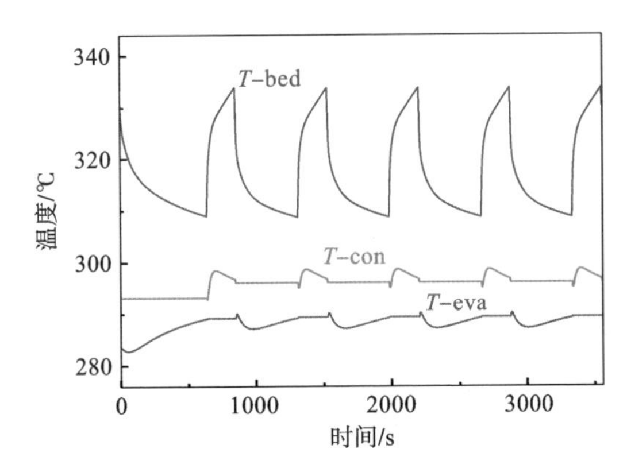

图 4-32　吸附床、蒸发器和冷凝器温度随时间变化

$$k_{eff} = k_{fo}(1 - \varepsilon_{fo}) + k_s \varepsilon_{fo}(1 - \varepsilon_t) + k_v \varepsilon_{fo} \varepsilon_t \tag{4-55}$$

式中，k_{eff}为有效导热系数，可以用各组分的加权平均计算；k_{fo}为泡沫铝骨架的导热系数；k_s为硅胶的导热系数；k_v为蒸汽的导热系数。

图 4-33 显示循环时间随泡沫金属孔隙率的增加而增加，添加了泡沫铝的吸附床增加了床层的有效导热系数，有利于吸附和解附过程，从而显著提升了系统的性能。此时，循环时间较单一的硅胶吸附床明显缩短。从图 4-33 中可以观察到，在保证工作量相同的循环控制条件下，吸附过程的持续时间大约是解附过程的 2 倍，这是因为解附温度较高。

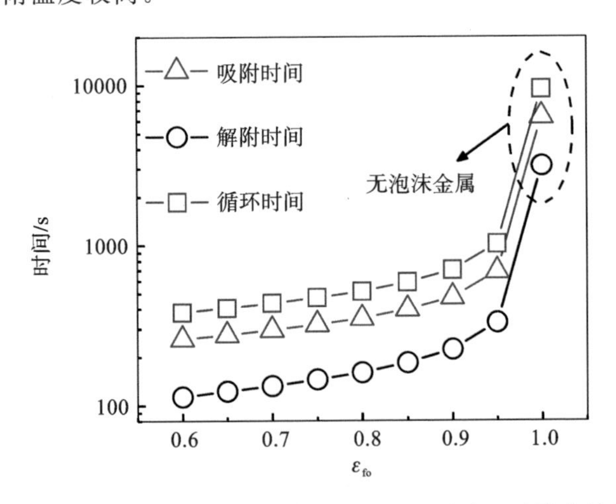

图 4-33　吸附时间、解附时间和循环时间随泡沫金属孔隙率的变化

（在计算过程中，床层孔隙率为 0.4）

在相同的循环控制条件下，系统的循环工作量几乎是不变的，因此循环时间可以反映系统性能。根据式(4-53)和式(4-54)，较长的循环时间会导致制冷量和产水量的减少。循环时间的增加导致 *SCP* 和 *SDWP* 随着泡沫金属孔隙率的增

加而急剧下降，如图 4-34(a)和图 4-34(b)所示。泡沫金属孔隙率的增加一方面强化了床层热量传递，所以 *SCP* 升高；另一方面会导致吸附剂质量减少。因此，泡沫金属孔隙率增加到 0.8 时，*TCP* 和 *TDWP* 增大，之后整个系统的性能会退化。在泡沫金属孔隙率为 0.8 时，传热因素和吸附剂质量因素达到平衡，此时系统的制冷功率为 8.49 kW，产水量为 292 m^3/天。

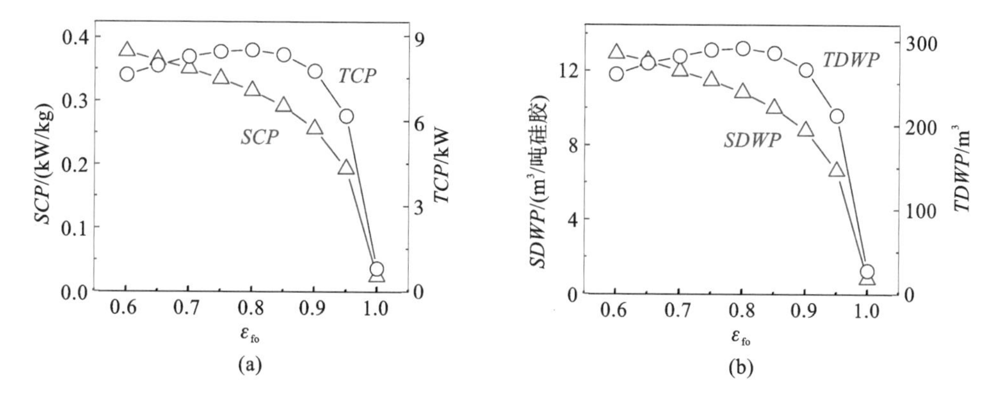

图 4-34　各参数随泡沫金属孔隙率的变化

(a)*SCP* 和 *TCP*；(b)*SDWP* 和 *TDWP*

3. 吸附剂孔隙率的影响

如图 4-35 所示，循环时间随着吸附剂孔隙率的增加而单调减少。床层孔隙率的增加使导热系数减小，不利于床内的热传导。尽管较大的床层孔隙率使导热系数降低，但同时压降也减小，系统性能得以提高。基于前文分析，泡沫铝床内的导热能力主要受金属孔隙率的影响，与沿吸附剂颗粒的热传导相比，金属孔壁的热传导更为关键。在任意金属孔隙率下，流动阻力的减小使循环时间缩短，系统的 *SCP* 和 *SDWP* 增大，如图 4-36(a)和(b)所示，添加泡沫铝的床展现出极高的性能，较低的金属孔隙率可迅速提高系统的制冷能力和产水方量。

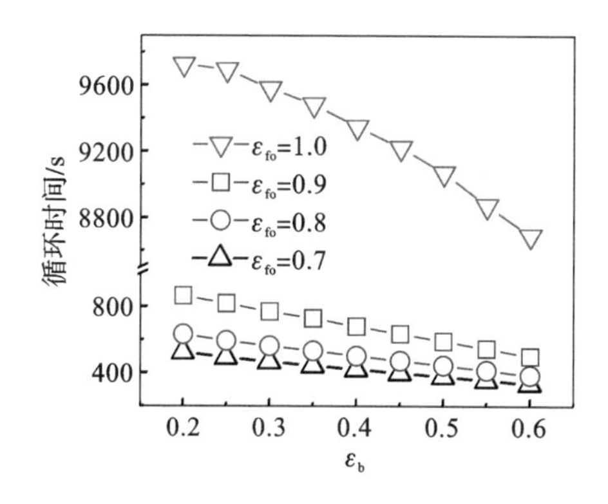

图 4-35　不同泡沫金属孔隙率下循环时间随床层孔隙率的变化

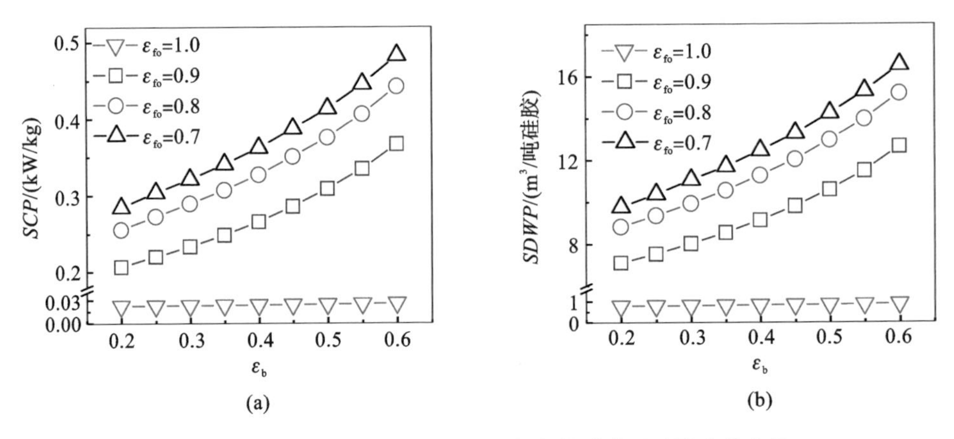

图 4-36　不同泡沫金属孔隙率下，各参数随床层孔隙率的变化

(a)*SCP*;(b)*SDWP*

如图 4-37(a)、(b)所示，*TCP* 和 *TDWP* 几乎随着床层孔隙率的增大而单调减小，这与 *SCP* 和 *SDWP* 的变化趋势不同。这意味着从减小压降并增大传热阻力中获得的比水产量的提升不足以补偿吸附剂质量减少对系统造成的不利影响。当金属孔隙率为 0.8 时系统的冷量和淡水产量最大，这与前面所描述的一致。从图 4-37(a)可以看出，当床层孔隙率为 0.2 和 0.25 时总制冷量几乎相同，在床层孔隙率为 0.25 时，尤其是在金属孔隙率为 0.8 或 0.7 时，*TCP* 有最大值。当仅考虑制冷性能时，$\varepsilon_{fo}=0.8$，$\varepsilon_b=0.25$ 是填充泡沫铝的吸附床的最优孔隙率配置，系统的 *TCP* 为 8.74 kW，*TDWP* 为 300 m^3。金属孔隙率和床层孔隙率分别设定在 0.8和 0.2 时系统产水量最大，每天产水量为 302 m^3。

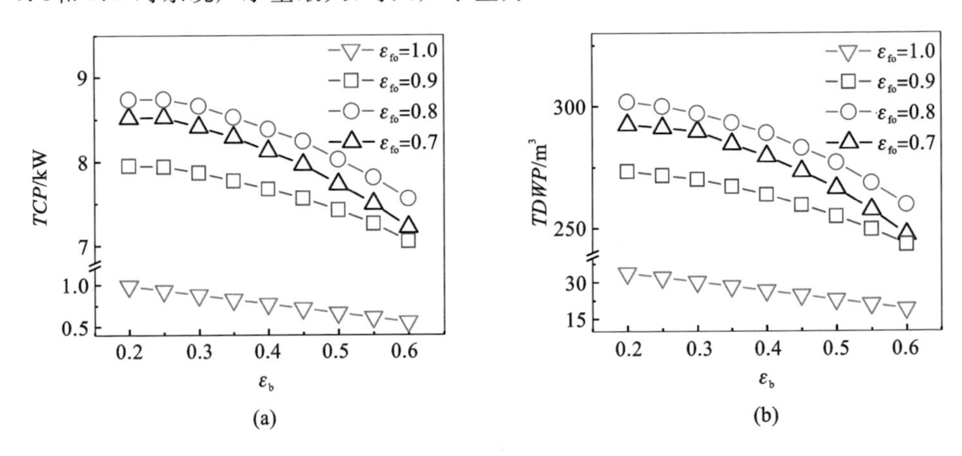

图 4-37　不同泡沫金属孔隙率下，各参数随床层孔隙率的变化

(a)*TCP*;(b)*TDWP*

4. 吸附剂和金属类型的影响

这里选择了三种常见的商用泡沫金属材料，比较其对系统制冷和淡水生产的影响。吸附剂采用硅胶。泡沫金属的导热系数计算为金属的导热系数和形状因子的乘积，所有金属的形状因子设定为与泡沫铝的形状因子相同。如图 4-38 所示，添加泡沫金属对系统 *SCP* 和 *SDWP* 都有显著的积极影响，其中添加泡沫铜时系统的性能最好。这是因为该材料的导热系数最大，对床层传热过程的强化效果最好。此时，*SCP* 为 0.291 kW/kg，*SDWP* 为 10 m^3/kg，几乎是未添加泡沫铜的床层的 12 倍。尽管不同金属材料的密度变化很大，但在相同的床层孔隙率下，吸附剂的质量保持不变，因此系统总性能的提升与 *SCP* 和 *SDWP* 相当。使用泡沫铜时系统的制冷功率为 9.32 kW，每天产水量为 322 m^3，相比添加泡沫铝时分别提升了6.6%和 7.2%。使用泡沫镍时系统 *TCP* 为 6.45 kW，*TDWP* 为 221 m^3/天，比使用泡沫铝时低 26.2%。

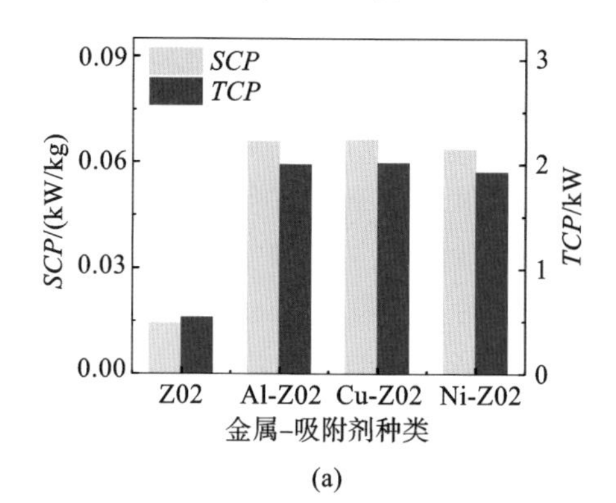

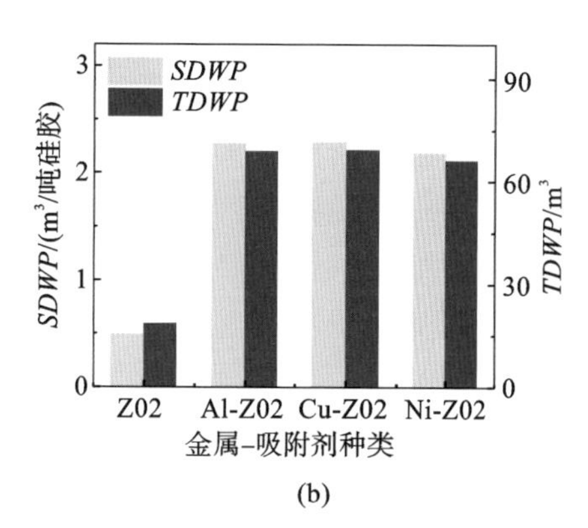

图 4-38　采用硅胶作为吸附剂时，不同泡沫金属下系统的参数的比较

(a) *SCP* 和 *TCP*；(b) *SDWP* 和 *TDWP*

图 4-39 比较了采用 AQSOA-Z02 作为吸附剂时，不同泡沫金属下对系统的制冷量和产水量的影响。在床层中加入泡沫金属极大地改善了系统性能。采用泡

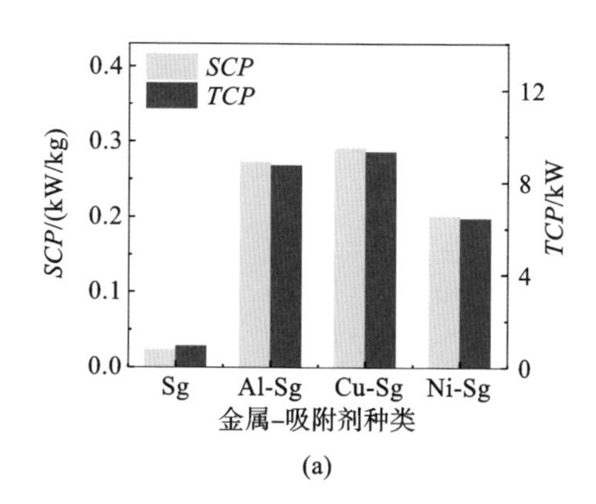

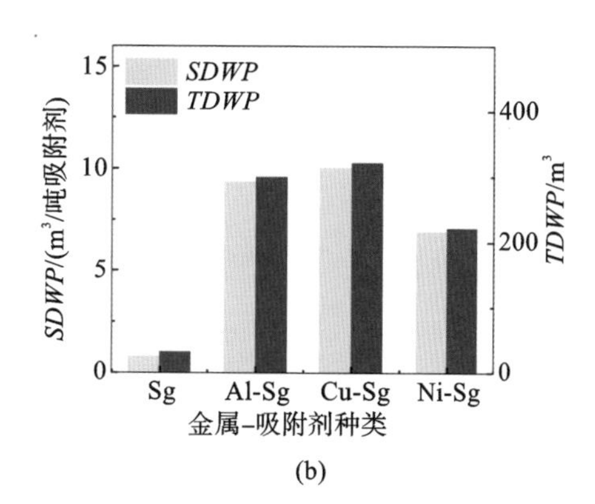

图 4-39　采用 AQSOA-Z02 作为吸附剂时，不同泡沫金属下系统的参数的比较

(a) *SCP* 和 *TCP*；(b) *SDWP* 和 *TDWP*

沫铜时系统的产水量最高，为无泡沫金属添加时的四倍。但三种金属彼此之间的性能差异相对较小，说明在硅胶床中加入泡沫金属的影响要比 AQSOA-Z02 更加显著。这是因为 AQSOA-Z02 在所研究温度下吸附特性较硅胶低。

5. 循环控制参数的影响

在系统循环中可利用两个参数 a 和 b 来控制吸附和解附的工作量。随着 a 和 b 的增大，实际循环量和平衡循环量的比值会减小。从图 4-40 和图 4-41 可以看到，工作量的减少导致循环时间随 a 和 b 增大而单调减少。应该注意的是，b 小于 a 并不意味着床层解附的蒸汽多于它所吸附的蒸汽，因为循环条件只限制了吸附或解附的最终吸附量，事实上，通过对初始吸附量的调整，系统在这两个过程中仍有几乎相同的工作量。如图 4-42 所示，当参数 b 为 0.2 时，系统在制冷和产水量方面达到最佳，之后系统性能突然退化，尤其是在 a 较大时，现象更加明显。当参数 b 取 0.15～0.3 时，参数 a 在 0.3～0.45 之间变化会引起系统性能轻微的改变，如图 4-43 所示。当 b 超过 0.3 时，参数 a 增大会导致系统产量急剧下降。因此，在 b 超过 0.3 时选择较大的参数 a 是不可取的。图 4-43 展示了制冷量和饮用水产量随参数 a 的变化情况。参数 b 取 0.2 时的系统性能比取 0.3 时好。就制冷效果而言，参数 a 取 0.35 是最佳的，而参数 a 取 0.4 时会导致更大的产水量，与传统的吸附系统不同。在以前的研究中，循环控制条件通常设定为 $a=b=0.2$，这可能会导致系统性能的降低，因为当 a 小于 0.3 时，制冷量和产水量将迅速下降。这说明吸附控制条件应该比解附控制条件离平衡状态更远。从对循环控制条件的全面探讨中可以得出，$b=0.2$，$a=0.35$ 的方案对制冷来说是最佳的，而 $b=0.2$，$a=0.4$ 的循环控制条件对产水量来说是最好的。改进控制条件后，系统的 SCP 为 0.288 kW/kg，TCP 为 9.2 kW，$SDWP$ 为每天 9.9 m^3/kg，$TDWP$ 为每天 317 m^3，分别比常规配置的系统效率高 11%。

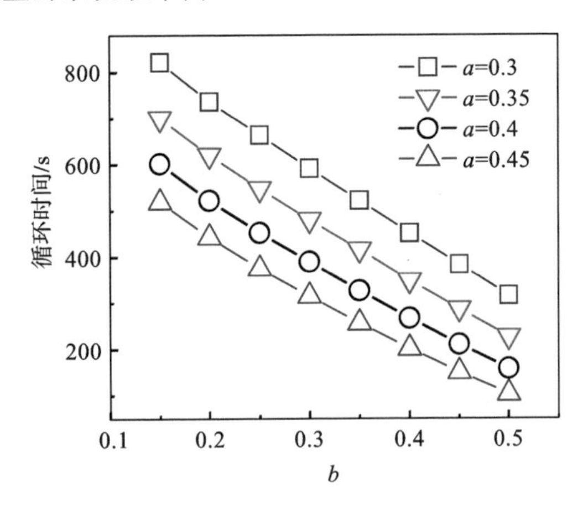

图 4-40 不同的吸附控制参数 a 下，循环时间随解附控制参数 b 的变化

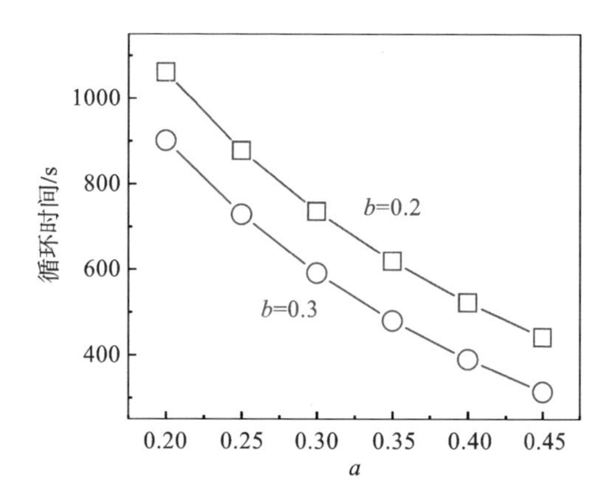

图 4-41 不同的解附控制参数 b 下，循环时间随吸附控制参数 a 的变化

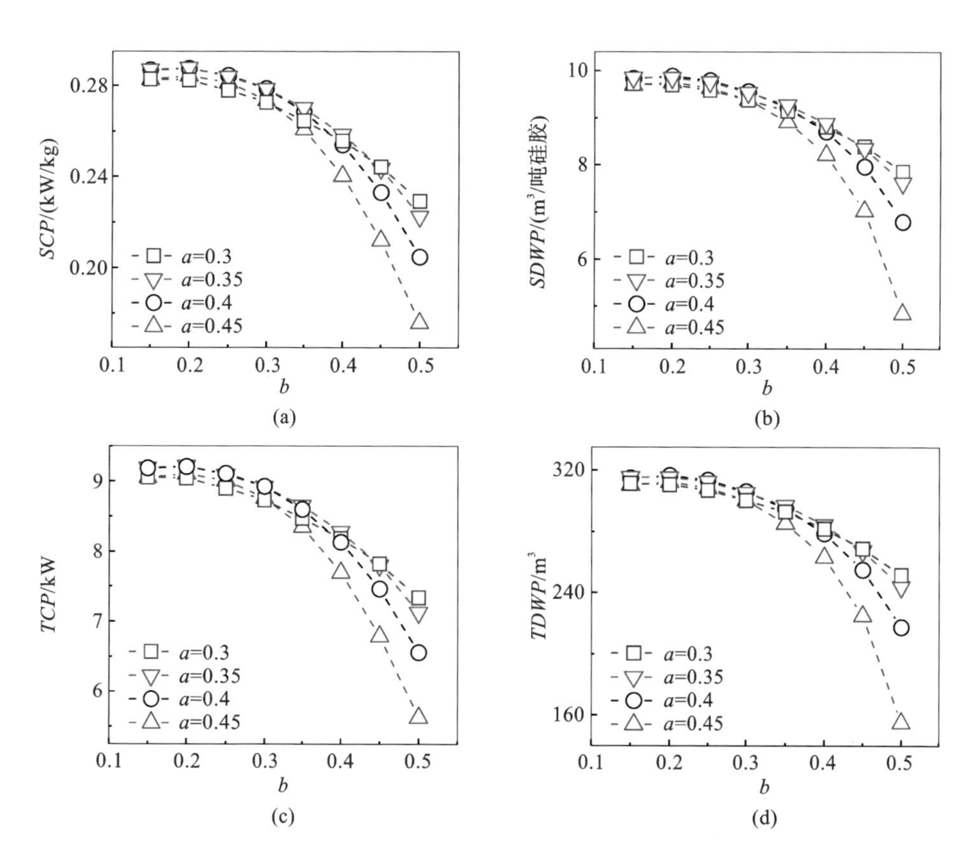

图 4-42 不同的吸附控制参数 a 下，各参数随解附控制参数 b 的变化

(a) SCP；(b) $SDWP$；(c) TCP；(d) $TDWP$

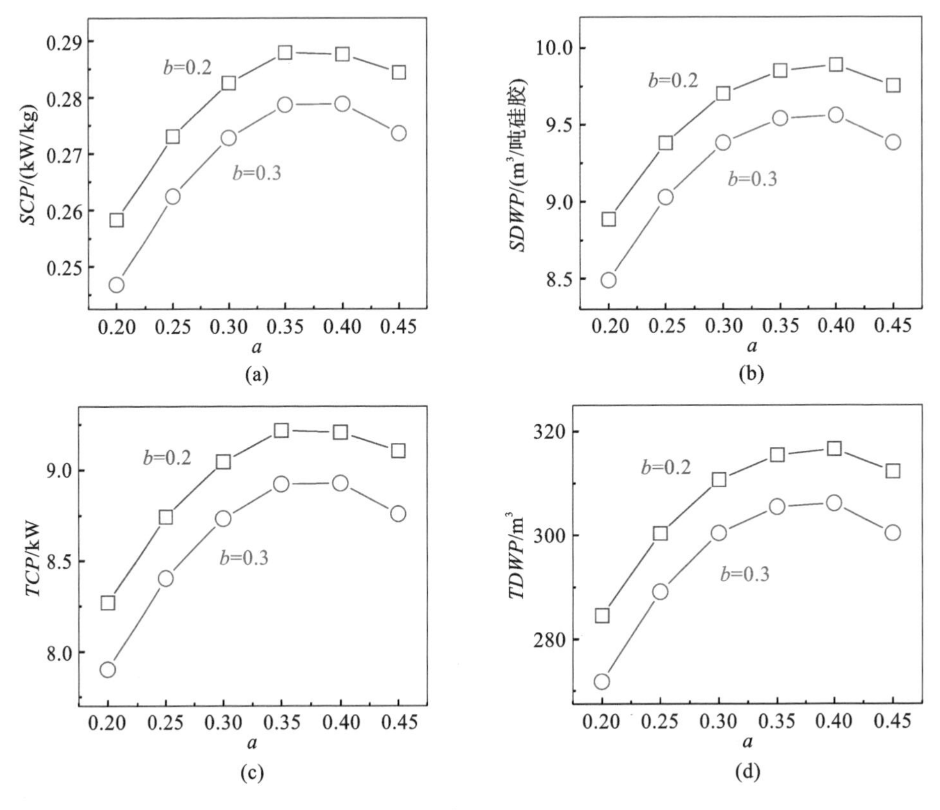

图 4-43　不同的解附控制参数 b 下，各参数随吸附控制参数 a 的变化

(a)*SCP*;(b)*SDWP*;(c)*TCP*;(d)*TDWP*

4.4　反渗透系统

反渗透是以外界动力为驱动力的一种溶液分离技术。图 4-44 为具有压力回收的反渗透系统示意图。疏水膜将高低浓度侧溶液隔开，在膜的一侧对溶液施加

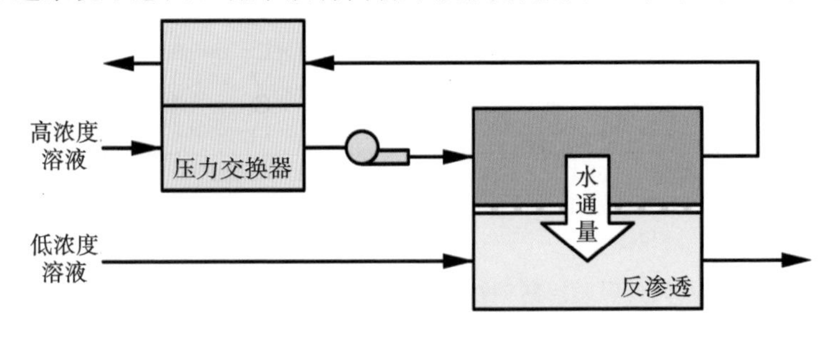

图 4-44　具有压力回收的反渗透系统示意图

压力，当压力差大于膜两侧的渗透压差时，溶剂（比如水溶液中的水）就会从高浓度侧向低浓度侧迁移，从而实现溶液分离。为了减少RO系统的功耗，在RO膜组件前放置一个压力交换器，以回收膜组件出口处的压力能，减少外界功率消耗。

4.4.1　反渗透系统的数学描述

在反渗透过程中，跨膜水和盐的传输分别由膜两侧压差和浓度差驱动。水和盐分都从高浓度溶液向低浓度溶液迁移。跨膜水通量（J_w）和盐通量（J_s）分别由下式计算[32]

$$J_w = A[\Delta P(x) - \Delta\pi_m(x)] \tag{4-56}$$

$$J_s = B[C_{F,m}(x) - C_P(x)] \tag{4-57}$$

式中，A 和 B 分别为水和盐的渗透系数；ΔP 和 $\Delta\pi_m$ 分别为膜两侧的水压和渗透压差；下标 F 和 P 分别表示高浓度溶液和低浓度溶液；$C_{F,m}$ 为膜-液界面的高浓度溶液浓度；C_P 为低浓度溶液浓度。在反渗透过程中，跨膜盐通量远低于跨膜水通量，低浓度溶液的盐浓度可由下式计算[33]

$$C_P(x) = \frac{J_s(x)}{J_w(x)} \tag{4-58}$$

在反渗透过程中，存在浓度极化现象（CP）。盐在膜的表面积累，提高了膜两侧的渗透压差，阻碍了水的渗透。在膜-液界面上，浓度与体积流量的关系为[34]

$$\frac{C_{F,m} - C_P}{C_{F,b} - C_P} = e^{\frac{J_w}{k}} \tag{4-59}$$

式中，k 是传质系数，可由舍伍德数（Sh）通过经验计算[34]

$$Sh = \frac{kD_h}{D} = 1.85\,(ReScD_h/L)^{1/3} \tag{4-60}$$

式中，D 为扩散系数；D_h 为水力直径；Sc 为施密特数；L 为通道长度。

因此，局部水通量和盐通量可以分别表示为

$$J_w(x) = A\left\{\Delta P(x) - 2RT\left[C_{F,b}(x)\exp\left(\frac{J_w(x)}{k}\right) - \frac{BC_{F,b}(x)\exp\left(\frac{J_w(x)}{k}\right)^2}{J_w(x) + B\exp\left(\frac{J_w(x)}{k}\right)}\right]\right\} \tag{4-61}$$

$$J_s(x) = B\left[C_{F,b}(x)\exp\left(\frac{J_w(x)}{k}\right) - \frac{BC_{F,b}(x)\exp\left(\frac{J_w(x)}{k}\right)^2}{J_w(x) + B\exp\left(\frac{J_w(x)}{k}\right)}\right] \tag{4-62}$$

如图4-45所示，沿着流动方向，对于长度微元 Δx，由连续性方程和质量守恒方程，有

$$V_F(x + \Delta x) = V_F(x) - J_w(x)W\Delta x \tag{4-63}$$

$$V_P(x + \Delta x) = V_P(x) + J_w(x)W\Delta x \tag{4-64}$$

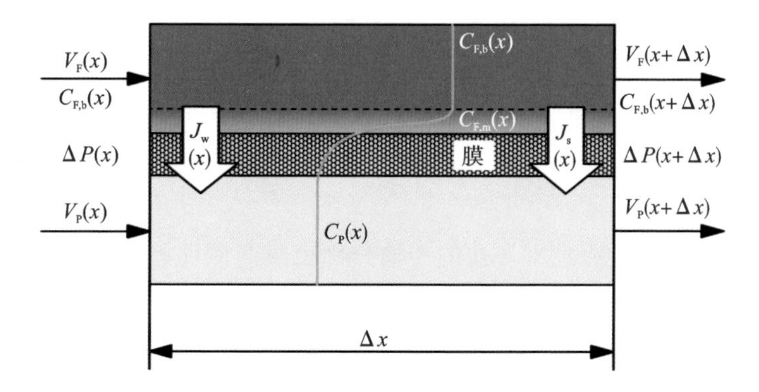

图 4-45　反渗透过程中的跨膜传质特性示意图

$$[V_F C_F](x+\Delta x) = [V_F C_F](x) - J_s(x) W \Delta x \tag{4-65}$$

式中，V 为体积流量。

以微分形式重构方程，有

$$\frac{\mathrm{d}V_F(x)}{\mathrm{d}x} = -J_w(x) W \tag{4-66}$$

$$\frac{\mathrm{d}V_P(x)}{\mathrm{d}x} = J_w(x) W \tag{4-67}$$

$$\frac{\mathrm{d}C_F(x)}{\mathrm{d}x} = \frac{C_F(x) J_w(x) W - J_s(x) W}{V_F(x)} \tag{4-68}$$

沿流动方向长度为 x 时，压降 P_{loss} 为[35]

$$P_{\mathrm{loss}} = 6.23\, Re^{-0.3} \frac{\rho v^2 x}{2D_h} \tag{4-69}$$

式中，ρ 和 v 分别为密度和截面流速[35]。氯化钠溶液的密度可以通过下式计算[36]

$$\rho = \frac{1}{\dfrac{\omega_{H_2O}}{\rho_{H_2O}} + \dfrac{\omega_{NaCl}}{\rho_{app,NaCl}}} \tag{4-70}$$

式中，ω_{H_2O} 和 ω_{NaCl} 分别为水和 NaCl 的质量分数；ρ_{H_2O} 为水的密度；$\rho_{app,NaCl}$ 为 NaCl 的表观密度，可通过下式计算

$$\rho_{app,NaCl} = \frac{(c_0 \omega_{NaCl} + c_1) \mathrm{e}^{(t+c_4)^2 \times 10^{-6}}}{\omega_{NaCl} + c_2 + c_3 t} \tag{4-71}$$

式中，t 为温度，单位为℃。对于 NaCl 水溶液，参数 $c_0 \sim c_4$ 见参考文献[36]。溶液黏度和 NaCl 浓度的关系可根据文献[37]~[38]计算。

局部跨膜净水力压差（ΔP）为[35]

$$\Delta P(x) = \Delta P^0 - P_{\mathrm{loss,F}}(x) + P_{\mathrm{loss,P}}(x) \tag{4-72}$$

式中，ΔP^0 为高低浓度溶液在入口处的压力差。

沿流动方向的流量和浓度分布可以通过求解式(4-66)～式(4-68)来获得，其

边界条件为

$$V_F(0)=V_F^0, V_P(0)=V_P^0, C_F(0)=C_F^0, \Delta P(0)=\Delta P^0 \tag{4-73}$$

跨膜水流量等于高溶液的入口处和出口处体积流量之差，即 $\Delta V_{RO}=V_F(0)-V_F(L)$。

水回收率的定义为

$$\xi=\Delta V_{RO}/V_F(0) \tag{4-74}$$

反渗透过程的平均产水量为

$$J_w=\frac{\Delta V_{PRO}}{WL}=\frac{V_F(0)-V_F(L)}{WL} \tag{4-75}$$

为了提高能量效率，使用一个回收效率为 η_{ERD} 的压力回收装置，以再利用反渗透膜组件出口处溶液的压力。消耗的功率密度由以下公式计算

$$P_d=\frac{\Delta P_{RO}(0)V_F(0)-\eta_{ERD}V_F(L)\Delta P_{RO}(L)}{WL} \tag{4-76}$$

此外，单位能耗(*SEC*)也用于评估反渗透性能，表示生产 1 m^3 的水所消耗的能量

$$SEC=\frac{\Delta P_{RO}(0)V_F(0)-\eta_{ERD}V_F(L)\Delta P_{RO}(L)}{V_F(0)-V_F(L)}=\frac{P_d}{J_w} \tag{4-77}$$

4.4.2　模型验证

本节所采用的模型由一个小型反渗透系统的实验数据进行验证[34]。通道的长度 $L=146$ mm，宽度 $W=95$ mm，高度 $H=1.73$ mm。膜面积为 1.39×10^{-2} m^2，流道横截面积为 1.46×10^{-4} m^2。高浓度侧溶液为 0.02 M 的 NaCl 溶液，低浓度侧溶液为纯水，温度为 25 ℃。图 4-46 显示了在不同的雷诺数(*Re*)下，反渗透系统的计算和实验测得的产水量与水力压差的关系。在 *Re*=590 时，最大相对误

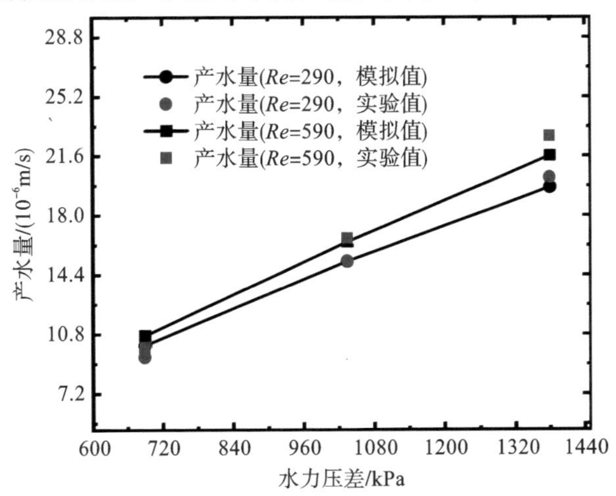

图 4-46　反渗透系统在不同 *Re* 数下模拟与实验中产水量随水力压差的变化

差为 6.9%，最小相对误差为 1.3%。在不同的水力压差下，计算得到的产水量与实验数据较为相符，因此可以验证该模型的准确性。

4.4.3 运行参数对反渗透系统性能的影响

决定反渗透过程性能的工作参数主要是盐溶液与水之间的水力压差以及盐溶液的浓度和流速。本研究采用了与文献[34]具有相同通道特点的反渗透系统，水和盐的渗透系数分别为 $A=2.15\times10^{-11}$ m·s^{-1}，$B=2.11\times10^{-8}$ m·s^{-1}。图4-47显示了在不同盐溶液浓度下，水力压差对反渗透系统的产水量和功耗的影响。从图中可以看到产水量和功率消耗都随着水力压差的增加而增加。由于反渗透过程中驱动力(水力压差和渗透压差之差)的减小，较大的盐溶液浓度会使得产水量减小。在较低的水力压差下，不同盐溶液浓度下的功耗没有明显差异，因此盐溶液浓度小幅下降可以显著提高反渗透系统的产水量。

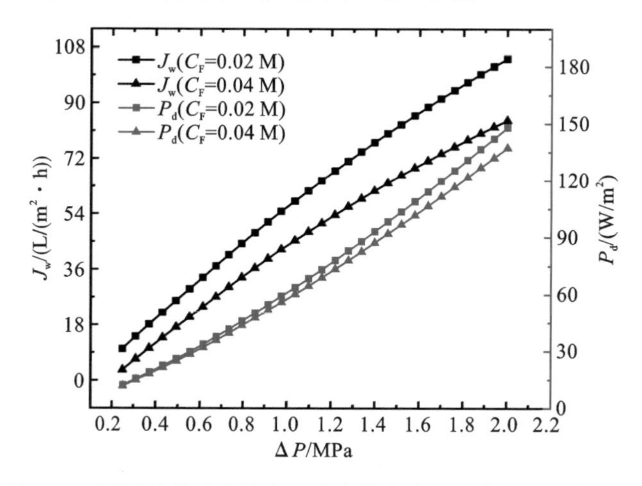

图 4-47 不同的盐溶液浓度下产水量和功耗随水力压差的变化

图 4-48 显示了在不同的盐溶液浓度下，水力压差对反渗透系统的水回收率和单位能耗的影响。由于 *Re* 数保持不变，盐溶液的入口流量保持不变，因此水回收率呈现出与产水量相同的趋势。此外，单位能耗先随着水力压差的增加而减少，达到其最小值后逐渐增加。存在一个最优水力压差，使得单位能耗最小，该最优水力压差随着盐溶液浓度的增加而增加。

图 4-49 显示了在不同的盐溶液浓度下，*Re* 数对 RO 系统产水量和功耗的影响。从图 4-49 可以看出，产水量先随着 *Re* 数的增加而急剧增加，随后增幅逐渐减缓。由于较高的盐溶液浓度将降低反渗透过程的驱动力，在给定的 *Re* 数下，较高的盐溶液浓度将降低产水量。如图 4-50 所示，水回收率随着 *Re* 数的增加而减小，这是因为随着 *Re* 数的增加，产水量的增幅远小于入口处体积流量的增幅。较高的盐溶液浓度导致水回收率降低，单位能耗随着 *Re* 数和盐溶液浓度的增加而增加。

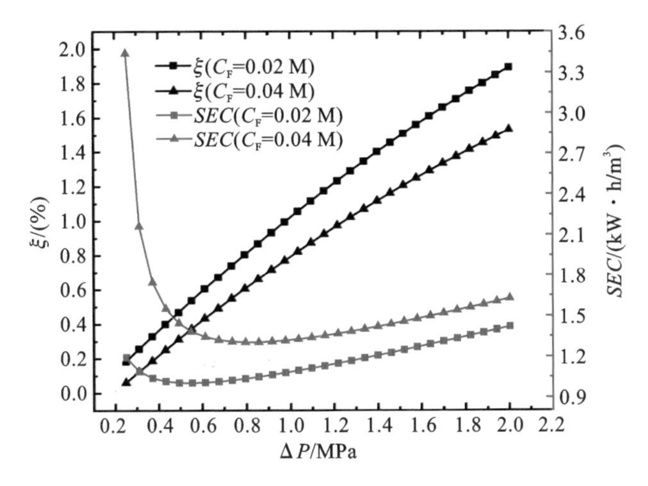

图 4-48 不同盐溶液浓度下水回收率和单位能耗随水力压差的变化

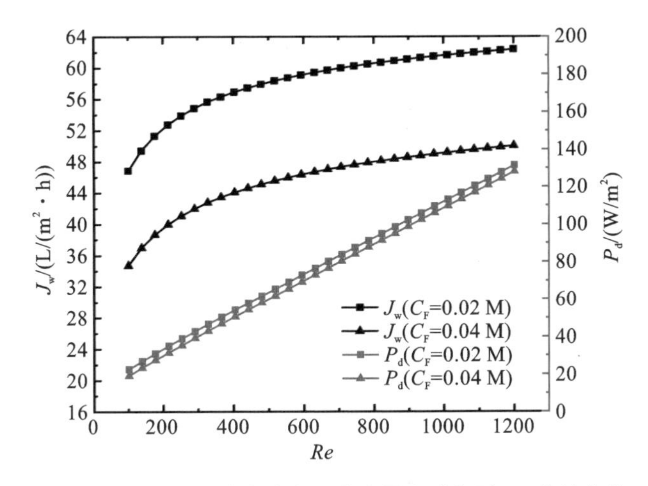

图 4-49 不同的盐溶液浓度下产水量和功耗随 *Re* 数的变化

4.4.4 性能优化

一般而言，反渗透装置应该具有产水量大、能耗低的特点。然而，根据上述分析，更大的产水量会导致更多的能耗，因此二者不能同时满足。单位能耗（*SEC*）在一定程度上综合考虑了能耗和产水量的妥协。本节研究了最小 *SEC* 优化下的反渗透性能，然后基于 NSGA-Ⅱ算法，对反渗透系统的能耗和产水量进行了多目标优化分析，以实现这两个性能指标之间的协调。

1. 最小 *SEC* 优化下的性能分析

根据前文分析，存在一个最优水力压差，使得反渗透系统的 *SEC* 最小。由于其非线性特性，系统的性能优化难度增大，这里采用 GA 方法，以 *SEC* 为目标函数对反渗透系统进行优化[39]。图 4-51 显示了在最小能耗的优化目标下，不同盐溶

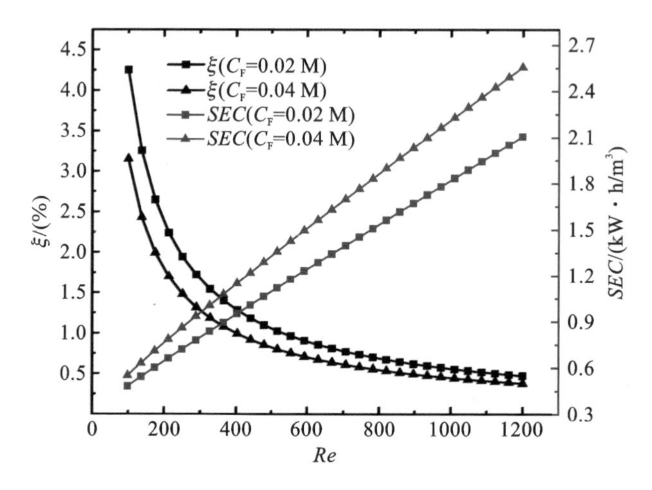

图 4-50　不同的盐溶液浓度下水回收率和单位能耗随 ***Re*** 数的变化

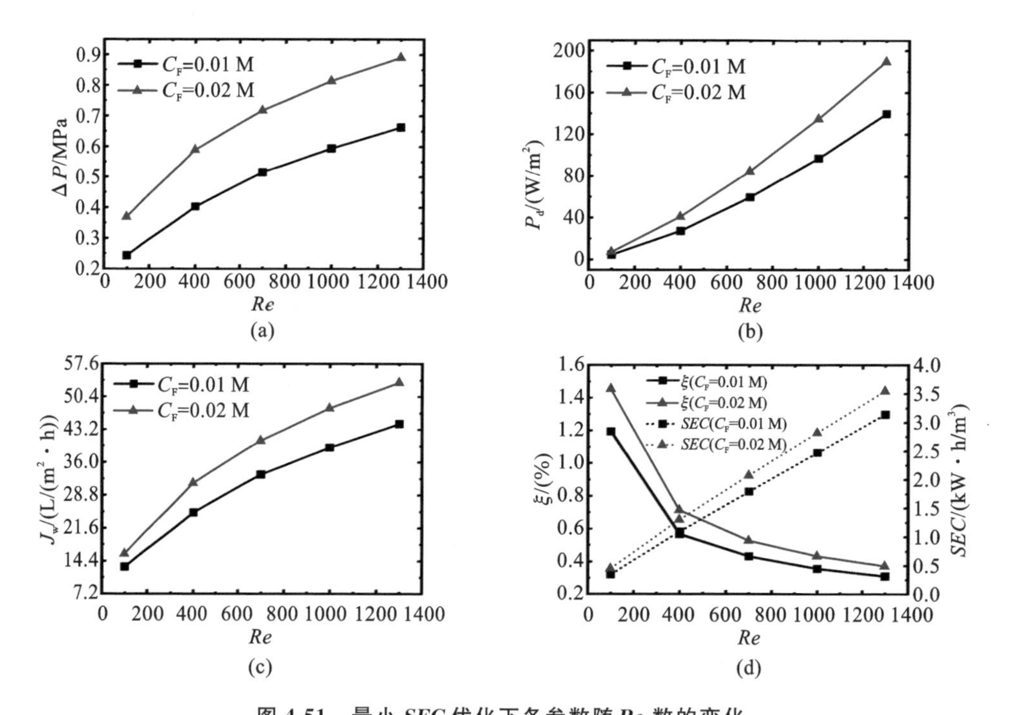

图 4-51　最小 ***SEC*** 优化下各参数随 ***Re*** 数的变化

(a)最优水力压差;(b)功耗;(c)水通量;(d)水回收率和单位能耗

液浓度下的最优水力压差、功耗、产水量、水回收率和单位能耗随雷诺数的变化。从图 4-51(a)可以看出,最优水力压差随着 *Re* 数的增大而增加,盐溶液浓度越大,最优水力压差越小。如图 4-51(b)所示,优化后系统功耗随着 *Re* 数的增大而增加,较大的盐溶液浓度导致较大的最佳水力压差,进而产生更大的能耗。在图4-51(c)中可以看到,优化后的水通量随 *Re* 数的增大而增加。较大的盐溶液浓度使得最优水力压差增大，因此增加了 RO 过程的驱动力，从而使得跨膜水通量增大。优化后的水回收率随着 Re 数的增大而减小，这是因为随着 Re 数的增大，产水量的增幅小于入口处体积流量的增幅。如图 4-51(d)所示，由于在优化后有更大的跨膜水通量，较高的盐溶液浓度会带来更大的水回收率。此外，优化后的单位能耗随着 Re 数同步增长，这是因为产水量的增幅小于功耗的增幅。

2. 多目标优化下性能分析

在上一节中，我们对反渗透系统进行针对最小 SEC 的性能优化，但这只是能耗和产水量之间的某一种折中优化情况。反渗透系统不能同时实现最大产水量和最小耗电量，为了协调这两个相互冲突的目标，此处以最小功耗和最大产水量为目标，基于 NSGA-Ⅱ算法对反渗透系统性能进行了优化分析。

图 4-52 显示了在不同的雷诺数下，对于 0.02 M 的 NaCl 盐溶液，通过多目标优化得到的帕累托前沿和基于 TOPSIS 确定的最终优化点。纵轴代表产水量的倒数，其值越小表示产水量越大。在帕累托前沿，我们可以看到两个优化目标的明显冲突。帕累托前沿的每一个点都表示能耗和产水量的不同权重比。右下方的点具有最大的能耗和产水量，而左上方的点具有最小的能耗和产水量。在相同的能耗条件下，最大的产水量随着 Re 数的增加而减少；而在相同的产水量条件下，最小的能耗随着 Re 数的增加而增加。从图中还可以看到，在多目标优化下，能耗和产水量能同时达到较优值，说明二者得以兼顾。

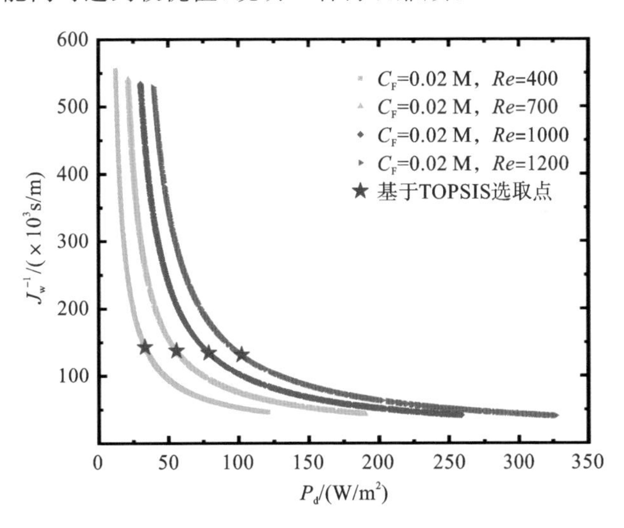

图 4-52　通过多目标优化得到的帕累托前沿及基于 TOPSIS 确定的最终优化点

图 4-53 显示了在最小 SEC 单目标优化和在 Re＝700 时的多目标优化下性能的比较。由多目标优化得到的帕累托前沿可以包括优化空间中的所有权重。从图 4-53 中可以看到，最小 SEC 优化下的点也在帕累托前沿上。这意味着 SEC 只代表上一节中提到的能耗和产水量的某个折中优化条件。此外，通过 TOPSIS 确定的最终选点与最小 SEC 优化下的选点并不一致。在多目标优化下，系统具有

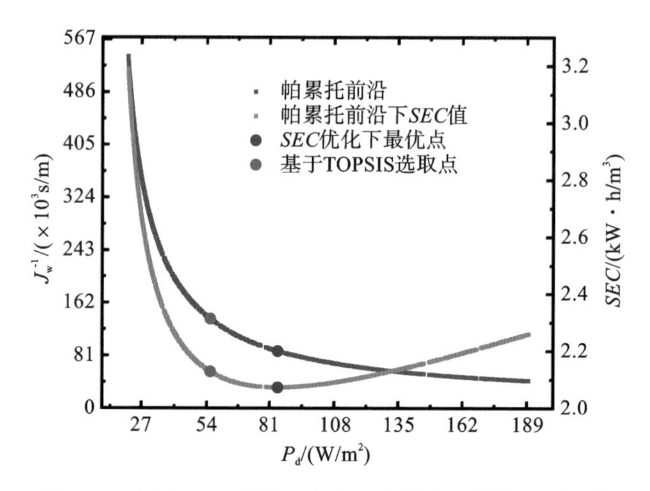

图 4-53　最小 *SEC* 优化下和多目标优化下的性能最优点

相对较小的能耗和产水量和较高的 *SEC*。

3. 不同优化条件下的性能比较

对反渗透系统的优化分析中，我们采用了两种优化方法（最小 *SEC* 的单目标优化和同时考虑功耗与产水量的多目标优化）。接下来，本节对这两种优化条件下系统的性能作进一步比较和分析。

图 4-54 显示了在不同的优化条件下，最优水力压差、功耗、水通量、水回收率和单位能耗随 *Re* 数的变化。在最小 *SEC* 优化下，最优水力压差随着 *Re* 数的增大而显著增加；而在多目标优化下的最优水力压差增幅很缓，几乎保持不变。在较低的 *Re* 数下，在多目标优化下的最优水力压差比单目标优化下更大。当 *Re* 数较大时，在最小 *SEC* 优化下的最优水力压差比在多目标优化下的大得多。如图 4-54(b)所示，在不同的优化条件下，能耗随着 *Re* 数的增大而增加。在低 *Re* 数下，最小 *SEC* 优化下的能耗略低于多目标优化下，而在 *Re* 数较大的情况下，其能耗远远大于在多目标优化的能耗。在 *Re* 数较低时，最小 *SEC* 优化下的产水量小于在多目标优化下的产水量，这是由于较低的水力压差减弱了 RO 过程的驱动力。如图 4-54(c)所示，在较高的水力压差下，由于驱动力较大，在最小 *SEC* 优化下的产水量比在多目标优化下的大得多。在图 4-54(d)中我们可以看到，在不同优化条件下的水回收率都随着 *Re* 数的增大而降低。在较低的 *Re* 下，由于跨膜水通量较大，因此在多目标优化下的水回收率远高于在最小 *SEC* 优化的水回收率。此外，在不同优化条件下的 *SEC* 都随着 *Re* 数的增大而增加。在较小的 *Re* 数下，最小 *SEC* 优化和多目标优化下，*SEC* 没有明显区别；而当 *Re* 数较大时，在多目标优化下的 *SEC* 略大于在最小 *SEC* 优化下的结果。

在不同优化方法下，系统的性能比较如表 4-5 所示。在 *Re*＝100 和 NaCl 溶液浓度为 0.02 M 时，与在最小 *SEC* 优化下相比，在多目标优化下的最优水力压差增加了 31.31％，能耗和产水量分别增加了 42.36％和 38.84％。而 *SEC* 则增

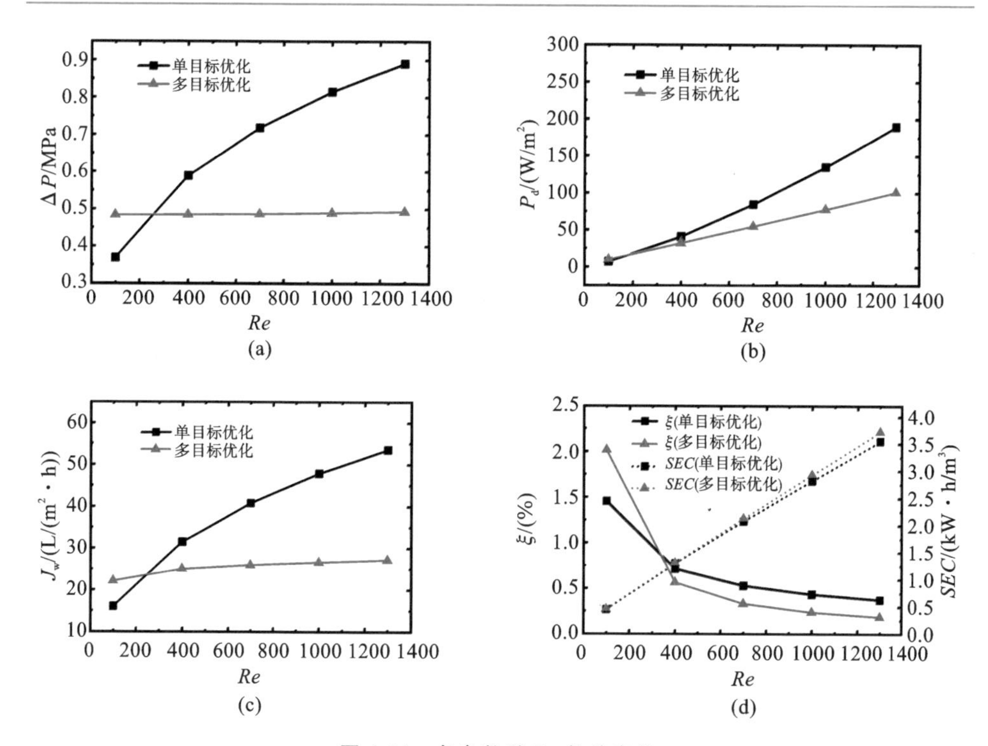

图 4-54　各参数随 *Re* 数的变化

(a)最优水力压差;(b)功耗;(c)水通量;(d)水回收率和单位能耗

加了 2.54%。这意味着在最小 *SEC* 优化下的最优点位于基于 TOPSIS 选择的最优点的左侧。然而,在 *Re*=700 时,与在最小 *SEC* 优化下相比,在多目标优化下的最佳水力压差下降了 32.06%,同时能耗和产水量分别下降了 34.30% 和 36.00%,*SEC* 则增加了 2.67%。这意味着在最小 *SEC* 优化的最优点位于基于 TOPSIS 选择的最优点的右侧。表 4-5 还列出了在不同 *Re* 数和优化方法下的性能比较。此外从图 4-52 还可以看到,基于 TOPSIS 选择的最优点位于斜率较大的区域,能耗的略微变化将引起产水量的剧变。如图 4-53 所示,在基于 TOPSIS 选择的最优点和最小 *SEC* 优化点之间,*SEC* 的变化相对平缓。因此,反渗透过程应该在这一区间运行,此时 *SEC* 的增幅很小,并能很好地兼顾能耗与产水量。

表 4-5　不同优化方法下的性能比较(C_F=0.02 M)

Re	单目标 *SEC* 优化与多目标优化下性能对比			
	ΔP	P_d	J_w	*SEC*
100	31.31%	42.36%	38.84%	2.54%
400	−17.50%	−19.48%	−20.11%	0.79%
700	−32.06%	−34.30%	−36.00%	2.67%
1000	−39.80%	−41.82%	−44.11%	4.10%
1300	−44.50%	−46.30%	−48.93%	5.15%

4.5 本章小结

(1) 针对 DCMD 系统，提出了一个考虑热质传递温度依赖性的数学模型。基于 NSGA-Ⅱ算法对 DCMD 系统性能进行了多目标优化分析。当盐溶液温度为 323.15 K，浓度为 2 mol/kg 时，与在单目标优化下性能相比，在多目标优化下的 *GOR* 只降低了 1.8%，而跨膜水通量提高了 2.4%。与在单目标优化下的跨膜水通量性能相比，在多目标优化下的跨膜水通量仅降低了 6.7%，而 *GOR* 提高了 83.2%。不同的优化方法下的热效率没有明显的差异。

(2) 基于 Navier-Stokes 方程和组分运输方程，研究了在层流和湍流条件下 DCMD 过程中的流动、传热和传质特性；系统地研究了不同扰流元件结构下的 DCMD 过程的传热传质系数、*TPC*、*CPC*、产水量、热效率和 *HEC*。扰流元件可以提高 *TPC*，降低 *CPC*。在层流条件下，扰流元件形状对产水量没有明显影响。然而在湍流条件下，产水量受扰流元件形状影响较大。虽然扰流元件结构可增强 DCMD 过程产水量，但会带来额外的功耗。当雷诺数为 358 时，采用特征长度为 1 mm 的半圆形扰流元件时产水量提高了 28.3%，*HEC* 提高了 3.32 倍。

(3) 提出了一个考虑局部与整体相协调的吸附式蒸馏系统模型，通过在 CFD 技术中耦合求解基于集总方法的能量和质量平衡方程，捕获蒸发器和冷凝器内部工况的瞬时变化。探讨了用泡沫金属填充的吸附床对系统性能的影响。对包括金属孔隙率、床层孔隙率、金属和吸附剂种类以及循环控制条件在内的床层配置进行了优化分析，以获得制冷效果和淡水产量的提升。基于泡沫金属的吸附床设计与传统系统相比，其性能提高了 11%。

(4) 提出了一个考虑浓度极化现象的反渗透系统数学模型。基于该模型，对反渗透过程分别进行了最小 *SEC* 的单目标优化，和以最大产水量和最小能耗为目标的多目标优化分析。在单目标 *SEC* 优化下的最优点位于多目标优化得到的帕累托前沿，表明 *SEC* 代表了能源消耗和产水量之间的某一种协调。在基于 TOPSIS 选取的优化点和最小 *SEC* 优化点的区间中，*SEC* 的变化相对平缓，而能耗的略微变化将引起产水量的剧变。

参考文献

[1] LONG R，LAI X，LIU Z，et al. Direct contact membrane distillation system for waste heat recovery：Modelling and multi-objective optimization[J]. Energy，2018，148：1060-1068.

[2] SCHOFIELD R W, FANE A G, FELL C J D. Heat and mass transfer in membrane distillation[J]. Journal of Membrane Science, 1987, 33(3): 299-313.

[3] FERNáNDEZ-PINEDA C, IZQUIERDO-GIL M A, GARCíA-PAYO M C. Gas permeation and direct contact membrane distillation experiments and their analysis using different models[J]. Journal of Membrane Science, 2002, 198(1): 33-49.

[4] LAWSON K W, LLOYD D R. Membrane distillation[J]. Journal of Membrane Science, 1997, 124(1): 1-25.

[5] LIN S, YIP N Y, ELIMELECH M. Direct contact membrane distillation with heat recovery: Thermodynamic insights from module scale modeling[J]. Journal of Membrane Science, 2014, 453: 498-515.

[6] LONG R, LI B, LIU Z, et al. Hybrid membrane distillation-reverse electrodialysis electricity generation system to harvest low-grade thermal energy[J]. Journal of Membrane Science, 2017, 525: 107-115.

[7] HWANG H J, HE K, GRAY S, et al. Direct contact membrane distillation (DCMD): Experimental study on the commercial PTFE membrane and modeling[J]. Journal of Membrane Science, 2011, 371(1-2): 90-98.

[8] LONG R, LI B, LIU Z, et al. Multi-objective optimization of a continuous thermally regenerative electrochemical cycle for waste heat recovery[J]. Energy, 2015, 93, Part 1: 1022-1029.

[9] AHMADI P, ROSEN M A, DINCER I. Multi-objective exergy-based optimization of a polygeneration energy system using an evolutionary algorithm[J]. Energy, 2012, 46: 21-31.

[10] KUANG Z, LONG R, LIU Z, et al. Analysis of temperature and concentration polarizations for performance improvement in direct contact membrane distillation[J]. International Journal of Heat and Mass Transfer, 2019, 145: 118724.

[11] SOUKANE S, NACEUR M W, FRANCIS L, et al. Effect of feed flow pattern on the distribution of permeate fluxes in desalination by direct contact membrane distillation[J]. Desalination, 2017, 418: 43-59.

[12] HWANG H J, HE K, GRAY S, et al. Direct contact membrane distillation (DCMD): Experimental study on the commercial PTFE membrane and modeling[J]. Journal of Membrane Science, 2011, 371(1): 90-98.

[13] LI M, ZHAO Y, LONG R, et al. Computational fluid dynamic study on adsorption-based desalination and cooling systems with stepwise porosity

distribution[J]. Desalination,2021,508:115048.

[14] EL-SHARKAWY I I. On the linear driving force approximation for adsorption cooling applications[J]. International Journal of Refrigeration, 2011,34(3):667-673.

[15] MOHAMMED R H,MESALHY O,ELSAYED M L,et al. Revisiting the adsorption equilibrium equations of silica-gel/water for adsorption cooling applications[J]. International Journal of Refrigeration,2018,86:40-47.

[16] AL-MOUSAWI F N, AL-DADAH R, MAHMOUD S. Different bed configurations and time ratios: Performance analysis of low-grade heat driven adsorption system for cooling and electricity[J]. Energy Conversion and Management,2017,148:1028-1040.

[17] CHENG D,PETERS E A J F,KUIPERS J A M. Performance study of heat and mass transfer in an adsorption process by numerical simulation [J]. Chemical Engineering Science,2017,160:335-345.

[18] SOLMUŞ İ, ANDREW S. REES D, YAMALı C, et al. A two-energy equation model for dynamic heat and mass transfer in an adsorbent bed using silica gel/water pair[J]. International Journal of Heat and Mass Transfer,2012,55(19-20):5275-5288.

[19] MOHAMMED R H,MESALHY O,ELSAYED M L,et al. Performance evaluation of a new modular packed bed for adsorption cooling systems [J]. Applied Thermal Engineering,2018,136:293-300.

[20] MOHAMMED R H,MESALHY O,ELSAYED M L,et al. Performance enhancement of adsorption beds with silica-gel particles packed in aluminum foams[J]. International Journal of Refrigeration,2019,104:201-212.

[21] AZIZ M A,GAD I A M,MOHAMMED E S F A,et al. Experimental and numerical study of influence of air ceiling diffusers on room air flow characteristics[J]. Energy and Buildings,2012,55:738-746.

[22] MOHAMMED R H. A simplified method for modeling of round and square ceiling diffusers[J]. Energy and Buildings,2013,64:473-482.

[23] ELSAYED E, AL-DADAH R, MAHMOUD S, et al. CPO-27 (Ni), aluminium fumarate and MIL-101 (Cr) MOF materials for adsorption water desalination[J]. Desalination,2017,406:25-36.

[24] MITRA S,KUMAR P,SRINIVASAN K,et al. Performance evaluation of a two-stage silica gel + water adsorption based cooling-cum-desalination system[J]. International Journal of Refrigeration,2015,58:186-198.

[25] MIYAZAKI T, AKISAWA A, SAHA B B, et al. A new cycle time allocation for enhancing the performance of two-bed adsorption chillers [J]. International Journal of Refrigeration, 2009, 32(5): 846-853.

[26] EI-DESSOUKY H T, ETTOUNEY H M. Fundamentals of salt water desalination[J]. Fundamentals of Salt Water Desalination, 2002: Ⅶ-Ⅹ.

[27] MOHAMMADZADEH KOWSARI M, NIAZMAND H, TOKAREV M M. Bed configuration effects on the finned flat-tube adsorption heat exchanger performance: Numerical modeling and experimental validation [J]. Applied Energy, 2018, 213: 540-554.

[28] SAPIENZA A, SANTAMARIA S, FRAZZICA A, et al. Influence of the management strategy and operating conditions on the performance of an adsorption chiller[J]. Energy, 2011, 36(9): 5532-5538.

[29] ARISTOV Y I, SAPIENZA A, OVOSHCHNIKOV D S, et al. Reallocation of adsorption and desorption times for optimisation of cooling cycles[J]. International Journal of Refrigeration, 2012, 35(3): 525-531.

[30] SAPIENZA A, GULLì G, CALABRESE L, et al. An innovative adsorptive chiller prototype based on 3 hybrid coated/granular adsorbers[J]. Applied Energy, 2016, 179: 929-938.

[31] SAPIENZA A, PALOMBA V, GULLì G, et al. A new management strategy based on the reallocation of ads-/desorption times: Experimental operation of a full-scale 3 beds adsorption chiller[J]. Applied Energy, 2017, 205: 1081-1090.

[32] JAMAL K, KHAN M A, KAMIL M. Mathematical modeling of reverse osmosis systems[J]. Desalination, 2004, 160(1): 29-42.

[33] DIMITRIOU E, BOUTIKOS P, MOHAMED E S, et al. Theoretical performance prediction of a reverse osmosis desalination membrane element under variable operating conditions[J]. Desalination, 2017, 419: 70-78.

[34] KIM S, HOEK E M V. Modeling concentration polarization in reverse osmosis processes[J]. Desalination, 2005, 186(1): 111-128.

[35] PRANTE J L, RUSKOWITZ J A, CHILDRESS A E, et al. RO-PRO desalination: An integrated low-energy approach to seawater desalination [J]. Applied Energy, 2014, 120: 104-114.

[36] AND M L, COOPER W E. Model for calculating the density of aqueous electrolyte solutions[J]. ChemInform, 2004, 35(47): 1141-1151.

[37] LALIBERTé M. Erratum: Model for calculating the viscosity of aqueous

solutions[J]. Journal of Chemical and Engineering Data,2007,52:321-335.

[38] LALIBERTé M. Model for calculating the viscosity of aqueous solutions [J]. Journal of Chemical and Engineering Data,2007,52(52):321-335.

[39] LONG R, BAO Y J, HUANG X M, et al. Exergy analysis and working fluid selection of organic Rankine cycle for low grade waste heat recovery [J]. Energy,2014,73:475-483.

第 5 章　盐差能利用技术

盐差能(salinity gradient energy)是指不同浓度溶液的混合吉布斯自由能。其概念最早由 Pattle 于 1954 年提出[1]。目前,盐差能的主要利用的技术手段有压力延迟渗透和反向电渗析。渗透热机中能量提取单元将盐溶液分离单元中产生的不同浓度溶液的混合吉布斯自由能转化为电能输出。这一能量转化过程主要由盐差能利用技术实现。能量提取单元中的盐差能利用方式对渗透热机循环系统性能具有重要影响。本章针对压力延迟渗透和反向电渗析进行理论与优化分析。

5.1　压力延迟渗透系统

典型的压力延迟渗透(PRO)系统如图 5-1 所示。高、低浓度溶液由多孔疏水膜隔开,在膜两侧渗透压差的驱动下,低浓度侧的水迁移到加压的高浓度侧,然后通过水轮机减压做功。为了提高输出功率,在膜组件外放置一个压力交换器,以回收膜组件出口处的压力能。PRO 系统的性能受到半透膜特性、结构配置以及操作条件的显著影响。在 PRO 过程中,会产生发生外部浓度极化(ECP)和内部浓度极化(ICP)现象。ECP 导致高浓度侧溶液中膜-溶液界面处的浓度降低,而 ICP 导致低浓度侧膜-溶液界面处盐浓度降低。此外,由于实际的渗透膜不能百分之百地阻隔盐离子,因此存在反向盐渗透(RSP),即盐离子从高浓度溶液向低浓度溶液扩散。ECP、ICP 和 RSP 的存在,会减少膜两侧的渗透压差,减弱传质过程的驱动力,从而会降低 PRO 系统的性能[2]。

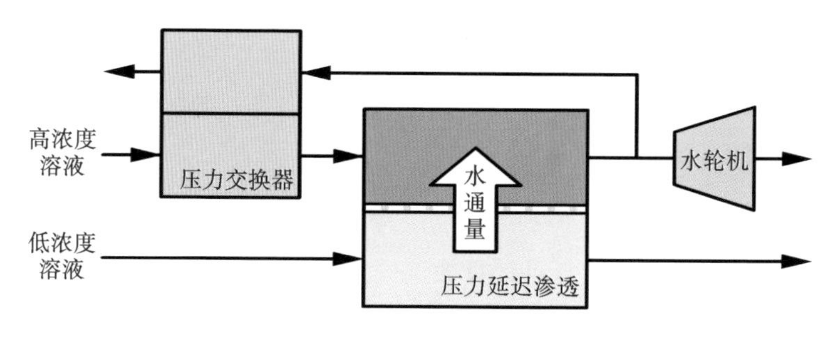

图 5-1　典型的压力延迟渗透系统

5.1.1 压力延迟渗透系统的数学描述

在 PRO 过程中，由于渗透作用，水从低浓度侧向高浓度侧转移，盐分则从高浓度侧向低浓度侧扩散。如图 5-2 所示，在位置 x 处，对于沿流动方向上的无限小长度 Δx 内，根据质量平衡有

$$V_{\mathrm{D}}(x+\Delta x)=V_{\mathrm{D}}(x)+J_{\mathrm{w}}(x)W\Delta x \tag{5-1}$$

$$V_{\mathrm{F}}(x+\Delta x)=V_{\mathrm{F}}(x)-J_{\mathrm{w}}(x)W\Delta x \tag{5-2}$$

式中，V 和 C 分别表示体积流量和浓度；下标 D 和 F 指的是低浓度侧和高浓度侧溶液；W 为膜宽度；J_{w} 和 J_{s} 分别为跨膜水通量和盐通量。与通道高度相比，致密层的厚度相对较小，可将主流浓度视为沿流动方向的平均浓度。

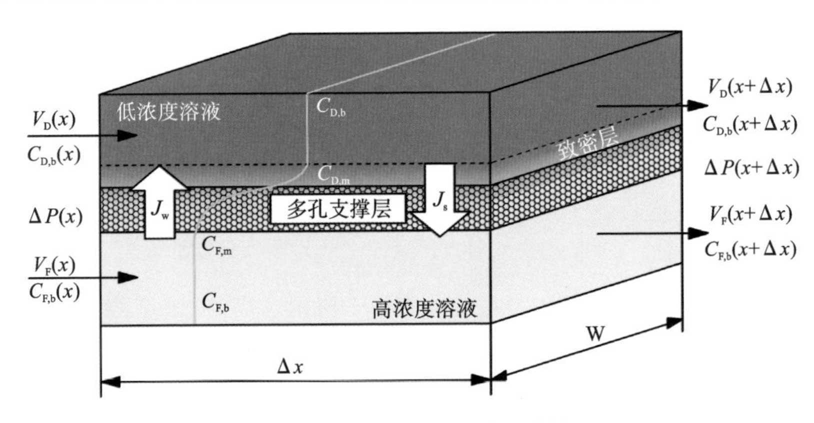

图 5-2 沿流动方向的传质特性

在 $x+\Delta x$ 处膜两侧溶液浓度为

$$C_{\mathrm{D,b}}(x+\Delta x)=\frac{V_{\mathrm{D}}(x)C_{\mathrm{D,b}}(x)-J_{\mathrm{s}}(x)W\Delta x}{V_{\mathrm{D}}(x+\Delta x)} \tag{5-3}$$

$$C_{\mathrm{F,b}}(x+\Delta x)=\frac{V_{\mathrm{F}}(x)C_{\mathrm{F,b}}(x)+J_{\mathrm{s}}(x)W\Delta x}{V_{\mathrm{F}}(x+\Delta x)} \tag{5-4}$$

根据上式，可重构沿流动方向流量和浓度变化的微分方程

$$\mathrm{d}V_{\mathrm{D}}(x)=J_{\mathrm{w}}(x)W\mathrm{d}x \tag{5-5}$$

$$\mathrm{d}V_{\mathrm{F}}(x)=-J_{\mathrm{w}}(x)W\mathrm{d}x \tag{5-6}$$

$$\frac{\mathrm{d}C_{\mathrm{D,b}}(x)}{\mathrm{d}x}=\frac{-J_{\mathrm{s}}(x)W-C_{\mathrm{D,b}}(x)J_{\mathrm{w}}(x)W}{V_{\mathrm{D}}(x)} \tag{5-7}$$

$$\frac{\mathrm{d}C_{\mathrm{F,b}}(x)}{\mathrm{d}x}=\frac{J_{\mathrm{s}}(x)W+C_{\mathrm{F,b}}(x)J_{\mathrm{w}}(x)W}{V_{\mathrm{F}}(x)} \tag{5-8}$$

在位置 x 处的局部水通量可计算为[3]

$$J_{\mathrm{w}}(x)=A[\Delta\pi_{\mathrm{m}}(x)-\Delta P(x)] \tag{5-9}$$

式中，A 为水渗透系数；$\Delta\pi_{\mathrm{m}}$ 为膜旁的局部渗透压差；ΔP 为跨膜局部水力压差。

通常情况下，实际采用的半渗透膜不能阻止所有离子穿过膜。由于扩散效

应，高浓度侧向低浓度侧扩散盐通量为[4]~[5]

$$J_s(x) = B[C_{D,m}(x) - C_{F,m}(x)] \tag{5-10}$$

式中，B 为盐渗透系数，可通过反渗透实验确定。$C_{D,m}$ 和 $C_{F,m}$ 分别为膜两侧的浓度。

在内部浓度极化（ICP）的影响下，在低浓度侧，膜-溶液界面处溶液浓度与主流溶液的浓度关系为[6]

$$C_{F,m} = C_{F,b}e^{KJ_w} + \frac{B}{J_w}(C_{D,m} - C_{F,m})(e^{KJ_w} - 1) \tag{5-11}$$

式中，$K = \dfrac{S}{D}$ 为溶质电阻率；S 为结构参数[7]；D 为扩散系数。右侧的第一项表明受 ICP 的影响，溶液浓度增加了 e^{KJ_w} 倍。第二项意味着反向盐渗透（RSP）现象引起的膜界面处的盐浓度增加。

在高浓度侧，跨膜的水引起的外部浓度极化（ECP）现象降低了致密层的溶液浓度，因此膜-溶液界面处的浓度与主流溶液浓度的关系为[6]

$$C_{D,m} = C_{D,b}e^{\frac{J_w}{k}} - \frac{B}{J_w}(C_{D,m} - C_{F,m})(1 - e^{\frac{J_w}{k}}) \tag{5-12}$$

式中，k 为局部传质系数[8]。可以看出 $C_{D,m}$ 依赖于两项。第一项描述了由系数 $e^{\frac{J_w}{k}}$ 修正的主流溶液浓度，第二项是指由于 RSP 引起的浓度降低。

溶液在通道中流动会产生沿流动方向的压降。由于通道流动的湍流性质，在位置 x 处的局部溶液压力损失 P_{loss} 为[4]

$$P_{loss} = \frac{\lambda\rho v^2 x}{2d_h} \tag{5-13}$$

式中，ρ 和 v 分别为密度和流速；d_h 为水力直径[9]；$\lambda = 6.23\,Re^{-0.3}$，为摩擦系数[4]。因此，跨膜局部净水力压差 ΔP 表示为[4]

$$\Delta P(x) = \Delta P^0 - P_{loss,D}(x) + P_{loss,F}(x) \tag{5-14}$$

式中，ΔP^0 为高低浓度溶液入口的压力差。出口 L 处的压差为

$$\Delta P_{net} = \Delta P^0 - P_{loss,D}(L) + P_{loss,F}(L) \tag{5-15}$$

因此，局部水通量和盐通量可分别表示为[4]~[6]

$$J_w(x) = A\left\{\frac{\pi_{D,b}(x)e^{\frac{-J_w(x)}{k}} - \pi_{F,b}(x)e^{KJ_w(x)}}{1 + \dfrac{B}{J_w(x)}(e^{KJ_w(x)} - e^{\frac{-J_w(x)}{k}})} - \Delta P(x)\right\} \tag{5-16}$$

$$J_s(x) = B\left\{\frac{C_{D,b}(x)e^{\frac{-J_w(x)}{k}} - C_{F,b}(x)e^{KJ_w(x)}}{1 + \dfrac{B}{J_w(x)}(e^{KJ_w(x)} - e^{\frac{-J_w(x)}{k}})}\right\} \tag{5-17}$$

体积流量和浓度沿流动方向的分布可通过求解传质控制方程来获得。其边界条件如下

$$V_D(0) = V_D^0, V_F(0) = V_F^0, C_D(0) = C_D^0, C_F(0) = C_F^0, \Delta P(0) = \Delta P^0 \tag{5-18}$$

跨膜水流量等于高浓度溶液入口和出口体积流量之差 $\Delta V_{PRO} = V_D(L) - V_D(0)$。输出功率为 $P_{PRO} = \Delta V_{PRO} \Delta P_{net}$。平均水通量 $\overline{J}_w$ 和功率密度 P_d 分别为

$$\overline{J}_w = \frac{\Delta V_{PRO}}{WL} = \frac{V_D(L) - V_D(0)}{WL} \tag{5-19}$$

$$P_d = \frac{P_{PRO}}{WL} = \frac{\Delta V_{PRO} \Delta P_{net}}{WL} = \overline{J}_w \Delta P_{net} \tag{5-20}$$

能量转换效率 η 可表示为发电量与消耗的混合吉布斯自由能的比值

$$\eta = \frac{P_{PRO}}{\Delta G_{mix,in} - \Delta G_{mix,out}} \tag{5-21}$$

式中,混合的吉布斯自由能 ΔG_{mix} 可以表示为[10]

$$\Delta G_{mix} = 2RT\left(V_H C_H \ln \frac{C_H}{C_T} + V_L C_L \ln \frac{C_L}{C_T}\right) \tag{5-22}$$

式中,C_T 为浓溶液和稀溶液混合物的浓度。

5.1.2 模型验证

上述数学模型通过文献[8]中小型平板 PRO 系统的实验数据进行验证。通道长度 L=75 mm,宽度 W=25 mm,深度 H=2.5 mm;有效膜面积为 18.75 cm^2。高浓度溶液为 35 g/L 的 NaCl 水溶液,低浓度溶液为去离子水。高、低浓度溶液入口处的体积流量和温度均相同,分别为 0.5 L/min 和 25 ℃。如图 5-3 所示,不同水力压差下,功率密度与水通量计算值与实验值吻合较好,验证了该模型的准确性。

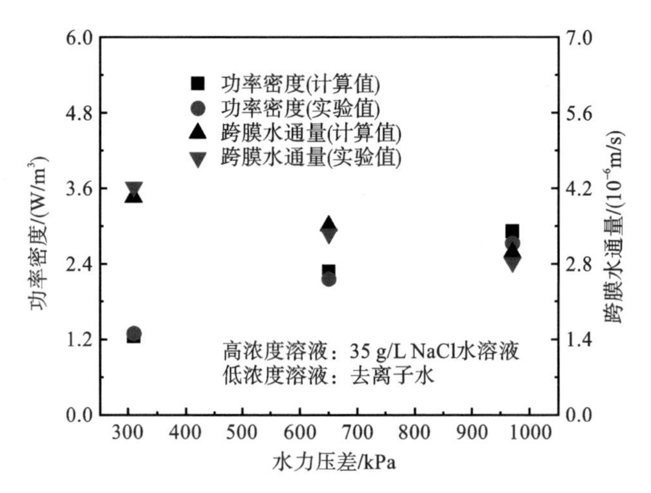

图 5-3 不同水力压差下功率密度与水通量计算值与实验值的比较

5.1.3　水力压差对压力延迟渗透过程性能的影响

对于 PRO 系统而言，高、低浓度溶液之间的水力压差以及浓度对 PRO 系统的功率密度和能量转换效率起决定作用。这里针对一个小型平板 PRO 系统，系统地研究了在不同的溶液浓度下水力压差对 PRO 性能的影响。通道长 $L=75$ mm，宽 $W=25$ mm，深 $H=2.5$ mm。结构参数为 $S=6.78\times10^{-4}$ m。水和盐的渗透系数分别为 $A=1.87\times10^{-12}$ m/s 和 $B=1.11\times10^{-7}$ m/s。图 5-4 和图 5-5 分别显示了在不同溶液浓度下水力压差对 PRO 系统功率密度和能量转换效率的影响。功率密度和能量转换效率均随压差的增大先增大，分别达到最大值，然后减小。最佳水力压差略大于半渗透压的一半，这与文献[11]中的现象相同。对于给定浓度溶液，随着水力压差的增大，PRO 系统的驱动力减小，可利用的混合吉布斯自由能也减小。

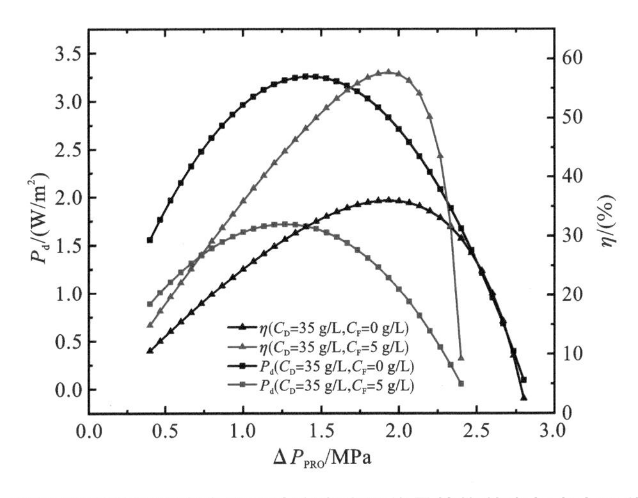

图 5-4　不同低浓度侧溶液浓度下功率密度和能量转换效率与水力压差的关系

能量转换效率定义为输出功率与所利用的混合吉布斯自由能之比。由于功率有一个最大值，能量转换效率也有一个最大值，最大能量转换效率对应的最佳水力压差大于最大功率密度对应的最佳水力压差。此外，如图 5-5 所示，最大功率密度随着低浓度侧溶液浓度的增加和高浓度侧溶液浓度的降低而减小，这是因为低浓度侧溶液浓度的增加导致膜侧渗透压差减小，削弱了 PRO 过程的驱动力。然而，最大能量转换效率将随着溶液浓度的增加而增加。

5.1.4　压力延迟渗透系统的性能优化

1. 最大功率密度下的性能

功率密度是盐差能发电系统的重要衡量指标。根据上文分析，存在最佳水力压差使 PRO 系统功率密度达到最大。这里以最大功率密度为优化目标，基于遗

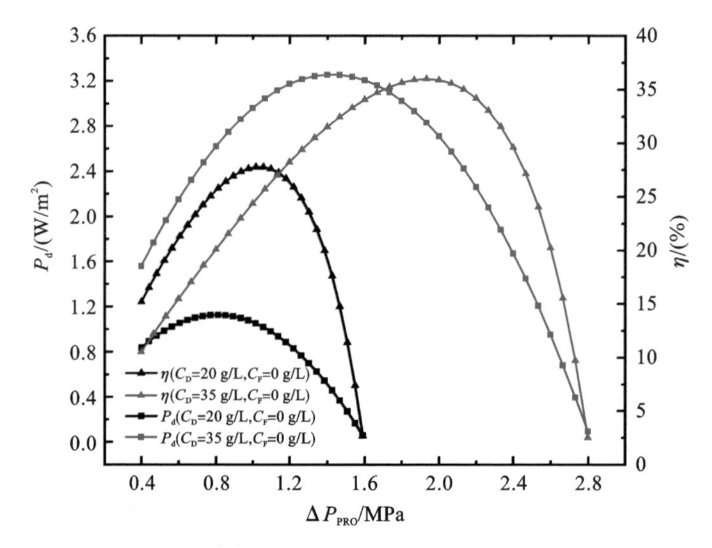

图 5-5　不同高浓度侧溶液浓度下功率密度和能量转换效率与水力压差的关系

传算法对 PRO 性能进行了系统研究。图 5-6 显示了在最大功率密度优化时，不同高浓度侧溶液浓度下，最佳水力压差、水通量、功率密度和能量转换效率与低浓度侧溶液浓度的变化关系。最佳水力压差、水通量和最大功率均随低浓度侧溶液浓度的增加而减小。然而，如图 5-6(d)所示，随着低浓度侧溶液浓度的增加，最佳条件下的能量转换效率先显著增加，然后增加速率放缓。高浓度溶液的浓度越大，最佳水力压差越大，水通量越大，因此功率密度和能量转换效率越高。

2. 最大能量转换效率下的性能

由于 PRO 系统通常被用于利用来源广泛的海水和河水之间的盐差能，很少有人关注 PRO 的能量转换效率。然而，对于闭环系统或在河水短缺的地区，应考虑使用能量转换效率来评估对溶液的混合吉布斯自由能的利用程度。根据前文分析，存在最佳水力压差使 PRO 系统能量转换效率最大。这里基于遗传算法，对最大能量转换效率下的 PRO 性能进行了研究。

如图 5-7(a)所示，在最大能量转换效率优化下，最佳水力压差随着低浓度侧溶液浓度的增加先增加，达到最大值后减小。高浓度侧溶液浓度越大，PRO 系统对应的最佳水力压差越大。如图 5-7(b)所示，最优条件下的水通量随着低浓度侧溶液浓度的增加而单调减少。高浓度溶液的浓度越大，水通量越大，这是 PRO 过程的驱动力随高浓度溶液的浓度的增大而增大引起的。如图 5-7(c)所示，随着低浓度侧溶液浓度的增加，最大功率密度显著降低。较大高浓度侧溶液浓度会引起较大的水力压差和水通量，从而导致更大的功率密度。因此，高浓度侧溶液浓度越大，最大功率密度值越大。如图 5-7(d)所示，在能量转换效率优化下，随着低浓度侧溶液浓度的增加，PRO 系统的能量转换效率先显著增加，随后增速放缓。在最优条件下，高浓度侧溶液浓度越大，能量转换效率值越大。

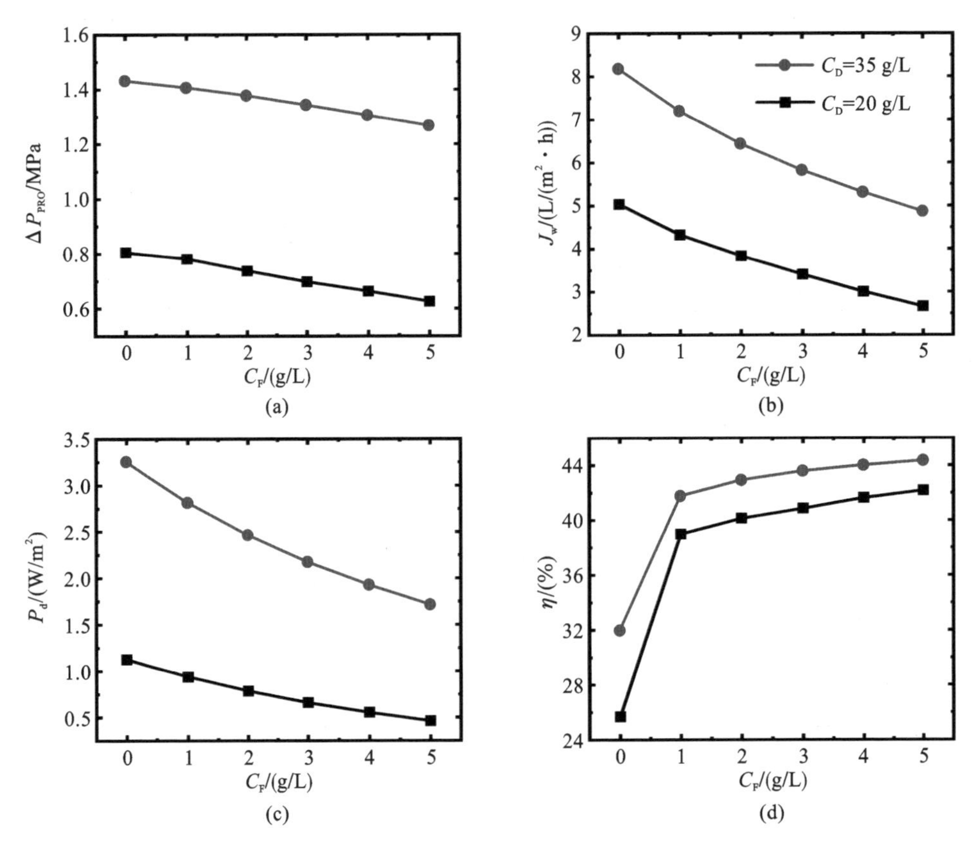

图 5-6　最大功率密度优化下的各参数与低浓度侧溶液浓度的关系

(a)最佳水力压差；(b)水通量；(c)功率密度；(d)能量转换效率

3. 折中条件下的性能

PRO 系统的功率密度和能量转换效率不能同时达到最大值。在系统实际运行时，应同时考虑功率密度和能量转换效率。为了协调这两个相互冲突的目标，这里基于 NSGA-Ⅱ对功率密度和能量转换效率进行了协同优化和分析。

4. 帕累托前沿和最优点

图 5-8 显示了在不同的低浓度侧溶液浓度下，PRO 系统通过多目标优化获得的帕累托前沿。从图中可以观察到最大功率密度和最大能量转换效率不一致的现象。帕累托前沿的每一点都表明了功率密度和能量转换效率优化的不同权重。最左边或最右边的点意味着能量转换效率或功率密度是主要加权，这分别与能量转换效率或功率密度的单目标优化相一致。从图中可以看出低浓度侧溶液浓度越高，最大功率密度值越低，但能量转换效率越高。图 5-8 中还显示了由 TOPSIS 算法确定的最佳点，而最佳点的功率密度或能量转换效率分别小于其最大值。也就是说，在多目标优化下，功率密度和能量转换效率达到了折中妥协。

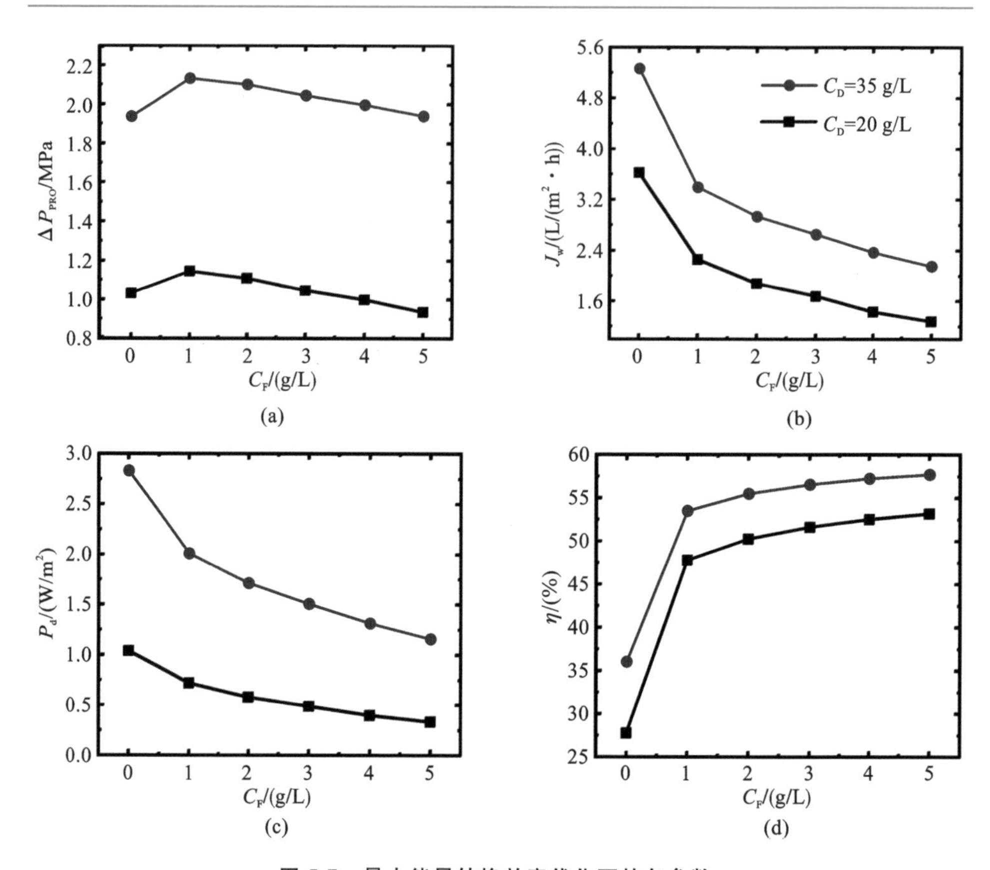

图 5-7　最大能量转换效率优化下的各参数

(a)最佳水力压差;(b)水通量;(c)功率密度;(d)能量转换效率

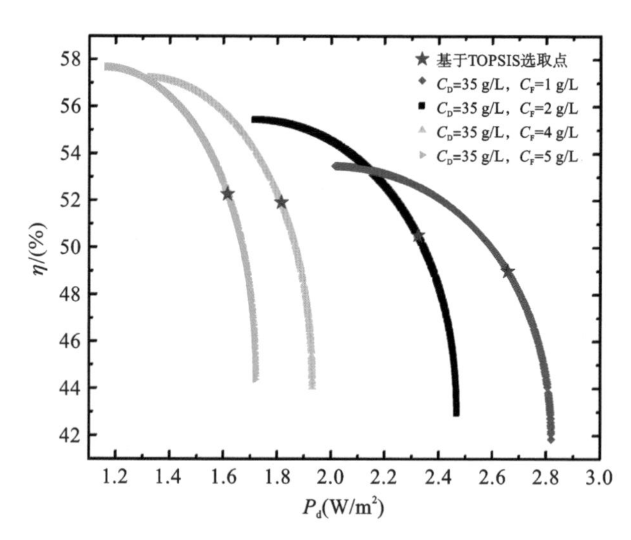

图 5-8　不同低浓度侧溶液浓度下 PRO 系统多目标优化下的帕累托前沿以及基于 TOPSIS 算法确定的最佳点

5. 不同目标优化下的性能比较

图 5-9 显示了在不同优化目标下高浓度溶液为 35 g/L 的 NaCl 溶液时，最佳水力压差、水通量、功率密度和能量转换效率与低浓度侧溶液浓度的关系。在图 5-9(a)中，能量转换效率优化对应的最佳水力压差随着低浓度侧溶液浓度的增加先增大，达到最大值后减小。然而，功率密度优化对应的最佳水力压差随着低浓度侧溶液浓度的增加而减小。在给定的低浓度侧 NaCl 溶液浓度以及能量转换效率优化下，最佳水力压差最大。然而在功率密度优化下，最佳水力压差最小。在多目标优化下，最佳水力压差居中，随着低浓度侧溶液浓度的增加，先增大达到最大值，然后减小。如图 5-9(b)所示，不同优化方法下的水通量随着低浓度侧溶液浓度的增加而单调减少。在给定的低浓度侧溶液浓度下，在功率密度优化下的最优水通量最大，而在能量转换效率优化下的最优水通量最小。

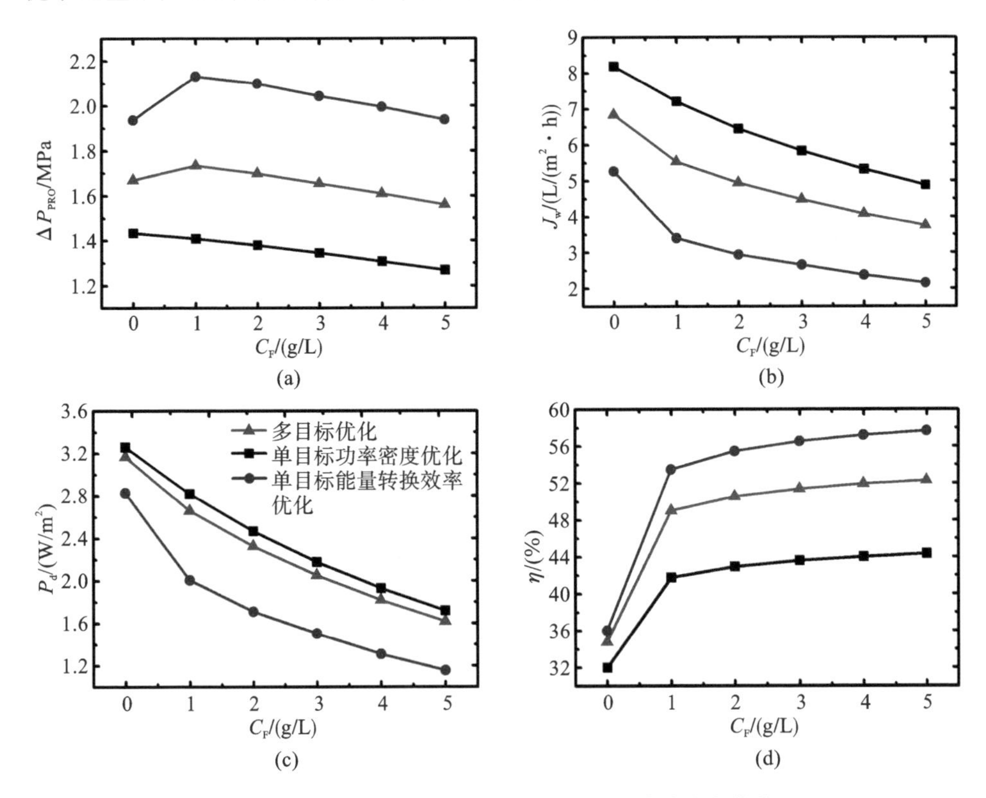

图 5-9　不同优化目标下各参数与低浓度侧溶液浓度的关系

(a)最佳水力压差；(b)水通量；(c)功率密度；(d)能量转换效率

如图 5-9(c)、(d)所示，在不同优化方法下，功率密度随着低浓度侧溶液浓度的增加而显著降低，能量转换效率随着低浓度侧溶液浓度的增加而增大。在多目标优化下的最优功率密度仅略小于最大功率密度，但明显高于在能量转换效率的单目标优化下的最优功率密度。如图 5-10 所示，当膜两侧 NaCl 汲取液和进料液

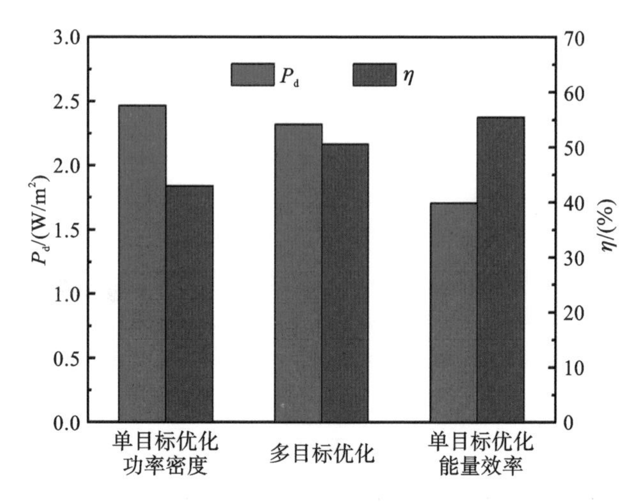

图 5-10　不同优化目标下的功率密度和能量转换效率比较

(其中 NaCl 汲取液和进料液的浓度分别为 35 g/L 和 2 g/L)

的浓度分别为 35 g/L 和 2 g/L 时，在多目标优化下的功率密度比最大值低 5.87%，但比在单目标能量转换效率优化下的功率密度高 17.63%。在多目标优化下的能量转换效率比最大值低 8.90%，但比在功率密度单目标优化下的能量转换效率高 35.99%。当低浓度溶液为去离子水时，优化后的能量转换效率略低于最大值，但远高于在单目标功率密度优化下的能量转换效率。在多目标优化下的能量转换效率比最大值低 3.51%，但比在单目标功率密度优化下的能量转换效率高 11.83%，同时在多目标优化下的功率密度比最大值低 2.97%，但比在单目标能量转换效率优化下的功率密度提高了 8.57%。表 5-1 列出了不同低浓度侧溶液浓度时不同优化方法下性能的比较。对 PRO 系统进行多目标优化可以协调功率密度和能量转换效率，对实际 PRO 系统的运行具有一定的指导意义。

表 5-1　不同优化方法下的性能比较(C_D=35 g/L)

低浓度侧溶液溶度 C_F/(g/L)	在多目标优化下性能与在单目标功率优化性能的比较		在多目标优化下性能与在单目标效率优化性能的比较	
	P_d	η	P_d	η
0	−2.97%	+8.57%	+11.83%	−3.51%
1	−5.72%	+17.22%	+32.47%	−8.39%
2	−5.87%	+17.63%	+35.99%	−8.90%
3	−5.88%	+17.68%	+36.40%	−9.19%
4	−6.01%	+17.88%	+38.60%	−9.26%
5	−6.02%	+17.76%	+39.90%	−9.40%

5.2　反向电渗析系统

在反向电渗析过程中,阴阳离子在浓度梯度的驱动下实现跨膜迁移。在具有选择性的离子交换膜的影响下,阴阳离子实现了定向跨膜运输。如图 5-11 所示,典型的反向电渗析膜堆结构为交替顺序组装的阳离子交换膜(CEM)和阴离子交换膜(AEM)。高低浓度溶液分别在膜两侧流过。高浓度溶液中的阳离子和阴离子在各自的浓度梯度下通过 CEM 和 AEM 向低浓度侧迁移,并通过电极上的氧化还原反应对外输出电能。影响 RED 系统性能的参数主要包括通道几何形状、流速、膜特性、污垢、多价离子和电极等[12]~[13]。

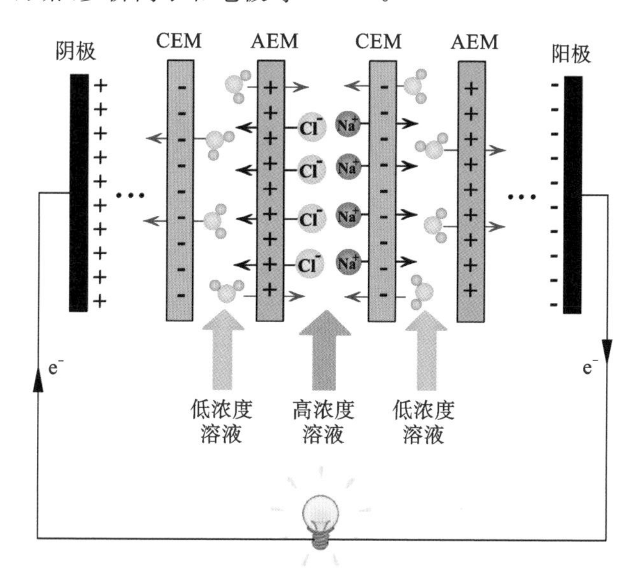

图 5-11　反向电渗析膜堆结构示意图

5.2.1　反向电渗析系统的数学描述

1. 能量转换特性

传统的 RED 组件由 N 对连续重复的膜单元组成。不同浓度的溶液交替流过由 AEM 和 CEM 分隔的通道。在浓度差的作用下,阴阳离子从高浓度侧向低浓度侧迁移。膜组件两侧的能斯特电位差为[14]

$$E_{\text{cell}}(x)=N\left[\alpha_{\text{CEM}}\frac{RT}{F}\ln\frac{\gamma_{\text{H}}^{\text{Na}}(x)C_{\text{H}}(x)}{\gamma_{\text{L}}^{\text{Na}}(x)C_{\text{L}}(x)}+\alpha_{\text{AEM}}\frac{RT}{F}\ln\frac{\gamma_{\text{H}}^{\text{Cl}}(x)C_{\text{H}}(x)}{\gamma_{\text{L}}^{\text{Cl}}(x)C_{\text{L}}(x)}\right] \tag{5-23}$$

式中,α 为膜的离子选择性系数;γ 为溶液热力学活度系数,表征与理想溶液的偏差,其可通过扩展 Debye-Huckel 方程计算[15]

$$\gamma(x)=\exp\left[\frac{-0.51z^2\sqrt{I(x)}}{1+(A/305)\sqrt{I(x)}}\right] \tag{5-24}$$

式中，I 为溶液的离子强度；A 为有效水合离子半径。

空间相关的电阻 $R_{a,cell}(x)$ 可通过下式计算[14]~[15]

$$R_{a,cell}(x)=N\left\{\frac{f}{\Lambda_m}\left[\frac{\delta_H}{C_H(x)}+\frac{\delta_L}{C_L(x)}\right]+R_{AEM}+R_{CEM}\right\}+R_{el} \tag{5-25}$$

式中，Λ_m 为电解质(NaCl)溶液的电导率；δ_H 和 δ_L 分别为高浓度和低浓度侧溶液通道的厚度；f 为用于衡量由于间隔的负面影响而导致的电阻增加的阻碍调节因子；R_{AEM} 和 R_{CEM} 分别为膜面积电阻；R_{el} 为电极电阻。

根据欧姆定律，电流密度 j 为

$$j(x)=\frac{E_{cell}(x)}{R_{a,cell}(x)+R_{a,ext}(x)} \tag{5-26}$$

当外部负载与膜组件内阻相等时，RED 组件对外输出功率最大，此时与空间相关的功率密度为

$$P_{d,max}(x)=\frac{1}{2}j(x)^2R_{a,cell}(x) \tag{5-27}$$

RED 组件最大输出功率为

$$P_{max}=W\int_0^L P_d(x)\mathrm{d}x \tag{5-28}$$

式中，W 和 L 分别为 RED 膜的宽度和长度。

电解质溶液在微小通道中的流动需要泵功驱动。根据文献[16]，高浓度和低浓度通道上的压降分别为[17]

$$\mathrm{d}p_H=\frac{12\mu_H V_H \mathrm{d}x}{W\delta_H^3},\quad \mathrm{d}p_L=\frac{12\mu_L V_L \mathrm{d}x}{W\delta_L^3} \tag{5-29}$$

式中，V_H 和 V_L 分别为高浓度侧和低浓度侧溶液的体积流量；μ_H 和 μ_L 分别为液体黏度，其与浓度的关系可见文献[18]~[19]。泵的总损耗可计算为

$$P_{pum}=\int_o^L N\zeta\left(\frac{6\mu_H V_H^2}{W\delta_H^3}+\frac{6\mu_L V_L^2}{W\delta_L^3}\right)\mathrm{d}x \tag{5-30}$$

式中，ζ 为关于几何效应的相关系数[15]。

RED 组件的净输出功率为

$$P_{RED}=P_{max}-P_{pum} \tag{5-31}$$

RED 组件的能量转换效率定义为实际提取的功率与 RED 过程中可提取的能量之比，可由下式计算

$$\eta_{RED}=P_{RED}/\Delta G_{RED} \tag{5-32}$$

式中，ΔG_{RED} 为 RED 组件可转化为电能的最大能势[10]

$$\Delta G_{RED}=2RT\left(V_H C_H\ln\frac{C_H}{C_T}+V_L C_L\ln\frac{C_L}{C_T}\right) \tag{5-33}$$

式中，C_T 为浓溶液和稀溶液混合溶液的浓度。

2. 盐和水的跨膜传输

如图 5-12 所示，在 RED 过程中，同时存在水和离子的跨膜运输现象，在简化模型中，对 RED 中质量传递过程进行了一些假设：①忽略高、低浓度侧离子的浓差极化；②忽略跨膜水迁移所携带的离子；③水和离子的扩散系数是恒定的。

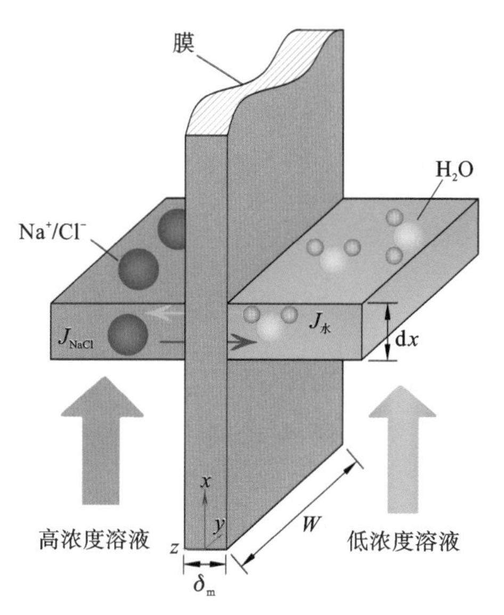

图 5-12　沿流动方向的微小单元中离子和水的跨膜运输示意图

从高浓度侧到低浓度侧的跨膜盐运输由库仑力和共离子传输两部分组成[15]，跨膜盐通量表示为

$$J_i(x) = J_{\mathrm{Coul},i}(x) + J_{\mathrm{cit},i}(x) = \frac{t_i j(x)}{F} + \frac{2D_i}{\delta_m}[C_H(x) - C_L(x)] \tag{5-34}$$

式中，t 为离子传输数。下标 i 指的是 Na^+ 或 Cl^-。

与盐通量方向相反，在渗透压的驱动下，水从低浓度侧向高浓度侧迁移，水通量 J_{water} 可以表示为[20]

$$J_{\mathrm{water}}(x) = -\frac{2D_{\mathrm{Water}}}{\delta_m}[C_H(x) - C_L(x)] \tag{5-35}$$

在高浓度侧，总质量变化源于 NaCl 质量减少和渗透效应导致的质量叠加

$$\frac{\mathrm{d}[V_H(x)\rho_H(x)]}{\mathrm{d}x} = -WJ_{\mathrm{NaCl}}(x)M_{\mathrm{NaCl}} + WJ_{\mathrm{water}}(x)M_{H_2O} \tag{5-36}$$

式中，ρ_H 为高浓度溶液的密度。同时，NaCl 的质量守恒可表达为

$$\frac{\mathrm{d}[V_H(x)C_H(x)]}{\mathrm{d}x} = -WJ_{\mathrm{NaCl}}(x) \tag{5-37}$$

同理，在低浓度侧，质量增加源自 NaCl 从高浓度室的传质和由于渗透效应的水的传输

$$\frac{\mathrm{d}[V_L(x)\rho_L(x)]}{\mathrm{d}x} = WJ_{\mathrm{NaCl}}(x)M_{\mathrm{NaCl}} - WJ_{\mathrm{water}}(x)M_{H_2O} \tag{5-38}$$

式中，ρ_L 为低浓度溶液的密度。同时，NaCl 的质量守恒为

$$\frac{\mathrm{d}[V_L(x)C_L(x)]}{\mathrm{d}x} = WJ_{\mathrm{NaCl}}(x) \tag{5-39}$$

通过求解上式，可得出高、低浓度侧盐浓度（$C_H(x)$ 与 $C_L(x)$）和体积流量（$V_H(x)$ 与 $V_L(x)$）的分布。高、低浓度溶液的入口体积流量和浓度的边界条件如下

$$C_H(0) = C_{H,\mathrm{in}}, \quad V_H(0) = V_{H,\mathrm{in}} \tag{5-40}$$

$$C_L(0) = C_{L,\mathrm{in}}, \quad V_L(0) = V_{L,\mathrm{in}} \tag{5-41}$$

5.2.2 模型验证

为了验证本节所提出的改进数学模型，这里选取 25 个单元的小型 Qianqiu homogen RED 堆[15]和 50 个单元的 Fumasep FAD/FKD RED 堆[21]的实验数据进行验证。对于 Fumasep FAD/FKD RED 堆，描述由于间隔的影响而导致的水通道的额外电阻的阻碍因子为 1.72，对于 Qianqiu homogen RED 堆，阻碍因子为 1.6。间隔厚度为 $\delta_H = \delta_L = 2\times10^{-4}$ m。高浓度通道和低浓度通道进口溶液中 NaCl 浓度分别为 512.8 mol/m^3 和 17.1 mol/m^3。如图 5-13 所示，计算结果与实验测量数据之间的具有良好的一致性，验证了所提出的改进模型的准确性。

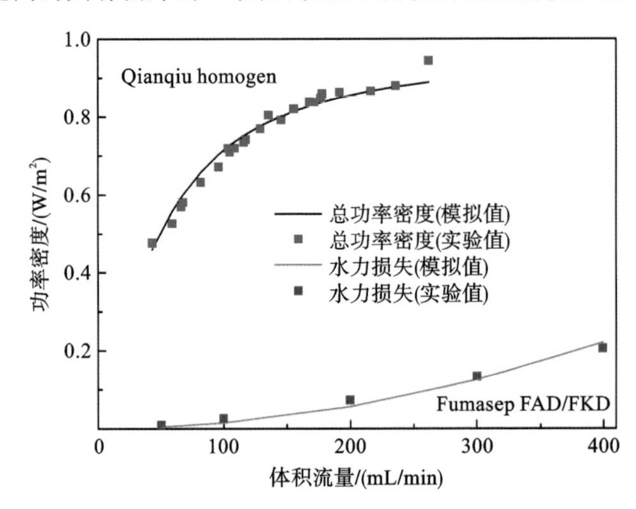

图 5-13 不同流量下功率密度和水力损失的模拟值与实验值的对比

5.2.3 运行条件对 RED 系统性能影响

对于给定的 RED 系统，其影响因素主要为高、低浓度溶液的流量。对于一个 Qianqiu homogen 的 50 个单元的 RED 堆。膜特性见表 5-2。间隔厚度为 $\delta_H = \delta_L = 200\ \mu$m，阻碍因子为 1.96。高、低浓度溶液中 NaCl 浓度分别为 512.8 mol/m^3 和

$17.1\ mol/m^3$。详细的参数请见表5-3。

表5-2　膜的特性[22]~[23]

膜种类	$\delta_m/\mu m$	$R/(\Omega\cdot cm^{-2})$ AEM	$R/(\Omega\cdot cm^{-2})$ CEM	$\alpha/(\%)$ AEM	$\alpha/(\%)$ CEM	$D_{NaCl}/(m^2/s)$	$D_{water}/(m^2/s)$
Qianqiu homogen	250	2.85	1.97	0.863	0.82	3.2×10^{-11}	7.9×10^{-9}
Qianqiu heterogen	580	2.85	1.97	0.863	0.82	2×10^{-11}	3.9×10^{-9}
Fumasep FAD/FKD	80	0.89	0.89	0.86	0.86	1.3×10^{-11}	1.3×10^{-9}
Neosepta AMX/CMX	150	2.35	2.91	0.907	0.99	5.5×10^{-11}	5.8×10^{-10}
Selemion AMV/CMV	120	3.15	2.29	0.873	0.988	3.1×10^{-12}	1.2×10^{-10}

表5-3　RED系统的相关参数

相关参数	符号	值
运行温度/K	T	293.15
Na^+有效水合离子半径/pm	A_{Na^+}	450
Cl^-有效水合离子半径/pm	A_{Cl^-}	300
法拉第常数/(C/mol)	F	96485
气体常数/$(J\cdot mol^{-1}\cdot K^{-1})$	R	8.314
高浓度溶液的电导率/$(S\cdot m^2\cdot mol^{-1})$	$\Lambda_{m,H}$	0.009219
低浓度溶液的电导率/$(S\cdot m^2\cdot mol^{-1})$	$\Lambda_{m,L}$	0.0117

图5-14显示了总功率密度、净功率密度和50个单元的小型Qianqiu homogen堆的水力损失与高浓度和低浓度溶液入口体积流量的关系。总功率密度和水力损失均随溶液入口体积流量的增加而增加。可知，这是由于对于给定尺寸的RED单元，体积流量越大，高浓度和低浓度溶液中的浓度变化越慢，膜电压越高。此外可知体积流量越大，水力损失越大，水力损失在较高体积流量下显著增加。因此，净输出功率(总功率密度和水力损失之间的差值)随高浓度和低浓度溶液进口体积流量的增加先增大后减小。存在最佳高浓度和低浓度体积流量使净功率密度最大。最佳高浓度溶液流量远小于最佳低浓度溶液流量，这是因为水力损失随着高浓度溶液流量的增加而增加的速度比低浓度溶液的影响更为显著。此外，如图5-15所示，对于给定的RED组件，溶液的混合吉布斯自由能在较低体积流量下更能被充分利用。因此，能量转换效率随着高浓度和低浓度侧入口处体积流量的增加而降低。

5.2.4　反向电渗析系统的性能优化

能量转换效率是评估溶液的混合吉布斯自由能的利用程度的指标，净功率密

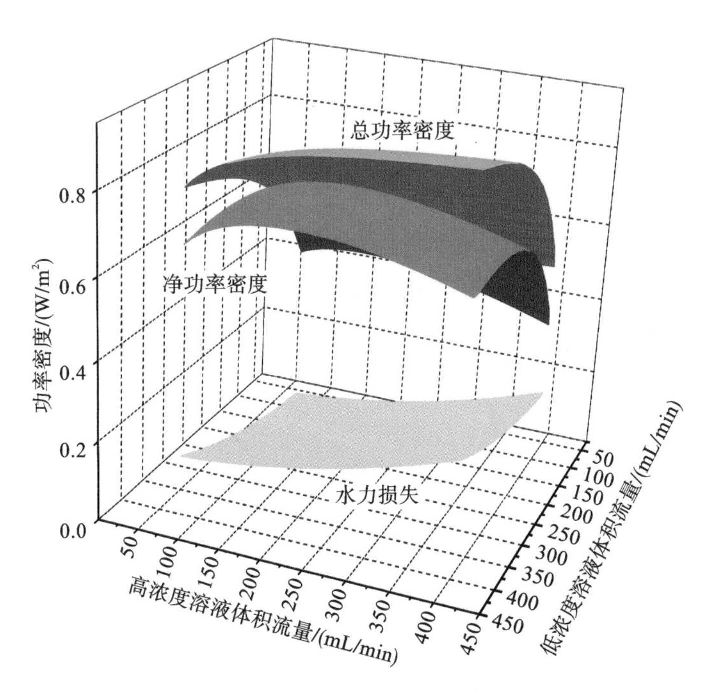

图 5-14　总功率密度、净功率密度和水力损失与高、低浓度溶液入口处体积流量的关系

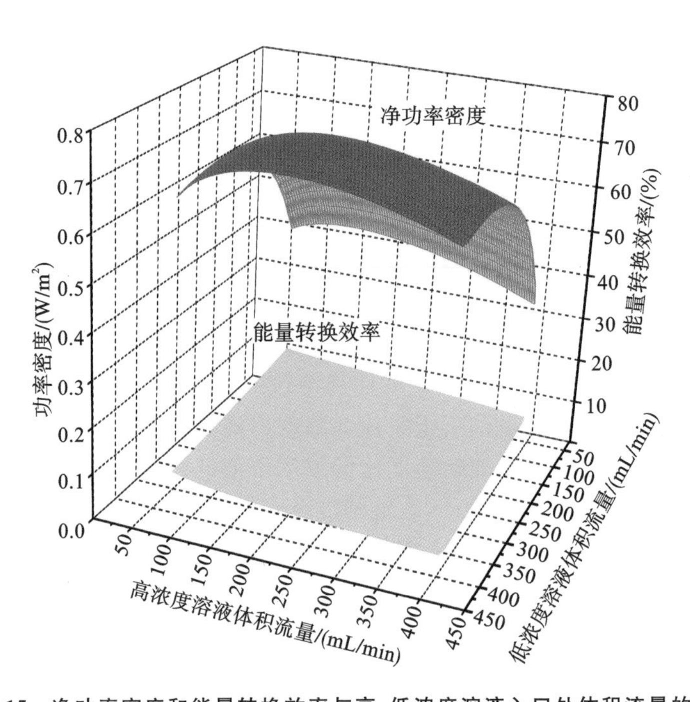

图 5-15　净功率密度和能量转换效率与高、低浓度溶液入口处体积流量的关系

度是衡量从溶液中获得收益大小的指标。根据上文分析，RED系统运行时，能量转换效率和净功率密度不能同时达到最大值。这里基于NSGA-Ⅱ对RED系统流量选取进行了优化，以在能量转换效率和净功率密度之间实现适当的折中妥协。在计算中，入口处体积流量的范围在50 mL/min到700 mL/min之间，以覆盖最大净功率密度和最大能量转换效率下的最佳体积流量。

1. 帕累托前沿和基于TOPSIS算法的最优点

图5-16为基于多目标优化计算得到50个单元的RED系统性能的帕累托前沿，其表现了最大能量转换效率和最大净功率密度之间明显的冲突现象。帕累托前沿中的每个点代表两个冲突目标的特定权重，左上角的点代表能量转换效率的权重最大，对应于能量转换效率的单目标优化，而右下角的点代表净功率密度的权重最大，对应于净功率密度的单目标优化。Selemion AMV/CMV可导致最大净功率密度和最大能量转换效率的较大值。“★”表示基于TOPSIS算法选择的最优点。对于给定的膜，在多目标优化下，净功率密度和能量转换效率为适合的折中值。

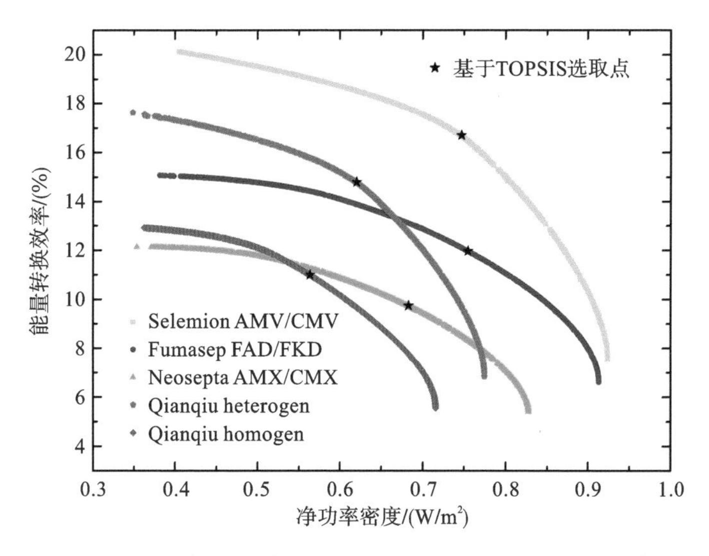

图5-16　多目标优化下RED系统性能的帕累托前沿和基于TOPSIS算法的最优点

2. 多目标优化下的性能分析

为了更好地描述在多目标优化下RED系统的性能，本节计算并对比了相应单目标优化方法下的总功率密度、净功率密度和能量转换效率。RED组件为50个单元的Fumasep FAD/FKD膜堆系统。图5-17为不同优化方法下沿流动方向的体积流量和浓度分布曲线。在已有研究的模型中，高浓度和低浓度溶液体积流量在传质过程中保持不变，而本模型考虑了体积流量的变化。如图5-17(a)和图5-17(b)所示，高浓度溶液的流量沿流动方向增加，而低浓度溶液的流量沿流动方向降低。体积流量的变化源于渗透效应引起的从低浓度溶液到高浓度溶液的跨

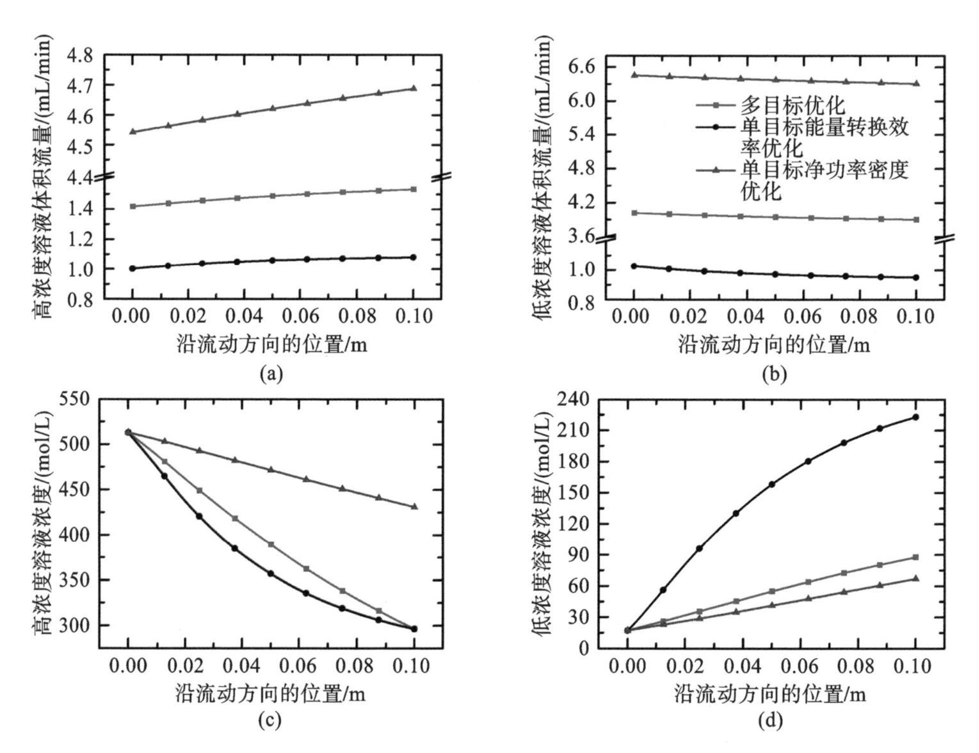

图 5-17 不同优化目标下 RED 组件中高、低浓度溶液沿流动方向的体积流量和浓度分布图

膜水传输，从而使高浓度溶液体积流量增大。在多目标优化下，高浓度侧溶液的体积流量远小于低浓度侧溶液的体积流量。然而，在能量转换效率单目标优化下，高浓度侧和低浓度侧溶液的最佳流速几乎相同。与在净功率密度和能量转换效率的单目标优化下的最佳体积流量相比，多目标优化下的最佳流量位于两者之间。

图 5-17(c)和图 5-17(d)为三种不同优化目标下沿流动方向的高浓度和低浓度侧溶液浓度的分布。在单目标最大净功率密度优化下，溶液浓度变化比在其他两种优化方法下缓慢，这是较大的最佳体积流量所致。然而，在单目标最大能量转换效率优化下，溶液浓度会发生剧烈变化，这是由于最佳体积流量较小，使得最终浓度更接近混合浓度，因此其能量转换效率更高。在多目标优化下，低浓度溶液的浓度偏差略大于在最大净功率密度优化下的浓度偏差。但高浓度溶液沿流动方向的浓度下降更为明显，导致其能量转换效率高于在最大净功率密度优化下的能量转换效率。

图 5-18(a)为在多目标优化下的功率密度和水力损失分布图。由于高浓度和低浓度溶液的流量变化相对较小，水力损失在流动方向上几乎保持不变，这也可以在图 5-18(c)中观察到。总功率密度沿流动方向先增大，达到最大值，然后减小。在入口区域附近，尽管能斯特电势达到最高，但由于低浓度通道中溶液浓度最低且欧姆电阻最高，因此总功率密度不是最高的。随着 RED 过程的发展，能斯

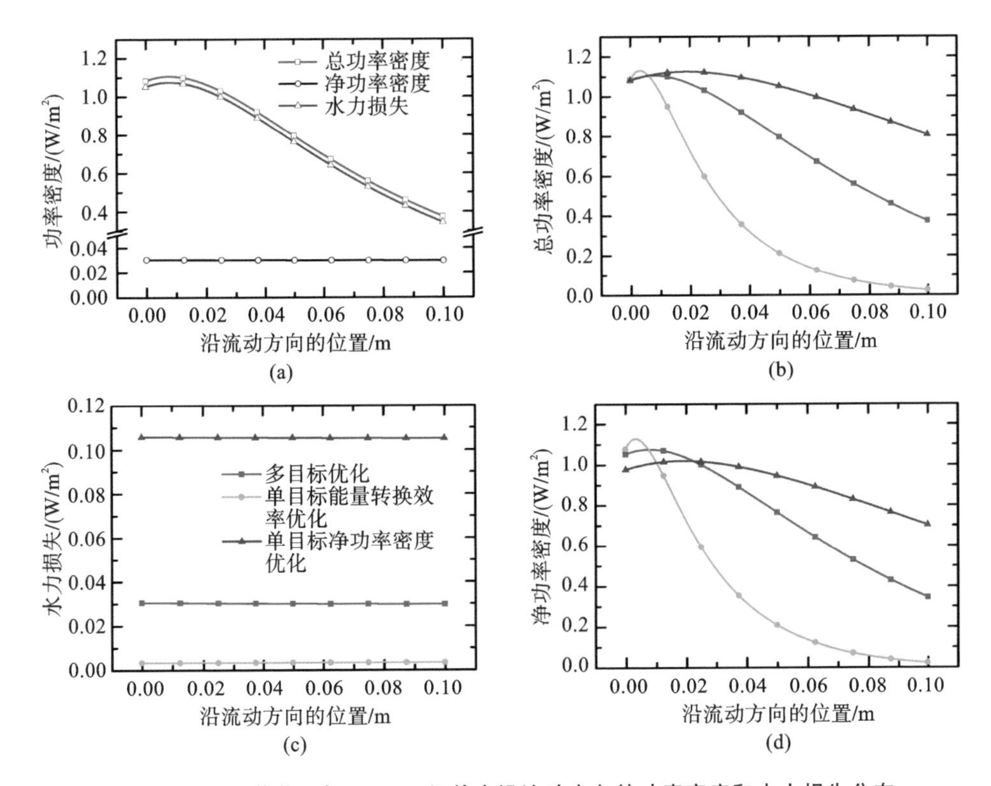

图 5-18　不同优化目标下 RED 组件中沿流动方向的功率密度和水力损失分布

特电位差的下降幅度小于欧姆电阻的下降幅度,因此总功率密度增加。随着 RED 中传质过程的进一步发展,能斯特电位差显著减小,这是由于高浓度溶液中 NaCl 浓度的降低和低浓度溶液中 NaCl 浓度的增加,导致总功率密度降低。因此,总功率密度沿流动方向存在一个最大值。由于水力损失在流动方向上几乎保持不变,因此净功率密度(功率密度和水力损失之差)表现出与总功率密度相同的趋势。

图 5-18(b)显示了在不同优化目标下的总功率密度分布。在最大净功率密度下,总功率密度变化相对较小。而在能量转换效率最大的情况下,总功率密度沿流动方向发生显著变化,这意味着溶液的吉布斯自由能利用率最高。在最大净功率密度优化下高浓度和低浓度溶液的最佳流量最大,导致最大的水力损失,如图 5-18(c)所示。净功率密度曲线如图 5-18(d)所示,由于沿流动方向的水力损失几乎不变,因此呈现出与图 5-18(c)所示的总功率密度相同的特征。由于在单目标能量转换效率优化下系统的水力损失最小,因此在进口区域附件的系统的净功率密度最大。由于多目标优化同时协调了能量转换效率和净功率密度,因此其性能指标变化位于两个单目标优化之间。

不同优化目标下,RED 组件的水力损失、净功率密度与能量转换效率的比较如图 5-19 所示。与在单目标净功率密度优化下的性能相比,在多目标优化下的净功率密度仅降低了 17.39%,但其能量转换效率提高了 81.03%。与在单目标能量

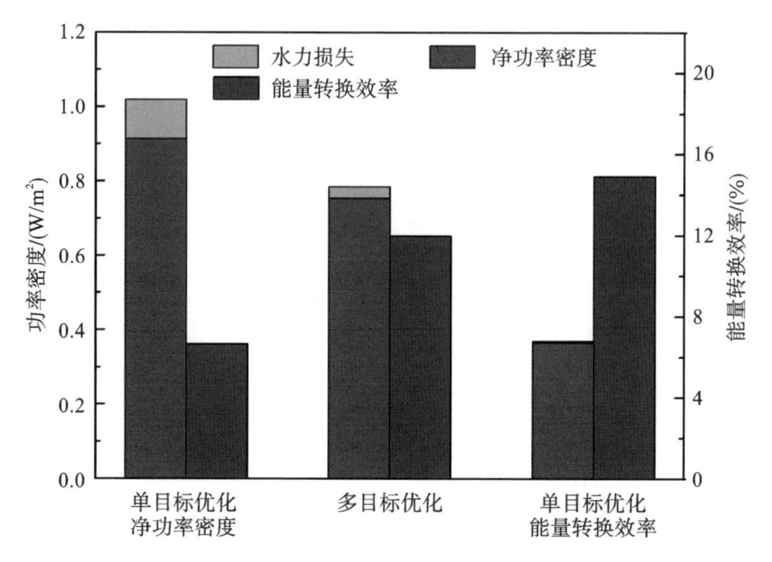

图 5-19　不同优化目标下 RED 组件的水力损失、净功率密度与能量转换效率的比较

转换效率优化下的性能相比，在多目标优化下的能量转换效率仅降低了 20.60%，而净功率密度提高了 97.77%。此外，与在单目标净功率密度优化下的性能相比，在多目标优化下，系统水力损失大大降低。表 5-4 列出了采用不同离子交换膜时 RED 系统在不同优化目标下的性能比较。

表 5-4　不同优化方法下几种 RED 组件性能的比较

离子交换膜种类	在多目标优化下性能与在单目标 P_{net} 优化下性能的比较		在多目标优化下性能与在单目标 η 优化下性能的比较	
	P_{net}	η	P_{net}	η
Qianqiu homogen	−21.33%	+97.81%	+55.32%	−14.88%
Qianqiu heterogen	−19.94%	+116.17%	+77.99%	−16.12%
Fumasep FAD/FKD	−17.39%	+81.03%	+97.77%	−20.60%
Neosepta AMX/CMX	−17.49%	+79.51%	+93.10%	−19.83%
Selemion AMV/CMV	−19.24%	+120.41%	+84.22%	−17.10%

在不同优化目标下，RED 系统能量利用明细如图 5-20 所示。在最大净功率密度优化下，能量转换效率仅为 6.63%，大部分能量（RED 堆出口处的溶液的混合吉布斯自由能）被直接排出。然后是非电阻耗散。在最大能量转换效率优化下，能量转换效率达到 14.9%。未利用的能量仅占 1.77%，这意味着足够多的离子实现了跨膜传输。同时非电阻耗散接近 68.15%，这是由于传质过程中的不可逆性。在多目标优化下，能量转换效率达到 11.97%，未利用能量为 18.9%。因此，为了保持更多的净输出功率，体积流量应处于合理的较大值，但这会导致未利

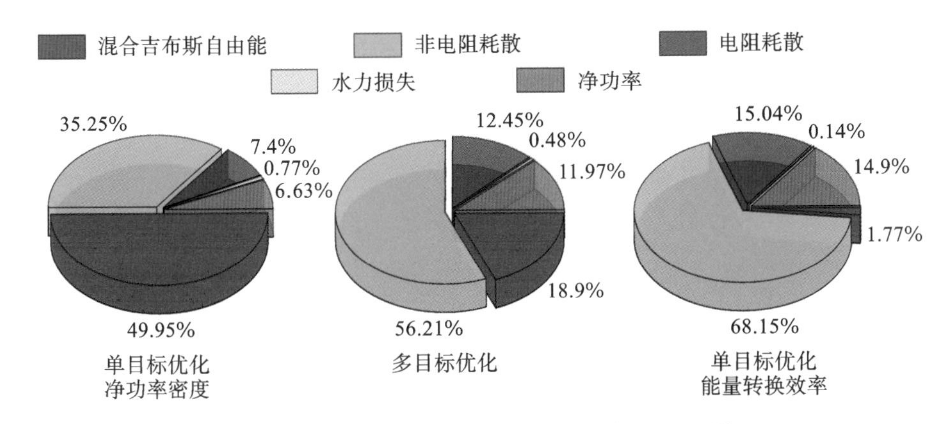

图 5-20　不同优化目标下 RED 组件的能量利用明细

用能量的百分比增加，非电阻耗散减少，同时能量转换效率降低。此外，非电阻耗散主要来源于渗透效应、同离子传输和离子交换膜选择性。因此，采用高性能的膜对提高 RED 组件的性能具有重要意义。

5.2.5　受限空间反向电渗析堆的性能分析

本节系统地研究了在给定的 RED 组件尺寸和膜种类条件下，在最大净输出功率下的最佳高浓度和低浓度通道几何形状和流量。图 5-21 显示了受限空间 RED 组件的示意图，其包括由离子交换膜分隔的高浓度和低浓度溶液通道。在实际应用中，为了便于模块化安装和维护，假定 RED 组件安装在具有固定横截面积（$W\times L$）和高度（H）的受限空间内，其中 W 和 L 分别是 RED 组件的宽度和长度。RED 膜组单元数（N_{cell}）可由下式计算

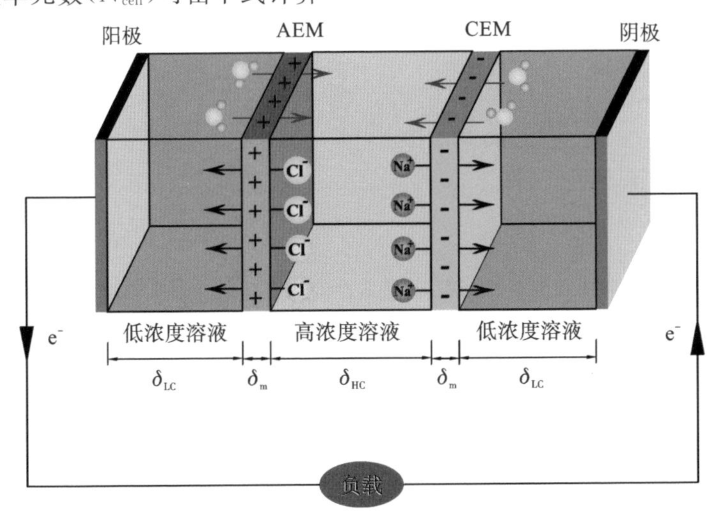

图 5-21　受限空间 RED 组件示意图

$$N_{cell}=\left\lfloor \frac{H-\delta_m}{\delta_H+\delta_L+2\delta_m} \right\rfloor \tag{5-42}$$

式中，$\lfloor\ \rfloor$为向下取整操作；δ_m，δ_H 和 δ_L 分别为膜厚度、高浓度通道厚度和低浓度通道厚度。

1. 高低浓度通道几何厚度优化

基于遗传算法，以最大功率密度为目标，对给定尺寸(0.1 m×0.1 m×0.05 m)的 RED 组件系统进行了优化。在计算过程中，高浓度和低浓度流量相等，均为 500 mL/min。图 5-22 为在最大净功率条件下，高浓度和低浓度通道的体积流量和浓度沿流动方向的分布。由于跨膜离子和水通量的影响，高浓度溶液流量和低浓度溶液浓度沿流动方向增加，低浓度溶液流量和高浓度溶液浓度沿流动方向降低。从图中可以看到，在最大功率密度优化下，基于 Fumasep FAD/FKD 的 RED 组件中通道流量最小。在有限的膜面积条件下，更多的离子可以通过离子交换膜，出口处浓度更接近混合浓度。

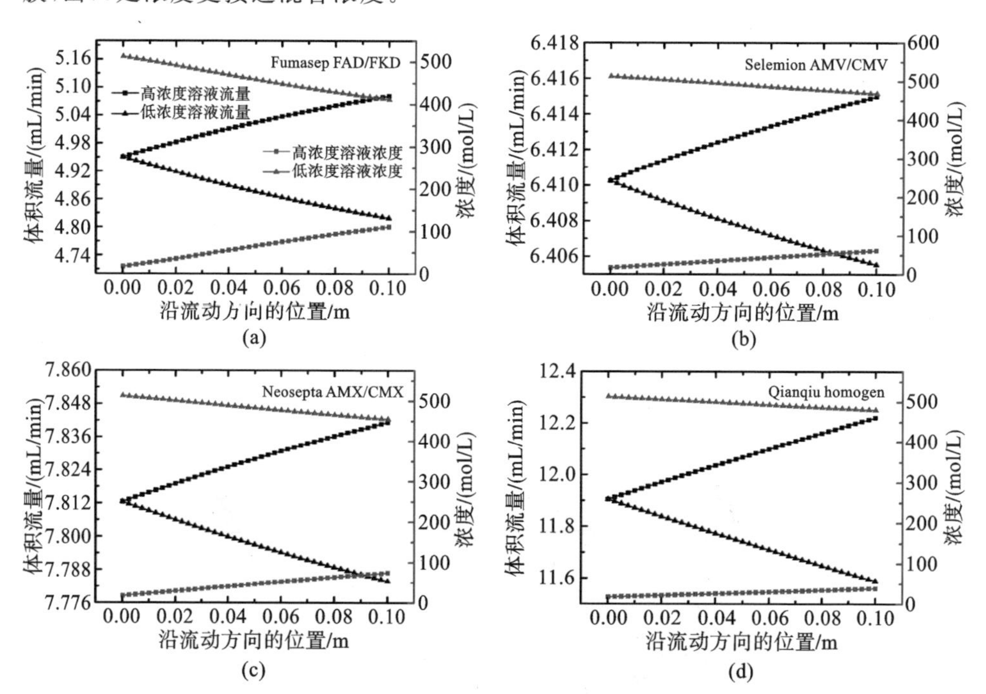

图 5-22　最大净输出功率优化下高、低浓度溶液沿流动方向体积流量和浓度分布

如图 5-23 所示，由于高浓度和低浓度溶液的流量变化相对较小，水力损失在流动方向上几乎保持不变。总功率密度先增加，达到其最大值，然后沿流动方向降低。在入口区域附近，尽管能斯特电势达到最高，但是欧姆电阻也是最高，因此总功率密度不是最高的。随着 RED 中传质过程的进行，能斯特电位的下降幅度低于欧姆电阻的下降幅度。因此，总功率密度增加。随着 RED 中传质过程的进一步发展，由于高浓度溶液中 NaCl 浓度的降低和低浓度溶液中 NaCl 浓度的增

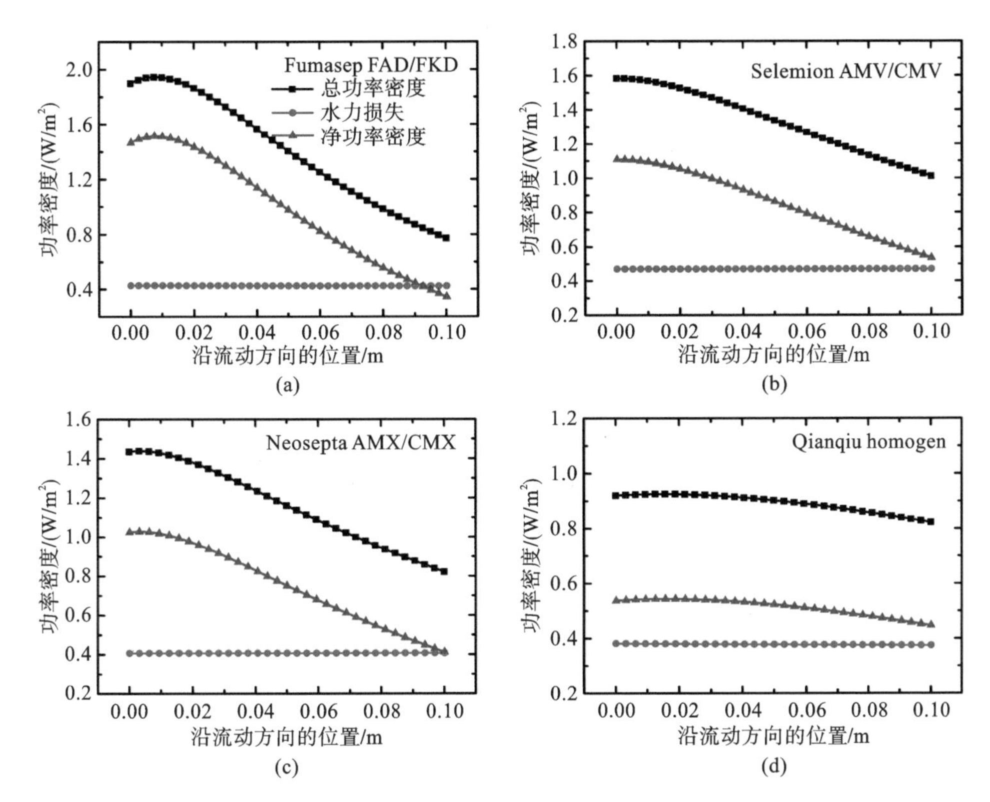

图 5-23　最大净输出功率优化下高、低浓度溶液沿流动方向功率密度和水力损失的分布

加，能斯特电位急剧降低。因此，总功率密度降低。

图 5-24 显示了在最大净功率输出下不同膜的最佳高浓度侧和低浓度侧通道厚度以及相应的输出功率、功率密度和目膜组单元数。由于高浓度和低浓度溶液的入口处体积流量一定，基于 Fumasep FAD/FKD 的 RED 组件展示出最大净输出功率和能量转换效率。净输出功率的最小值出现在基于 Qianqiu homogen 的 RED 膜堆系统中。如图 5-24(c)所示，对于不同种类的膜，最佳高浓度侧通道厚度始终大于最佳低浓度侧通道厚度。基于 Fumasep FAD/FKD 的 RED 组件的高浓度侧和低浓度侧通道厚度最小。在有限尺寸下，基于 Fumasep FAD/FKD 的 RED 组件的单元数和总的膜面积最大。此外，基于 Fumasep FAD/FKD 的 RED 组件的净功率密度最大，而基于 Qianqiu homogen 的 RED 组件的净功率密度最小。

2. 通道厚度和流量协同优化

图 5-25 显示了在最大净输出功率下的最佳高浓度和低浓度侧通道厚度、体积流量，以及相应的输出功率、功率密度和膜组单元数。基于 Fumasep FAD/FKD、Selemion AMV/CMV 和 Neosepta AMX/CMX 的 RED 组件，最佳低浓度侧通道厚度大于高浓度侧通道的厚度，最佳低浓度侧流量明显大于最佳高浓度侧流量。基于 Fumasep FAD/FKD 的 RED 组件的最佳通道厚度最小，因此，膜组单元数最

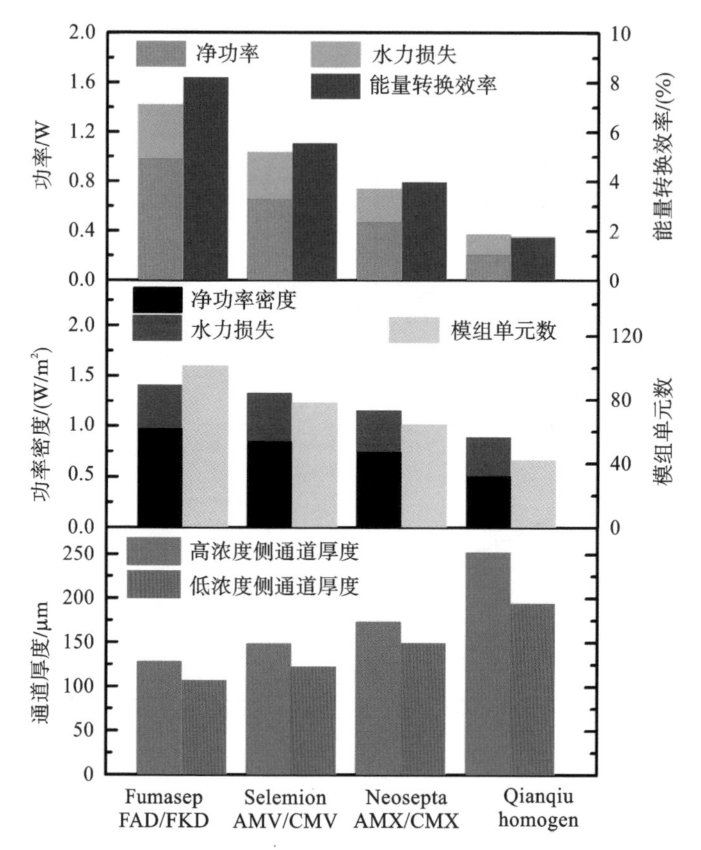

图 5-24　最大净输出功率下最佳高浓度和低浓度侧通道厚度以及相应的输出功率、功率密度和模组单元数

大。基于 Fumasep FAD/FKD 的 RED 组件具有最大的最佳体积流量，其水力损失最大，净输出功率值最大，但是其能量转换效率排在第二位。基于 Selemion AMV/CMV 的 RED 组件的能量转换效率最高，这是由于其最佳流量较低，离子的跨膜传质过程更加充分，因此具有更高的能量转换效率。

图 5-26 显示了在最大净输出功率优化下，高浓度侧和低浓度侧通道中沿流动方向的体积流量和浓度分布。由于跨膜离子和水通量的影响，高浓度侧溶液体积流量和低浓度侧溶液浓度沿流动方向增加，低浓度侧溶液体积流量和高浓度侧溶液浓度沿流动方向降低。在优化条件下，高浓度侧溶液的体积流量小于低浓度侧溶液的体积流量。

图 5-27 为在最大净输出功率下的沿程功率密度和水力损失分布。对于基于 Fumasep FAD/FKD 的 RED 组件，功率密度沿流动方向先增大，达到最大值，然后减小。净功率密度呈现与总功率密度相同的趋势，因为水力损失沿流动方向几乎保持不变。

3. 不同优化空间下 RED 组件性能的比较

在只优化通道厚度情况下，沿流动方向的入口区域，总功率密度的分布曲线

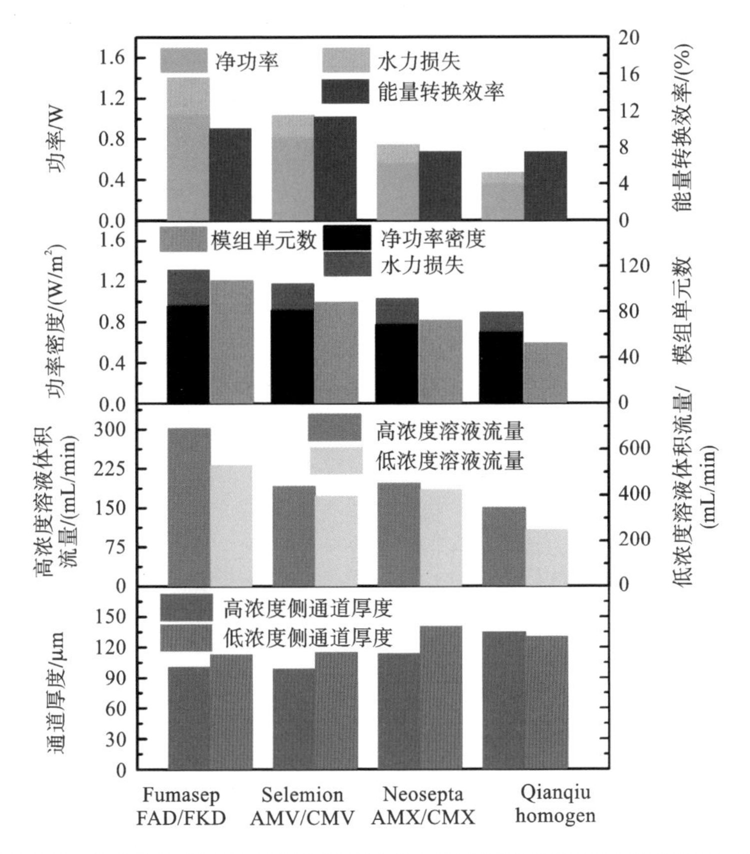

图 5-25　最大净输出功率下最佳高浓度和低浓度侧通道厚度和体积流量，以及相应的输出功率、功率密度和膜组单元数

高于本节基于通道厚度与流量协同优化下的分布曲线。然后在出口区域，现象相反。因此基于通道厚度与流量协同优化得到的平均净功率密度大于只优化通道厚度下的平均净功率密度，如图 5-28 所示。

从图 5-29 可以看到，对于不同的 RED 组件，基于通道厚度与流量协同优化下的能量转换效率远远高于只优化通道厚度下的能量转换效率。对于基于 Fumasep FAD/FKD 的 RED 组件，尽管最佳低浓度侧溶液体积流量略大于只优化通道厚度下的流量，但最佳高浓度侧溶液体积流量显著降低，从而降低了吉布斯自由能的消耗。即便输出净功率没有明显增加，能量转换效率仍然提高了 21.57%。对于基于 Selemion AMV/CMV、Neosepta AMX/CMX 和 Qianqiu homogen 的 RED 组件，基于通道厚度与流量协同优化下的最佳体积流量小于只优化通道厚度下的体积流量。吉布斯自由能的消耗减少，随着输出功率的增加，能源效率也随之提高。对于基于 Qianqiu homogen 的 RED 组件，输出净功率提高了 70.86%，能量转换消耗提高了 313.91%。因此，在实际系统运行和设计中，应同时考虑高、低浓度侧通道厚度和体积流量，以实现 RED 组件的高效运行。

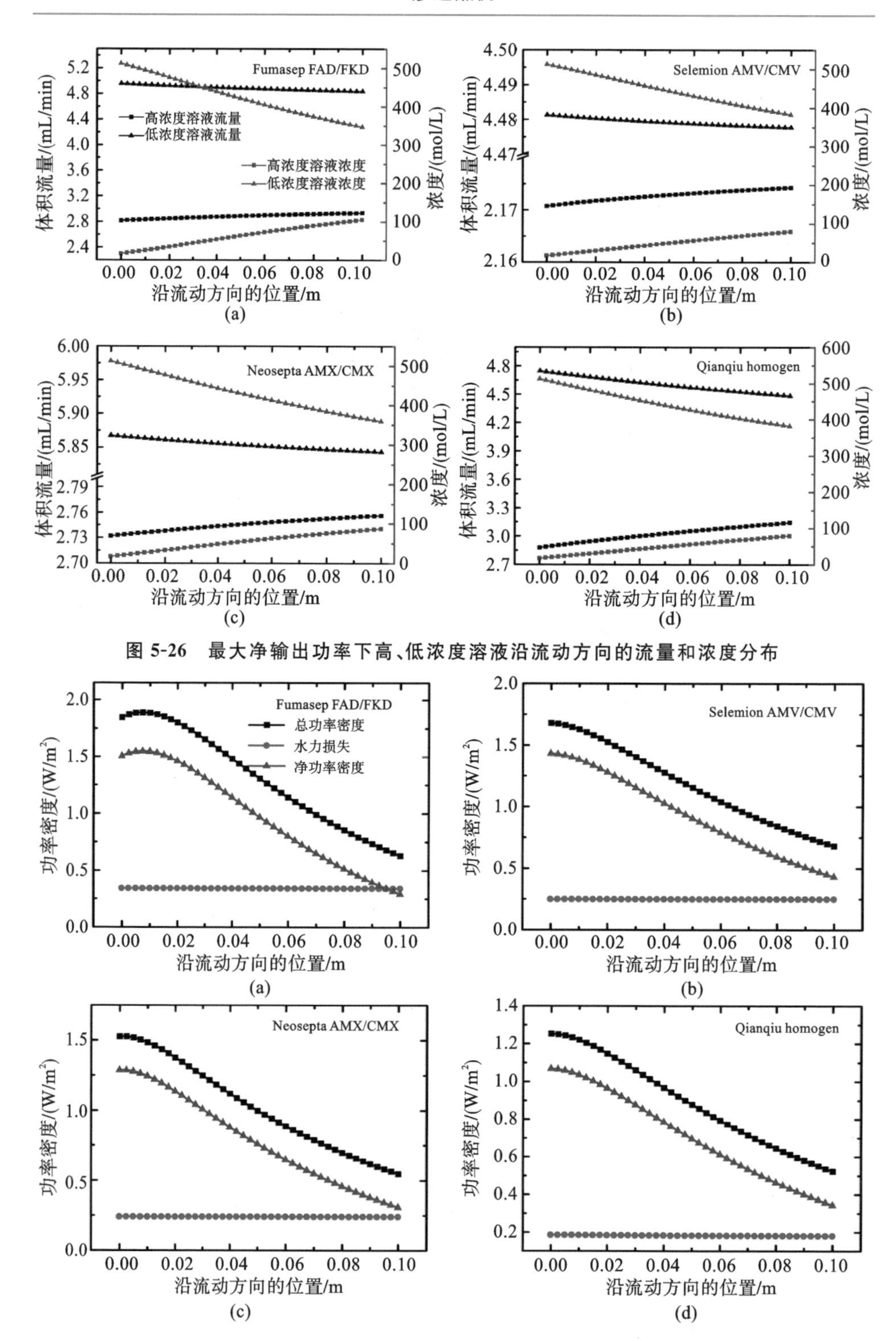

图 5-26　最大净输出功率下高、低浓度溶液沿流动方向的流量和浓度分布

图 5-27　最大净输出功率下高、低浓度溶液沿流动方向的功率密度和水力损失分布

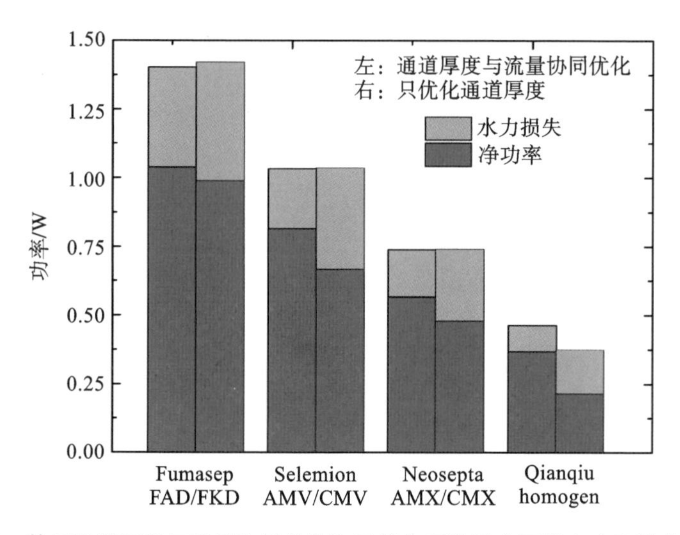

图 5-28　基于通道厚度与流量协同优化和只优化通道厚度下最大功率输出的比较

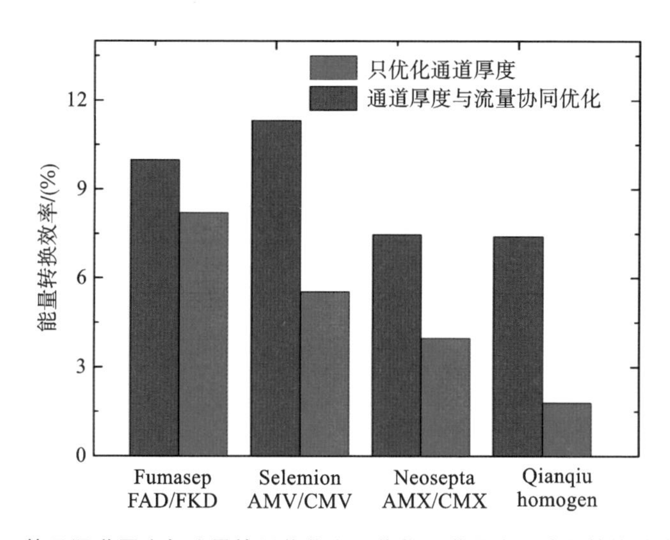

图 5-29　基于通道厚度与流量协同优化和只优化通道厚度下能量转换效率的比较

5.3　本章小结

（1）分别建立了考虑了内部浓度极化、外浓度极化和反向盐渗透的压力延迟渗透系统的数学模型。基于 NSGA-Ⅱ算法，对 PRO 系统性能进行了优化分析，以实现功率密度和能量转换效率之间的折中。当膜两侧 NaCl 浓度分别为 35 g/L 和 2 g/L 时，在多目标优化下的功率密度比最大功率密度仅降低了 5.87%，但能量效率比在单目标功率密度优化下的能量效率提高了 17.63%。在多目标优化下的能量效率比最大能量效率降低了 8.9%，但其功率密度比在单目标能量效率优化下的功率密度提高了 35.99%。

(2) 考虑跨膜渗透水通量、高浓度和低浓度侧溶液体积流量沿流动方向变化及浓度对密度和黏度的影响，提出了一个描述 RED 过程的改进的数学模型。对于 50 个单元的 RED 组件进行了多目标优化分析，与在单目标净功率密度优化下的性能相比，在多目标优化下的净功率密度仅降低了 17.39%，但其能量转换效率提高了 81.03%。与在单目标能量转换效率优化下的性能相比，在多目标优化下的能量转换效率仅降低了 20.60%，但净功率密度提高了 97.77%。

(3) 以最大输出功率为目标，对受限空间 RED 组件中最佳通道几何形状和流量进行了优化分析。只优化通道厚度时，最佳高浓度侧通道厚度始终大于最佳低浓度侧通道厚度。在通道厚度和流量协同优化下，最佳高浓度侧通道厚度和体积流量远小于最佳低浓度侧的通道厚度和体积流量。与只优化通道厚度下 RED 组件性能相比，基于通道厚度与流量协同优化的 RED 组件的性能具有很大提升。对于基于 Qianqiu homogen 的 RED 组件，净输出功率提高了 70.86%，能量转换效率提高了 313.91%。

参考文献

[1] PATTLE R E. Production of electric power by mixing fresh and salt water in the hydroelectric pile[J]. Nature,1954,174:660-660.

[2] LONG R,LAI X,LIU Z,et al. Pressure retarded osmosis: Operating in a compromise between power density and energy efficiency[J]. Energy,2019,172:592-598.

[3] LOEB S, MEHTA G D. A two-coefficient water transport equation for pressure-retarded osmosis[J]. Journal Of Membrane Science, 1978, 4: 351-362.

[4] PRANTE J L, RUSKOWITZ J A, CHILDRESS A E, et al. RO-PRO desalination: An integrated low-energy approach to seawater desalination[J]. Applied Energy,2014,120:104-114.

[5] LEE K L, BAKER R W, LONSDALE H K. Membranes for power generation by pressure-retarded osmosis[J]. Journal of Membrane Science, 1981,8(2):141-171.

[6] YIP N Y,TIRAFERRI A,PHILLIP W A,et al. Thin-film composite pressure retarded osmosis membranes for sustainable power generation from salinity gradients[J]. Environmental Science & Technology,2011,45(10):4360-4369.

[7] TIRAFERRI A,YIP N Y,STRAUB A P,et al. A method for the simultaneous determination of transport and structural parameters of forward osmosis membranes[J]. Journal Of Membrane Science,2013,444:523-538.

[8] ACHILLI A, CATH T Y, CHILDRESS A E. Power generation with pressure retarded osmosis: An experimental and theoretical investigation [J]. Journal of Membrane Science,2009,343(1):42-52.

[9] SCHWINGE J,NEAL P R,WILEY D E,et al. Spiral wound modules and spacers:Review and analysis[J]. Journal of Membrane Science,2004,242(1-2):129-153.

[10] SADEGHIAN R B, PANTCHENKO O, TATE D, et al. Miniaturized concentration cells for small-scale energy harvesting based on reverse electrodialysis[J]. Applied Physics Letters, 2011, 99(17): 173702. 1-173702. 3.

[11] YAROSHCHUK A. Optimal hydrostatic counter-pressure in Pressure-Retarded Osmosis with composite/asymmetric membranes[J]. Journal of Membrane Science,2015,477:157-160.

[12] LONG R, LI B, LIU Z, et al. Reverse electrodialysis: Modelling and performance analysis based on multi-objective optimization[J]. Energy, 2018,151:1-10.

[13] LONG R, LI B, LIU Z, et al. Performance analysis of reverse electrodialysis stacks:Channel geometry and flow rate optimization[J]. Energy, 2018, 158:427-436.

[14] VEERMAN J,POST J,SAAKES M,et al. Reducing power losses caused by ionic shortcut currents in reverse electrodialysis stacks by a validated model[J]. Journal of Membrane Science,2008,310(1):418-430.

[15] VEERMAN J,SAAKES M,METZ S J,et al. Reverse electrodialysis: A validated process model for design and optimization [J]. Chemical Engineering Journal,2011,166(1):256-268.

[16] VERMAAS D A,SAAKES M,NIJMEIJER K. Doubled power density from salinity gradients at reduced intermembrane distance[J]. Environmental Science and Technology,2011,45(16):7089-7095.

[17] VERMAAS D A,SAAKES M,NIJMEIJER K. Power generation using profiled membranes in reverse electrodialysis [J]. Fuel and Energy Abstracts,2011,385-386:234-242.

[18] LALIBERTé M. Model for calculating the viscosity of aqueous solutions [J]. Journal of Chemical and Engineering Data,2007,52:321-335.

[19] LALIBERTé M. Model for calculating the viscosity of aqueous solutions [J]. Journal of Chemical and Engineering Data, 2007, 52(52): 321-335.

[20] VEERMAN J, DE JONG R, SAAKES M, et al. Reverse electrodialysis: Comparison of six commercial membrane pairs on the thermodynamic efficiency and power density[J]. Journal of Membrane Science, 2009, 343 (1): 7-15.

[21] VEERMAN J, SAAKES M, METZ S J, et al. Reverse electrodialysis: Performance of a stack with 50 cells on the mixing of sea and river water [J]. Journal of Membrane Science, 2009, 327(1-2): 136-144.

[22] GüLER E, ELIZEN R, VERMAAS D A, et al. Performance-determining membrane properties in reverse electrodialysis[J]. Journal of Membrane Science, 2013, 446(11): 266-276.

[23] VEERMAN J, JONG R M D, SAAKES M, et al. Reverse electrodialysis: Comparison of six commercial membrane pairs on the thermodynamic efficiency and power density[J]. Journal of Membrane Science, 2009, 343 (1): 7-15.

第6章　基于压力延迟渗透的渗透热机

根据能量提取单元采用的技术手段不同，渗透热机可分为基于压力延迟渗透的渗透热机和基于反向电渗析的渗透热机。本章主要针对基于压力延迟渗透的渗透热机进行分析和研究，如基于吸附式蒸馏与压力延迟渗透的渗透热机及基于反渗透与压力延迟渗透的渗透热机。

6.1　基于吸附式蒸馏与压力延迟渗透的渗透热机

基于吸附式蒸馏与压力延迟渗透的渗透热机可以利用80 ℃以下的低温热能实现冷电联产[1]。如图6-1所示，该系统由两部分组成，一部分是吸附式蒸馏(AD)系统，利用低温热能将盐溶液分离成高、低浓度溶液并释放冷量。另一部分是压力延迟渗透(PRO)系统，将产生的高、低浓度盐溶液转化为电能。整个系统具有一般热机的“热—功”转换特性。

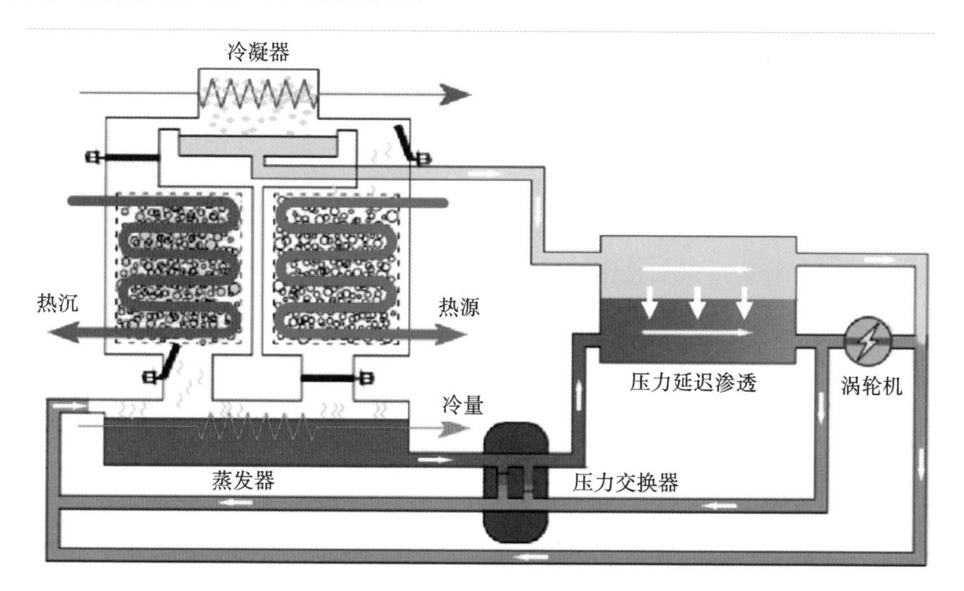

图6-1　基于吸附式蒸馏-压力延迟渗透的冷电联产渗透热机示意图

在AD系统中，溶剂蒸发并被吸附剂吸收，同时向蒸发器中的制冷剂释放冷量，蒸发器中的盐溶液也因此被浓缩。在低温热能的驱动下，溶剂从吸附剂中解附,然后在冷凝器中冷凝,生成稀溶液。产生的高、低浓度溶液进入 PRO 系统,在跨膜渗透压差驱动下,溶剂从低浓度侧向加压的高浓度侧迁移,推动水轮机转动而产生电能。PRO 系统出口处溶液发生混合,恢复其初始浓度并回流到 AD 系统的蒸发器中,开始下一轮循环。

6.1.1 渗透热机的数学描述

1. 吸附式蒸馏

如图 6-2 所示,吸附式蒸馏的热力循环过程包括四个步骤,其中两个步骤用于解附(1—2 等容加热、2—3 等压解附),另外两个步骤用于吸附(3—4 等容冷却、4—1 等压吸附)。

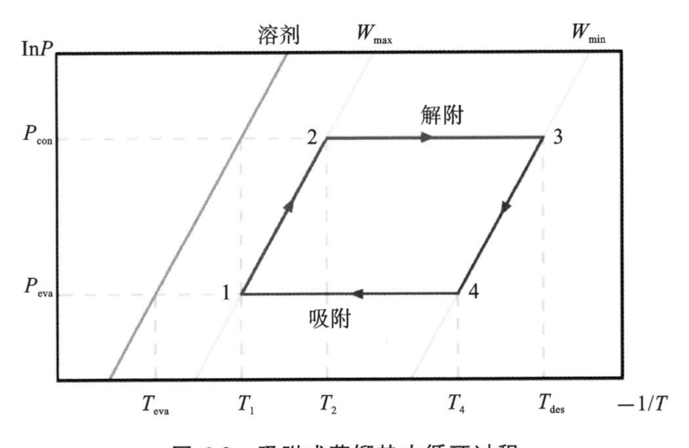

图 6-2 吸附式蒸馏热力循环过程

将盐溶于溶剂(如水或甲醇等)中可制备 AD 系统的工作溶液。溶解的盐会降低溶剂的饱和压力,其计算公式为 $p_{sat,ss}=p_{sat,ps}\mathrm{e}^{-iXM_w\Phi}$,其中 i 代表离子数,X 为摩尔浓度,M_w 为摩尔质量,Φ 为渗透系数。下标 ss 和 ps 分别表示盐溶液和纯溶液。渗透系数 Φ 可用下式计算[2]

$$\Phi-1=|Z_+Z_-|f^\phi+m[(2i_+i_-)/\nu]B^\phi+m^2[(2i_+i_-)^{3/2}/i]C^\phi \tag{6-1}$$

式中,Z 为离子的化合价;m 为摩尔质量;其他相关参数可根据如下公式进行计算[2]~[3]

$$f^\phi=-A_\phi I^{1/2}/(1+bI^{1/2}) \tag{6-2}$$

$$B^\phi=\beta^{(0)}+\beta^{(1)}\mathrm{e}^{-\alpha_1 I^{1/2}}+\beta^{(2)}\mathrm{e}^{-\alpha_2 I^{1/2}} \tag{6-3}$$

$$A_\phi=(1/3)(2\pi N\rho)^{1/2}\ (e^2/4\pi\varepsilon_0\varepsilon kT)^{3/2} \tag{6-4}$$

式中,$\beta^{(0)}$、$\beta^{(1)}$、$\beta^{(2)}$ 和 B^ϕ 分别为离子相互作用 Pitzer 参数;A_ϕ 为 Debye-Huckel 常数;α_1、α_2 和 b 分别为调节参数;I 为离子强度;N 为阿伏伽德罗常数;e 为元电荷;ε 为真空介电常数;k 为玻尔兹曼常数。表 6-1 列出了本节研究中使用的盐-甲醇溶液和盐-水溶液的 Pitzer 参数。

表 6-1　盐-甲醇溶液和盐-水溶液的 Pitzer 参数

盐	溶剂	$\beta^{(0)}$	$\beta^{(1)}$	$\beta^{(2)}$	B^{ϕ}	参考文献
LiCl	甲醇	−0.11458	−3.95303	3.421	0.06478	[4]
LiBr	甲醇	0.00275	−2.6665	2.238	0.05542	[4]
NaSCN	甲醇	0.19224	1.39440	−1.202	−0.01017	[5]
NaI	甲醇	0.40830	1.04430	−0.875	−0.02224	[5]
$LiNO_3$	甲醇	0.003768	0.465495	−26.295126	0.045220	[6]
LiCl	水	0.1494	0.3047	—	0.00359	[2]
LiBr	水	0.1748	0.2547	—	0.0053	[2]
NaSCN	水	0.1005	0.3582	—	−0.00303	[2]
NaI	水	0.1195	0.3439	—	0.0018	[2]
$LiNO_3$	水	0.1420	0.2780	—	−0.00551	[2]

在吸附式蒸馏过程中，当蒸发温度低于环境温度时可以释放冷量。因此，吸附时的压力比解附时的压力低很多，吸附等温线用于表征吸附剂的吸附/解附过程特性，可用 Dubinin-Astakhov 模型来描述[7]

$$W = W_0 \exp\left\{-\left[\frac{RT}{E}\ln\left(\frac{P_s}{P}\right)\right]^n\right\} \tag{6-5}$$

式中，W 为实际吸附量；W_0 为最大吸附量；E 为特征能量；n 为由吸附剂粒径决定的经验常数；R 为通用气体常数；P_s 为吸附剂温度 T 时的饱和压力；P 为吸附/解附压力。吸附焓可由吸附等温线计算[8]

$$\Delta_{ads} H_C = R\left(\frac{\partial \ln P}{\partial (1/T)}\right)_W \tag{6-6}$$

吸附质从吸附中解附前，吸附床应先预热至冷凝压力。所需总热量由两部分组成：等容加热过程所需热量和等压解附过程所需热量。在等容加热过程中，所需热量为

$$Q_{1-2} = m_{sb}\int_{T_1}^{T_2} C_p^{eff}(T)\,dT + m_{sb}\int_{T_1}^{T_2} W_{max} C_p^{sol}(T)\,dT \tag{6-7}$$

而在等压解附过程中所需的热量为

$$Q_{2-3} = m_{sb}\int_{T_2}^{T_3} C_p^{eff}(T)\,dT + m_{sb}\int_{T_2}^{T_3} \frac{W_{max}+W_{min}}{2} C_p^{sol}(T)\,dT - m_{sb}Q_{soprtion} \tag{6-8}$$

式中，C_p^{eff} 为考虑换热器的吸附床有效比热，这里设为 1 kJ/(kg·K)；C_p^{sol} 是溶剂的比热容；$Q_{soprtion}$ 为解附过程中所需的额外能量(吸附热)，可通过下式计算

$$Q_{soprtion} = \frac{1}{M_w}\int_{C_{min}}^{C_{max}} \Delta_{ads} H(W)\,dW \tag{6-9}$$

$SEC = \dfrac{Q_{reg}}{m_{sb}\Delta W}$ 为系统中每千克溶剂所需的能量，是评估 AD 系统的重要性能参数[9]；系统产生的冷量为 $Q_c = m_{sb} H_{ev} \Delta W$，其中，$H_{ev}$ 为溶液的汽化潜热。

2. 压力延迟渗透

AD 系统产生的高、低浓度溶液进入下游压力延迟渗透模块中，在膜两侧渗透压差的驱动下，低浓度侧的水迁移到加压的高浓度侧，然后通过水轮机减压做功。PRO 单元出口溶液的浓度由下式给出[10]~[11]

$$X_f = \frac{X_0 V_0}{V_0 + \Delta V} \tag{6-10}$$

式中，V_0、X_0 分别为高浓度溶液的入口处体积流量和浓度；ΔV 为跨膜水流量。

当施加的外界液压等于膜两侧渗透压差（$P_{PRO} = \upsilon R \Phi T X_f$）时，跨膜水传输驱动力消失。因此，在 PRO 过程中输出功率为[10]~[11]

$$P = P_{PRO} \Delta V = \upsilon R \Phi T \frac{X_0 V_0}{V_0 + \Delta V} \Delta V \tag{6-11}$$

式中，υ 表示化学计量数。从上式可以看出，PRO 模块所能提取的能量随着跨膜流量的增加而增加。作为一个闭环系统，当 PRO 模块中的最大跨膜流量等于吸附式蒸馏系统（$\Delta V = \Delta C m_{sb}$）中产生的溶剂流量时，PRO 模块中输出功率可达到其最大值。此时 PRO 模块的出口处溶液浓度等于吸附式蒸馏系统的初始浓度（$X_f = X_1$）。PRO 系统中相应的施加外界压力为 $P_{PRO} = \upsilon R \Phi T X_1$，最大可提取功为 $W_{PRO} = \upsilon R \Phi T_1 X_1 \Delta C m_{sb}$。

3. 系统性能指标

基于吸附式蒸馏与压力延迟渗透的渗透热机可以同时提供对外电能和冷量。对于发电特性而言，可以用发电效率来评估，计算式为

$$\eta_e = \frac{W_{PRO}}{Q_{reg}} = \frac{\upsilon R \Phi T_1 C_1 \Delta W}{Q_{1-2} + Q_{2-3}} \tag{6-12}$$

对于系统的制冷性能，可采用制冷系数（*COP*）评估，计算式为

$$COP = \frac{Q_c}{Q_{reg}} = \frac{m_{sb} H_{ev} \Delta W}{Q_{1-2} + Q_{2-3}} \tag{6-13}$$

系统整体的能量利用效率为

$$\eta_Q = \frac{W_{PRO} + Q_c}{Q_{reg}} = \frac{\upsilon R \Phi T_1 C_1 \Delta W + m_{sb} H_{ev} \Delta W}{Q_{1-2} + Q_{2-3}} \tag{6-14}$$

式(6-14)假设电能品质和冷量的品质相同，然而，实际应用中电能的品质远远大于冷量的品质。因此我们采用㶲效率来评价系统的性能。总的有效能是产生的电能和冷量㶲的总和，冷量㶲可以计算为 $Q_c(T_{ev}/T_{eva} - 1)$，其中，T_{ev} 和 T_{eva} 代表环境温度和蒸发温度。系统的㶲效率为

$$\eta_{ex} = \frac{Q_c\left(\dfrac{T_{ev}}{T_{eva}} - 1\right) + W_{PRO}}{Q_{reg}\left(1 - \dfrac{T_{ev}}{T_{des}}\right)} \tag{6-15}$$

式中，T_{des}为解附温度。

6.1.2　结果与讨论

基于吸附式蒸馏与压力延迟渗透的渗透热机系统的性能主要受吸附剂特性、工作盐溶液以及运行温度等条件的影响。本节选取了 20 种吸附剂来研究吸附剂对冷电联产系统的影响，为选择吸附剂提供了初步的依据。盐溶液可以影响渗透系数，从而影响蒸发器中的蒸发压力和蒸馏特性，进而影响系统的制冷和发电性能。同时，我们选择五种盐来制备盐溶液，分别是 NaI、LiBr、LiCl、NaSCN 和 $LiNO_3$。此外，还讨论了水、甲醇等不同溶剂的影响。在计算中，蒸发温度为288.15 K。冷凝温度与环境温度(293.15 K)相同。解附温度为 313.15～363.15 K。

1. 解附温度和工作盐溶液浓度的影响

图 6-3 显示了以 LiBr-甲醇溶液为工质和 AC-LSZ30 为吸附剂的基于吸附式蒸馏与压力延迟渗透的渗透热机冷电联产系统的 *COP*、发电效率、能量利用率和㶲效率随解附温度的变化。图 6-4 显示了该渗透热机的吸附剂工作容量、制冷量、

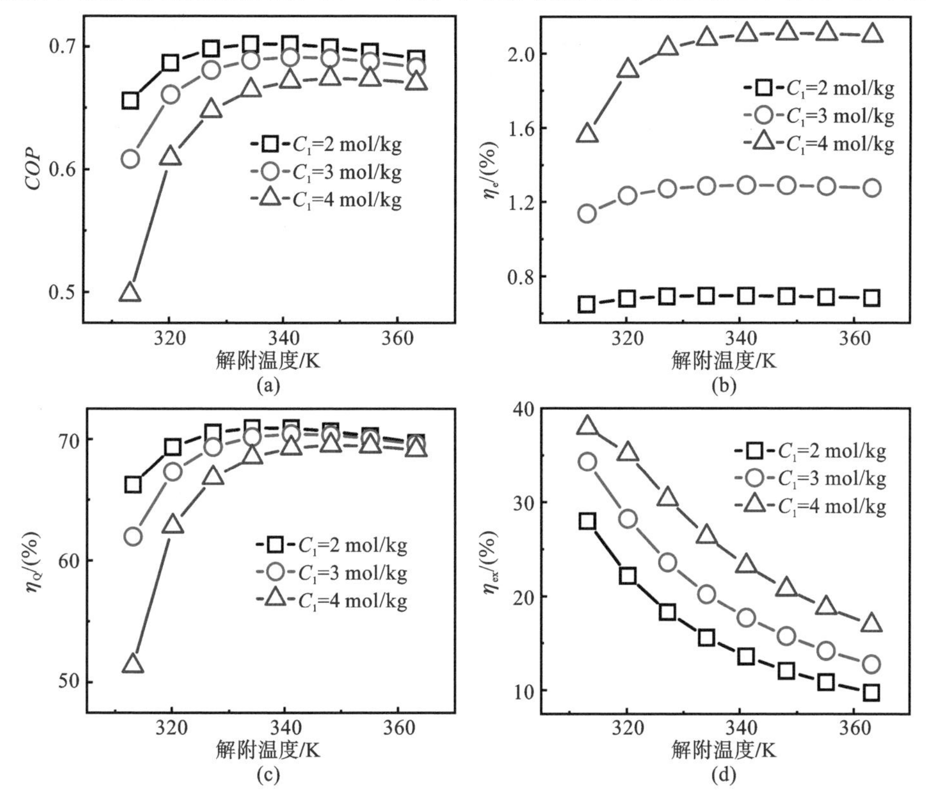

图 6-3　渗透热机冷电联产系统的各参数随解附温度的变化

(a)*COP*；(b)发电效率；(c)能量利用效率；(d)㶲效率

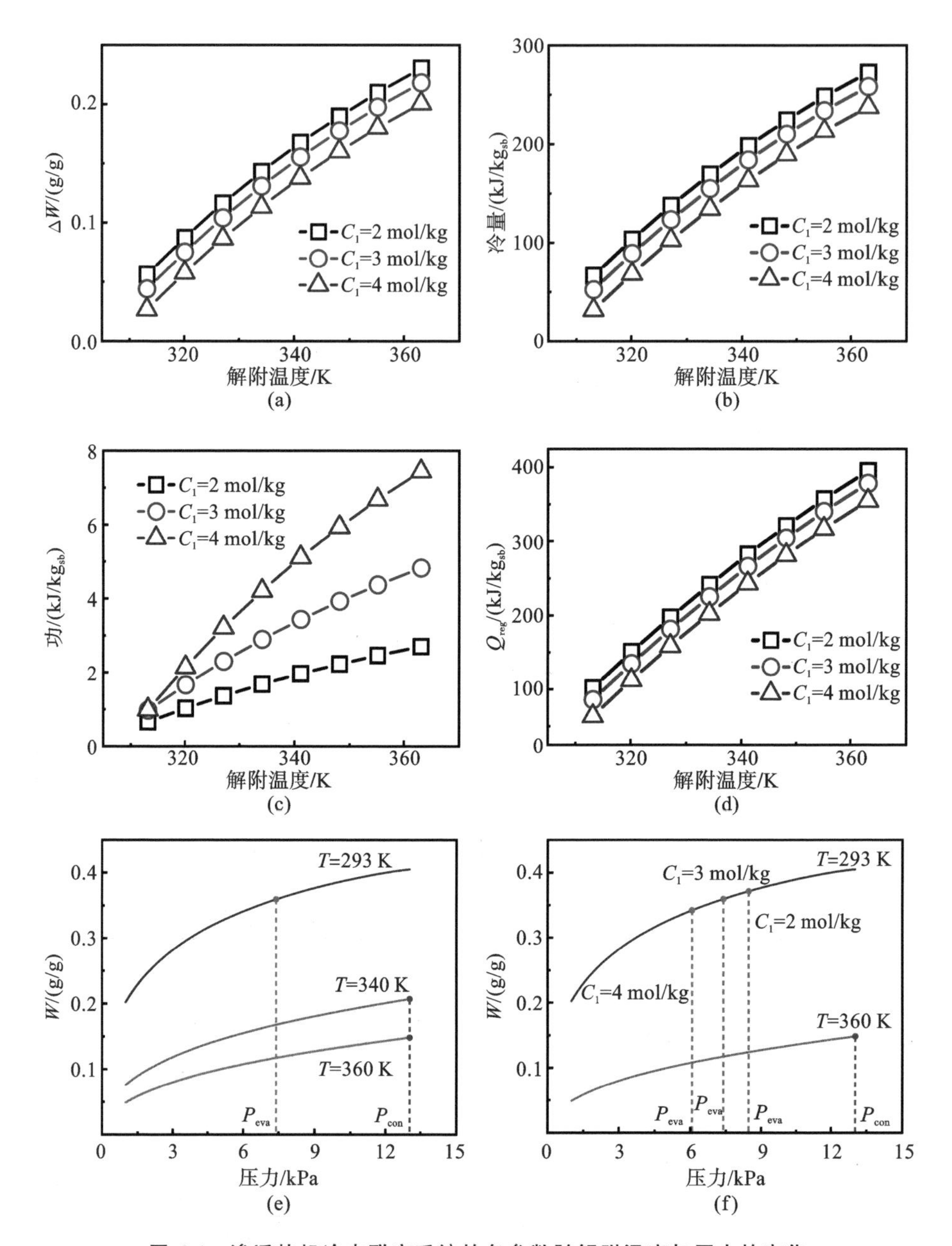

图 6-4　渗透热机冷电联产系统的各参数随解附温度与压力的变化

(a)吸附剂工作容量;(b)制冷量;(c)输出功;(d)循环所需要的热量;

(e)在不同温度下吸附剂吸附量;(f)不同工作浓度下吸附剂吸附量

输出功和循环所需要的热量随解附温度的变化以及在不同温度和工作浓度下吸附剂吸附量随压力的变化。如图 6-3(a)所示,*COP* 随解附温度的升高先增大,达到最大值后减小。随着解附温度的升高,制冷量和输出功也随之增加,如图 6-4(b)、(c)所示。而吸附剂总吸附量的增加和温度的升高都导致需热量的显著增加，如图 6-4(d)所示。如图 6-4(e)所示，在更高的温度下，最小吸附量降低，吸附剂的吸附能力随着解附温度的升高而增加。在较低的解附温度下，由于吸附量的增加，制冷量和输出功的增加远远大于需热量的增加，随着解附温度的升高，发电效率和 *COP* 也随之增加。在较高的解附温度下，解附所需要热量较多，因此随着解附温度的升高，电效率和 *COP* 降低。根据式(6-14)，随着解附温度的升高，能量利用效率呈现与 *COP* 或发电效率相同的趋势。工作盐溶液浓度越大，电效率越高，但降低了 *COP* 和能量利用率，这是因为较高的工作浓度降低了蒸发压力，并进一步降低最大吸附量，从而减小吸附剂吸附能力，降低了制冷量。工作浓度的增加增大了跨膜渗透压差，克服了吸附能力降低的影响，导致输出功增加。*COP* 随工作浓度的增大而降低，而输出功随工作浓度的增大而增加，但是由于制冷量远大于所输出功，因此较大的工作浓度会降低能量利用效率，如图 6-3(c)所示。

能量利用效率并没有考虑冷量和电能的能量品质差异。一般而言，冷量的品质低于功的品质，而能量利用效率只考虑能量的数量却忽略了品质。电能和冷量㶲是系统对能源利用的更合理的评价方式。如图 6-3(d)所示，本节进一步研究了渗透热机系统的㶲效率，该效率定义为系统产出总输出㶲除以总输入㶲(式(6-15))，更适合于评估冷电联产系统的整体性能。在较高的解附温度下，随着解附温度的升高，热量㶲消耗明显增加，从而降低了㶲效率。随工作浓度的增加，输出功的增加影响比冷量㶲更大，因此冷电联产系统的㶲效率随溶液浓度的增大而增加。

2. 吸附剂种类的影响

由于高、低浓度溶液的冷量是在低温热源驱动的吸附式蒸馏过程中产生的，吸附剂的特性对所提出的冷电联产系统的性能起着决定性的作用。这里研究了 20 种吸附剂对基于吸附式蒸馏与压力延迟渗透的渗透热机性能的影响。解附温度为 333.15 K，吸附温度为 288.15 K。图 6-5 给出了不同吸附剂下的 *COP*、电效率、㶲效率以及相关的性能参数。吸附剂 AC MAXSORB3 由于具有显著的吸附能力，可同时获得最大的提取功和制冷量，从而获得最大的 *COP*、电效率和㶲效率。如图 6-5 所示，最小值在吸附剂 ACF KF-1000 下获得。*SEC* 与㶲效率之间存在着严格的负相关关系，*SEC* 越大，吸附所需的能耗越大，因此㶲效率越小。

表征吸附剂性能的关键参数是吸附剂达到最大吸收量的一半时的相对压力 α 和吸附焓。图 6-6 显示了㶲效率与 α、吸附焓和吸附剂吸附能力之间的关系。㶲效率随吸附剂的吸附能力的增加而增加，当 ΔW 大于一定值(这里为 0.3 g/g)时保持不变，㶲效率可达 24%。α 和㶲效率之间存在正相关关系，α 越大导致㶲效率越高。然而较高的吸附焓和较低的吸附焓都不能保证最大的㶲效率，适当的吸附焓(在本研究中为 1.2～1.3 MJ/kg)能获得高达 24%的㶲效率。因此，优质的吸附剂应具有较高的 α 和适当的吸附焓。

3. 盐的种类的影响

在吸附过程中，盐会影响溶液的渗透系数和蒸发压力，从而影响冷电联产系

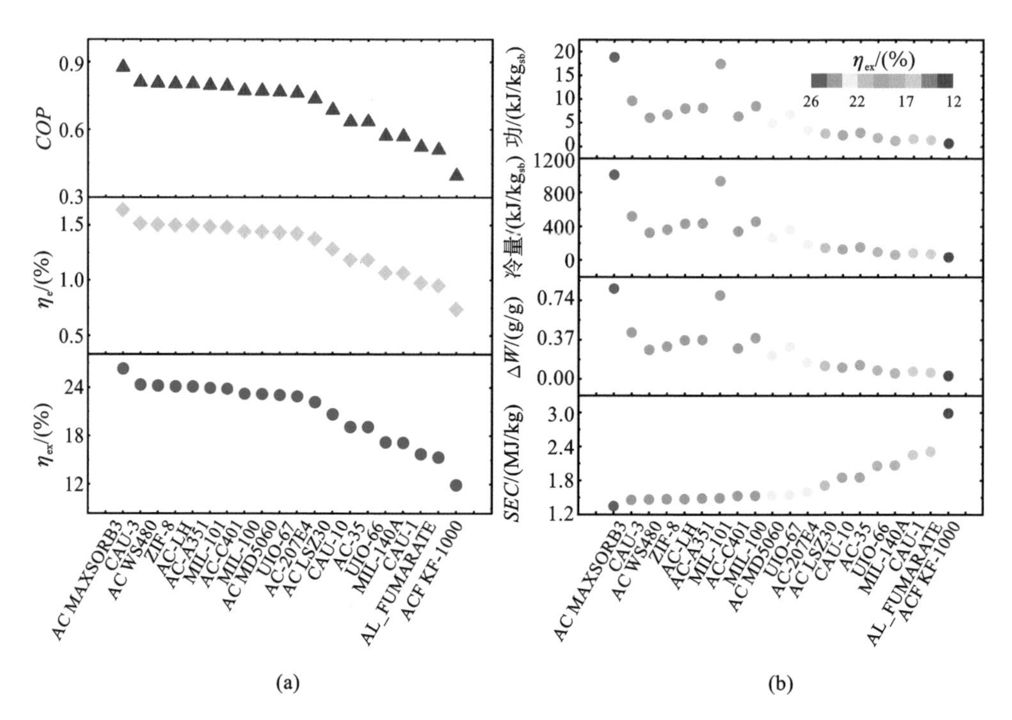

图 6-5　不同吸附剂下渗透系统的制冷系数、发电效率、㶲效率、输出功、制冷量、吸附剂的工作容量和单位能耗(标尺为㶲效率)

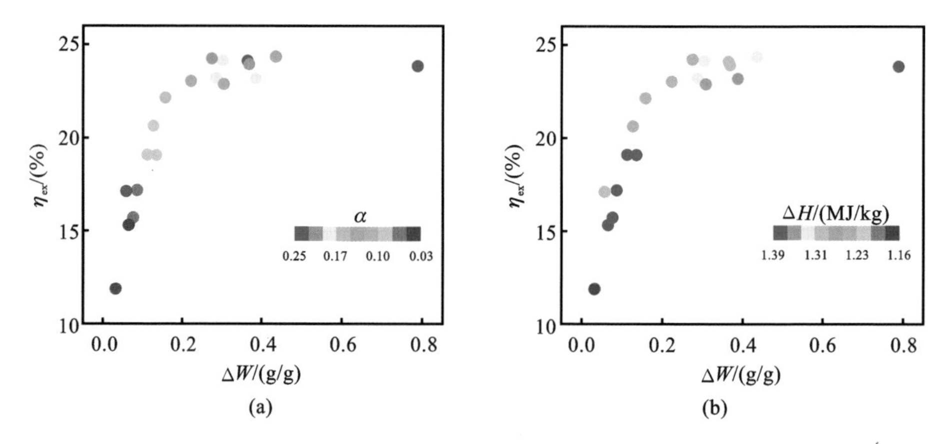

图 6-6　渗透热机的㶲效率随吸附剂的吸附能力的变化

(a)标尺为 α;(b)标尺为吸附焓 ΔH

统的性能。这里选择了用五种盐(NaI、LiBr、LiCl、NaSCN 和 $LiNO_3$)溶解于甲醇中来制备工作溶液。解附温度和吸附温度分别固定在 333.15 K 和 288.15 K。如图 6-7 所示,较大的渗透系数会导致较小的蒸发压力,进而导致吸附过程中最大吸收量的降低以及吸附剂吸附能力的降低,如图 6-7(a)所示。

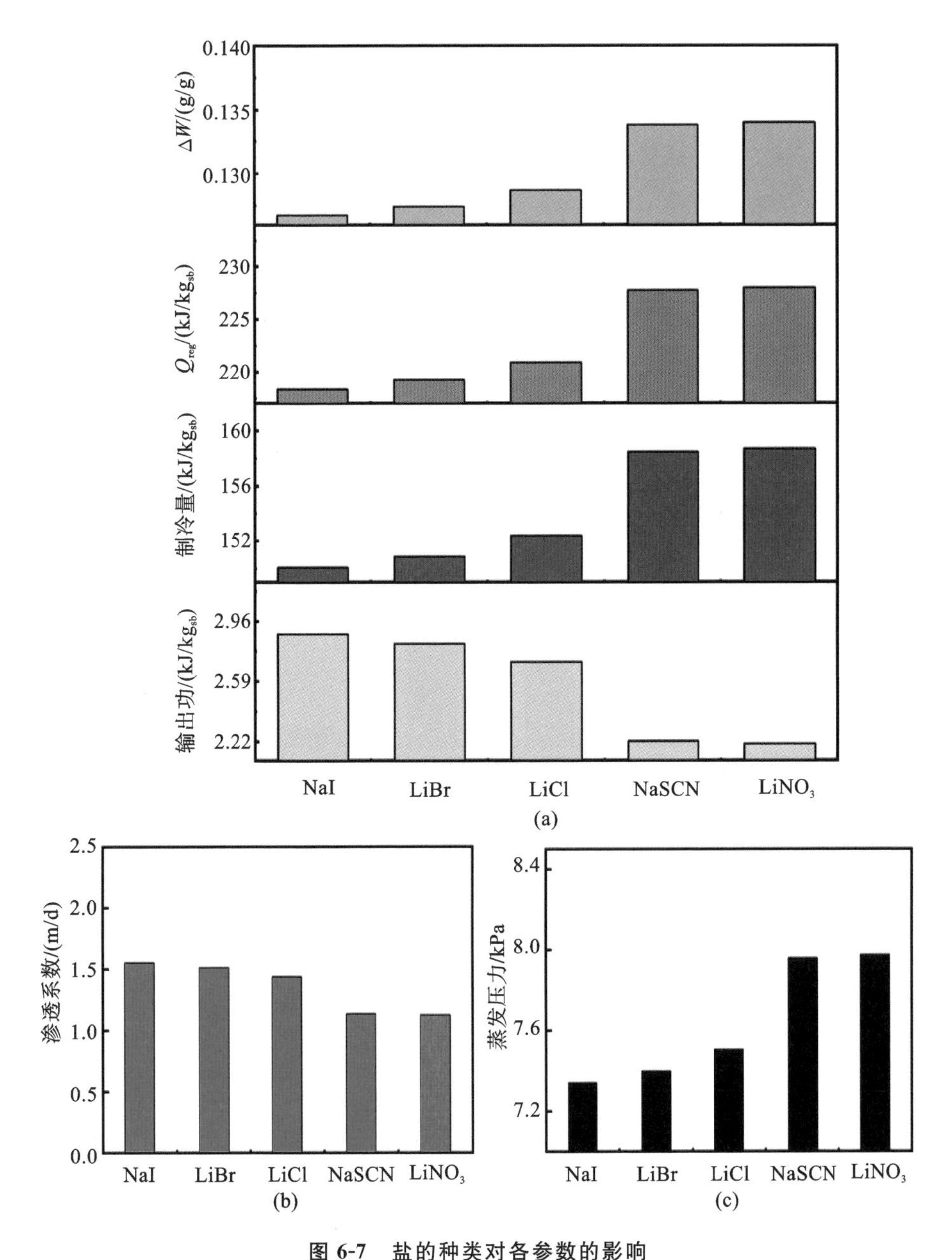

图 6-7　盐的种类对各参数的影响

(a)不同种类的盐下吸附剂的工作容量、循环所需的热量、制冷量和输出功；

(b)每种盐的渗透系数；(c)每种盐的蒸发压力

NaI 溶液的渗透系数最大，蒸发压力和吸附剂吸附能力最小。因此，NaI-甲醇溶液在循环过程中的热量消耗和产生的冷量均呈现为最小值。然而，渗透系数对输出功率的影响超过了吸附容量降低这一因素的影响，输出功也即发电量取得最大值，因此，采用 NaI-甲醇溶液作为工作溶液时系统的电效率最大。而采用

$LiNO_3$-甲醇溶液时系统的发电效率最小，如图 6-8 所示。然而，制冷性能却呈现出相反的趋势，使用 $LiNO_3$-甲醇溶液时系统的 COP 最大，这是循环过程中热量消耗显著减小的缘故。以 NaI-甲醇溶液为工质时系统的炯效率最大，因为此时工作溶液的渗透系数较大，热量炯消耗较小，输出功较大，从而导致更高的炯效率。因此，采用具有更大渗透系数的盐溶液可以显著提高基于吸附式蒸馏与压力延迟渗透的渗透热机的整体性能。

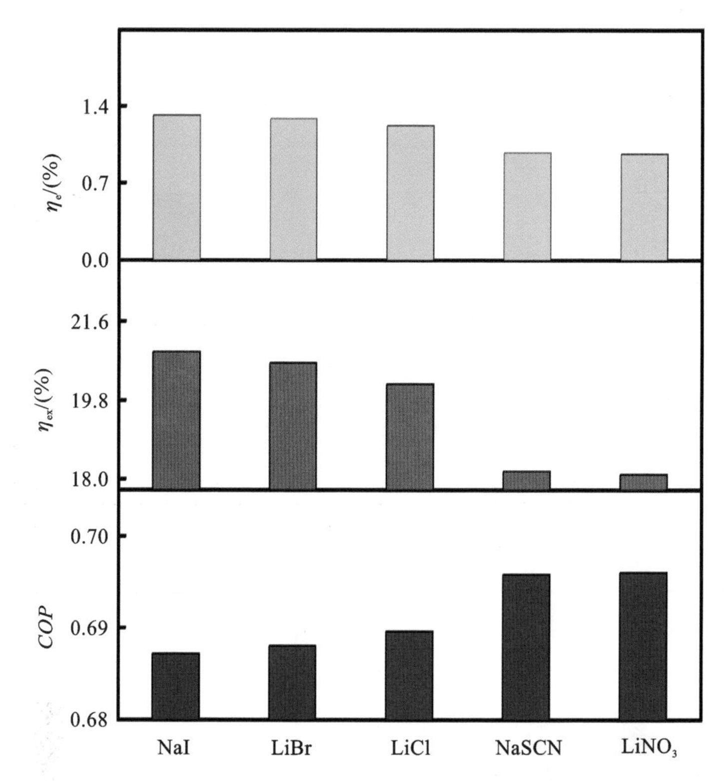

图 6-8　采用不同种类的盐，渗透系统的发电效率、炯效率和制冷系数

4. 溶剂种类的影响

以 CAU-10 为吸附剂，在 2～5 mol/kg 浓度范围内，分别以 LiBr-水溶液和 LiBr-甲醇溶液为工作溶液，研究了溶剂种类对基于吸附式蒸馏与压力延迟渗透的渗透热机性能的影响。其中，解附温度为 333.15 K，吸附温度为 288.15 K。由于所选吸附剂对水的吸附量大于对甲醇的吸附量，因此以甲醇为溶剂时吸附剂吸附能力小于以水为溶剂时吸附剂吸附能力，如图 6-9 所示。因此，以水为溶剂时，输出功和制冷量都具有较大的值。

水因具有更大的比热容和吸附量，故使得循环所需要的热量显著增加。因此以水为溶剂的 SEC 比以甲醇为溶剂的 SEC 大得多，进而导致发电效率较低，如图 6-10 所示。同时，由于水比甲醇的比热容大得多，而且更大吸附量引起的制冷功

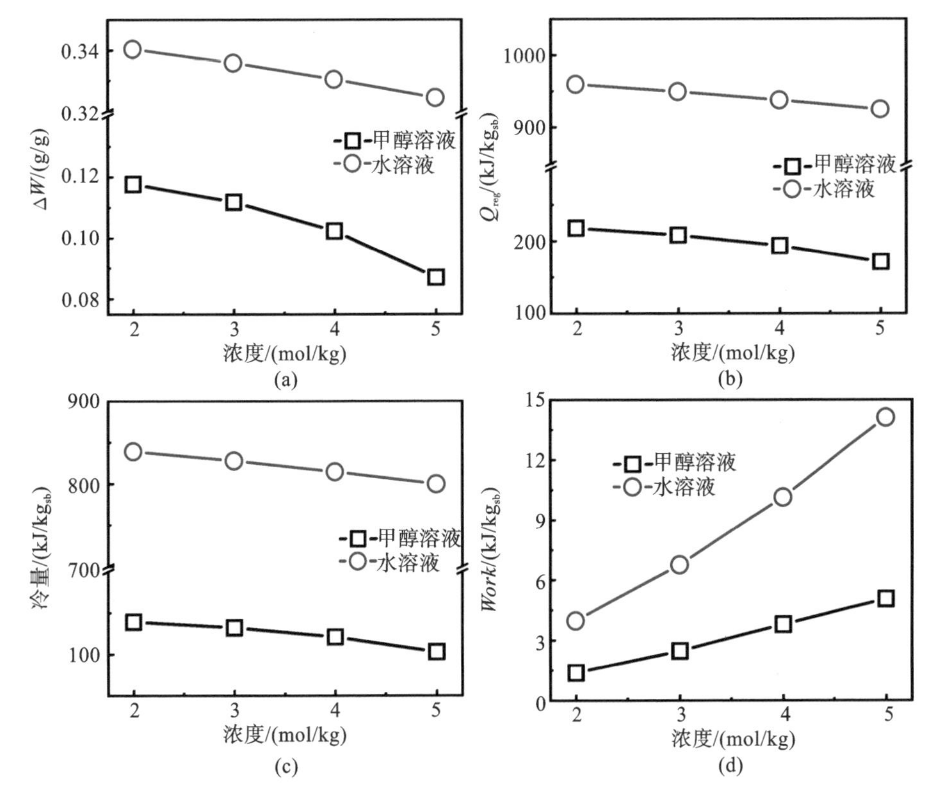

图6-9　各参数随溶液浓度的变化

(a)吸附剂的工作容量;(b)循环所需的热量;(c)制冷量;(d)输出功

率的增大远小于循环所需的热量,导致 *COP* 降低。此外,在低浓度下与 LiBr-甲醇工质相比,LiBr-水溶液工质具有更大的冷量㶲和发电量,因此以 LiBr-水为工质时系统的㶲效率比以 LiBr-甲醇溶液为工质时系统的㶲效率高。在高浓度下,以 LiBr-水溶液为工质的㶲消耗远大于以 LiBr-甲醇为工质的㶲消耗,因此,以 LiBr-甲醇为工质的系统㶲效率更大。

5. 与其他类型渗透热机性能对比

表6-2对基于吸附式蒸馏与压力延迟渗透的渗透热机的能量利用效率与其他类型渗透热机的能量利用效率进行了对比。以 5 mol/kg 的 LiBr-甲醇溶液为工质,在解附温度为 60 ℃时,系统的电效率可以达到3%。通过对比可以发现,基于吸附式蒸馏与压力延迟渗透的渗透热机与其他类型渗透热机相比,从能量利用效率方面来讲,具有一定的优势。此外,吸附式蒸馏相较于其他热分离部件也有很多优点。

MED 是多级系统,分离效率随着级数的增加而增加,导致系统规模很大。此外,MED 的单位产水电能消耗和单位生产成本分别为 1.5 (kW·h)/m^3 和 0.46 US$/$m^3$[12]。MD 的系统规模较小,但效率很大程度上取决于膜的性能,而膜孔

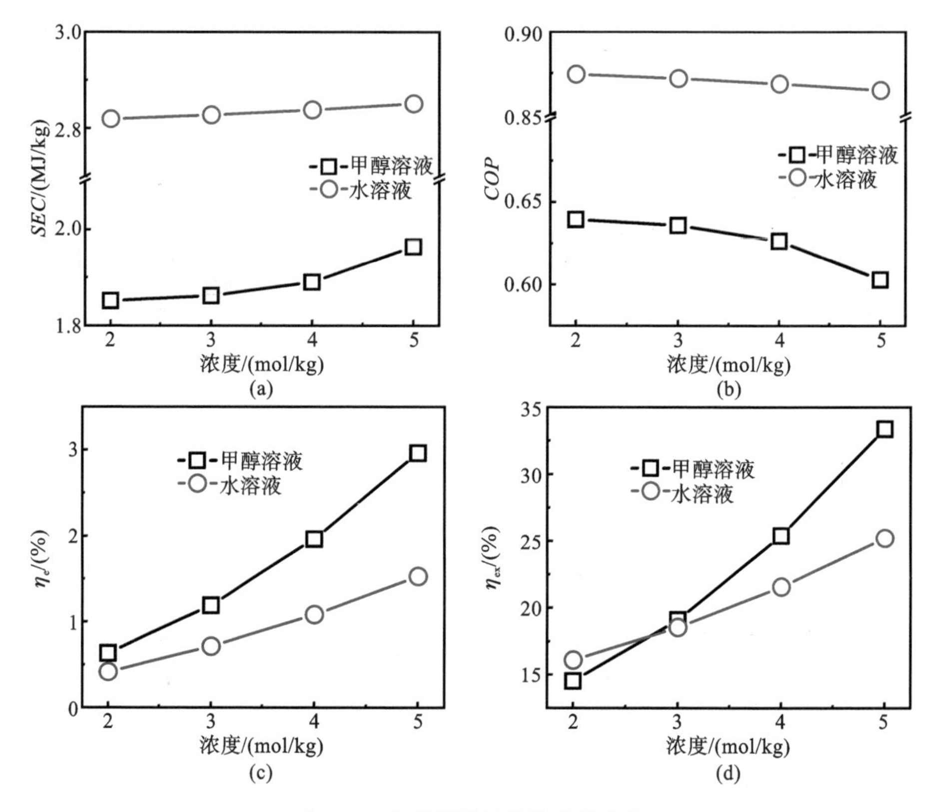

图 6-10　各参数随溶液浓度的变化

(a)单位能耗;(b)制冷系数;(c)发电效率;(d)㶲效率

润湿不可避免,因此浓度和温度极化现象严重阻碍了 MD 的性能,因此也增加了维护成本,其单位生产成本可达 0.69 US$/$m^3$。另外,MD 的比热能消耗在200～6000 (kW・h)/m^3之间[13]。与上述技术相比,AD 的系统规模小,可以在 40 ℃～49 ℃的低温范围内应用,这比其他技术的应用温度范围都低。AD 系统的单位产水电能消耗约为 1.38 (kW・h)/m^3,单位生产成本低至 0.3 US$/$m^3$。AD 的单位能耗在 700～1000 (kW・h)/m^3之间[9]~[14]。因此 AD 具有规模小、几乎没有运动部件、操作温度低、能耗低、单位生产成本低、产水量大等优点,比其他类型的渗透热机更具优势。

表 6-2　不同渗透热机性能对比

渗透热机构型	工质	运行温度	工质浓度	能量利用效率
MD-PRO[10]	NaCl-水溶液	60 ℃	1.0 M	9.8%
MD-RED[15]	NaCl-水溶液	60 ℃	5.0 M	1.15%
MED-RED[16]	NaCl-水溶液	80 ℃	3.51 M	0.76%

续表

渗透热机构型	工质	运行温度	工质浓度	能量利用效率
Solvent-Extraction Evaporative-RED[17]	LiCl/KAc-水溶液	100 ℃	15/16 M	13%
MED-RED[18]	NaCl-水溶液	90 ℃	5 M	15%
MD-PRO[19]	LiCl-甲醇溶液	45 ℃	3 M	3%
TOEC[20]	水	60 ℃	—	4.1%
RO-PRO[11]	LiCl-甲醇溶液	60 ℃	7 M	1.4%

6.2　基于吸附式蒸馏与压力延迟渗透的渗透热机吸附剂筛选

如图 6-11 所示，吸附式渗透热机由吸附驱动的盐溶液分离过程和发电过程组成。在盐溶液分离过程中，通过外部低品位热能驱使的吸附驱动分离循环，将盐-甲醇溶液分离为浓缩溶液和稀释溶液。在发电过程中，采用压力延迟渗透以利用水轮机将不同浓度再生溶液的混合吉布斯自由能转化为电能。一般而言吸附式热分离过程还可以同时产生冷量对外供冷。这里为了提高系统的发电效率，系统的蒸发温度与环境温度一致，系统没有制冷能力而仅对外做功[21]。

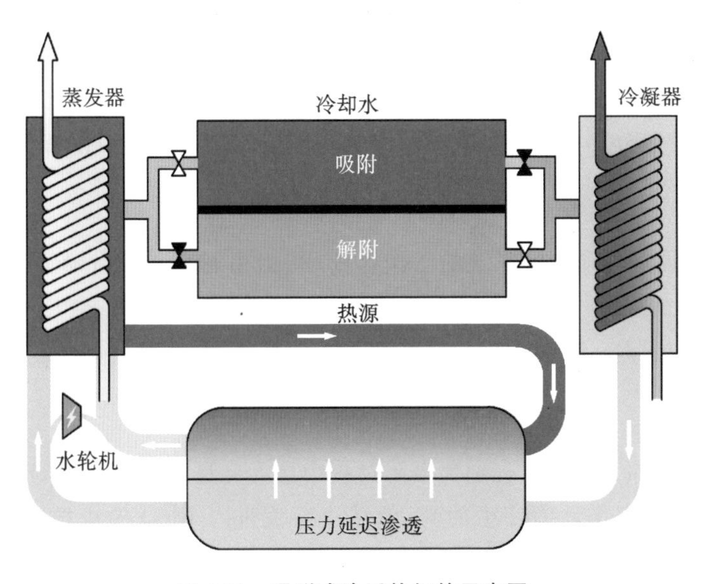

图 6-11　吸附式渗透热机的示意图

6.2.1 渗透热机的描述

吸附式盐溶液分离循环源自交替进行的吸附过程和解附过程。通常，吸附驱动的渗透热机中的工作溶液可以通过将有机或无机盐溶解到水、甲醇和乙醇等溶剂中来制备。根据上一节的分析，与水溶液相比，甲醇盐溶液比热容较小，同时具有较高的蒸发压力有利于吸附过程中的质量传递[22]，故此处使用甲醇盐溶液为工质。其吸附解附热力循环过程如图 6-12 所示，这里采用 LiCl-甲醇溶液作为渗透热机的工质。LiCl-甲醇溶液在环境温度下在蒸发器中蒸发。甲醇蒸气随后被吸附剂吸附，同时释放吸附热。吸附剂由外部冷却回路冷却。随后加热吸附剂进行解附，压力增加至冷凝压力。在解附过程中，在外部热源的驱动下，甲醇从吸附剂中解附出来，然后进入冷凝器中被冷凝。此后，吸附剂被进一步冷却以进行吸附。冷凝温度也通过外部冷却回路维持为环境温度。虽然蒸发和冷凝温度相同，但蒸发和冷凝过程的压力不同。盐-甲醇溶液中溶解的盐降低了溶液的饱和压力。

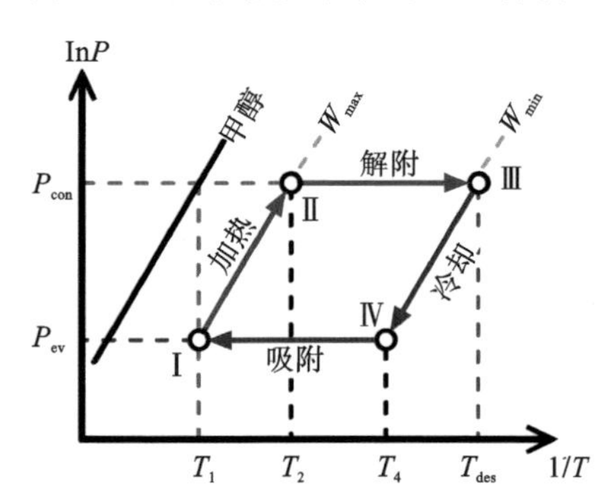

图 6-12 甲醇盐溶液吸附解附热力循环过程图

甲醇盐溶液分离过程中的总热量(等容加热和等压解附)可以根据下式计算

$$Q_{\text{reg}} = m_{\text{sb}} c_{\text{p}}^{\text{sb}} \Delta T - \frac{1}{M} \rho_{\text{liq}} \langle \Delta_{\text{ads}} H \rangle \Delta W m_{\text{sb}} \tag{6-16}$$

式中，ΔW 为吸附驱动蒸馏系统的工作容量；W 为由温度和压力确定的吸附量；c_{p}^{sb} 是吸附剂的比热容；m_{sb} 为吸附剂的质量；ρ_{liq} 为液态甲醇的密度；$\Delta T = T_3 - T_1$ 为加热过程中的温差；$\langle \Delta_{\text{ads}} H \rangle$ 为平均吸附焓，计算如下

$$\langle \Delta_{\text{ads}} H \rangle = \frac{\Delta_{\text{ads}} H_{\max} + \Delta_{\text{ads}} H_{\min}}{2} \tag{6-17}$$

式中，$\Delta_{\text{ads}} H_{\max}$ 和 $\Delta_{\text{ads}} H_{\min}$ 分别为吸附过程中最大和最小吸附量时的吸附焓。

吸附驱动分离循环中产生的高、低浓度溶液进入 PRO 模块发电。当吸附式溶液分离系统中产生的甲醇通量等于 PRO 系统中的跨膜甲醇通量时，PRO 系统对外输出功达到最大值 $W_{\text{PRO}} = \iota R \Phi T_1 C_1 \Delta W m_{\text{sb}}$ 。此时，渗透热机的能量转换效率计算如下

$$\eta=\frac{W}{Q_{\text{reg}}}=\frac{\nu R\Phi T_1 C_1 \Delta W}{c_p^{\text{sorbent}}\Delta T-\frac{1}{M_w}\rho_{\text{liq}}\langle\Delta_{\text{ads}}H\rangle\Delta W} \tag{6-18}$$

在计算中，蒸发和冷凝温度都是 20 ℃。LiCl-甲醇溶液的摩尔浓度为 6 mol/kg。甲醇在 20 ℃时的饱和压力为 13030 Pa，6 mol/kg LiCl-甲醇溶液在20 ℃时的饱和压力为 4480 Pa。在 $T_{\text{ads}}=293.15$ K，$P_{\text{eva}}=4480$ Pa 以及 $T_{\text{des}}=353.15$ K，$P_{\text{con}}=13030$ Pa 的条件下对 1322 种金属有机骨架（metal-organic framework，MOF）吸附剂的吸附特性进行了巨正则蒙特卡罗（grand canonical monte carlo，GCMC）模拟，以确定相应的工作容量和吸附焓，从而计算能量效率。

6.2.2　MOF 结构性质、吸附性能与能量转换效率的关系

在吸附式溶液分离过程中 LiCl-甲醇溶液的分离程度对整个能量转换效率起主导作用。工作容量（ΔW）较高意味着工作盐溶液可以更好地分离，进而在接下来的发电过程中可以提取更多的功。工作容量与 MOF 的结构特性和吸附特性，如最大空腔直径（LCD）、有效孔隙体积（V_a）、可及表面积（ASA）和吸附焓（$\langle\Delta_{\text{ads}}H\rangle$）等显著相关。

LCD 和工作容量 ΔW 之间的关系如图 6-13 所示。当孔径大于冷凝温度 T 下的临界直径 $D_c=4\sigma T_c/(T_c-T)$ 时，可能会发生毛细管冷凝现象[23]~[24]，其中，σ 为甲醇分子的近似尺寸（即 0.36 nm）。T_c为临界温度，甲醇的临界温度为 512.6 K。在目前的运行条件下，T_c 为 293.15 K 时 $D_c=33.6$ Å。所研究的 MOF 的最大孔径均小于甲醇的临界直径，这表明在给定的工作条件下，MOF 具有可逆的吸附行为，不太可能发生毛细冷凝现象。大多数 MOF 的孔径在 4 Å～10 Å 之间，并且工作容量低于 0.2 g/g。ΔW 随着 LCD 的增加而增加，直到达到 12 Å，工作容量达到最大值约为 1.4 g/g。当 LCD 大于 14 Å 时，工作容量降低。具有相对较高工作容量（$\Delta W>0.8$ g/g）的 MOF 的孔径在 8 Å～16 Å 之间，$V_a>1000$ cm^3/g，$ASA>3300$ m^2/g。$\langle\Delta_{\text{ads}}H\rangle$ 约为-1.25 MJ/kg，这与甲醇的蒸发焓（$\langle\Delta_{\text{ads}}H\rangle=-1.18$ MJ/kg）相近。$\langle\Delta_{\text{ads}}H\rangle$ 通常随着孔径的增大而减小。

图 6-14 描述了系统的能量转换效率与 LCD 之间的关系。大多数孔径在 4 Å～10 Å 之间的 MOF 的能量转换效率低于 5%。能量转换效率通常会随着 LCD 的增大而提高，直到 LCD 达到 16 Å。这种趋势可归因于图 6-13(c)所示的 MOF 的甲醇工作容量（ΔW）随着 LCD 增加而增加。具有较大孔径或较大孔体积的 MOF 是实现梯级等温吸附线的先决条件，该等温吸附线有利于溶液分离和提升能量转换效率[25]。在给定的运行条件下，较大孔径 MOF 的梯级吸附特性以及高工作容量和合适的吸附热有利于提高能量转换效率。

根据式(6-18)，在给定的工作溶液和浓度下，能量转换效率主要由工作容量 ΔW 和吸附焓 $-\langle\Delta_{\text{ads}}H\rangle$ 决定。因此，这里进一步研究了能量转换效率、ΔW 以及

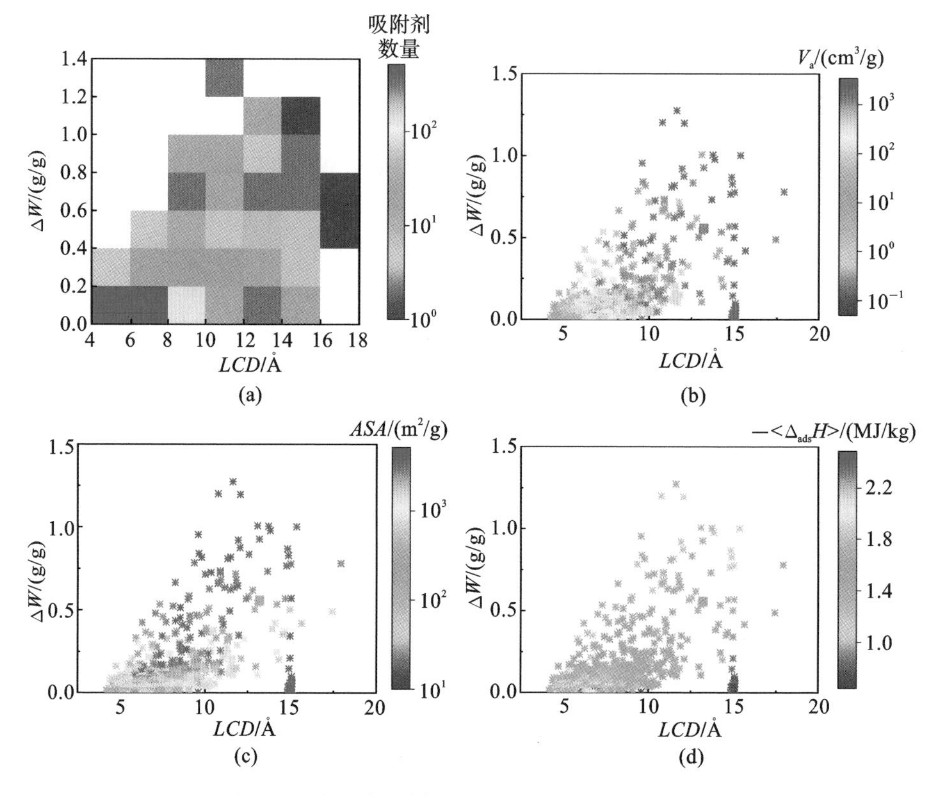

图 6-13　金属有机骨架吸附剂 ΔW 与 LCD 的关系

(a)吸附剂数量;(b)V_a;(c)ASA;(d) $-\langle\Delta_{ads}H\rangle$

$\langle\Delta_{ads}H\rangle$ 之间的关系，如图 6-15 所示。从图中可以看出，能量转换效率与 ΔW 呈现出正相关性，较高的 ΔW 有利于提高能源转换效率。当 ΔW 大于 0.2 g/g、能量转换效率超过 5%后可以观察到能量转换效率没有明显的提高。较大的 ΔW 意味着良好的盐溶液分离效果和发电过程中较高的功量提取。此外，当 $\langle\Delta_{ads}H\rangle$ 在 −0.8 MJ/kg 和 −1.4 MJ/kg 之间时，能量转换效率高于 5%，这意味着中等大小的 $\langle\Delta_{ads}H\rangle$ 有利于提高能量转换效率。

为了进一步说明 MOF 的结构性质和吸附性能对能量效率的影响，对 LCD、ASA、ΔW 和 $-\langle\Delta_{ads}H\rangle$ 进行了主成分分析(PCA)，如图 6-16 所示。更大的 LCD、ASA 和 ΔW 和中等 $\langle\Delta_{ads}H\rangle$ 有利于提高能量转换效率。从图 6-16(a)中可以明显观察到能量转换效率随着 LCD、ASA 和 ΔW 的增大而提高，这与之前的现象一致，即更大的 LCD 和 ASA 都有利于提高 ΔW 进而提升吸附式渗透热机的能量转换效率。相反，能量转换效率并没有随 $-\langle\Delta_{ads}H\rangle$ 的增大而增加。与图 6-15 中所揭示的现象类似，过高或过低的 $-\langle\Delta_{ads}H\rangle$ 都不利于能量转换效率的提升，因为过高或过低的 $-\langle\Delta_{ads}H\rangle$ 都会导致 MOF 具有较低的 ΔW。具有中等 $-\langle\Delta_{ads}H\rangle$ 的 MOF 具有较高的 ΔW，从而提高吸附式渗透热机的能量转换效率。

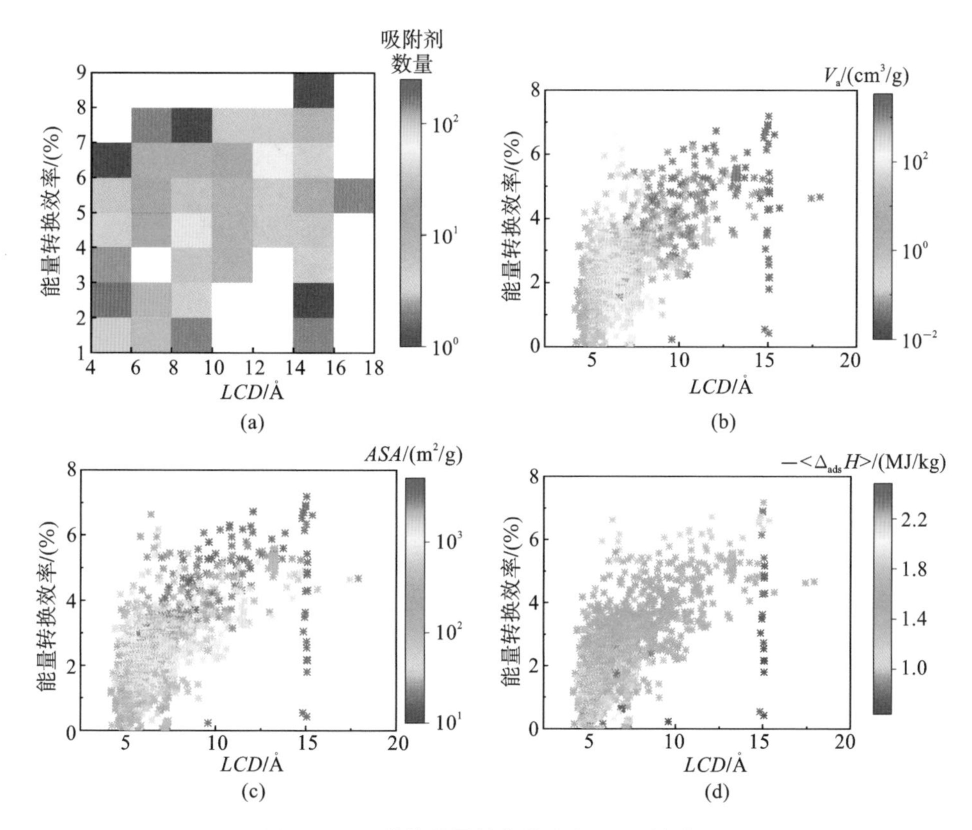

图 6-14　系统的能量转换效率与 LCD 的关系

(a)吸附剂数量;(b)V_a;(c)ASA;(d)$-\langle \Delta_{ads} H \rangle$

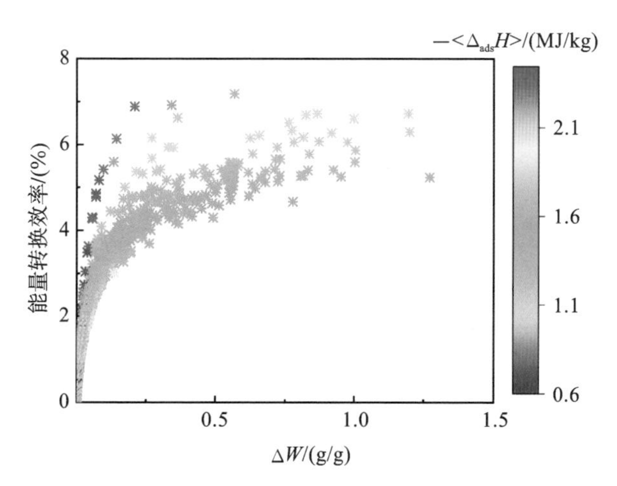

图 6-15　渗透热机系统的能量效率与 ΔW 的关系

(标尺为 $-\langle \Delta_{ads} H \rangle$)

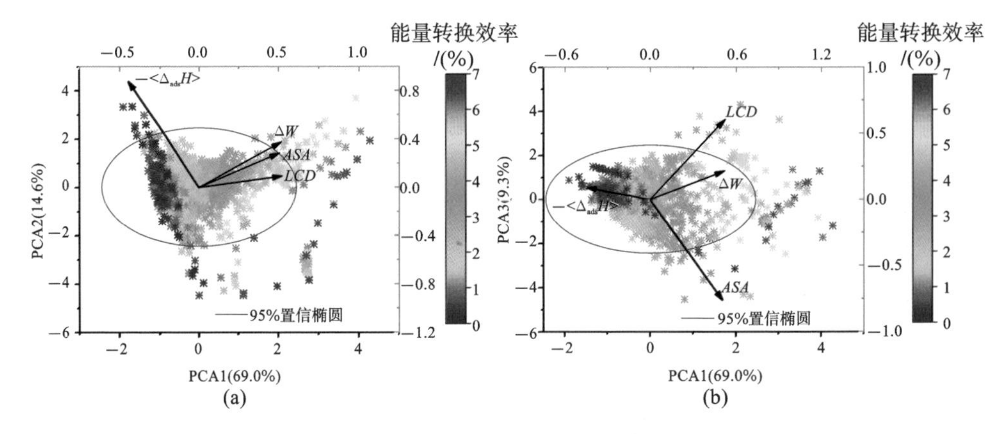

图 6-16　*LCD*、*ASA*、ΔW 和 $\langle \Delta_{ads} H \rangle$ 的主成分分析

(a)基于第一和第二主成分；(b)基于第一和第三主成分

亨利常数(K_H)描述了吸附剂在极低压力下对甲醇的亲和力。如图 6-17 所示，能量转换效率首先随着 K_H 的增加而增加。在 K_H 为 10^{-5} mol/(kg·Pa)时，能量转换效率最高。此后，能量转换效率随着 K_H 的增加而降低。K_H 值较小的 MOF 有可能实现吸附剂的梯级吸附，有利于提高 MOF 的工作容量，从而提高能量转换效率。因此，为了保证较高的能量转换效率，需要较小的 K_H 值和较高的工作容量。表 6-3 列出了具有出最高能量转换效率的前 10 种 MOF 吸附剂的结构特性，所有 MOF 吸附剂都具有如上所说的较小 K_H、较高 *LCD* 和 *ASA* 以及中等吸附焓。

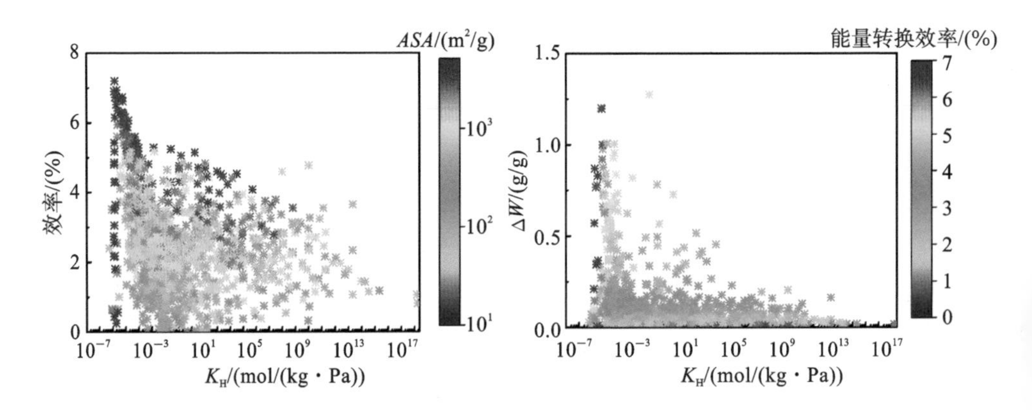

图 6-17　K_H 与能量转换效率的关系

(a)能量转换效率与 K_H 的关系；(b)工作容量与 K_H 的关系

表 6-3　能量转换效率≥6.3%的排名前十的 MOF 吸附剂的结构特性

MOF 吸附剂种类	*LCD* /Å	*VF* (—)	*ASA* /(m^2/g)	V_a /(cm^3/g)	ρ /(g/cm^3)	K_H /(mol/(kg·Pa))	ΔW /(g/g)	$\langle\Delta_{ads}H\rangle$ /(MJ/kg)	能量转换效率/(%)
EDUSIF	15.05	0.83	3674.7	1721.3	0.59	1.41×10^{-5}	0.57	−0.96	7.19
VUSKEA	15.00	0.83	3611.3	1709.2	0.59	1.98×10^{-5}	0.34	−0.94	6.93
MIBQAR-18	15.00	0.84	3639.1	1726.0	0.60	1.30×10^{-5}	0.21	−0.83	6.89
PEVQEO	14.84	0.84	3573.9	1685.6	0.61	1.51×10^{-5}	0.87	−1.08	6.73
XEBHOC	12.08	0.86	4637.1	2172.9	0.47	5.25×10^{-5}	1.20	−1.10	6.73
PEVQIS	14.89	0.81	3571.6	1632.9	0.61	2.44×10^{-5}	0.83	−1.08	6.70
RONZID	6.45	0.63	2315.4	143.0	1.11	2.68×10^{-5}	0.37	−1.00	6.63
HAFTOZ	15.37	0.81	3571.8	1810.3	0.55	5.82×10^{-5}	1.00	−1.11	6.61
PEVQOY	14.79	0.83	3527.6	1642.3	0.61	1.83×10^{-5}	0.77	−1.11	6.52
IRMOF-6	15.03	0.80	3143.0	1442.9	0.65	2.32×10^{-5}	0.78	−1.14	6.34

6.2.3　机器学习与性能预测

通过 GCMC 模拟从大量 MOF 吸附剂中为吸附式的渗透热机筛选高性能 MOF 吸附剂仍然很耗时。机器学习提供了一种高效快速的方法，通过训练现有的数据来加速筛选过程。决定渗透热机系统性能的 MOF 吸附剂的主要结构特性为 *LCD*、*ASA*、V_a、空隙率(*VF*)、密度(ρ)和亨利常数(K_H)。这里采用不同的机器学习模型，通过使用基于 GCMC 模拟的高通量计算筛选获得的 1322 个 MOF 数据来预测能量转换效率。从 1322 个 MOF 数据中随机选择 80%用于训练，其余 20%用于验证。机器学习模型的超参数通过以 expected-improvement-per-second-plus 为采样函数的贝叶斯优化进行调整。每个机器学习模型训练 50 次来减少随机误差，从而准确地表示描述能量转换效率的定量相关性。

图 6-18 为基于分类机器学习模型(如集成、K-近邻(KNN)、决策树(DT)和支持向量机(SVM))对能量效率预测的混淆矩阵。通过贝叶斯优化来调整模型的超参数。在这里，超过 5%的能量转换效率被归类为高能量转换效率；3%～5%的能量转换效率被定义为中等能量转换效率；能量转换效率低于 3%属于低能量转换效率。基于集成的模型总体预测精度最高，为 88.3%，其次是 KNN、DT 和 SVM 模型。基于集成的分类机器学习模型预测高能量转换效率（>5%）MOF 吸附剂和低能量转换效率(< 3%)MOF 吸附剂的准确率均为 91.7%，预测中等能量转换效率的 MOF 的准确率为 78.9%。尽管基于 SVM 模型的总体预测精度对于预测中等能量效率的 MOF 来说是最低的，但基于 SVM 的分类机器学习模型预测高能量转换效率的 MOF 吸附剂和低能量转换效率的 MOF 吸附剂的准确率分别为 95.8%和 97.0%。

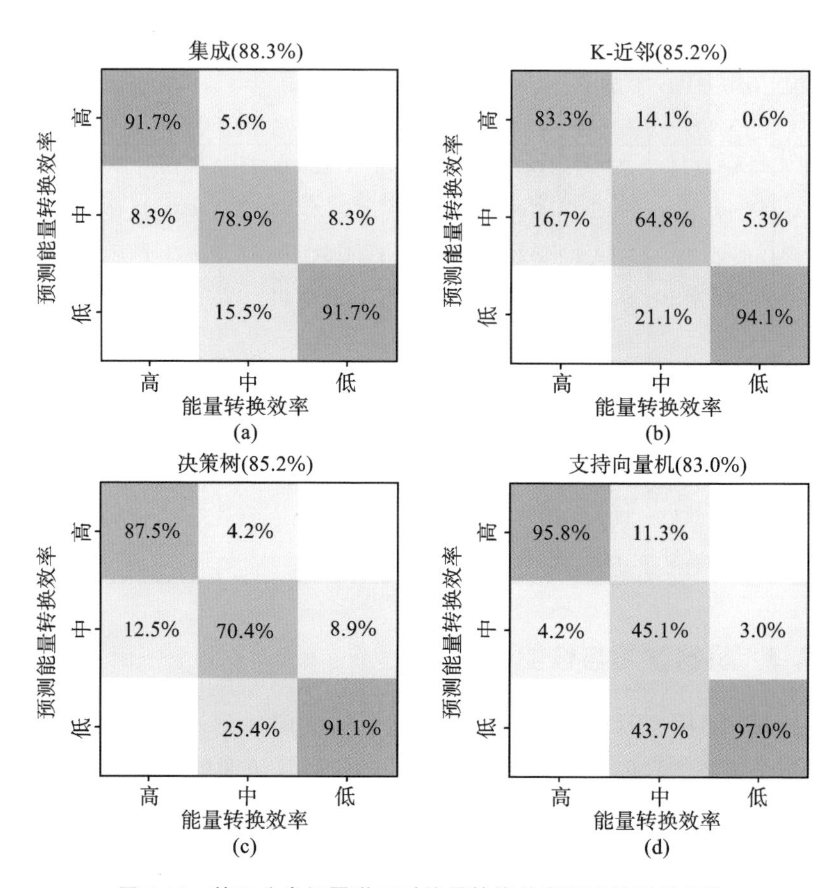

图 6-18　基于分类机器学习对能量转换效率预测的混淆矩阵

(a)集成;(b)K-近邻(KNN);(c)决策树(DT);(d)支持向量机(SVM)

接下来,通过进一步对集成、高斯过程、决策树和支持向量机进行回归机器学习,以揭示 MOF 吸附剂结构特性与能量转换效率之间的定量关系。采用 R^2 来描述各回归机器学习模型的精度。如图 6-19 所示,尽管 MOF 数量有限,但所有选择的回归模型的 R^2 均高于 0.75。基于集成的回归机器学习模型的精度最高,$R^2=0.84$;其次是高斯回归机器学习模型($R^2=0.79$)、决策树回归机器学习模型($R^2=0.78$)和支持向量机回归机器学习模型($R^2=0.76$)。与 GCMC 的预测结果相比,在基于集成的回归机器学习模型中成功识别了 120 个具有高能量转换效率(大于 5%)的 MOF 吸附剂中的 98 个。在 1322 个 MOF 吸附剂中,基于集成的回归机器学习模型预测 MOF 吸附剂的准确率为 98.6%,与 GCMC 模拟的预测能量转换效率偏差小于 1%。

通过 GCMC 识别一个 MOF 结构的时间消耗比通过机器学习的时间消耗大几个数量级,表明通过机器学习可以显著加快 MOF 吸附剂的筛选。与回归机器学习模型相比,分类模型可以更准确地预测高能量转换效率(>5%)。在基于

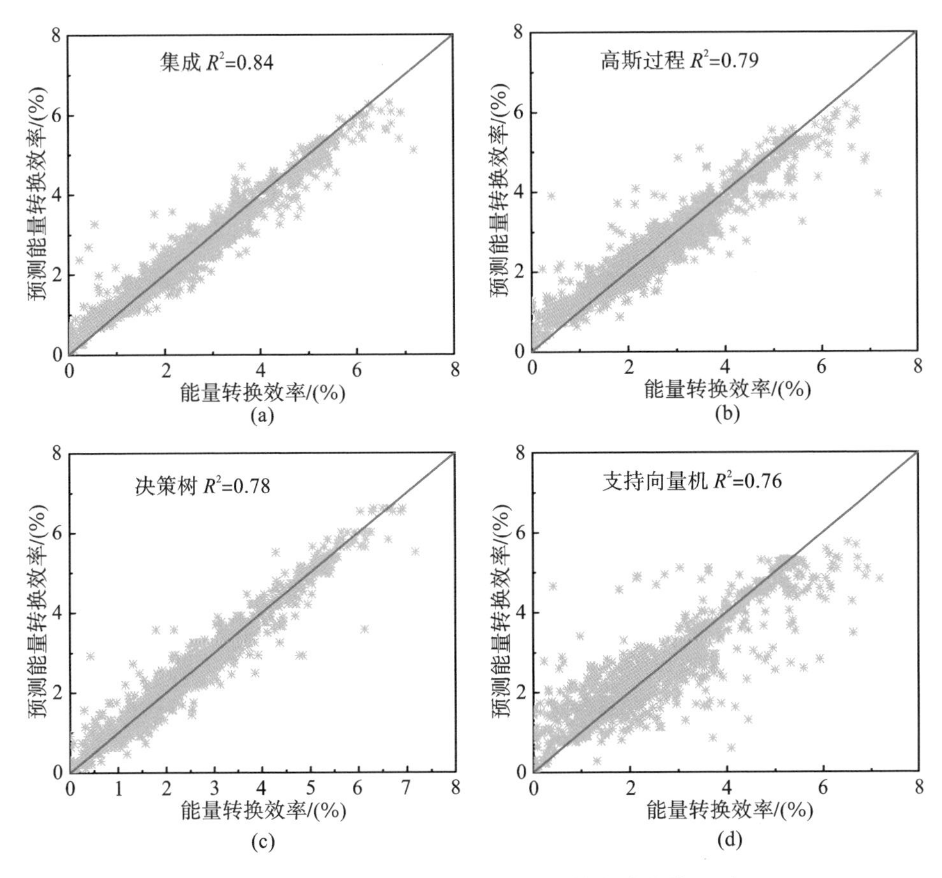

图 6-19 基于回归机器学习对能量转换效率的预测

(a)集成;(b)高斯过程;(c)决策树(DT);(d)支持向量机(SVM)

SVM 的分类模型中,识别在 GCMC 获得的高能量转换效率(>5%)的 MOF 吸附剂的准确率已达到 95.8%,而在基于集成的回归模型中只有 81.7%。

分类机器学习模型只能通过 MOF 的结构和性质来预测能量转换效率区间,不能预测能量转换效率的具体值。因此,回归机器学习模型被用于确定 MOF 的最佳结构特性,以提高能量转换效率。采用遗传算法(GA)以最大能量转换效率为目标函数,对基于集成的回归机器学习模型进行优化。优化后,MOF 吸附剂的最佳结构特性为 $LCD=15.00$ Å、$VF=0.84$、$ASA=3583\ \mathrm{m^2/g}$、$V_a=1682.88\ \mathrm{cm^3/g}$、$\rho=0.6\ \mathrm{g/cm^3}$ 和 $K_H=3.75\times10^{-5}\ \mathrm{mol/(kg\cdot Pa)}$。所有最佳结构特性均位于前文分析中的建议区间内。由于机器学习存在拟合误差,最大能量转换效率(6.53%)略低于使用 GCMC 模拟预测的最大能量转换效率。所获得的最佳结构特性有助于合理设计高效的 MOF 吸附剂,进而用以提高渗透热机的能量转换效率。

6.3 基于反渗透与压力延迟渗透的渗透热机

本节提出了一种新型的基于反渗透与压力延迟渗透的渗透热机。与前面的吸附式渗透热机不同,该渗透热机在盐溶液分离单元中采用动力驱动溶液分离技术。在较低温度下运行,基于反渗透技术产生高、低浓度溶液,经低温热源加热后通过压力延迟渗透技术提取能量。当能量提取过程中功率输出大于反渗透过程中的功率消耗,渗透热机对外输出净功,从而实现一般热机的"热—功"转换特性。

6.3.1 工作原理

图 6-20 为基于反渗透和压力延迟渗透的渗透热机示意图[11]。在盐溶液分离单元中使用反渗透(RO)技术,在能量提取单元中使用压力延迟渗透(PRO)技术。工作溶液在进入 RO 模块之前被冷却,从而降低跨膜渗透压差并减少外界输入功耗。在盐溶液热分离过程中产生的高、低浓度溶液,在进入 PRO 模块之前被低温热源加热,然后经 PRO 过程对外输出功。溶液流 i 表示为 S_i。溶液 S_1 和 S_4 在冷却器中冷却,然后进入 RO 模块生成高浓度溶液 S_3。为保持稳定运行,反渗透过程中的跨膜溶剂应等于排出的溶液 S_6。S_6 和 S_7 随后进入热交换器以吸收来自外部热源的热量。在加热过程之前放置一个回热器,以提高系统的能量转换效率。在加热器中加热后的溶液 S_{10} 和 S_{11} 进入 PRO 模块,从溶液的混合吉布斯自由能中提取能量。PRO 模块出口溶液汇合在一起成为溶液流 S_{21},进入 RO 模块开始下一轮循环。

1. 盐溶液分离过程

在冷源温度(T_L)下的溶液流 S_2 和 S_4 进入 RO 模块。在外部施加压力的驱动下盐溶液中溶剂实现跨膜迁移。PRO 的运行压力应大于跨膜的渗透压差($\Delta\pi$)。反渗透过程的溶剂回收率(ξ)可定义为溶剂穿过半透膜的通量与进口处工作溶液流量的百分比

$$\xi = \Delta V_{RO}/V_1 \tag{6-19}$$

式中,ΔV_{RO}为跨膜溶剂流量;V_1 为 RO 模块入口高浓度盐溶液的体积流量。流出溶液的体积流量和浓度分别由 $V_2 = (1-\xi)V_1$ 和 $C_2 = C_1/(1-\xi)$ 给出。采用理想压力交换器的反渗透过程消耗的功率由下式给出[26]

$$W_{RO} = P_{RO}(V_1 - V_2) = \xi P_{RO} V_1 \tag{6-20}$$

2. 能量提取过程

在从外部低品位热源吸收热量之后,温度为 T_H 的溶液 S_{10} 和 S_{11} 进入 PRO 模块进行能量提取。在膜两侧渗透压差驱动下,盐溶液中溶剂实现跨膜迁移。一部

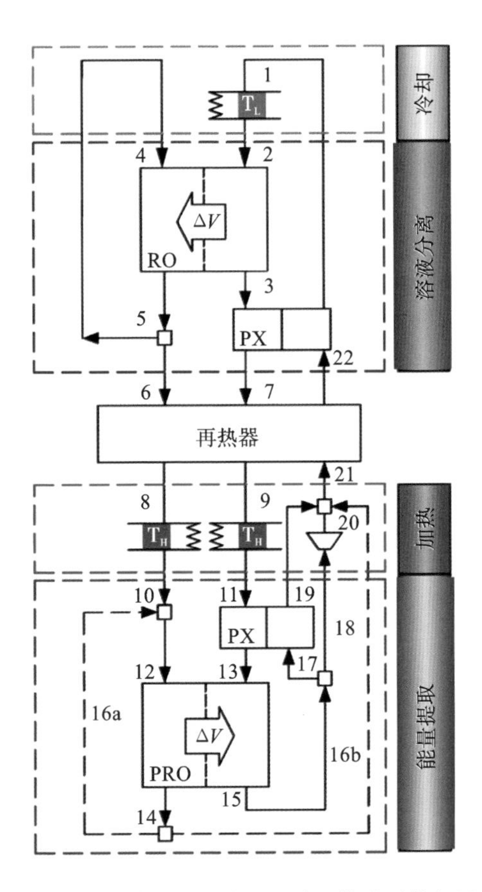

图 6-20　基于反渗透和压力延迟渗透的渗透热机示意图

分处于工作压力 P_{PRO} 下的溶液通过水轮机减压做功，压力降至大气压下。当膜两侧施加的压力等于跨膜的渗透压（$\nu RT_{H}C_{1}$）时，PRO 模块理论上输出功率达到其最大值。在稳定运行时，PRO 过程的最大跨膜溶剂通量与 RO 过程相当，即 $\Delta V_{PRO}=\Delta V_{RO}=\xi V_{1}$。盐溶液（$S_{18}$）的一部分流出溶液（等于跨膜溶剂通量）进入水轮机对外做功 $W_{PRO}=P_{PRO}\Delta V_{PRO}=\xi\nu RT_{H}V_{1}C_{1}$。

3. 热量交换过程

一般来说，溶液混合的吉布斯自由能（ΔG）可以表示为[27]

$$\Delta G=\Delta H-T\Delta S=\nu RT\left(V_{H}C_{H}\ln\frac{C_{H}}{C_{T}}+V_{L}C_{L}\ln\frac{C_{L}}{C_{T}}\right)\tag{6-21}$$

式中，C_{T} 为浓溶液和稀溶液混合后的溶液浓度。当 PRO 过程等温运行时，焓变为零，过程的熵变为 $\Delta S=\nu RV_{1}C_{1}\ln\left(\frac{1}{1-\xi}\right)$。根据 T-S 图，能量提取过程中吸收的热量由下式给出

$$Q_{H}=T_{H}\Delta S=\nu RT_{H}V_{1}C_{1}\ln\left(\frac{1}{1-\xi}\right)\tag{6-22}$$

为了提高系统热效率，冷却过程中的一部分热量可通过回热器用于加热过程。在回热效率为 α 的非理想回热条件下，加热过程所需的额外热量为

$$Q_{Re} = V_1\rho C_p(T_H - T_L)(1-\alpha) \tag{6-23}$$

式中，C_p 和 ρ 分别为盐溶液的热容和密度。因此，输入的总热量为

$$Q_{in} = Q_H + Q_{Re} = V_1\rho C_p(T_H - T_L)(1-\alpha) + \nu RT_H V_1 C_1 \ln\left(\frac{1}{1-\xi}\right) \tag{6-24}$$

4. 渗透热机的性能指标

净输出功率 W_{net} 为 PRO 过程输出功率 W_{PRO} 减去 RO 过程中的功率消耗 W_{RO}，由下式给出

$$W_{net} = W_{PRO} - W_{RO} = \xi\nu RT_H V_1 C_1 - \xi P_{RO} V_1 = \nu RT_L V_1 C_1\left(\xi\frac{T_H}{T_L} - \xi P_{RO^*}\right) \tag{6-25}$$

式中，$P_{RO}{}^* = P_{RO}/\nu RT_L C_1$，定义为 RO 过程的无量纲压力。渗透热机的热效率为

$$\eta = \frac{W_{net}}{Q_{in}} = \frac{\xi\nu RT_H V_1 C_1 - \xi\Delta P_{RO} V_1}{V_1\rho C_p(T_H - T_L)(1-\alpha) + \nu RT_H V_1 C_1\ln\left(\frac{1}{1-\xi}\right)} \tag{6-26}$$

式(6-26)可进一步写成

$$\eta = \xi\frac{1 - P_{RO}{}^*(1-\eta_C)}{(1-\alpha)\eta_C/M - \ln(1-\xi)} \tag{6-27}$$

此处，我们定义了一个无量纲参数 $M = \frac{\nu RC_1}{\rho C_p}$，其表示渗透热机的工作盐溶液的品质因数。$M$ 反映了盐溶液单位温度增量时水力渗透压势能变化与显热变化之比。M 越大，效率越高，其取决于比热容 C_p、密度 ρ 和盐浓度 C_1。因此，低密度、低比热容和高溶解度的工作盐溶液可带来更高的能量转换效率。

6.3.2 结果与讨论

1. 渗透热机的功率和能量转换效率

由于甲醇溶液的密度和比热容均低于水溶液，这里选择 LiCl-甲醇溶液作为基于反渗透和压力延迟渗透的渗透热机的工作溶液。计算中，热源温度 T_H = 60 ℃，冷源温度 T_L = 20 ℃，LiCl-甲醇溶液浓度为 7 mol/L，回热效率设定为 0.9，甲醇渗透系数设定为 1.15 $Lm^{-2}\ h^{-1}bar^{-1}$[19]。根据反渗透过程的传质动力学特性，除运行压力外，溶剂回收率还受膜面积的影响。这里定义了一个标准化面积的参数，即膜面积与 RO 模块进口高浓度体积流量的比值，以研究膜面积对反渗透过程的影响。标准化膜面积的单位为 m^{-1} h。此外，净输出功率也通过 RO 模块进口处工作溶液体积流量进行标准化。标准化净功率的单位是 W・h・m^{-3}。

在膜面积较小的情况下，溶剂回收率随着标准化面积的增加而增加，导致净输出功率增加。对于较大的膜面积，RO在供液极限区域(FLR)下运行，溶剂回收率随标准化面积的增加而保持不变。根据式(6-20)，净功率达到最大值并保持稳定。对于给定的膜面积，净功率随着标准化压力的增加而增加，达到最大值，然后降低(图6-21(b)和图6-22(c))。当RO在FLR下运行时，可实现最大净输出功率(图6-21(a))。当反渗透过程在FLR中运行时，出口处跨膜渗透压差等于反渗透运行压力，有 $P_{RO}=\nu RT_{L}C_{3}=\nu RT_{L}\dfrac{C_{1}}{1-\xi}$。因此，溶剂回收率 $\xi=1-\dfrac{1}{P_{RO}{}^{*}}$ 仅由FLR条件下的标准化反渗透运行压力确定(图6-22(d))。净功率将改写为

$$W_{net}=\nu RC_{1}V_{1}(T_{H}-P_{RO}{}^{*}T_{L})\left(1-\frac{1}{P_{RO}{}^{*}}\right) \tag{6-28}$$

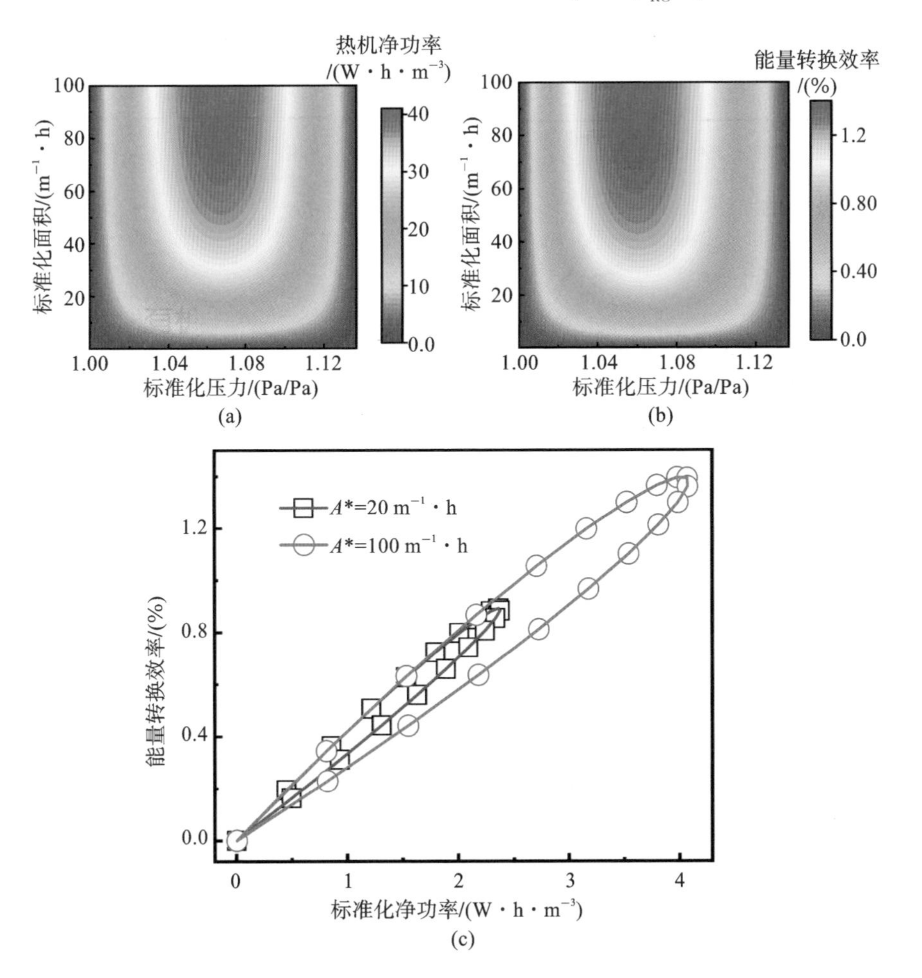

图6-21　反渗透膜面积和运行压力对参数的影响

(a)热机净功率；(b)能量转换效率；(c)功率-效率

最佳标准化 RO 运行压力可以通过净功 W_{net} 对 $P_{RO}{}^*$ 求导来获得，从而达到 W_{net} 的最大值。在最佳标准化反渗透运行压力 $P_{RO}{}^* = \sqrt{T_H/T_L}$ 下，$W_{net,max} = \nu RC_1V_1(\sqrt{T_H} - \sqrt{T_L})^2$，该压力不受工作溶液浓度的影响(图 6-21(a))。

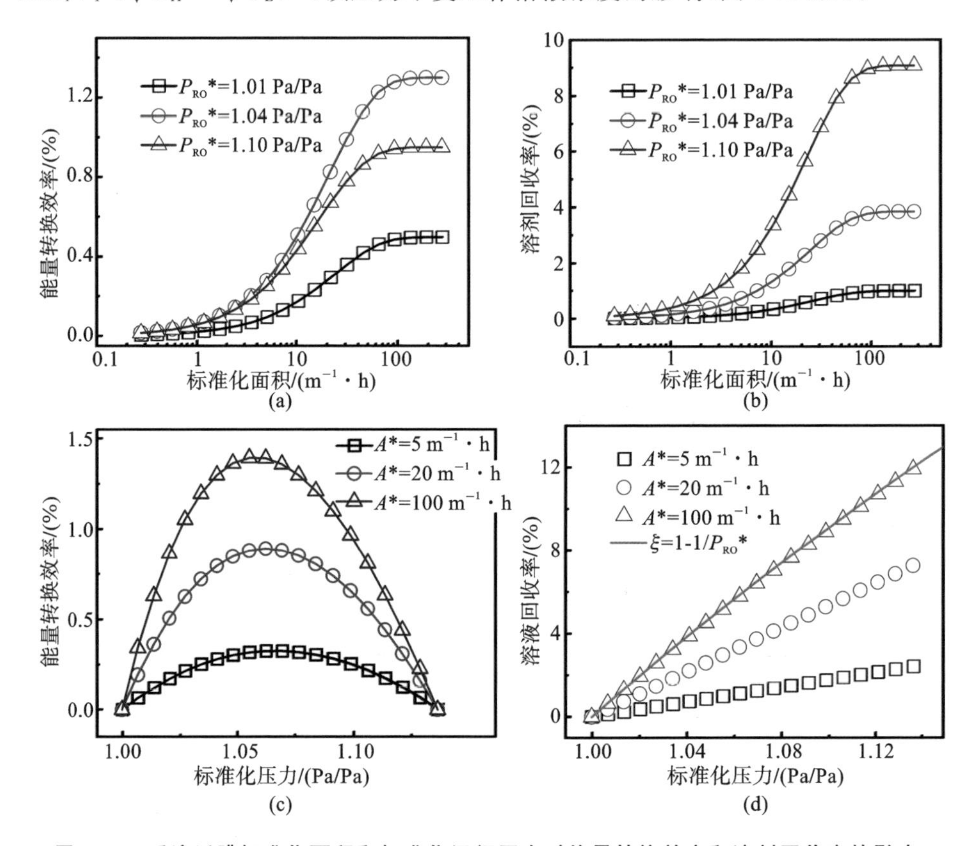

图 6-22 反渗透膜标准化面积和标准化运行压力对能量转换效率和溶剂回收率的影响

根据式(6-27)，对于给定的工作溶液和运行压力，能量转换效率由溶剂回收率决定。溶剂回收率首先随着膜面积的增加而增加，在 FLR 下达到最大值，然后保持稳定(图 6-22(a))。存在最佳标准化压力使能量转换效率最大，该压力与最大输出功率下的压力略有不同(图 6-21(c))。随着反渗透膜面积的增加，对应于最大能量转换效率的最佳标准化压力向左移动(图 6-22(c))。

为保证 RO 过程的正常运行，所施加的 RO 压力应大于初始渗透压差。因此 $\Delta P_{RO} > \nu RT_LC_1$。此外，作为热机而言，净功率应为正，因此 $\Delta P_{RO} < \nu RT_HC_1$。由此，$1 < P_{RO}{}^* < T_H/T_L$。反渗透运行压力应进行自适应控制和调整，以获取不同温度下低品位热源(图 6-23)。当 $\Delta P_{RO}{}^* > T_H/T_L$ 时，净输出功率为负值，表示 PRO 过程中输出功率小于 RO 过程中消耗的功率，意味着渗透热机在死区运行，不能正常工作。当 $\Delta P_{RO}{}^* < T_H/T_L$ 时，渗透热机能正常运行，提供净输出功率。为了在非常低的温度下收集低品位热源，运行压力应保持相对较低的值。在任何

热源温度下，存在一个最佳 RO 运行压力，使能量转换效率的值最大，该值随着热源温度的升高而增大，如图 6-23 所示。

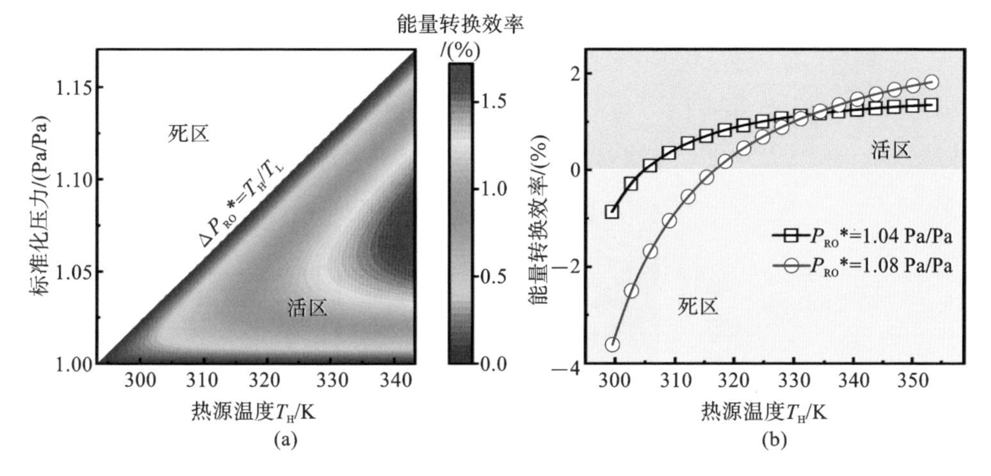

图 6-23　基于反渗透和压力延迟渗透的渗透热机的运行区域

2. 膜性能的影响

基于反渗透和压力延迟渗透的渗透热机中盐溶液的分离与能量提取是基于膜技术，因此膜性能对基于反渗透和压力延迟渗透的渗透热机的性能起决定作用。甲醇渗透系数影响反渗透过程的性能，从而影响渗透的能量转换效率（图 6-24）。提高甲醇跨膜渗透系数可以显著提高能量转换效率。当甲醇渗透系数从 10^{-13} $m \cdot s^{-1} \cdot Pa^{-1}$增加到 10^{-12} $m \cdot s^{-1} \cdot Pa^{-1}$时[28]~[29]，能量转换效率提高了 170%。应注意的是，如果反渗透过程在 FLR 下运行，能量转换效率不会随着甲醇渗透系数的增加而增加。但是，较大的甲醇渗透系数可以显著减小膜系统的尺寸。

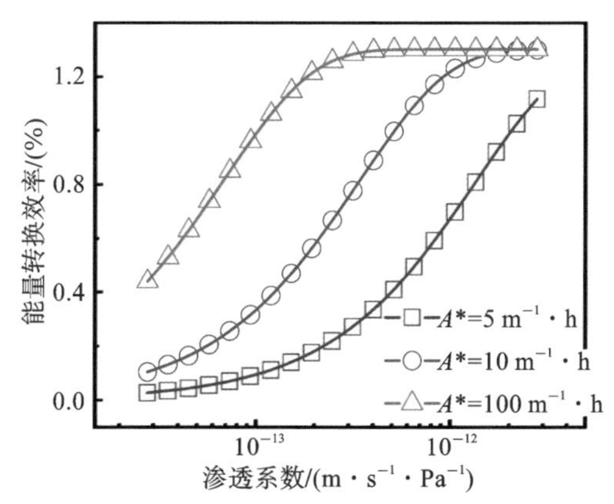

图 6-24　基于反渗透和压力延迟渗透的渗透热机能量转换效率与甲醇渗透系数的关系

（其中反渗透过程的标准化工作压力设定为 1.04 Pa/Pa）

3. 回热效率的影响

回热器的回热效率在很大程度上决定了系统的预期性能。回热效率的小幅降低会导致基于反渗透和压力延迟渗透的渗透热机的能量转换效率显著降低(图6-25)。根据上述分析,在FLR下,能量转换效率在给定运行压力下达到最大值

$$\eta=\left(1-\frac{1}{P_{RO}{}^{*}}\right)\frac{1-P_{RO}{}^{*}(1-\eta_C)}{(1-\alpha)\eta_C/M+\ln(P_{RO}{}^{*})} \tag{6-29}$$

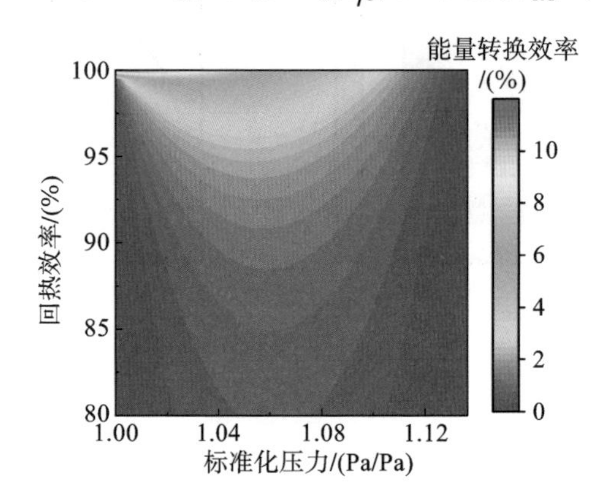

图6-25 回热效率和标准化反渗透运行压力对基于反渗透和压力延迟渗透的渗透热机能量转换效率的影响

如图6-25所示,当系统在20 ℃～60 ℃之间运行时,需要大于85%的回热效率才能实现大于1%的能量转换效率。在中等压力下运行时,可以在一定程度上降低对高回热效率的要求。而较大或较小的反渗透运行压力则需要更高的回热效率,以达到满意的能量转换效率。最大能量转换效率对应的最佳运行压力随着回热效率的增加而降低。采用效率95%的回热器时,最大能量转换效率远大于DCMD-RED渗透热机[15]。在理想回热的情况下,基于反渗透和压力延迟渗透的渗透热机的能量转换效率可以超过DCMD-PRO系统的最大理论能量转换效率[10]。

此外,如果系统在理想回热时的FLR下运行,系统的能量转换效率将达到最大值

$$\eta=\frac{1-P_{RO}{}^{*}(1-\eta_C)}{\ln(P_{RO}{}^{*})}\left(1-\frac{1}{P_{RO}{}^{*}}\right) \tag{6-30}$$

式(6-30)展现了渗透热机效率对标准化RO过程运行压力的依赖性。当反渗透过程在较小压力($P_{RO}{}^{*}\to 1$)下运行时,能量转换效率可计算为

$$\eta=\frac{1}{P_{RO}{}^{*}}-1+\eta_C\leqslant\eta_C \tag{6-31}$$

式(6-31)给出了基于反渗透和压力延迟渗透的渗透热机能量转换效率的上限,即卡诺效率,表明所提出的基于反渗透和压力延迟渗透的渗透热机可以作为一种获取低品位热量的高效装置。

4. 选择工作溶液的品质因数

在前面的分析中,我们提出了一个品质因数 $M=\frac{\nu RC_1}{\rho C_\mathrm{p}}$,以说明对基于反渗透和压力延迟渗透的渗透热机工作溶液的要求。M 越大,能量转换效率越高。因此,对于给定的盐溶液,首选较大的工作浓度。当盐浓度从 1 mol/kg 增加到 4 mol/kg 时,最大能量转换效率提高 390%。在给定的工作浓度下,M 由盐溶液的密度和比热容决定。LiCl-水溶液的密度和比热容远大于 LiCl-甲醇溶液,导致能量效转换效率显著降低。当工作溶液浓度为 7 mol/kg 时,与基于 LiCl-水溶液的性能相比,基于 LiCl-甲醇溶液的渗透热机的最大能量转换效率提高了 84.8%,如图 6-26(a)所示。总体而言,合格的盐溶液应具有较小的比热容、密度以及较高的溶解度。最佳标准化反渗透过程压力与工作盐浓度的关系如图 6-26(b)所示。最佳标准化反渗透压力随工作浓度的增加而减小。较小的 M 导致最佳标准化反渗透压力降低,这不利于溶剂回收率(图 6-26(c))以及能量转换效率的提升。最大

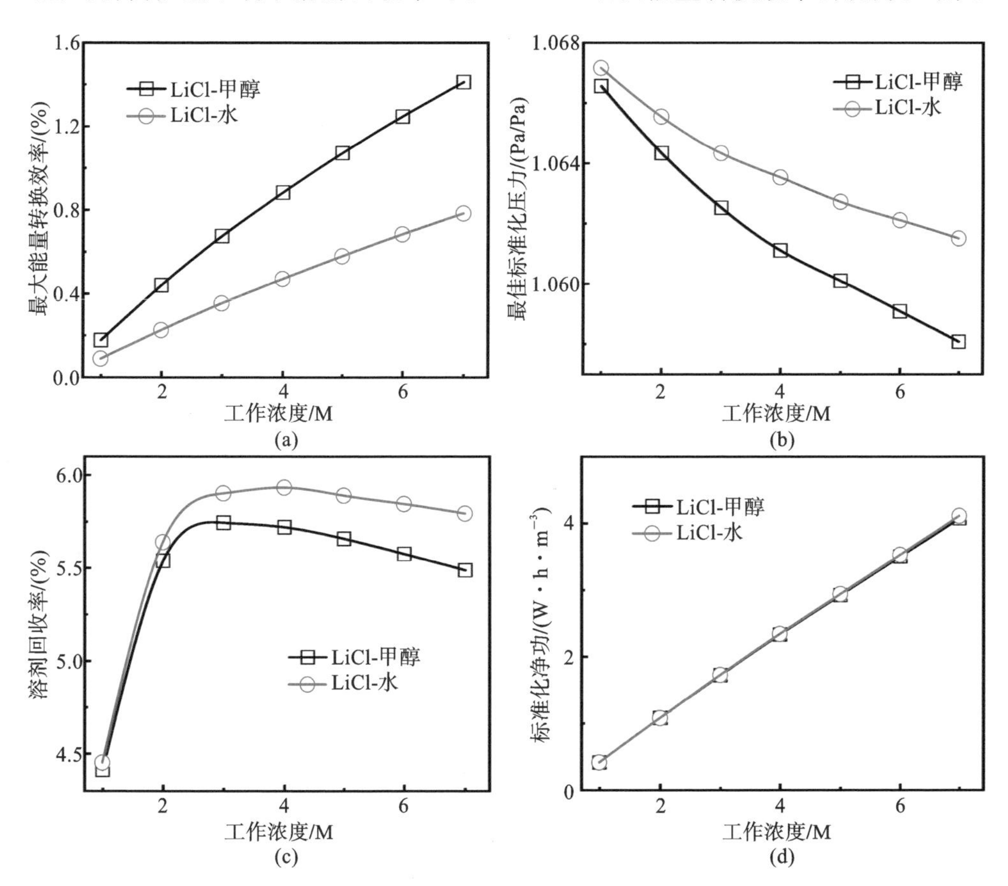

图 6-26　不同工作浓度下的品质因数

(a)最大能量转换效率;(b)最佳标准化压力;(c)溶剂回收率;(d)标准化净输出功率

能量转换效率对应的溶剂回收率先随工作浓度的增大而增大，达到最大值，然后缓慢下降。此外，在最大能量转换效率条件下，相应的净输出功率仅取决于工作浓度，不受工作溶液的密度和比热容的影响，如图 6-26(d)所示。

6.4 本章小结

(1) 提出了一种基于吸附式蒸馏与压力延迟渗透的渗透热机系统，并对其进行了稳态的建模与分析，系统地研究了解附温度、盐溶液的浓度、吸附剂、盐和溶剂的类型对系统发电、制冷性能和综合效率的影响。结果表明，*SEC* 与㶲效率呈现严格的负相关关系。盐溶液的浓度越大，电效率和㶲效率越高，*COP* 越低。具有较大相对压力和适当的吸附焓的吸附剂更具优势。高汽化潜热和高比热容的溶剂能提高 *COP*，但降低了电效率和㶲效率。盐的渗透系数越大，电效率和㶲效率越高，*COP* 值越低。在解附温度为 50 ℃，以 3 M 的 LiBr-甲醇溶液为工作溶液，AC-MAXSORB3 为吸附剂时，最大㶲效率可达 33.9%，发电效率和 *COP* 分别为 1.63%和 0.87。

(2) 通过 GCMC 和机器学习对基于吸附式蒸馏与压力延迟渗透的渗透热机吸附剂进行了高通量筛选，揭示了 MOF 吸附剂的结构特性与以 LiCl-甲醇溶液为工质的吸附式渗透热机的热电能转换效率的关系。*LCD* 介于 8 Å 和 16 Å 之间的 MOF 吸附剂表现出较高的工作容量和相对较低的吸附焓。具有高工作容量、高孔径、较大表面积以及与蒸发焓相当的中等吸附焓的 MOF 吸附剂使渗透热机具有较高的能量转换效率。采用分类和回归机器学习模型揭示了渗透热机能量转换效率和 MOF 结构特性（*LCD*、*ASA*、V_a、*VF*、密度和亨利常数）之间的关系。基于集成的回归机器学习模型，通过遗传算法确定了 MOF 吸附剂的最佳结构特性。所揭示的结构-性能关系为快速探索高性能 MOF 吸附剂提供了指导，有助于设计高效 MOF 吸附剂以提高基于吸附式蒸馏与压力延迟渗透的渗透热机的能量转换效率。

(3) 提出了一种新型的基于反渗透和压力延迟渗透的渗透热机。该渗透热机的盐溶液分离单元采用动力驱动分离技术。在能量提取过程中采用压力延迟渗透方法。提出了工作盐溶液的筛选标准。合格的盐溶液应具有较低的密度和比热容，以及较高的溶解度。当工作溶液浓度为 7 mol/kg 时，与基于 LiCl-水溶液的性能相比，基于 LiCl-甲醇溶液的渗透热机的最大能量转换效率提高了 84.8%。当在 60 ℃和 20 ℃之间运行时，在回热效率为 90%的情况下，该渗透热机实现了 1.4%的能量转换效率。在理想回热下，基于反渗透和压力延迟渗透的渗透热机呈现类斯特林循环的形式，进一步提高的回热效果可以极大提高其能量转换效率。

参考文献

[1] ZHAO Y, LUO Z, LONG R, et al. Performance evaluations of an adsorption-based power and cooling cogeneration system under different operative conditions and working fluids[J]. Energy,2020,204:117993.

[2] PITZER K S,MAYORGA G. Thermodynamics of electrolytes. Ⅱ. Activity and osmotic coefficients for strong electrolytes with one or both ions univalent[J]. The Journal of Physical Chemistry,1973,77(19):2300-2308.

[3] SILVESTER L F,PITZER K S. Thermodynamics of electrolytes. Ⅷ. High-temperature properties, including enthalpy and heat capacity, with application to sodium chloride[J]. The Journal of Physical Chemistry, 1977,81(19):1822-1828.

[4] ZAFARANI-MOATTAR M T, NASIRZADE K. Osmotic coefficient of methanol + LiCl, + LiBr, and + $LiCH_3COO$ at 25 ℃[J]. Journal of Chemical and Engineering Data,1998,43(2):215-219.

[5] SARDROODI J J,SEYED AHMADIAN S M,PAZUKI G R,et al. Osmotic and activity coefficients in the solutions of 1- and 2-naphthol in methanol and ethanol at 298.15 K[J]. Calphad,2006,30(3):326-333.

[6] ZAFARANI-MOATTAR M T, ARIA M. Isopiestic determination of osmotic and activity coefficients for solutions of LiCl,LiBr,and $LiNO_3$ in 2-Propanol at 25 ℃[J]. Journal of Solution Chemistry,2001,30(4):351-363.

[7] DUBININ M M, ASTAKHOV V A. Development of the concepts of volume filling of micropores in the adsorption of gases and vapors by microporous adsorbents[J]. Bulletin of the Academy of Sciences of the Ussr,Division of chemical science,1971,20(1):8-12.

[8] RAMIREZ D,QI S,ROOD M J,et al. Equilibrium and heat of adsorption for organic vapors and activated carbons[J]. Environmental Science and Technology,2005,39(15):5864-5871.

[9] WU J W, HU E J, BIGGS M J. Thermodynamic cycles of adsorption desalination system[J]. Applied Energy,2012,90(1):316-322.

[10] LIN S, YIP N Y,CATH T Y,et al. Hybrid pressure retarded osmosis-membrane distillation system for power generation from low-grade heat: Thermodynamic analysis and energy efficiency[J]. Environmental Science and Technology,2014,48(9):5306-5313.

[11] LONG R, ZHAO Y, LUO Z, et al. Alternative thermal regenerative osmotic heat engines for low-grade heat harvesting[J]. Energy,2020,195:117042.

[12] ELSAID K,TAHA SAYED E,YOUSEF B A A,et al. Recent progress on the utilization of waste heat for desalination: A review [J]. Energy Conversion and Management,2020,221:113105.

[13] ZARAGOZA G,RUIZ-AGUIRRE A,GUILLéN-BURRIEZA E. Efficiency in the use of solar thermal energy of small membrane desalination systems for decentralized water production [J]. Applied Energy, 2014, 130: 491-499.

[14] NG K C,THU K,KIM Y,et al. Adsorption desalination: An emerging low-cost thermal desalination method [J]. Desalination, 2013, 308: 161-179.

[15] LONG R, LI B, LIU Z, et al. Hybrid membrane distillation-reverse electrodialysis electricity generation system to harvest low-grade thermal energy[J]. Journal of Membrane Science,2017,525:107-115.

[16] HU J,XU S,WU X,et al. Theoretical simulation and evaluation for the performance of the hybrid multi-effect distillation—reverse electrodialysis power generation system[J]. Desalination,2018,443:172-183.

[17] GIACALONE F,OLKIS C,SANTORI G,et al. Novel solutions for closed-loop reverse electrodialysis: Thermodynamic characterisation and perspective analysis[J]. Energy,2019,166:674-689.

[18] TAMBURINI A, TEDESCO M, CIPOLLINA A, et al. Reverse electrodialysis heat engine for sustainable power production[J]. Applied Energy,2017,206:1334-1353.

[19] SHAULSKY E, BOO C, LIN S, et al. Membrane-based osmotic heat engine with organic solvent for enhanced power generation from low-grade heat[J]. Environmental Science and Technology,2015,49(9):5820-5827.

[20] STRAUB A P, ELIMELECH M. Energy efficiency and performance limiting effects in thermo-osmotic energy conversion from low-grade heat [J]. Environmental Science and Technology,2017,51(21):12925-12937.

[21] LONG R,XIA X,ZHAO Y,et al. Screening metal-organic frameworks for adsorption-driven osmotic heat engines via grand canonical Monte Carlo simulations and machine learning[J]. iScience,2021,24(1):101914.

[22] DE LANGE M F, VAN VELZEN B L, OTTEVANGER C P, et al. Metal—organic frameworks in adsorption-driven heat pumps: The potential

of alcohols as working fluids[J]. Langmuir,2015,31(46):12783-12796.

[23] COASNE B, GALARNEAU A, PELLENQ R J M, et al. Adsorption, intrusion and freezing in porous silica: the view from the nanoscale[J]. Chemical Society Reviews,2013,42(9):4141-4171.

[24] CANIVET J, FATEEVA A, GUO Y, et al. Water adsorption in MOFs: fundamentals and applications[J]. Chemical Society Reviews, 2014, 43 (16):5594-5617.

[25] DE LANGE M F, VEROUDEN K J F M, VLUGT T J H, et al. Adsorption-driven heat pumps: The potential of metal-organic frameworks [J]. Chemical Reviews,2015,115(22):12205-12250.

[26] LONG R, LAI X, LIU Z, et al. A continuous concentration gradient flow electrical energy storage system based on reverse osmosis and pressure retarded osmosis[J]. Energy,2018,152:896-905.

[27] SADEGHIAN R B, PANTCHENKO O, TATE D, et al. Miniaturized concentration cells for small-scale energy harvesting based on reverse electrodialysis[J]. Applied Physics Letters, 2011, 99(17): 173702.1-173702.3.

[28] JEONG B-H, HOEK E M V, YAN Y, et al. Interfacial polymerization of thin film nanocomposites: A new concept for reverse osmosis membranes [J]. Journal of Membrane Science,2007,294(1):1-7.

[29] WERBER J R, DESHMUKH A, ELIMELECH M. The critical need for increased selectivity, not increased water permeability, for desalination membranes[J]. Environmental Science and Technology Letters, 2016, 3 (4):112-120.

第7章 基于反向电渗析的渗透热机

渗透热机可以根据能量提取单元采用的技术手段不同分为基于压力延迟渗透的渗透热机和基于反向电渗析的渗透热机。本章主要针对基于反向电渗析的渗透热机进行分析和研究，如基于吸附式蒸馏与反向电渗析的渗透热机及基于膜蒸馏与反向电渗析的渗透热机。

7.1 基于吸附式蒸馏与反向电渗析的渗透热机

如图7-1所示，基于吸附式蒸馏与反向电渗析的渗透热机包括一个双床吸附式蒸馏(AD)模块，用于提供冷量并同时将工作盐溶液分离为高、低浓度溶液，以及一个反向电渗析(RED)模块，用于将不同浓度盐溶液的盐差能转化为电能[1]。

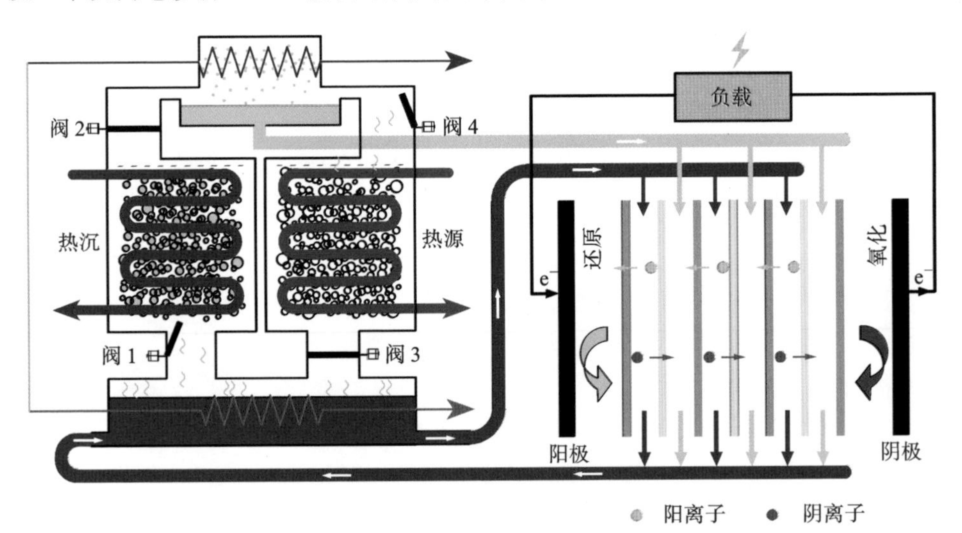

图7-1 基于吸附式蒸馏与反向电渗析的渗透热机示意图

AD系统由蒸发器、冷凝器和吸附/解附床组成。首先，工作盐溶液被送入蒸发器。当阀1打开，阀2关闭时，蒸汽在蒸发器中蒸发并进入左室，被吸附床吸收，同时吸附床被外部冷却水回路冷却，并被带走吸附潜热。蒸发器中的制冷剂随着盐溶液蒸发吸热被带走了热量，因此可以为外界提供冷量。吸附过程结束时，阀1和阀2均关闭。冷却水回路切换到热水回路以预热吸附剂床，同时蒸发器中的浓盐溶液被排出。然后阀2打开，蒸汽从床层中解附出来，并在冷凝器中冷凝从而产生稀溶液。随后关闭阀1和阀2，对吸附床进行预冷，为下一次吸附做准备。左右两床交替运行，实现半连续运行，即一个床处于吸附状态，另一个床处于解附状态。AD系统产生的浓溶液和稀溶液进入RED系统。在浓度梯度的驱动下，正负离子定向通过交替安装的阳离子交换膜(CEMs)和阴离子交换膜(AEMs)，进而形成离子电流。最终通过电极上的氧化还原反应转化为电子电流，通过外部负载对外输出电能。RED系统的排出盐溶液被混合恢复到初始浓度，并重新注入AD蒸发器进行下一个循环。

7.1.1　渗透热机的数学描述

1. 吸附式蒸馏系统

在AD过程中，需要基于吸附动力学计算平衡条件时不同压力比下吸附剂的吸附量。吸附等温线可用Dubinin-Astakhov方程描述[2]

$$W = W_0 \exp\left\{-\left[\frac{RT}{E}\ln\left(\frac{P_s}{P}\right)\right]^n\right\} \tag{7-1}$$

吸附/解附速率由以下的LDF方程给出[3]

$$\frac{dW}{dt} = \frac{15D_{so}e^{-\frac{E_a}{RT}}}{R_p^2}(W - W_0) \tag{7-2}$$

整个吸附式蒸馏系统的质量平衡可以由以下公式给出

$$\frac{dM_{s,Evap}}{dt} = \dot{m}_{s,in} - \dot{m}_{d,Cond} - \dot{m}_{Brine} \tag{7-3}$$

式中，$M_{s,Evap}$为蒸发器中盐溶液的质量，公式右侧的三项分别代表工作溶液、从冷凝器中排出的稀溶液和从蒸发器中排出的浓溶液的质量流量。

在蒸发器中，有盐溶液流入和排出，还有溶剂的不断蒸发，因此其中质量平衡和盐平衡可分别表示为

$$\frac{dM_{s,Evap}}{dt} = \dot{m}_{s,in} - \dot{m}_{Brine} - \left(\frac{dW_{ads}}{dt}\right)M_{sb} \tag{7-4}$$

$$M_{s,Evap}\frac{dX_{s,Evap}}{dt} = X_{s,in}\dot{m}_{s,in} - X_{s,Evap}\dot{m}_{Brine} - X_D\left(\frac{dW_{ads}}{dt}\right)M_{sb} \tag{7-5}$$

式中，$X_{s,in}$和$X_{s,Evap}$分别为蒸发器中的进口盐溶液浓度和蒸发器中实时盐溶液浓度；X_D为蒸汽中的盐浓度；M_{sb}为吸附剂的质量。

在蒸发器中，溶液蒸发并吸收制冷剂的热量，制冷剂被冷却对外提供冷量。蒸发器中的能量平衡可以表示为

$$\begin{aligned}&[M_{s,Evap}c_{p,s}(T_{Evap},X_{s,Evap})+M_{HX,Evap}c_{p,HX}]\frac{dT_{Evap}}{dt} = h_f(T_{Evap},X_{s,Evap})\dot{m}_{s,in}\\&-h_{fg}(T_{Evap})\frac{dW_{ads}}{dt}M_{sb}+\dot{m}_{ch}c_{p,ch}(T_{ch,in}-T_{ch,out})-h_f(T_{Evap},X_{s,Evap})\dot{m}_{Brine}\end{aligned} \tag{7-6}$$

式中，$M_{\mathrm{HX,Evap}}$ 为蒸发器中热交换器的质量。式右侧的几项分别表示进口盐溶液的显热、被吸附的蒸汽带走的潜热、吸收制冷剂的热量和通过排出盐溶液的显热。h_{f} 和 c_{p} 表示溶液的潜热和比热，h_{fg} 表示气相的潜热。

每个换热器中溶液的出口温度可计算为[4]

$$T_{\mathrm{out}} = T_0 + (T_{\mathrm{in}} - T_0)\exp\left[\frac{-UA}{\dot{m}c_{\mathrm{p}}(T_0)}\right] \tag{7-7}$$

式中，T_0 和 A 分别为换热初始温度和换热器面积。

在冷凝器中，解附的蒸汽被外界冷水冷凝，能量平衡可以表示为

$$\begin{aligned}&\left[M_{\mathrm{Cond}}c_{\mathrm{p}}(T_{\mathrm{Cond}}) + M_{\mathrm{HX,Cond}}c_{\mathrm{p,HX}}\right]\frac{\mathrm{d}T_{\mathrm{Cond}}}{\mathrm{d}t}\\ &= h_{\mathrm{f}}(T_{\mathrm{Cond}})\frac{\mathrm{d}M_{\mathrm{d}}}{\mathrm{d}t} + h_{\mathrm{fg}}(T_{\mathrm{Cond}})\frac{\mathrm{d}W_{\mathrm{des}}}{\mathrm{d}t}M_{\mathrm{sb}} + \dot{m}_{\mathrm{w}}c_{\mathrm{p,w}}(T_{\mathrm{w,in}} - T_{\mathrm{w,out}})\end{aligned} \tag{7-8}$$

式中，M_{d} 为稀溶液的质量；M_{Cond} 为冷凝溶液的质量；C_{des} 为解附时吸附床的吸附量；$\dot{m}_{\mathrm{w}}$ 为冷凝器中冷却水的质量流量。

吸附/解附床由吸附剂、吸附质和带有冷/热水外循环回路的换热器组成，其能量平衡可由下式给出

$$\begin{aligned}&(M_{\mathrm{sb}}c_{\mathrm{p,sb}} + M_{\mathrm{HX}}c_{\mathrm{p,HX}} + M_{\mathrm{abe}}c_{\mathrm{p,a}})\frac{\mathrm{d}T_{\mathrm{ads/des}}}{\mathrm{d}t}\\ &= \pm Q_{\mathrm{st}}M_{\mathrm{sb}}\frac{\mathrm{d}W_{\mathrm{ads/des}}}{\mathrm{d}t} \pm \dot{m}_{\mathrm{cw/hw}}c_{\mathrm{p}}(T_{\mathrm{cw/hw}})(T_{\mathrm{cw/hw,in}} - T_{\mathrm{cw/hw,out}})\end{aligned} \tag{7-9}$$

式中，M_{abe} 为被吸附蒸汽的质量；$T_{\mathrm{cw/hw}}$ 为冷/热水的温度；Q_{st} 为吸附热，可由下式计算[5]

$$Q_{\mathrm{st}} = h_{\mathrm{fg}} + E\left[-\ln\left(\frac{W}{W_0}\right)^{1/n}\right] + Tv_{\mathrm{g}}\left(\frac{\partial P}{\partial T}\right)_{\mathrm{g}} \tag{7-10}$$

式中，v_{g} 为气相的比体积。

整个吸附式蒸馏过程从外界吸收的热量可通过以下公式计算

$$Q_{\mathrm{des}} = \int_0^{t_{\mathrm{cycle}}} \dot{m}_{\mathrm{hw}}c_{\mathrm{p,hw}}(T_{\mathrm{hw,in}} - T_{\mathrm{hw,out}})\mathrm{d}t \tag{7-11}$$

其中循环时间由一个吸附/解附时间和一个切换时间组成，即 $t_{\mathrm{cycle}} = t_{\mathrm{bed}} + t_{\mathrm{switch}}$ 。因此，渗透热机的平均吸热量可以表示为 $\dot{Q}_{\mathrm{des}} = Q_{\mathrm{des}}/t_{\mathrm{cycle}}$ 。

输出的平均冷量可以表示为

$$\dot{Q}_{\mathrm{c}} = \frac{1}{t_{\mathrm{cycle}}}\int_0^{t_{\mathrm{cycle}}} \dot{m}_{\mathrm{ch}}c_{\mathrm{p,cw}}(T_{\mathrm{ch,in}} - T_{\mathrm{ch,out}})\mathrm{d}t \tag{7-12}$$

2. 反向电渗析系统

吸附式蒸馏系统产生的高、低浓度溶液进入 RED 系统中将溶液的混合吉布斯自由能转换为电能。RED 系统的数学模型详见第五章，为了简化计算，忽略了沿着流动方向膜两侧溶液密度的变化。

3. 性能指标

这里采用电效率、性能系数和㶲效率来描述基于吸附式蒸馏与反向电渗析的

渗透热机冷电联产系统的性能。电效率为 $\eta_e = W_{RED}/Q_{des}$，其中 W_{RED} 为 RED 系统对外输出的功。性能系数为 $COP = Q_c/Q_{des}$，用来评价其制冷性能。考虑到冷能和电能在能量质量上的差异，采用㶲效率来评价基于吸附式蒸馏与反向电渗析的渗透热机冷电联产系统的整体性能

$$\eta_{ex} = \frac{Q_c\left(\frac{T_{ev}}{T_{eva}} - 1\right) + W_{RED}}{Q_{des}\left(1 - \frac{T_{ev}}{T_{des}}\right)} \tag{7-13}$$

7.1.2 结果与讨论

计算时分别将解附/吸附床的热水和冷水入口温度设定为 343.15 K 和 293.15 K。蒸发器内流过的制冷剂和冷凝器的冷却水入口温度均定为 293.15 K，环境温度定为 293.15 K，吸附剂采用硅胶，吸附剂质量为 6.75 kg。RED 膜组单元数为 1000。吸附床的吸附/解附时间均为 900 s，切换时间为 10 s。基于 MATLAB 软件程序对基于吸附式蒸馏与反向电渗析的渗透热机冷电联产系统数学模型进行了求解，并对其性能相关影响因素进行了研究。

1. 渗透热机的动态响应

首先分析了基于吸附式蒸馏与反向电渗析的渗透热机的动态特性。图 7-2 显示了 AD 系统的吸附床 1、吸附床 2、蒸发器和冷凝器的温度-时间图。由于系统是由两个半连续运行的吸附床组成，其中一个床吸附，另一个床解附，因此吸附床温度呈现周期性变化。每个床都会经历四个过程：首先预热吸附床准备解附；然后加热吸附床进行解附；解附过程结束后，预冷吸附床准备吸附；最后冷却吸附床层直至吸附过程结束。在蒸发过程中，蒸发器中的温度低于环境温度，因此制冷剂可以为外部提供冷量。

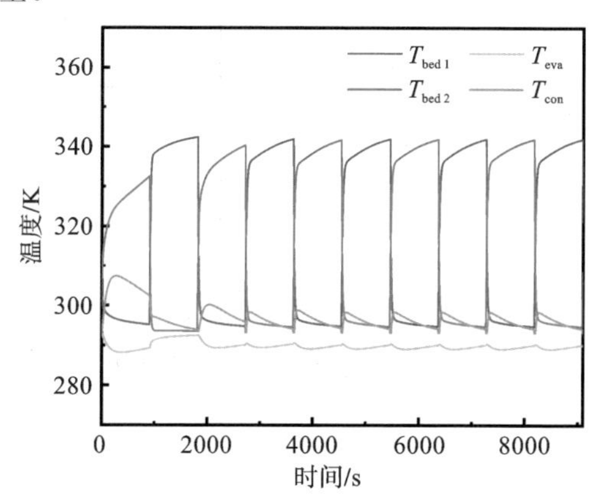

图 7-2 基于吸附式蒸馏与反向电渗析的渗透热中吸附床、解附床、蒸发器和冷凝器的温度-时间历程图

如图 7-3(a)所示,产水量呈现周期性变化。在一个循环中,总是有一个吸附床处于解附状态。在解附过程中产水量增加,解附过程结束时产水量达到峰值。在切换期间,由于在切换期间关闭了连接到蒸发器和冷凝器的阀门,因此产水率变为零。由于溶剂蒸发,蒸发器中溶剂的质量减少,导致蒸发器中的盐溶液被浓缩,如图 7-3(b)所示。蒸发器中盐浓度的变化和产水量表现出相同的趋势。浓溶液和稀溶液在切换期间内被排出并储存,随后进入下游的 RED 系统用于发电。

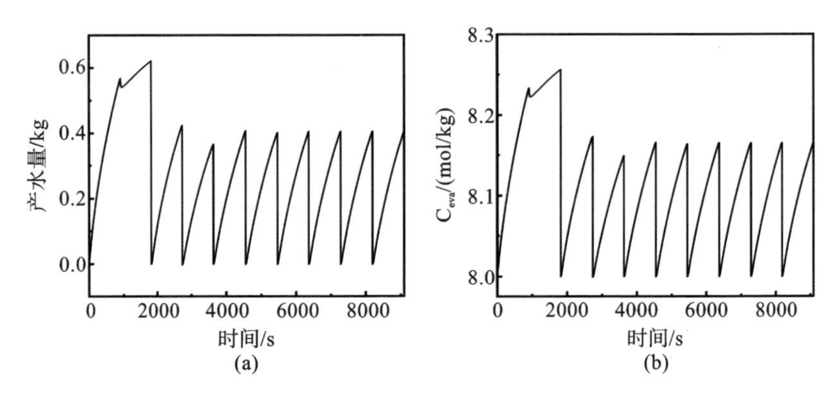

图 7-3　参数随时间的变化

(a)产水量;(b)蒸发器中溶液浓度

为了保证该渗透热机稳定的运行,AD 系统产生的高、低浓度溶液会先被储存起来,然后以时间平均体积流量被送入 RED 系统中。因此 RED 循环的运行周期不应大于 AD 循环的运行周期,并且不同的 RED 循环周期对应不同的工质流量,进而决定了渗透热机发电功率。在这里,对非对称 AD 与 RED 周期下的渗透热机性能进行了研究。图 7-4(a)显示了 t_{AD} 固定为 910 s 时,不同 t_{RED}/t_{AD} 下 RED 的电功率,功率曲线和横坐标包围的区域面积表示输出功。减少 t_{RED} 导致输入 RED

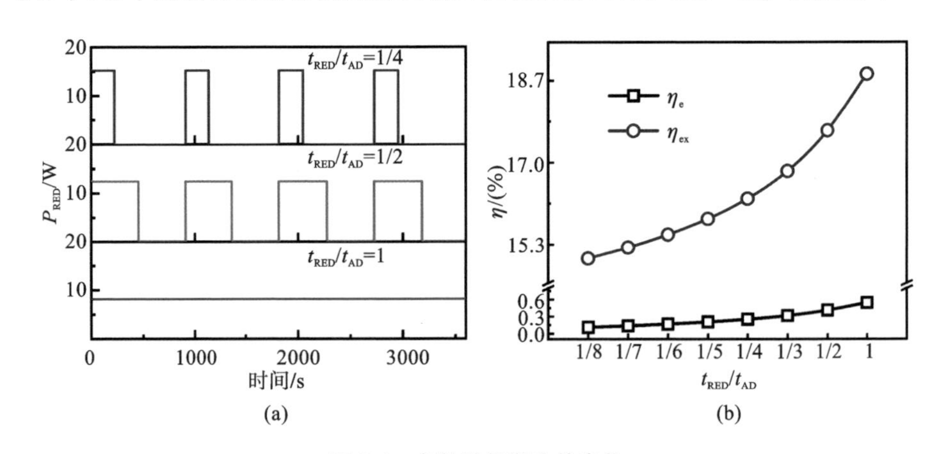

图 7-4　参数随周期比的变化

(a)不同周期比下 RED 的瞬时功率;(b)渗透热机的电效率和㶲效率

系统的工作溶液的体积流量增加，进而提高了实时功率。因此通过调节 RED 的工作时间，可以获得较大的间歇输出功率，以满足某些特殊的应用情景。如图 7-4(b)所示，电效率随着 t_{RED}/t_{AD} 的增加而增加，这是因为当 $t_{RED} = t_{AD}$ 时，可以减少泵损耗和电阻损耗，对外输出功最大。由于 AD 系统的制冷性能与 t_{RED} 无关，电效率的提高就意味着 㶲效率提高。因此，在下面的讨论中，只关注 $t_{RED} = t_{AD}$ 的情况。

2. 吸附/解附时间的影响

吸附/解附时间 t_{bed} 是指吸附床在吸附或解附过程中，与蒸发器或冷凝器连接，从而产生浓溶液和稀溶液的时间。下面将研究 t_{bed} 对系统性能的影响。

切换时间设定为 10 s，工作浓度为 8 mol/kg。如图 7-5(a)所示，随着 t_{bed} 的增大，渗透热机的吸热量和制冷功率均减小。这是因为在 t_{bed} 初期，由于传热温差较大，传热速率高于 t_{bed} 末期，导致 t_{bed} 延长，渗透热机的吸热量降低。t_{bed} 时间越长，吸附剂与蒸汽接触的时间越长，有利于吸附，吸附剂的吸附能力进而得以提高，如图 7-5(b)所示。吸附剂吸附能力是指每千克吸附剂吸附的蒸汽的质量，它与产水量变化趋势相同，因此随着 t_{bed} 的增加，产水量和溶液浓度相应增加，有助于 RED 提取功。但是由于提取功的增加小于循环周期的增加，故而输出功率降低。

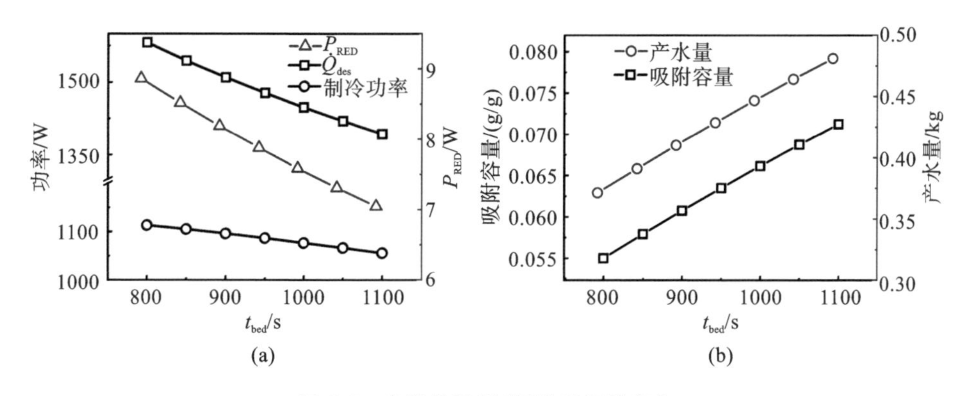

图 7-5　参数随吸附/解附时间的变化

(a)渗透热机的吸热量、制冷功率和电功率；(b)吸附剂的吸附容量和产水量

随着 t_{bed} 增加，$\dot{Q}_{des}$ 的降低明显大于制冷功率的降低，但仍小于 P_{RED} 的降低。因此，COP 随着 t_{bed} 增大而增大，而电效率和㶲效率随着 t_{bed} 增大而减小，如图 7-6 所示。

3. 切换时间的影响

切换时间 t_{switch} 是指吸附床处于预热/预冷过程中且不与冷凝器或蒸发器连接的时间。在切换期间，解附床被预热以提高床层压力，直到压力等于冷凝器中的压力，吸附床则被预冷以降低床层的温度和压力，直到压力与蒸发器中的压力相匹配。对于不匹配的较长切换时间，纵然每次循环的产水量随着切换时间的增加而增加，然而增加切换时间会增大循环周期，从而降低功率输出。在较短切换时

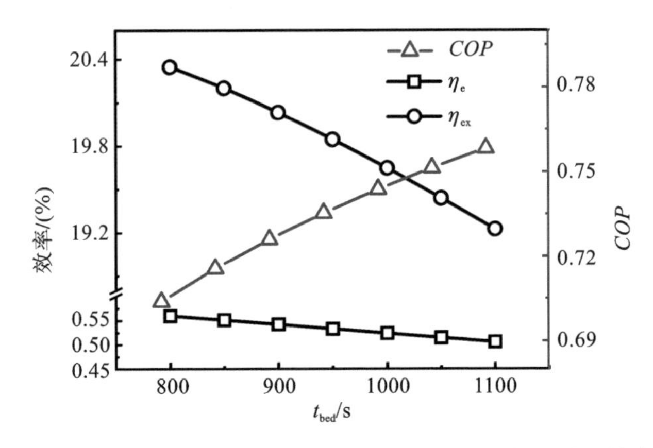

图 7-6　渗透热机的电效率、*COP* 和㶲效率随吸附/解附时间的变化

间内,吸附床首先进行变压解附,在开始真正的吸附过程之前,蒸汽可能在蒸发器中冷凝。在冷凝过程中,解附床可能吸附冷凝器中的蒸汽。

根据文献[6]~[7],这里选择了 10～40 s 的切换时间。如图 7-7 所示,由于没有足够的切换时间对吸附床进行预冷,吸附剂的吸附能力变差,产水量降低,同时降低制冷功率。当吸附床处于预热过程,热耗较低,随着切换时间的延长渗透热机的吸热量降低。在切换期间,蒸发过程停止,所以制冷功率和 P_{RED} 随着 t_{switch} 的延长而降低。

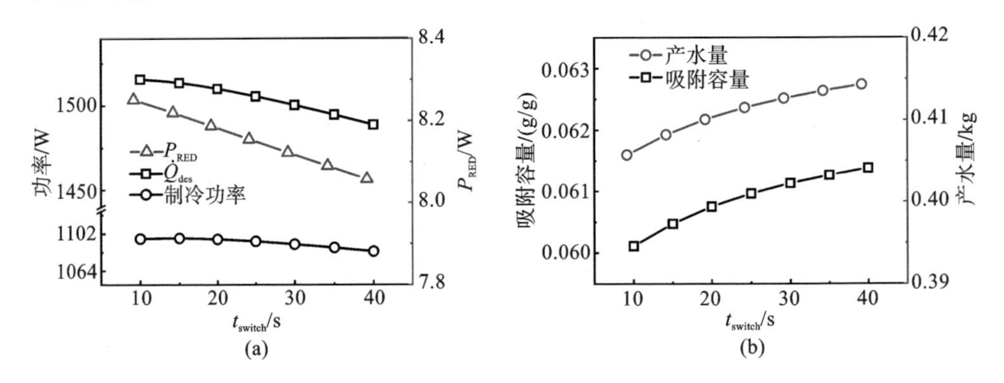

图 7-7　参数随切换时间的变化

(a)渗透热机的吸热量、制冷功率和电功率;(b)吸附剂的吸附容量和产水量

随着切换时间延长,$\dot{Q}_{des}$ 的减少小于 P_{RED} 的减少,导致电效率降低。由于制冷功率明显大于发电功率,并且延长 t_{switch} 显著提高了 *COP*,因此㶲效率随着切换时间的增加而增加,如图 7-8 所示。

4. 工作溶液浓度的影响

图 7-9 显示了工作溶液浓度对系统性能的影响。较高的工作溶液浓度会降低蒸发压力,从而降低吸附床的吸附能力。随着浓度的增加,吸附过程减弱,导致制冷性能变差,产水量减少。因此,制冷功率和渗透热机的吸热量降低了,如图 7-9(a)所示。

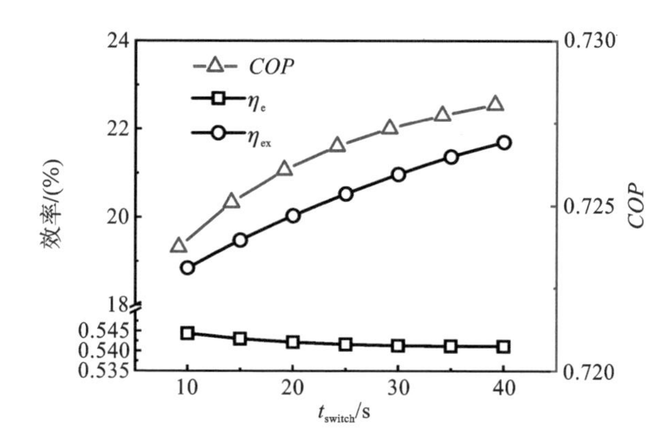

图 7-8　系统的电效率、*COP* 和㶲效率随切换时间的变化

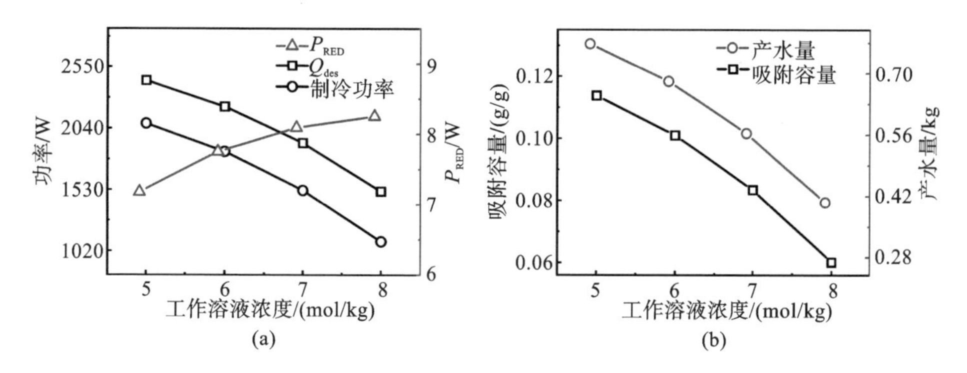

图 7-9　参数随工作溶液浓度的变化

(a)渗透热机的吸热量、制冷功率和电功率;(b)吸附剂的吸附容量和产水量

虽然较高的工作溶液浓度会减少产水量和流入 RED 系统的浓缩和稀释溶液的体积流量,但 RED 中提高的跨膜盐度梯度的影响更为显著,进而导致 P_{RED} 增加。

如图 7-10 所示,虽然渗透热机的制冷功率和吸热量都随工作溶液浓度的增加而减小,但是由于 $\dot{Q}_{des}$ 减小的影响程度比制冷功率减小的影响程度更大,因此 *COP* 减小。η_e 由于增加的 P_{RED} 随着工作溶液浓度的增加而增加。制冷功率减小的影响超过了功率增加的影响,进而导致了㶲效率的降低。

5. 工作溶液质量的影响

基于吸附式蒸馏与反向电渗析的渗透热机是一个闭环系统,工作溶液首先被送入蒸发器,并被热分离成浓溶液和稀溶液,用于在 RED 系统中发电。因此,工作溶液质量对系统性能的影响是不容忽视的。如图 7-11 所示,随着工作溶液质量的增加,蒸发压力发生了变化,吸附剂的吸附能力增强,表明蒸发和吸附过程得以强化。因此,蒸发器中蒸发的溶剂增加,能从制冷剂吸收更多热量从而提高了制冷性能。进入 RED 中的浓溶液和稀溶液的体积流量也随之增大,从而提高了 RED 系统的输出功率 P_{RED} 。

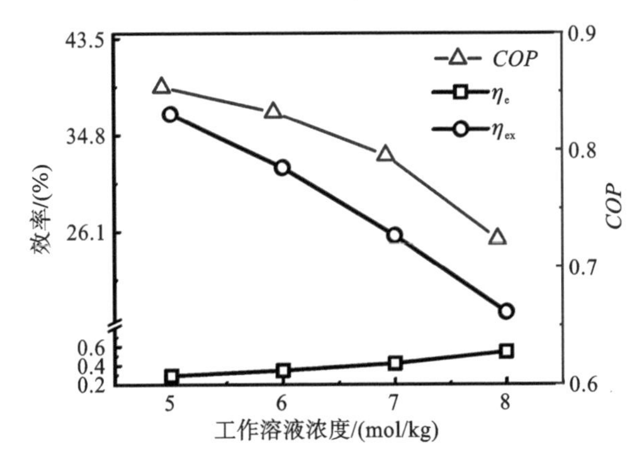

图 7-10 渗透热机的电效率、COP 和㶲效率随工作浓度的变化

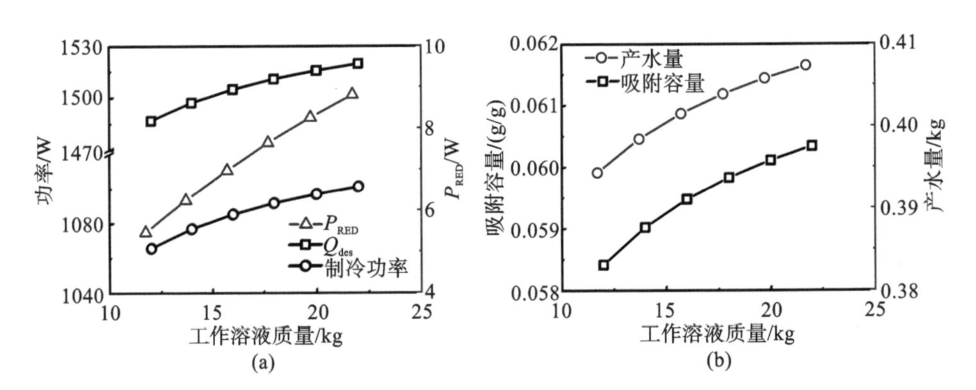

图 7-11 参数随工作溶液质量的变化

(a)渗透热机的吸热量、制冷功率和电功率；(b)吸附剂的吸附容量和产水量

如图 7-12 所示，COP、η_e 和㶲效率都随着工质质量的增加而增加，这是由于制冷功率和 P_{RED} 的增加比 $\dot{Q}_{des}$ 增加更显著所致。

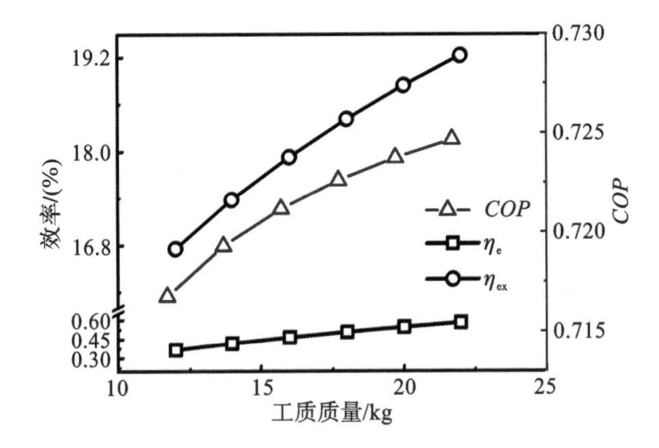

图 7-12 渗透热机的电效率、COP 和㶲效率随工作溶液质量的变化

6. 不同吸附剂下的系统性能

所研究的基于吸附式蒸馏与反向电渗析的渗透热机在不同吸附剂下的性能如图 7-13 所示。工作溶液为 8 mol/kg 的 NaCl 溶液，吸附/解附时间设定为 1000 s，切换时间设定为 10 s。由于盐溶液的热分离过程发生在吸附式蒸馏系统中，而吸附剂的性能决定了 AD 系统的吸附能力，因此吸附剂对系统的性能有着重要的影响。

如图 7-13 所示，不同吸附剂下渗透热机的制冷性能与发电性能相冲突。基于 CAU-10 的渗透热机的 *COP* 最大，而电效率最低；基于 MIL-101 的渗透热机的 *COP* 最低，电效率最高。由于制冷功率远大于电功率，不同吸附剂下的渗透热机的㶲效率与 *COP* 的变化趋势一致。采用 CAU-10 的渗透热机的㶲效率最高，为 30.04%，而采用 MIL-101 的渗透热机的㶲效率最低，为 11.84%。

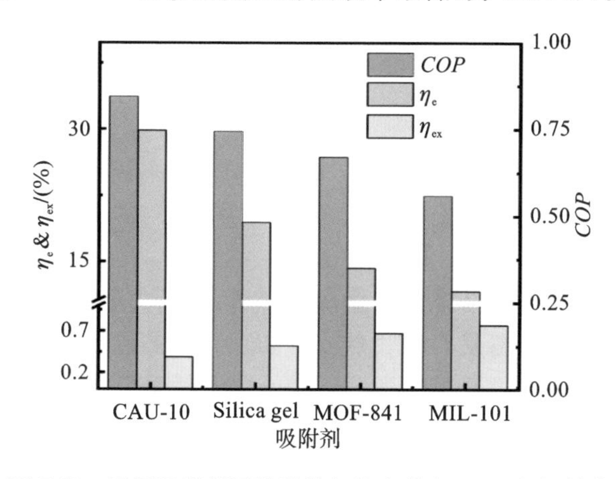

图 7-13　不同吸附剂下渗透热机的电效率、*COP* 和㶲效率

7.2　具有热量回收的基于吸附式蒸馏与反向电渗析的渗透热机

回收溶液蒸发释放的冷量和冷凝器中溶剂冷凝释放的潜热可以提高系统的发电能力。如图 7-14 所示，本节进一步提出了两种具有热量回收的基于吸附式蒸馏与反向电渗析的渗透热机构型[8]。如图 7-14(a)所示，构型Ⅰ中，冷凝器中的外部冷水回路被来自蒸发器的制冷剂替代，从而降低冷凝器中的有效冷凝温度，有利于解附过程。如图 7-14(b)所示，在构型Ⅱ中采用蒸发器耦合在冷凝器之内的热回收方案，也就是将冷凝器内的冷凝潜热回收到内置的蒸发器中，这种热回收会导致蒸发器中的蒸汽压升高，从而增加吸附压力，改善吸附过程。因为所采用的能量回收方式会导致基于吸附式蒸馏与反向电渗析的渗透热机的制冷能力消失，所以热机只具有一般化热机的“热—功”转换特性。

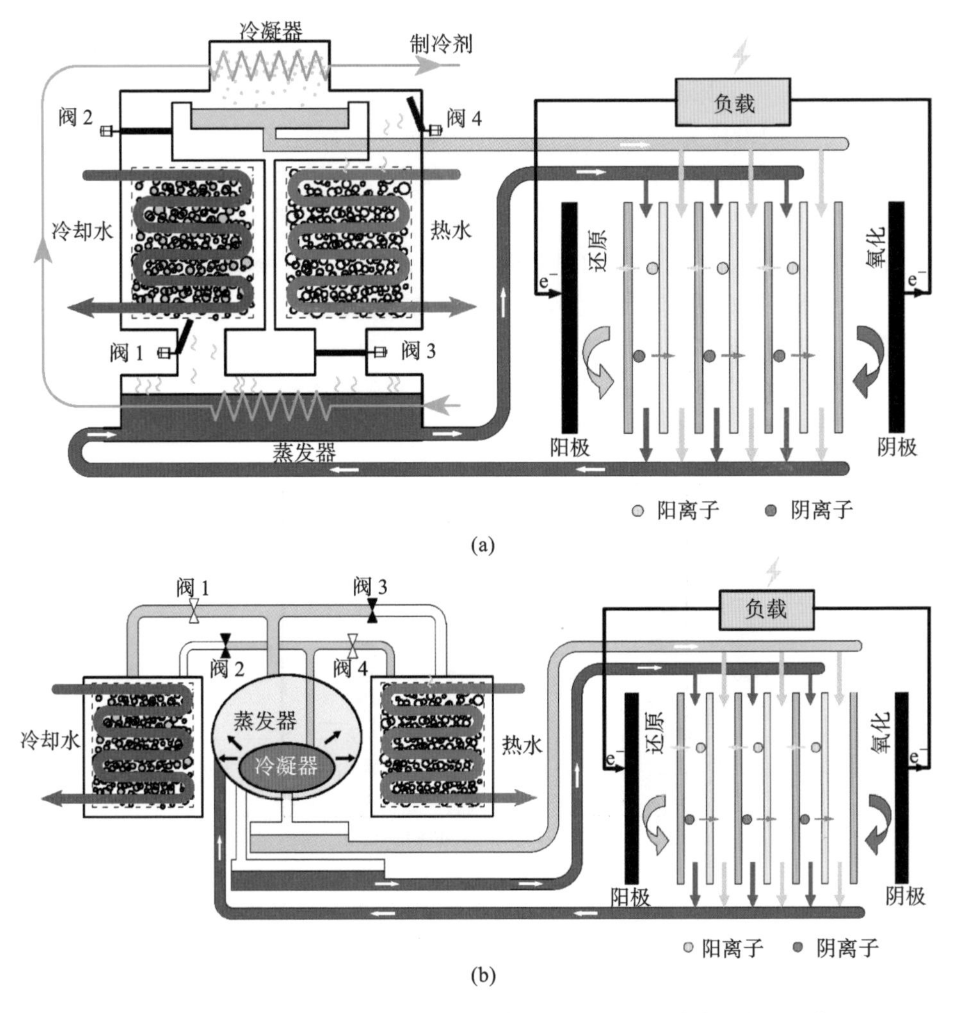

图 7-14　具有热量回收的基于吸附式蒸馏与反向电渗析的渗透热机示意图

(a)构型Ⅰ;(b)构型Ⅱ

7.2.1　渗透热机的数学描述

本节所提出的具有热量回收的基于吸附式蒸馏与反向电渗析的渗透热机构型中的能量提取单元均为反向电渗析,其数学模型模型与上一节相同,吸附式蒸馏系统模型由于能量回收方式的加入,使得蒸发器和冷凝器中的能量平衡方程发生了变化。

在构型Ⅰ中,溶剂在蒸发器中蒸发,同时吸收制冷剂的热量,因此蒸发器中的能量方程可以表示为[8]

$$[M_{s,Evap}c_{p,s}(T_{Evap},X_{s,Evap})+M_{HX,Evap}c_{p,HX}]\frac{dT_{Evap}}{dt}=h_f(T_{Evap},X_{s,Evap})\dot{m}_{s,in}$$
$$-h_{fg}(T_{Evap})\frac{dW_{ads}}{dt}M_{sb}+\dot{m}_{ch}c_{p,ch}(T_{ch,in}-T_{ch,out})-h_f(T_{Evap},X_{s,Evap})\dot{m}_{Brine} \tag{7-14}$$

等式右侧的第三项表示从制冷剂中吸收的热量，其余三项从左至右依次表示工作溶液的显热，蒸汽蒸发带走的热量和排出溶液的显热。

制冷剂从蒸发器流出并进入冷凝器中对蒸汽进行冷凝，冷凝器中的能量平衡可以描述为

$$\begin{aligned}&[M_{Cond}c_p(T_{Cond})+M_{HX,Cond}c_{p,HX}]\frac{dT_{Cond}}{dt}\\&=h_f(T_{Cond})\frac{dM_d}{dt}+h_{fg}(T_{Cond})\frac{dW_{des}}{dt}M_{sb}+\dot{m}_wc_{p,w}(T_{w,in}-T_{w,out})\end{aligned} \tag{7-15}$$

在构型Ⅱ中，从冷凝器中冷凝的热量被用于蒸发器中以促进蒸发，蒸发器中的能量平衡方程可以描述为

$$[M_{s,Evap}c_{p,s}(T_{Evap},X_{s,Evap})+M_{HX,Evap}c_{p,HX}]\frac{dT_{Evap}}{dt}=h_f(T_{Evap},X_{s,Evap})\dot{m}_{s,in}$$
$$-h_{fg}(T_{Evap})\frac{dW_{ads}}{dt}M_{sb}+U_{CE}A_{CE}(T_{Cond}-T_{Evap})-h_f(T_{Evap},X_{s,Evap})\dot{m}_{Brine} \tag{7-16}$$

冷凝器中的能量方程则可以描述为

$$\begin{aligned}&[M_{Cond}c_p(T_{Cond})+M_{HX,Cond}c_{p,HX}]\frac{dT_{Cond}}{dt}\\&=h_f(T_{Cond})\frac{dM_d}{dt}+h_{fg}(T_{Cond})\frac{dW_{des}}{dt}M_{sb}-U_{CE}A(T_{Cond}-T_{Evap})\end{aligned} \tag{7-17}$$

7.2.2　结果与讨论

1. 渗透热机的动态响应

首先，以 7 mol/kg 的 NaCl 溶液为工质，分析了在 t_{bed} 为 400 s 和 t_{switch} 为 20 s 时系统的动态特性。热源的温度设定为 343.15 K，其他外部水回路的入口温度设定为与环境温度相同的 293.15 K，RED 膜组单元数为 1000，吸附剂的质量为 6.75 kg。

图 7-15(a)、(c)、(e)显示了不同渗透热机构型的吸附/解附床、蒸发器和冷凝器的温度-时间图。为了方便比较，这里也计算了没有热量回收功能的渗透热机的性能。在两个吸附床处于半连续运行的过程中，每个吸附床经历了预冷/预热床的切换过程和加热/冷却床的解附/吸附过程，因此温度呈现周期性变化。

图 7-15(b)、(d)、(f)显示了不同渗透热机构型下蒸发器中剩余溶液的浓度和产水量随时间的变化。在解附过程中，随着溶剂的蒸发，产水量逐渐增加，在解附

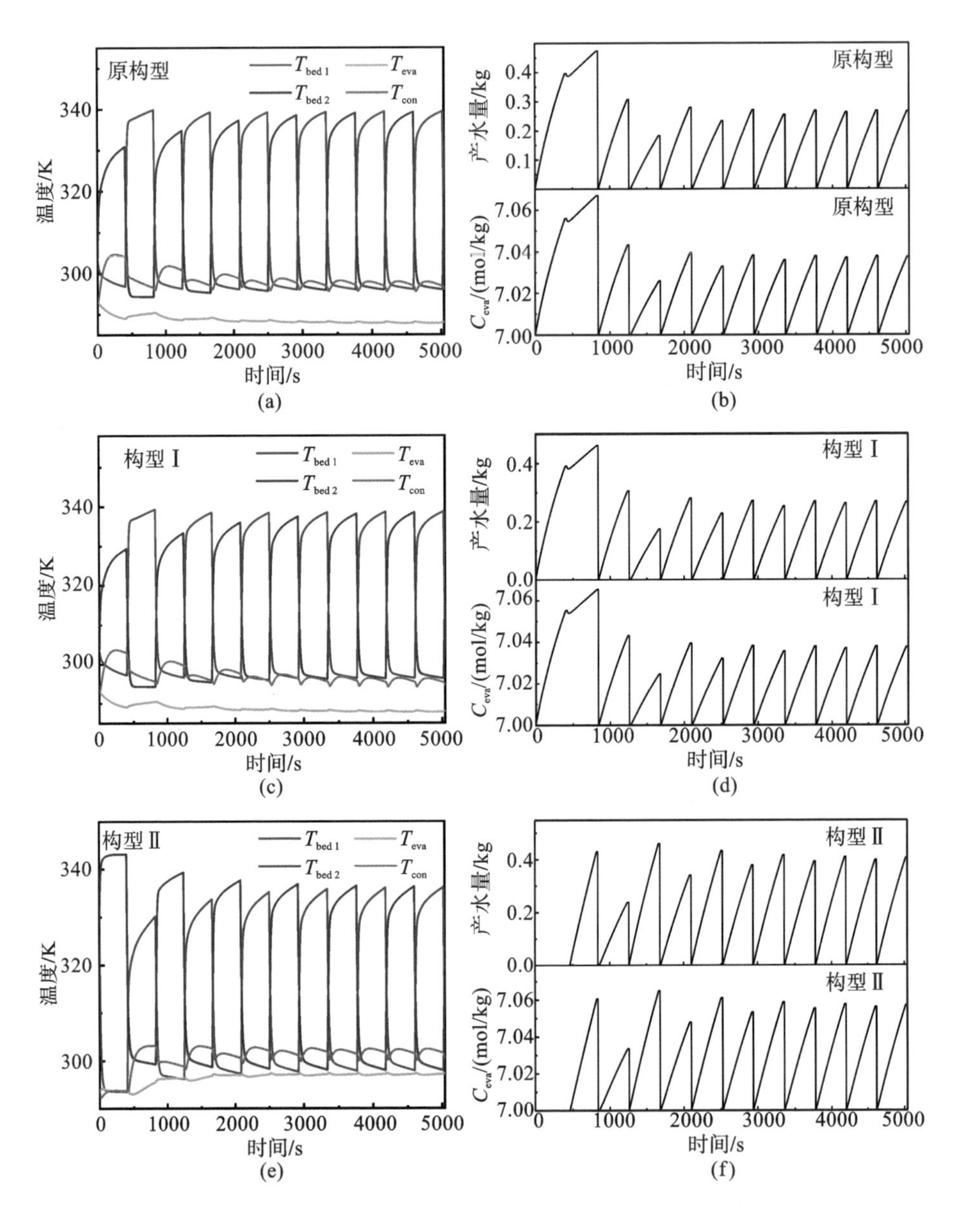

图 7-15　不同构型渗透热机中吸附/解附床、蒸发器和冷凝器的温度以及产水量与蒸发器中溶液浓度随时间的变化

结束时达到峰值。在切换期间，由于连接阀是关闭的，吸附床与蒸发器和冷凝器相隔离，因此产水量变为零。产水量的增加意味着蒸发器中溶剂质量的减少，从而产生浓缩溶液。因此，蒸发器中的产水量和盐浓度呈现相同的趋势。

在没有热量回收功能的原构型中，蒸发器中的溶剂首先被蒸发并吸收制冷剂的热量，在吸附床中经过吸附和解附过程后，蒸汽进入冷凝器并通过外部冷却水回路冷凝。在构型Ⅰ中，从蒸发器出来的制冷剂进入冷凝器，降低了冷凝器的有效冷凝温度，这有利于蒸汽解附过程，因此构型Ⅰ的产水量略高于原构型。构型Ⅱ采用蒸发器-冷凝器耦合的热回收方案，将冷凝器中的冷凝潜热回收到内置蒸发器中，由于吸附过程蒸发压力等于吸附压力，因此达到吸附过程的增压效果，其蒸发温度高于其他构型。根据吸附剂的吸附等温线特征可知，这有助于蒸汽的吸附，同时蒸发器中蒸发过程产生的冷量被输入冷凝器内，产水量大幅度增加。而相对较高的冷凝温度可归因于因产水量增加而释放的更多潜热。

2. 吸附/解附时间的影响

图 7-16 展示了在以 7 mol/kg NaCl 溶液为工作溶液，切换时间为 20 s，吸附/解附时间从 100 s 到 1000 s 的条件下渗透热机的系统性能。

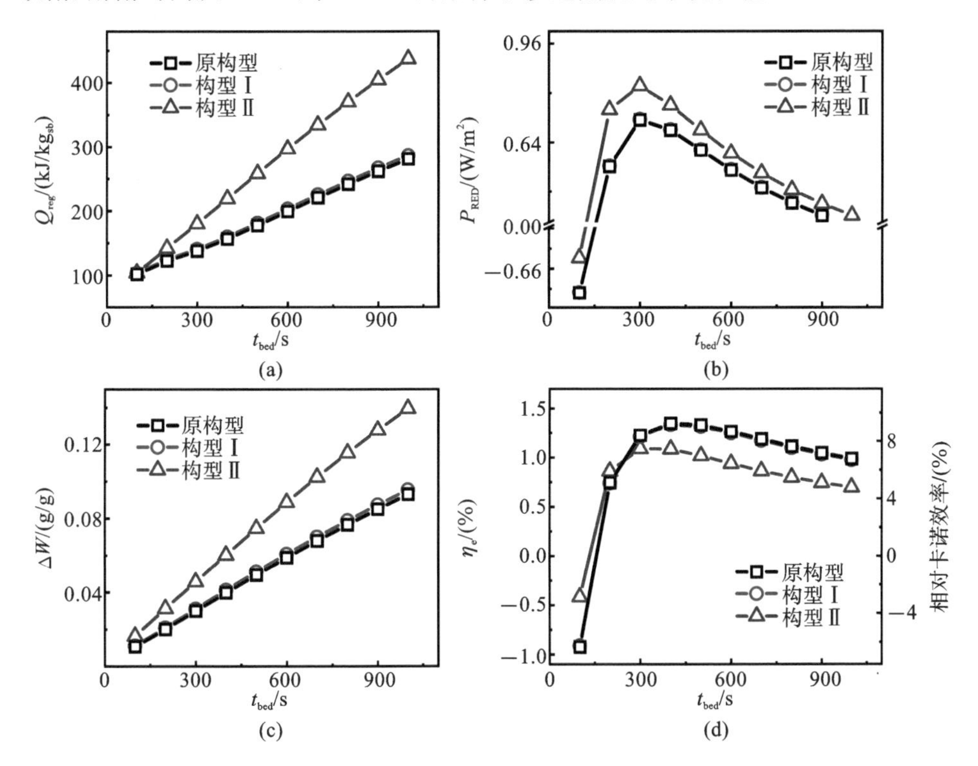

图 7-16　不同构型的渗透热机的参数随吸附/解附时间的变化

(a)吸热量；(b)电功率；(c)吸附剂的工作容量；(d)电效率及相对卡诺效率

由于增压效果显著，构型Ⅱ中的吸附剂的吸附能力高于构型Ⅰ，而构型Ⅰ因为有效冷凝温度较低，吸附剂的吸附能力略高于原构型。随着时间的增加，蒸汽和吸附剂之间的接触时间增加，从而增加了吸附量和产水量，有助于发电，如图 7-16(c)所示。

在较短的时间内，由于进入 RED 的工作溶液较少，产生的电功率小于泵损失功率，导致净功率为负，如图 7-16(b)所示，并且存在一个与最大功率相对应的最佳 t_{bed} 值，功率首先随着 t_{bed} 增大而增大，达到最大值，然后减小。这可归因于在

t_{bed} 较小时，每个周期输出功随着 t_{bed} 的增加显著增加。而在 t_{bed} 较大时，随 t_{bed} 的增加，每个周期的提取功的增速减缓，功率降低。

增大的吸附剂吸附能力和较长的解附时间都会导致耗热的增加（图 7-16(a)）。在 t_{bed} 较小时，由于吸附剂吸附能力的增加而导致的功的增加比渗透热机的吸热量的增加更显著，从而导致电效率提高。在 t_{bed} 较大时，渗透热机的吸热量增加起主导作用，因此电效率降低（图 7-16(d)）。在 t_{bed} 较小时，构型Ⅱ的电效率表现出较大的值，因为输出功显著增加。而在 t_{bed} 较大时，显著增大的渗透热机的吸热量阻碍了发电效率的增大。相对卡诺效率与发电效率具有相同的发展趋势，因为在冷却水和热水温度相同的情况下，作为分母的卡诺效率是一个固定值。在构型Ⅱ中，最大相对卡诺效率为 7.4%。

3. 切换时间的影响

以 7 mol/kg NaCl 溶液为工质，在 t_{bed} 为 400 s 的条件下，切换时间从 5 s 到 50 s 变化时系统的性能如图 7-17 所示。

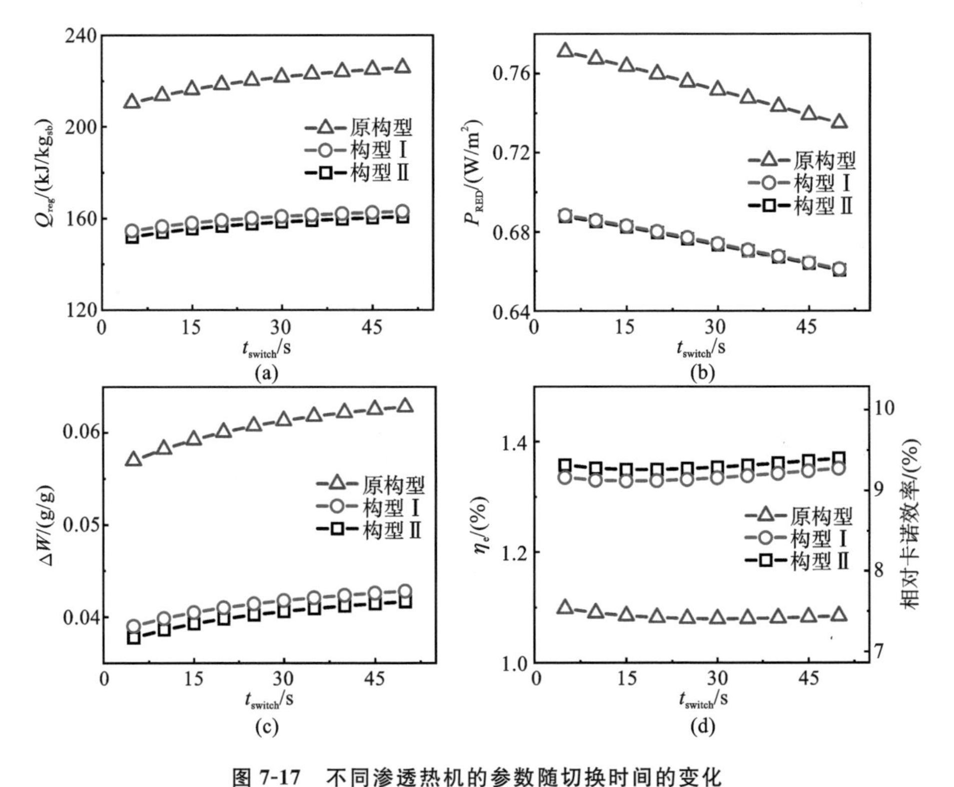

图 7-17 不同渗透热机的参数随切换时间的变化

(a)吸热量；(b)电功率；(c)吸附剂的工作容量；(d)电效率及相对卡诺效率

在 AD 过程中，切换过程是必不可少的，在此过程中，吸附床与蒸发器和冷凝器隔离，并为下一次吸附/解附进行预冷/预热。如图 7-17(c)所示，由于切换时间变长，导致吸附床被良好的预冷，吸附剂的吸附能力随着 t_{switch} 的延长而增加，这有助于吸附过程进行。构型Ⅱ中吸附剂的吸附能力比构型Ⅰ大,原构型中的吸附能力最小。

渗透热机的吸热量和功与吸附能力呈正相关,两者都随着切换时间的延长而增加,如图7-17(a)所示。切换时间的延长同时也增加了循环周期,从而降低了电功率。

如图7-17(d)所示,随着切换时间的变化系统的发电效率具有最小值。在t_{switch}较小时,渗透热机的吸热量的增加量远大于功的增加量,因此电效率随t_{switch}的升高而降低。在t_{switch}较大时,输出功增加更为显著,因此电效率随着t_{switch}的增加而升高。在这两种构型中,构型Ⅱ输出功最大,但是渗透热机的吸热量也最大,从而导致电效率最低。

4. 工质浓度的影响

这里进一步研究了工质浓度对系统性能的影响。吸附/解附时间设为400 s,切换时间设为20 s。由于蒸发压力是一个重要的浓度依赖性参数,其随盐溶液浓度的增加而减小,因此根据吸附等温线特征可知,吸附剂的吸附能力随工质浓度增大而减小。如图7-18(c)所示,蒸发器与冷凝器耦合的构型Ⅱ的增压效应补偿了工质浓度增加的不利影响,因此吸附剂的吸附量大于原构型与构型Ⅰ。由于吸

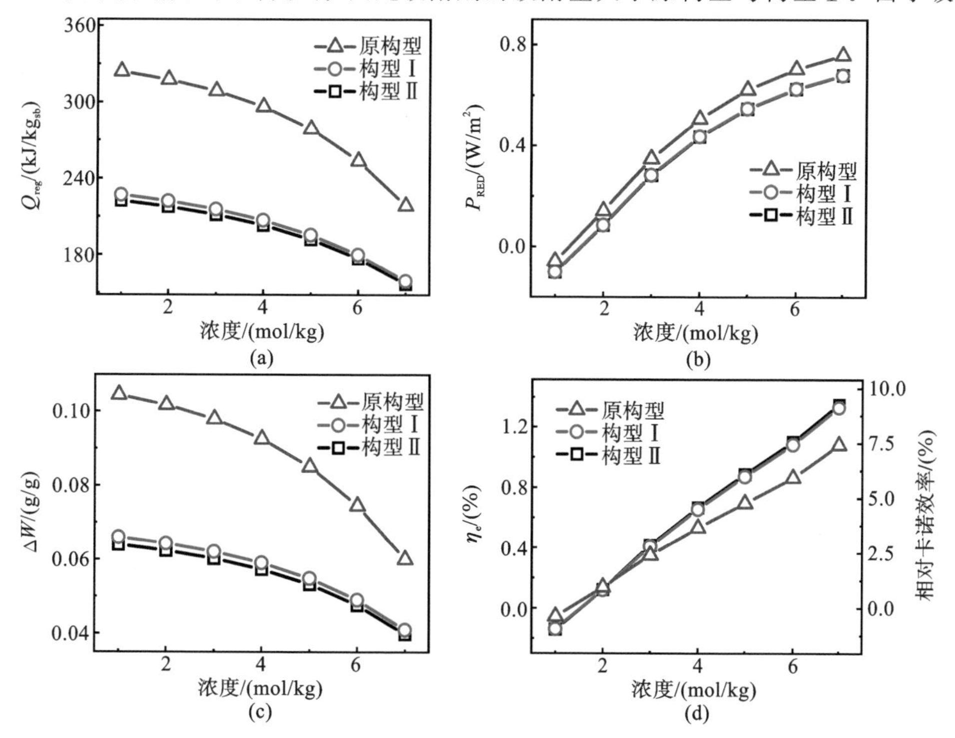

图7-18　不同构型的渗透热机的参数随工质浓度的变化

(a)吸热量;(b)电功率;(c)吸附剂的工作容量;(d)电效率及相对卡诺效率

附剂的吸附能力降低，渗透热机的吸热量随浓度增加而降低。吸附能力的降低意味着进入 RED 单元的工质质量也降低，然而由于浓度的增加，跨膜盐度梯度的增加对提取功的贡献更为显著，导致输出功随盐浓度的增加而增大。

在较低的盐溶液浓度下，由于跨膜盐度梯度较低和体积流量较高，RED 产生的功率小于泵损失功率，从而导致净功率为负。

随着盐溶液浓度的增加，渗透热机的吸热量的降低和功的增加都有助于提高电效率，如图 7-18(d)所示。在构型Ⅱ中，在较低的工质浓度下也可以提取较大的功，因此电效率比其他构型大。在高浓度下，构型Ⅱ中的渗透热机的吸热量要大得多，导致电效率降低。与原构型相比，构型Ⅱ的工质浓度在 2 mol/kg 时，电功率和效率分别提高了 68.3%和 15.2%；而工质浓度在 7 mol/kg 时，电功率提高了 11.8%，但电效率降低了 19.8%。

5. 热源温度的影响

图 7-19 显示了在不同热源温度下，以 7 mol/kg NaCl 溶液为工质，吸附/解附时间为 400 s 和切换时间为 20 s 时，热源温度对系统性能的影响。

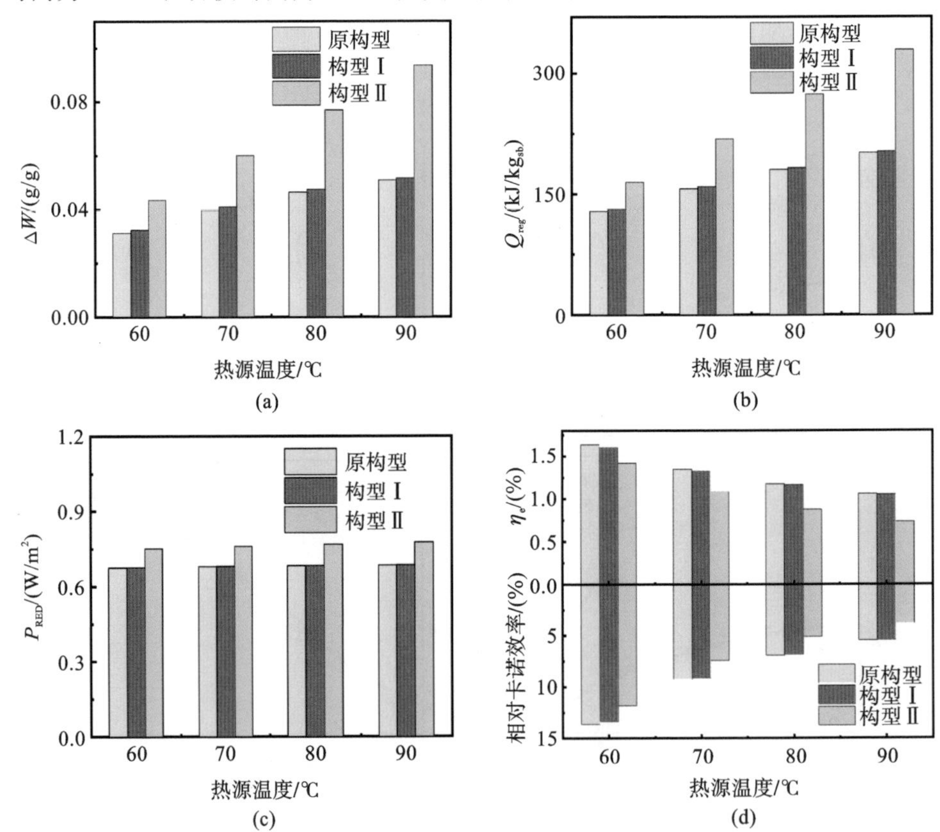

图 7-19　不同构型的渗透热机系统的参数在不同热源温度下的变化

(a)吸附剂的工作容量；(b)吸热量；(c)电功率；(d)电效率及相对卡诺效率

如图7-19(a)所示，吸附剂的吸附能力随着热源温度的升高而单调增加，这可以归因于较高的热源温度有助于解附过程。因此，电功率随着热源温度的升高而增加。得益于构型Ⅱ的增压效果，其吸附剂的吸附能力最大。构型Ⅰ中有效冷却温度的降低导致吸附能力比原始构型略大。但由于较高的吸附量所导致的渗透热机的吸热量的显著增加超过了所提取功的增加，随着热源温度的升高，电效率降低。构型Ⅱ对应于最高的吸热量，其电效率最低。

当热源温度从60 ℃升高到90 ℃时，相对卡诺效率从13%降到5%。为了进行比较，Olkis等人[9]也讨论了AD-RED系统相对卡诺效率高达30%，远高于本研究。这是因为他们的稳态模型没有考虑实际运行条件下的损耗。而在他们的最新研究[10]中，采用热集成方案的AD-RED系统动态模型的模拟结果显示，在40 ℃的工作温度下，㶲效率高达15%，与本章的研究结果相当。

7.3　“吸附-反向电渗析”渗透热机的“吸附剂-盐溶液”体系筛选

由于模拟水吸附的计算成本极高，很难通过巨正则蒙特卡洛(GCMC)模拟计算筛选MOF-盐溶液体系[11]。为了解决从大量吸附剂中筛选高性能“吸附剂-盐溶液”体系的难题，本节基于包含311种吸附剂的实验性水吸附等温线数据库，系统分析了吸附剂性能、吸附剂结构特征和盐溶液性质与系统性能的关系。基于机器学习和遗传算法，以能量效率为优化目标，搜索性能最佳的“吸附剂-盐溶液”体系特性。

7.3.1　“吸附-反向电渗析”渗透热机

如图7-20所示，所研究的“吸附-反向电渗析”渗透热机基于了吸附式蒸馏(AD)技术及反向电渗析(RED)技术。在吸附式蒸馏过程中，盐溶液在外界热量的驱动下分离成高浓度和低浓度溶液。在反向电渗析过程中，将AD装置中产生的两种不同浓度溶液的盐差能直接转换为电能。具体的循环工作过程如下：水首先在环境温度下从蒸发器中蒸发，然后被吸附剂吸附，同时外部的冷却水回路带走吸附潜热。随后利用低品位热能对吸附床进行预热，并将压力提升至冷凝压力。在低品位热能的驱动下，蒸汽从吸附剂表面解附，并在冷凝器中冷凝成水，从而产生高浓度和低浓度溶液。之后，吸附床被预冷，为下一次吸附做准备。产生的高浓度和低浓度溶液随后进入RED装置。在浓度梯度的驱动下，离子实现跨膜输运。在RED装置内，阳离子交换膜(CEMs)和阴离子交换膜(AEMs)交替排列以调节阳离子和阴离子的定向移动，从而形成离子电流。最后，离子电流通过电极上的氧化还原反应转化为电流。

在本节研究中，蒸发温度和冷凝温度被设定为相等，而蒸发压力则不同，这是因

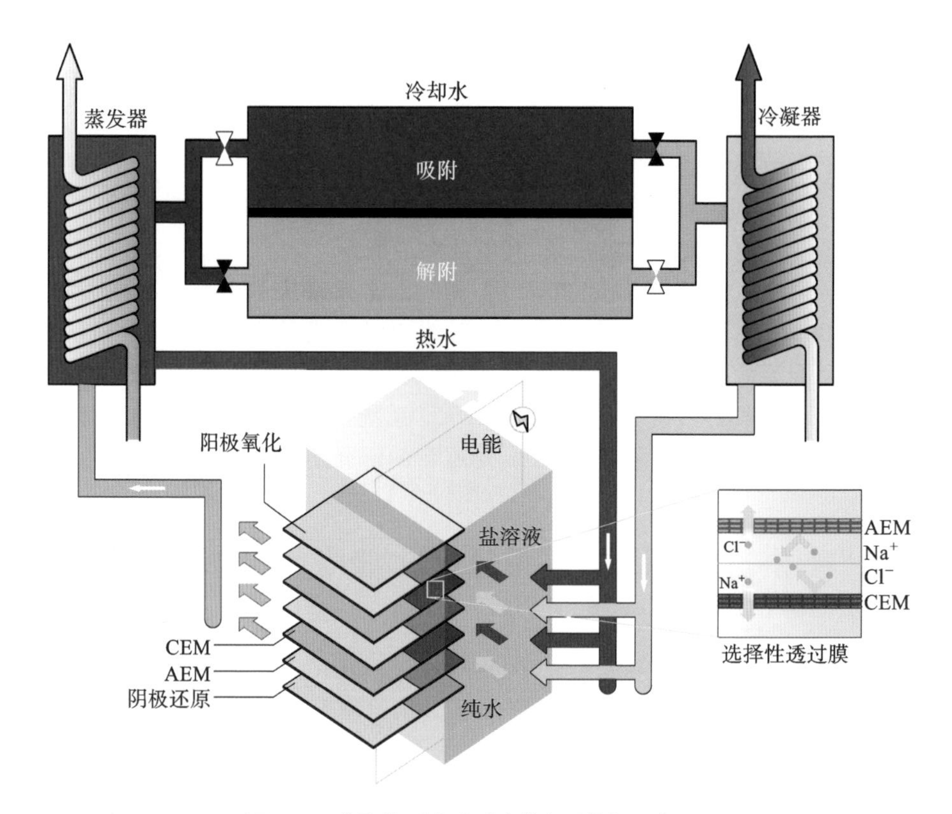

图 7-20 “吸附-反向电渗析”渗透热机示意图

为溶解在水中的盐会降低蒸发压力，其计算公式为 $p_{\mathrm{eva}} = p_{\mathrm{sat,ps}}\exp(-\nu CM_w\Phi)$，其中 Φ 是无量纲渗透系数[12]。表 7-1 列出了用于计算本节研究中使用盐-水溶液渗透系数 Φ 的 Pitzer 参数。

表 7-1 盐-水溶液渗透系数 Φ 的 Pitzer 参数[12]

工作盐	$\beta^{(0)}$	$\beta^{(1)}$	C^{ϕ}
MgI_2	0.4902	1.804125	0.007933
$MgBr_2$	0.4319	1.7528	0.0031
LiCl	0.1494	0.3074	0.00359
$LiNO_3$	0.1420	0.2780	−0.00551
NaCl	0.0765	0.2664	0.00127
KBr	0.0569	0.2212	0.00180
$NaNO_3$	0.0068	0.1783	−0.00072
$AgNO_3$	−0.0856	0.0025	0.00591

接下来基于通用吸附等温线模型(UAIM)对 311 个实验性水吸附等温线进行拟合[13]

$$W = \sum_{i=1}^{n} \alpha_i \left\{ \frac{\left[\frac{P}{P_0}\exp\left(\frac{\varepsilon_i}{RT}\right)\right]^{\frac{RT}{m_i}}}{1+\left[\frac{P}{P_0}\exp\left(\frac{\varepsilon_i}{RT}\right)\right]^{\frac{RT}{m_i}}} \right\}_i \tag{7-18}$$

式中,W 为水的平衡吸附量,P 和 T 分别表示平衡压力和温度,P_0 为水的饱和压力,R 为通用气体常数。此外,α_i、ε_i、m_i 和 n 为由吸附等温线的特征决定的拟合参数。吸附容量 ΔW 等于由 UAIM 预测的等温线得到的吸附和解附之间的吸附量之差

$$\Delta W = W_{\max} - W_{\min} = W(T_{\mathrm{ads}}, P_{\mathrm{ev}}) - W(T_{\mathrm{des}}, P_{\mathrm{con}}) \tag{7-19}$$

在不同的温度下,可使用吸附等温线来计算吸附焓 $\Delta_{\mathrm{ads}} H$,根据 Clausius-Clapeyron 公式[14],$\Delta_{\mathrm{ads}} H$ 可通过下式计算

$$\Delta_{\mathrm{ads}} H = -R \frac{\partial(\ln P)}{\partial(1/T)} \tag{7-20}$$

平均吸附焓 $\Delta_{\mathrm{ads}} H_{\mathrm{ave}}$ 定义为 $W_{\min}$ 和 $W_{\max}$ 之间吸附焓的平均值,可通过下式计算

$$\Delta_{\mathrm{ads}} H_{\mathrm{ave}} = \frac{\int_{W_{\min}}^{W_{\max}} \Delta_{\mathrm{ads}} H(W)\,\mathrm{d}W}{W_{\max} - W_{\min}} \approx \frac{\Delta_{\mathrm{ads}} H(W_{\max}) + \Delta_{\mathrm{ads}} H(W_{\min})}{2} \tag{7-21}$$

在解附过程之前,对盐溶液进行等温加热,以将压力提升到冷凝温度下的饱和压力,所需热量为 Q_{1-2},随后在解附过程中等温加热,所需热量为 Q_{2-3}。因此,总的耗热量为 $Q_{\mathrm{reg}} = Q_{1-2} + Q_{2-3}$。比能耗 $SEC = \frac{Q_{\mathrm{reg}}}{m_{\mathrm{sb}} \Delta W}$ 表示每千克蒸汽解附所需热量[15]。

RED 过程中理论上提取的最大功可用混合的吉布斯自由能来评估[16]

$$-\Delta G_{\mathrm{mix}} = RT\{[\sum x_i \ln(\gamma_i x_i)]_{\mathrm{M}} - \Lambda_{\mathrm{A}}[\sum x_i \ln(\gamma_i x_i)]_{\mathrm{A}} - \Lambda_{\mathrm{B}}[\sum x_i \ln(\gamma_i x_i)]_{\mathrm{B}}\} \tag{7-22}$$

式中,x 和 γ 分别表示摩尔分数和活度系数。下标 A、B 和 M 分别表示溶液 A、溶液 B 以及两种溶液的混合物。Λ 表示最终混合物中每种溶液的摩尔分数,因此 $\Lambda_{\mathrm{A}} + \Lambda_{\mathrm{B}} = 1$。在低浓度下,水的摩尔分数和活度系数可以近似为 1。假定混合过程中总体积不变,因为与水相比,盐的摩尔分数和体积的影响可忽略不计。因此,混合物的吉布斯自由能 ΔG_{mix} 可近似为[16]

$$-\frac{\Delta G_{\mathrm{mix}}}{\nu RT} \approx c_{\mathrm{M}} \ln(\gamma_{\mathrm{s,M}} c_{\mathrm{M}}) - \Psi c_{\mathrm{low}} \ln(\gamma_{\mathrm{s,low}} c_{\mathrm{low}}) - (1-\Psi) c_{\mathrm{high}} \ln(\gamma_{\mathrm{s,high}} c_{\mathrm{high}}) \tag{7-23}$$

式中，ν 为总的解离离子数；$\Psi \approx V_{\mathrm{low}}/(V_{\mathrm{low}}+V_{\mathrm{high}})$。活度系数 γ 则由 Pitzer 相互关系计算得出[12]

$$\ln(\gamma)=|z_{\mathrm{M}}z_{\mathrm{X}}|f^{\gamma}+m\left(\frac{2\nu_{\mathrm{X}}\nu_{\mathrm{M}}}{\nu}\right)B_{\mathrm{MX}}^{\gamma}+m^{2}\left(\frac{2(\nu_{\mathrm{X}}\nu_{\mathrm{M}})^{3/2}}{\nu}\right)C_{\mathrm{MX}}^{\gamma} \tag{7-24}$$

$$f^{\gamma}=-A_{\phi}\left[\frac{I^{1/2}}{1+bI^{1/2}}+\frac{2}{b}\ln(1+bI^{1/2})\right] \tag{7-25}$$

$$B_{\mathrm{MX}}^{\gamma}=2\beta_{\mathrm{MX}}^{(0)}+\frac{2\beta_{\mathrm{MX}}^{(0)}}{\alpha^{2}I}\left[1-\mathrm{e}^{-\alpha I^{1/2}}(1+\alpha I^{1/2}-(1/2)\alpha^{2}I)\right] \tag{7-26}$$

$$C_{\mathrm{MX}}^{\gamma}=\frac{2}{3}C_{\mathrm{MX}}^{\Phi} \tag{7-27}$$

为了提高渗透热机的能量效率，这里采用回热器来补偿解附过程中需要的热量[17]。假设回热器的温度 T_{r} 是均匀的，热容是巨大的。从出口处的冷却水中回收的热量可以计算为 $Q_{\mathrm{r,c}}=m_{\mathrm{c}}c_{\mathrm{p,c}}(T_{\mathrm{des}}-T_{\mathrm{r}})$，可再利用的热量计算为 $Q_{\mathrm{r,h}}=m_{\mathrm{h}}c_{\mathrm{p,h}}(T_{\mathrm{r}}-T_{1})$，其中下标 c 和 h 分别表示冷却和加热过程。因此，净需热量可以表示为 $Q_{\mathrm{reg,net}}=Q_{\mathrm{reg}}-Q_{\mathrm{r,h}}=Q_{\mathrm{reg}}-m_{\mathrm{h}}c_{\mathrm{p,h}}(T_{\mathrm{r}}-T_{1})$。根据该公式可知，较大的 T_{r} 可以带来较高的能量效率。由于 $Q_{\mathrm{r,c}}\geqslant Q_{\mathrm{r,h}}$，因此在实际过程中，回热器的温度符合关系 $T_{\mathrm{r}}\leqslant\frac{T_{\mathrm{des}}+\omega T_{1}}{1+\omega}$，其中，$\omega=\frac{m_{\mathrm{h}}c_{\mathrm{p,h}}}{m_{\mathrm{c}}c_{\mathrm{p,c}}}$，表示非对称的比热比。在热回收过程中，当冷却介质与加热介质温度相同时，达到最大的 $T_{\mathrm{r}}=\frac{T_{\mathrm{des}}+T_{1}}{2}$，这表明冷却水携带的热量约有 50%被回收。因此，渗透热机的最大理论能量效率可表示为

$$\eta_{\mathrm{e}}=\frac{\Delta G_{\mathrm{mix}}}{Q_{\mathrm{reg}}-m_{\mathrm{h}}c_{\mathrm{p,h}}(T_{\mathrm{des}}-T_{1})/2} \tag{7-28}$$

7.3.2 结果和讨论

为了对“吸附-反向电渗析”渗透热机中“吸附剂-盐溶液”体系进行筛选，我们构建了一个实验性水吸附等温线数据库，其中包括从 NIST/ARPA-E 新型和新兴吸附材料数据库[18]和最新文献中收集的 311 种吸附剂。这些吸附剂被分为五类，包括碳、共价有机框架(COFs)、金属有机框架(MOFs)、多孔有机聚合物(POPs)和沸石。数据库中大多数吸附剂的结构特性包括可及表面积(S_{a})，有效孔容(V_{a})和孔径(D_{p})。计算了每种吸附剂在八种工作盐(即 $AgNO_3$、$NaNO_3$、KBr、NaCl、$LiNO_3$、LiCl、$MgBr_2$ 和 MgI_2)下的吸附性能和相应的系统能量效率。蒸发和冷凝温度设定为与环境温度(293 K)相同，解附温度设定为 333 K。吸附式渗透热机的详细运行条件列于表 7-2 中。

表 7-2　吸附式渗透热机的详细运行条件

工作盐	吸附条件		解吸条件	
	T_{ads}/K	P_{eva}/Pa	T_{des}/K	P_{con}/Pa
$AgNO_3$	293	2144.4	333	2339.3
$NaNO_3$		2029.4		
KBr		1917.2		
NaCl		1887.3		
$LiNO_3$		1834.1		
LiCl		1748.3		
$MgBr_2$		1246.8		
MgI_2		1115.8		

1. 不同“吸附剂-盐溶液”体系下系统性能

图 7-21 和图 7-22 给出了在不同“吸附剂-盐溶液”体系下渗透热机系统的性能。对大多数吸附剂而言，采用二价盐水溶液为工质时系统的电效率在 1%～3% 之间，而采用一价盐水溶液为工质时系统的电效率相对较小，在 0～1%之间。这是因为在一定的工作浓度下，二价盐的离子数比一价盐的离子数多，导致吉布斯自由能较大。无论以何种类型的盐溶液为工质，系统取得最高效率对应的吸附剂都是 MOFs，而 COFs 的平均性能最好。以二价盐溶液为工质时，以 MOFs 作为吸附剂时性能优于碳、POPs 和沸石；而以一价盐水溶液为工质时，以 POPs 作为吸附剂时系统的性能优于 MOFs、碳和沸石。超过 50%的 COFs 在 MgI_2 盐溶液为工质的情况下，渗透热机展现出高于 2.5%的电效率，大约 75%的 COFs 展现出高于 2%的电效率。此外，在所有的运行条件下，*SEC* 与电效率呈现严格的负相关关系。

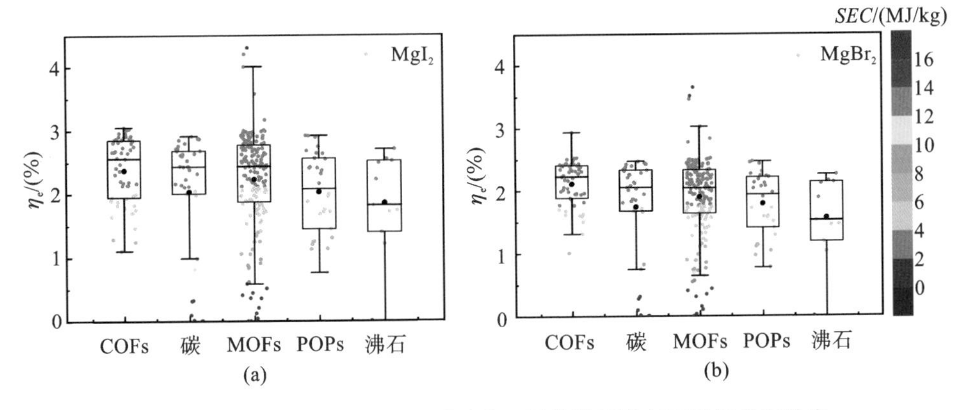

图 7-21　以二价盐溶液为工质时在不同种类吸附剂下系统的电效率

（标尺为比能耗）

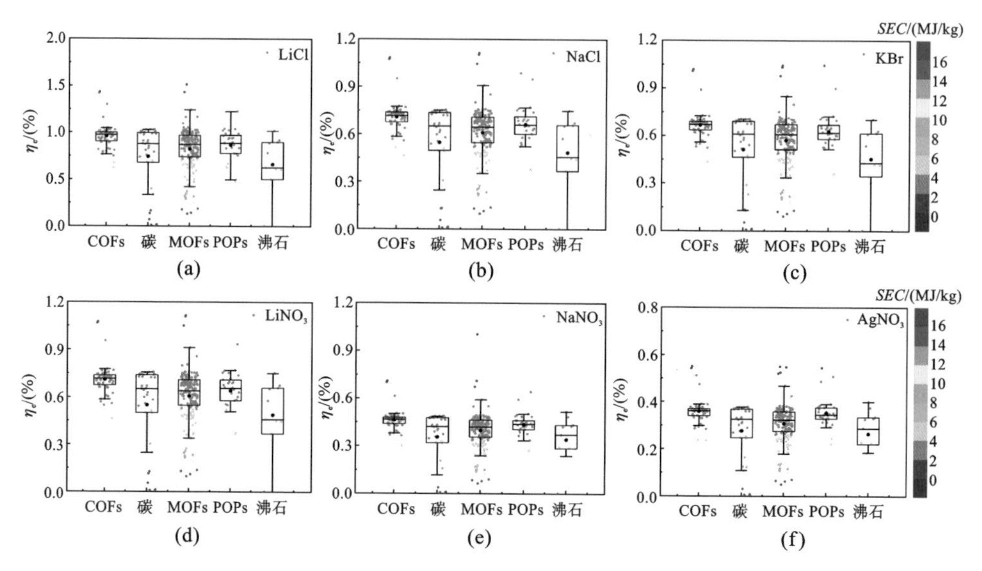

图 7-22　以一价盐溶液为工质时在不同种类吸附剂下系统的电效率

（标尺为比能耗）

表 7-3 中列出了每种工作盐对应最高效率的前 5 种性能良好的吸附剂。从中可以发现，几乎所有性能最好的吸附剂类型都是 MOFs 和 COFs。在所有的组合中，以 S-MIL-53(Al) 为吸附剂，以 MgI_2 溶液为工质时渗透热机的效率可达到 4.308%。此外，吸附剂 S-MIL 53(Al) 对各种盐溶液都具有广泛的适用性，其与几乎所有盐类的组合所取得的效率在所有吸附剂中排名前五。

表 7-3　每种工作盐对应最高效率的前 5 种性能良好的吸附剂

工作盐	吸附剂	吸附剂类型	η_e /(%)	ΔW /(g/g)	ΔH /(MJ/kg)
MgI_2	S-MIL-53(Al)	MOFs	4.308	0.319	1.777
	MIL-125	MOFs	4.201	0.263	1.799
	MIL-101-NH_2	MOFs	4.004	0.905	2.006
	{[Cu_2(4-pmpmd)$_2$(CH_3OH)$_4$(opd)$_2$]·2H_2O}	MOFs	3.577	0.121	1.971
	Cr-MIL(101)	MOFs	3.169	0.623	2.537
$MgBr_2$	S-MIL-53(Al)	MOFs	3.650	0.358	1.762
	MIL-125	MOFs	3.513	0.268	1.799
	MIL-101-NH_2	MOFs	3.461	0.935	1.936
	{[Cu_2(4-pmpmd)$_2$(CH_3OH)$_4$(opd)$_2$]·2H_2O}	MOFs	3.026	0.133	1.970
	Tp-Azo	COFs	2.941	0.142	2.057

续表

工作盐	吸附剂	吸附剂类型	η_c /(%)	ΔW /(g/g)	ΔH /(MJ/kg)
LiCl	S-MIL-53(Al)	MOFs	1.511	0.454	1.746
	Ad_4L_2	COFs	1.431	0.257	1.78
	MIL-125	MOFs	1.429	0.280	1.799
	Ad_3L_3	COFs	1.418	0.249	1.797
	Tp-Azo	COFs	1.299	0.427	2.047
$LiNO_3$	S-MIL-53(Al)	MOFs	1.114	0.482	1.742
	PIZOF-2	MOFs	1.107	0.662	1.777
	Ad_4L_2	COFs	1.074	0.347	1.779
	Ad_3L_3	COFs	1.066	0.340	1.792
	MIL-125	MOFs	1.049	0.281	1.799
NaCl	S-MIL-53(Al)	MOFs	1.111	0.498	1.739
	PIZOF-2	MOFs	1.102	0.682	1.777
	Ad_4L_2	COFs	1.081	0.424	1.777
	Ad_3L_3	COFs	1.072	0.407	1.790
	MIL-125	MOFs	1.043	0.282	1.799
KBr	EOF-6(POP)	POPs	1.043	0.175	1.585
	S-MIL-53(Al)	MOFs	1.042	0.506	1.737
	PIZOF-2	MOFs	1.031	0.686	1.777
	Ad_4L_2	COFs	1.017	0.470	1.776
	Ad_3L_3	COFs	1.007	0.439	1.789
$NaNO_3$	S-MIL-53(Al)	MOFs	1.002	0.546	1.216
	PIZOF-2	MOFs	0.710	0.690	1.777
	Ad_4L_2	COFs	0.708	0.606	1.773
	Ad_3L_3	COFs	0.698	0.511	1.787
	MIL-125	MOFs	0.672	0.284	1.799

续表

工作盐	吸附剂	吸附剂类型	η_e /(%)	ΔW /(g/g)	ΔH /(MJ/kg)
$AgNO_3$	Ad_4L_2	COFs	0.550	0.662	1.773
	PIZOF-2	MOFs	0.549	0.691	1.777
	$\{[Zn_4O(bfbpdc)_3\text{-}(bpy)_{0.5}(H_2O)]\cdot(3DMF)(H_2O)\}_n$	MOFs	0.547	0.398	1.741
	EOF-6(POP)	POPs	0.544	0.378	1.747
	Ad_3L_3	COFs	0.542	0.535	1.787

2. 吸附剂结构特性与盐溶液物理化学性质和系统性能之间的关系

吸附容量和吸附焓是吸附剂的两个重要特性。吸附容量表示单位质量的吸附剂所吸附的溶剂的质量，它可以通过吸附剂的最大和最小吸附量之差计算。在吸附过程中，较大的工作容量意味着吸附剂能更好地分离盐溶液，从而在下游RED装置中提取更多的能量；而吸附焓则与耗热量显著相关。

图7-23描述了在不同盐溶液下，吸附剂特性和系统能量效率之间的关系。对于每种工作盐溶液，吸附容量和能量效率之间存在明显的正相关关系。在以二价盐溶液为工质时，当ΔW小于0.3 g/g时，系统的能量效率随着吸附容量的增加而显著增加，而当ΔW大于0.3 g/g时，效率没有明显提高；在以一价盐溶液为工质时，当ΔW小于0.2 g/g时，系统的能量效率随着吸附容量的增加而显著增加，而当ΔW大于0.2 g/g时，效率没有明显提高。吸附剂较高或较低的吸附焓都不会导致渗透热机最大效率，而具有中等吸附焓(在本研究中为1.8～2.6 MJ/kg)的吸附剂对每种工作盐溶液都表现出了更有利的性能。

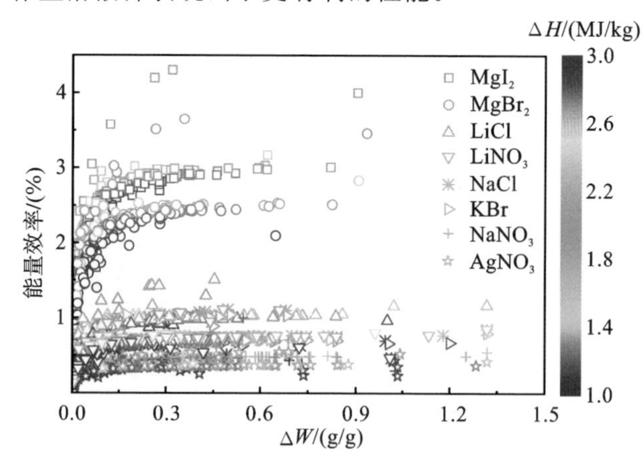

图7-23　不同盐溶液下吸附剂特性和系统能量效率之间的关系

(标尺为吸附焓)

工作盐溶液的渗透系数与系统的能量效率呈正相关关系。如图 7-24(a)所示,二价盐的渗透系数比一价盐大得多,从而使系统能量效率更高。在所研究的8种盐溶液中,采用渗透系数最大的 MgI_2 溶液为工质时,系统取得最大效率。

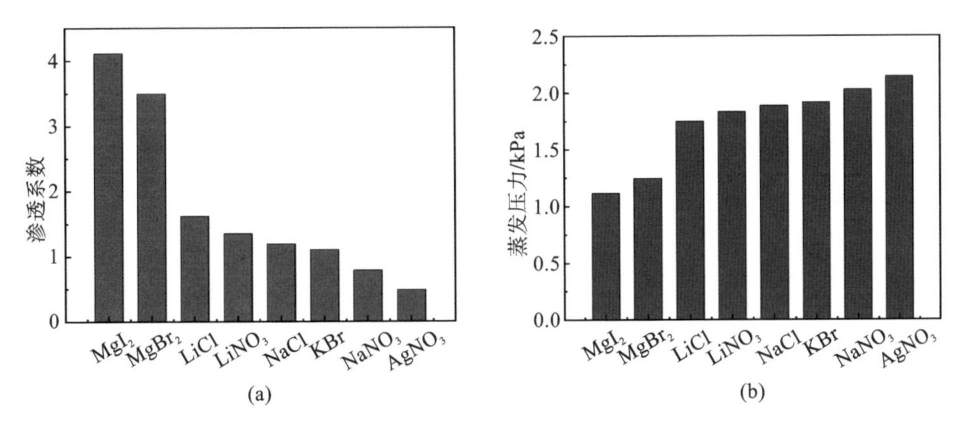

图 7-24　所研究的8种工作盐的渗透系数和蒸发压力

(a)渗透系数;(b)蒸发压力

图 7-25(a)~(c)表明,吸附剂的吸附性能与结构特征密切相关。吸附容量和 S_a 之间存在着明显的正相关关系。吸附容量先随着 V_a 的增加而增加,在 1.5 cm^3/g 左右达到最大值,随后由于在较大 V_a 时水与吸附剂之间的相互作用减弱而下降。随着孔径的增大,吸附容量也大体呈现出先增大后减小的趋势,在孔径约为 24 Å 时达到峰值。这可以归因于在 D_p 大于水的动态直径 2.7 Å 且小于某一临界直径的孔中会发生连续的可逆吸附,而当 D_p 大于临界直径时,会发生不理想的热力学

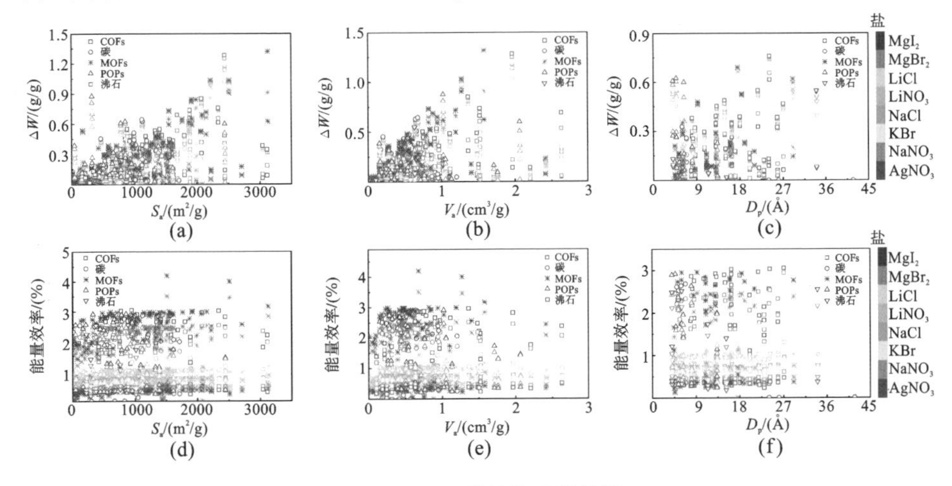

图 7-25　吸附剂的吸附性能

(a)~(c)系统吸附容量;(d)~(f)能量效率与吸附剂可及表面积(S_a)、有效孔容(V_a)和孔径(D_p)之间的关系

不可逆毛细管冷凝现象[19]。临界直径可以计算为 $D_c = 4\sigma T_c/(T_c - T)$，其中 σ 是近似水分子尺寸(0.28 nm)，T_c 和 T 是水的临界温度和实际温度，因此可以得到环境温度下的临界直径大约为 21 Å[20]~[21]。鉴于从以往文献中收集到的数据库中实验性水吸附等温线的数量有限，与 21 Å 附近的孔径相对应的数据不足，因此，没有观察到临界直径下的理论最大吸附容量。此外，当吸附剂的结构特征不变时，渗透系数较低的盐会导致较大的吸附容量。这可以归因于高渗透系数导致低蒸发压力(即吸附压力)从而降低了吸附过程结束时的最大吸附量，如图 7-24 所示；而解附过程结束时的最小吸附量与冷凝压力有关，与工作盐无关，如图 7-26 所示。

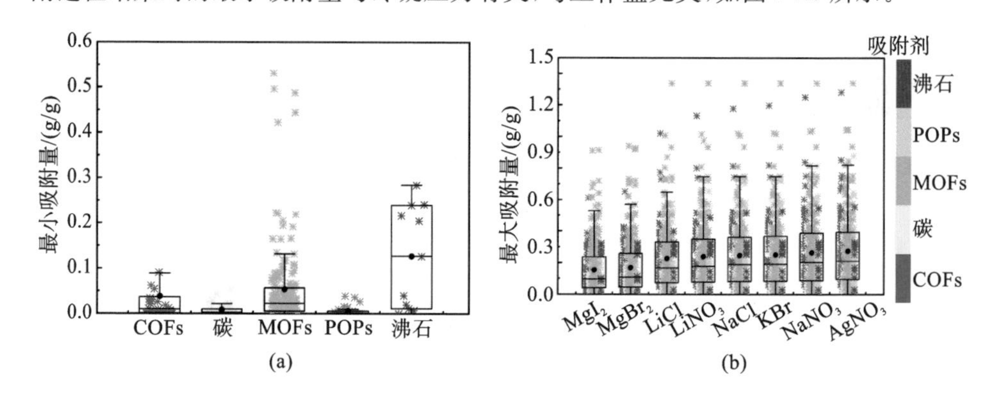

图 7-26　不同盐溶液下吸附剂性能

(a)最小吸附量；(b)最大吸附量

图 7-25(d)～(f)显示了系统能量效率与吸附剂结构特性之间的关系。以二价盐溶液为工质时，由于吸附容量的提高，在较小的 S_a、V_a 和 D_p 下，能量效率随着三个结构特征参数的增加而表现出明显的增加。在吸附容量超过 0.3 g/g 时，能量效率变化不明显。当吸附剂孔径大于临界直径时，由于吸附容量的降低，能量效率也会下降。以一价盐溶液为工质时，吸附剂吸附容量相对较高(在 0.2 g/g 附近)，结构特征参数对能量效率的影响较小。

3. 机器学习与最优“吸附剂-盐溶液”体系

“吸附剂-盐溶液”体系主要特性是吸附剂的可及表面积、有效孔容和孔径，以及盐的渗透系数和活度系数。为了更有效地筛选出高性能体系，基于机器学习方法研究了“吸附剂-盐溶液”体系特性与系统能量效率的函数关系。我们尝试了四种不同的回归机器学习模型来预测能量效率，如图 7-27 所示。每个机器学习模型的超参数均根据贝叶斯优化调整。均方根误差(*RMSE*)、R^2、平均绝对误差(*MAE*)、均方误差(*MSE*)这四个指标被用来评估模型的准确性(表 7-4)。基于 776 种具备五个特性参数的“吸附剂-盐溶液”体系，随机选取其中 80%的数据进行模型训练，其余数据用于验证。这五个特性参数可以准确地用来预测系统的能量效率，高斯过程模型表现出最高的准确率 $R^2 = 0.98$，其次是基于集成的回归模型 $R^2 = 0.96$，支持向量机模型 $R^2 = 0.94$ 以及决策树模型 $R^2 = 0.87$。

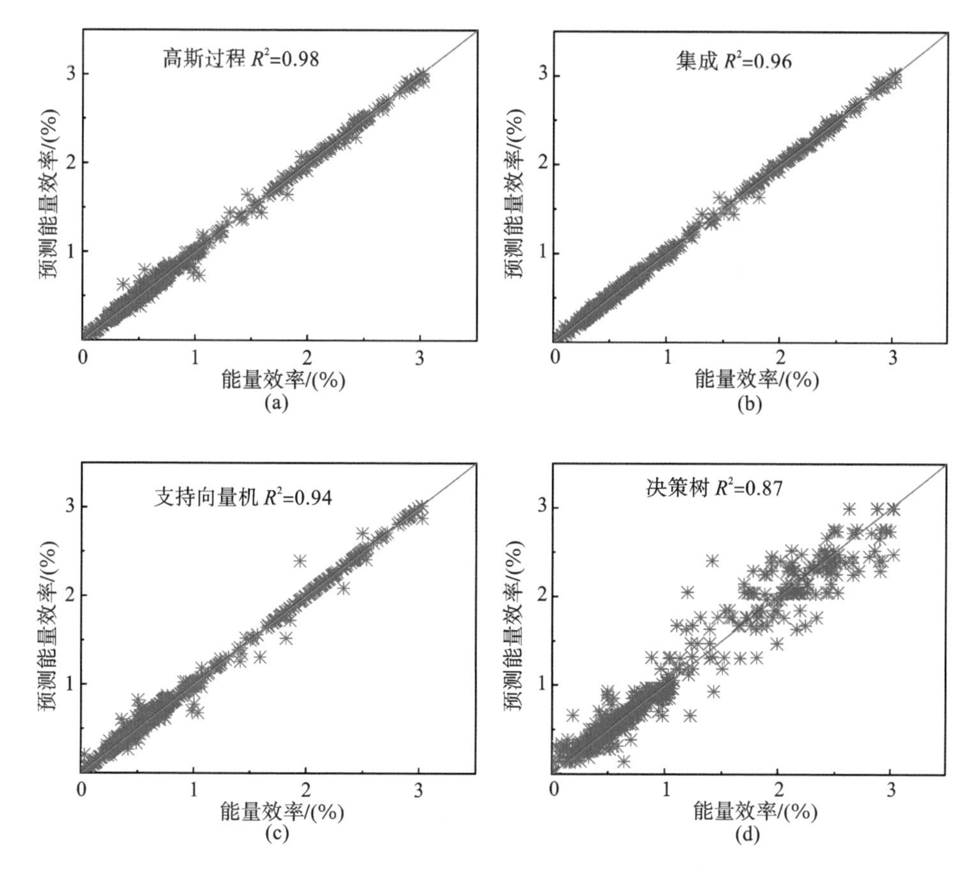

图 7-27　基于不同回归机器学习模型预测的系统能量效率

表 7-4　评估机器学习模型准确性的指标

机器学习模型	*RMSE*	R^2	*MSE*	*MAE*
高斯过程	0.09396	0.98	0.008829	0.053815
集成	0.13893	0.96	0.019302	0.076439
支持向量机	0.18304	0.94	0.033503	0.10716
决策树	0.25573	0.87	0.065399	0.16469

尽管机器学习能够根据“吸附剂-盐溶液”体系的特性对系统能效进行快速和相对准确的预测，但在高维特征空间中寻找最优解仍然是一个挑战[22]。因此，结合训练准确的高斯过程模型，采用遗传算法，以能量效率为优化目标，进一步寻找最佳性能的“吸附剂-盐溶液”体系特性。图 7-28 显示了遗传算法优化过程的流程图，初始种群大小被设定为 5000。最终优化得到的最佳“吸附剂-盐溶液”体系特性是：可及表面积为 694.32 m^2/g，有效孔容为 0.31 cm^3/g，孔径为 9.22 Å，渗透系数为 5.04，活度系数为 3.96。此时，能量效率为 4.25%。

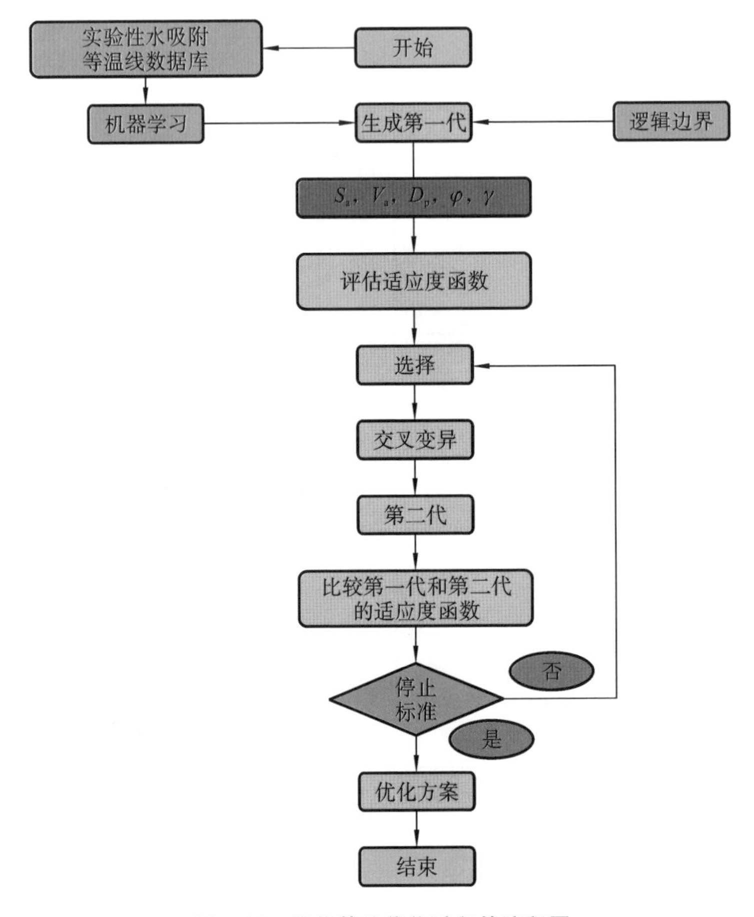

图 7-28　遗传算法优化过程的流程图

7.4　基于直接接触式膜蒸馏与反向电渗析的渗透热机

本节提出了一种基于直接接触式膜蒸馏和反向电渗析的渗透热机[23]。如图7-29所示，以NaCl水溶液作为工质。在低温热能的驱动下，一定浓度的NaCl溶液在直接接触式膜蒸馏过程中被分离成高、低浓度的溶液。生成的高、低浓度的溶液进入反向电渗析装置，将溶液的混合吉布斯自由能转换成电能，反向电渗析出口处两股溶液混合进入直接接触式膜蒸馏装置，开始下一轮循环。整个系统实现了连续的“热—电”转换。

图7-30为具有回热的基于膜蒸馏与反向电渗析的渗透热机示意图。溶液流 i 标记为 S_i。T_i、m_i 和 C_i 分别表示其温度、质量流量和浓度。溶液流（S_1、S_5 和 S_6）连接热分离阶段和发电阶段，膜组件进口（S_1）NaCl浓度被定义为该渗透热机的工作

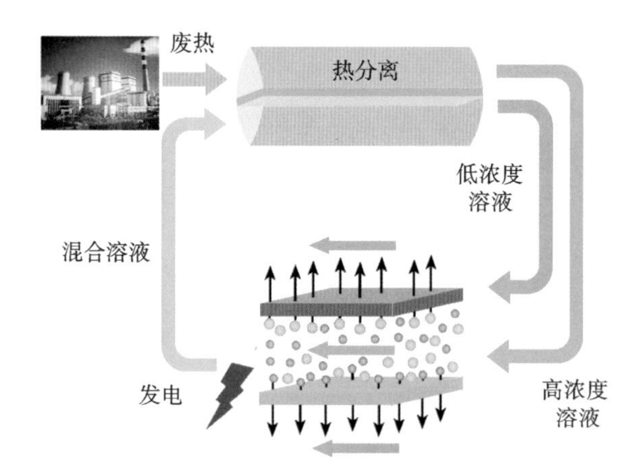

图 7-29　基于直接接触式膜蒸馏与反向电渗析的渗透热机示意图

浓度。来自反向电渗析装置的溶液(S_{13}和 S_{14})汇合成 S_1,随后通过直接接触式膜蒸馏模块分离。其由低温热源(T_C)驱动,以产生浓溶液(S_4)。为了减少热分离过程中所需的能量并提高其能量效率,在直接接触式膜蒸馏模块之前放置一个回热器,以回收渗透流中积累的潜热(S_9)。部分反向电渗析装置出口溶液 S_{15} 循环至低浓度侧的进口,然后混合,以提高纯水的导电性,从而保持 RED 系统的稳定性。在系统层面上,该渗透热机发电系统从外部低品位热源(通过图 7-30 中的红色热交换器)吸收热能,其中一部分转化为电能,其余部分排放至冷却器(通过图 7-30 中的两个蓝色热交换器)。从而,该基于直接接触式膜蒸馏与反向电渗析的渗透热机实现了一般化热机的"热—功"转换特性。

7.4.1　渗透热机的过程特性

基于对第四章和第五章中对 DCMD 和 RED 的相关数学描述,可以建立基于直接接触式膜蒸馏与反向电渗析的数学模型。图 7-31 描述了在不同相对流量下,膜组件和回热器中沿程温度分布,以及 RED 模块中的浓度分布。相对流量 α 定义为进入 DCMD 膜组件的低浓度溶液与高浓度溶液质量流量之比。这些温度或浓度分布在不同相对流量下呈现不同的特征。在 DCMD 组件前放置回热器,用来回收 DCMD 组件中低浓度溶液所携带的热量,以减少从热源吸收的热量。DCMD 系统的性能主要受相对流量 α 的影响[24],进而影响 RED 模块的性能。

对于 DCMD 系统而言,存在三种工作状态:在较小 α 时的渗透极限区(PLR)、在较大 α 时的供液极限区(FLR)、在中等 α 时的传质极限区[24]。在 PLR 状态时,低浓度侧溶液流量不足,其温度从 T_C 增加到 T_H^*,其中,T_H^* 满足 $p_w(0,T_H^*)=p_w(C_F,T_H)$。$C_F$ 为高浓度侧溶液的浓度,如图 7-31(a)中 $\alpha=0.5$ 的曲线所示 。在 FLR 状态时,高浓度侧溶液流量不够,DCMD 过程中跨膜传质驱动力不足,其温度从 T_H 下降到 T_C^*。其中 T_C^* 满足 $p_w(0,T_C)=p_w(C_F,T_C^*)$,如图 7-31(a)中

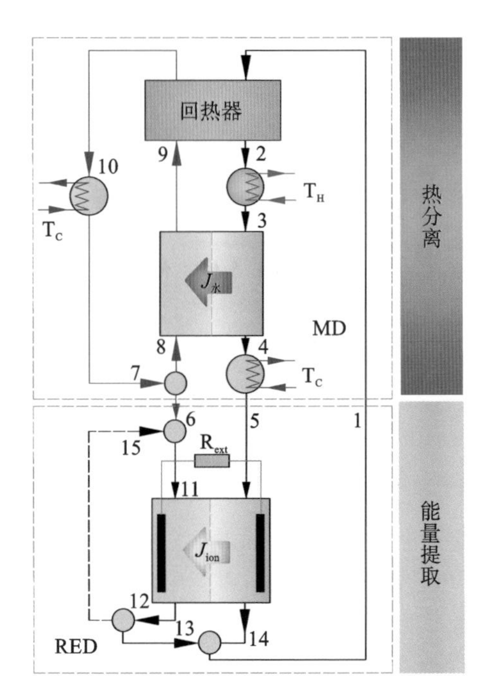

图 7-30　具有回热的基于直接接触式膜蒸馏与反向电渗析的渗透热机示意图

$\alpha = 1.5$ 的曲线所示。当跨膜质量系数较小或疏水膜面积不够大时，低浓度侧溶液的温度达不到 $T_H{}^*$，高浓度侧溶液温度达不到 $T_C{}^*$，此时 DCMD 工作在 MTLR 状态，如图 7-31(a) $\alpha = 1$ 的曲线所示。α 较大意味着低浓度侧溶液的质量流量较大，因此在 DCMD 模块中的温升较低，回热器中的温降较低。DCMD 模块出口处

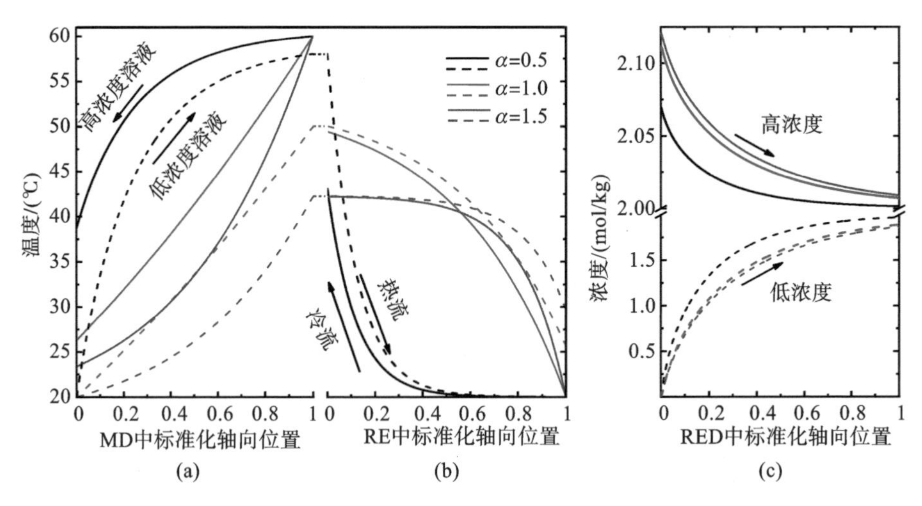

图 7-31　基于直接接触式膜蒸馏与反向电渗析的渗透热机中膜组件和回热器沿程温度和浓度变化

(a) MD 模块；(b) RE 模块；(c) RED 模块

溶液浓度较大。如图 7-31(c)所示，其中，RED 进口溶液来自 DCMD 模块中的出口溶液。在 RED 模块中，高浓度溶液通过 RED 膜交换离子后浓度下降，而低浓度溶液浓度通过 RED 膜交换离子后浓度增加。

7.4.2　关键性能参数影响

相对流量 α 对热分离程序的性能指标起决定作用，主要体现在质量回收率(ξ)、吸热率(Q_H)和比热负荷(β)。

质量回收率 ($\xi = \Delta m_{MD}/m_3 = m_6/m_3$) 为跨膜蒸汽传输量与高浓度侧溶液流量之比。比热负荷 β 表征产生单位跨膜蒸汽通量所需要的热量，$\beta = \dfrac{Q_H}{\Delta m_{MD}} = \dfrac{c_{p,1}(T_3 - T_2)}{\xi}$，其中 $Q_H = m_1 c_{p,1}(T_3 - T_2)$ 是热分离阶段吸收的热量，$c_{p,1}$ 是热交换器中溶液 S_2 的平均比热容。如图 7-32(a)所示，在 α 较小时，ξ 呈单调线性关系，在较大的 α 时，达到最大值 ξ_{max}，保持不变。分别对应于 PLR 和 FLR 区间。在图

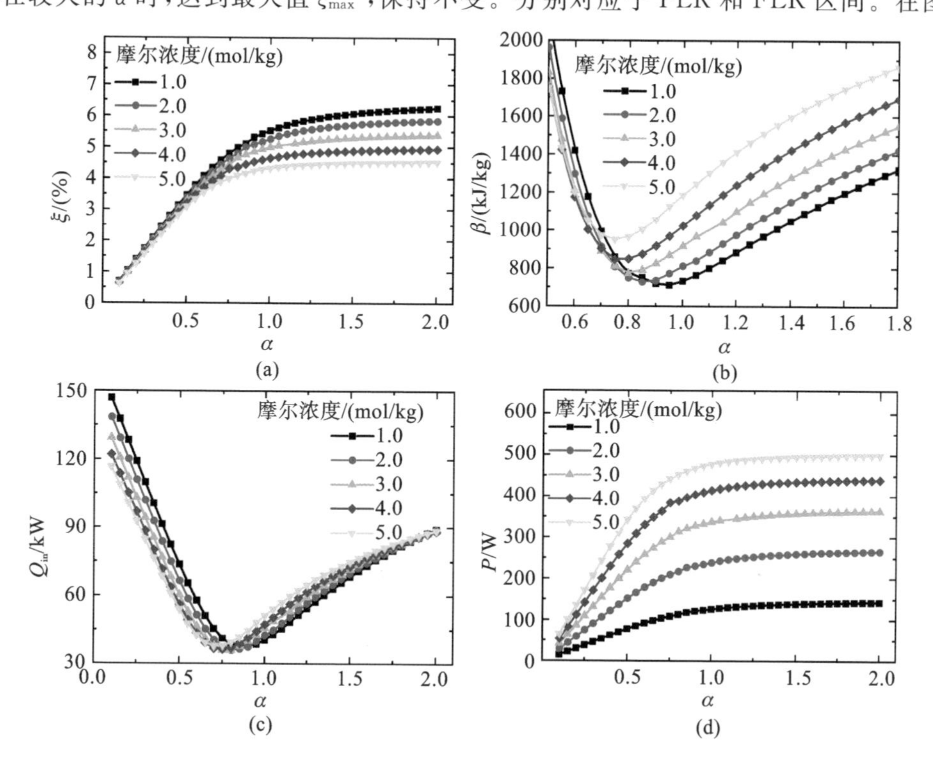

图 7-32　基于直接接触式膜蒸馏与反向电渗析的渗透热机的质量回收率、比热负荷、吸收热量和功率输出随相对流量的变化曲线

(a)质量回收率；(b)比热负荷；(c)吸收热量；(d)功率输出

(热沉和热源温度分别设定为 20 ℃和 60 ℃)

7-32(b)中，我们可以看到随着 α 增加，β 有一个最小值。浓度越高，β_{min} 对应的 α 越小，但是 β_{min} 的数值越高。在图 7-32(c)中，在不同浓度下，DCMD 过程中吸收的热量随着 α 增加而减少，达到其最小值后增加。

在所研究的条件下，溶液浓度对平均比热容的影响较小。在给定的相对流量下，对于不同浓度的溶液，其吸热差异不大。在 FLR 状态中，由于传质不受限制，在较高的相对流量下，吸收的热量与浓度呈负相关，浓度越高，α 对应的最小吸热量越低。通过图 7-32(b)和(c)可以看出，最小比热负荷与最小吸收热量的对应的最优相对流量不一致。

此外，对于低浓度的盐溶液，浓度变化不会明显影响溶液的密度，并且跨膜水传输量相对较少。RED 模块中的体积流量可以视为常数。$P_{max} \approx m_5\psi(C_1) = m_1\xi\psi(C_1)$，其中 $\psi(C_1)$ 表示为盐溶液每单位质量流率的功率，单位为 J/kg，表征溶液的单位功势。C_1 为 DCMD 组件入口处的浓度，定义为渗透热机的工作溶液浓度。从图 7-33 中可以看出，当 α 较大时，$\psi(C_1)$ 几乎与相对流量无关。因此，可将 $\psi(C_1)$ 视为一个常数，仅由给定温度下的工作溶液浓度确定。对于给定的工作溶液浓度，输出功率应该与 ξ 类似，在 PLR 状态下，随着 α 的增加而线性增加，然后进入 FLR 状态，达到最大值后保持稳定，如图 7-32(d)所示。与质量回收率变化趋势不同，工作溶液浓度越大，输出功率越大。尽管 DCMD 进口处工作溶液浓度较高会导致质量回收率降低，进而使得 DCMD 过程后的 NaCl 溶液浓度增幅减弱，但初始浓度已经足够维持反向电渗析过程所需的电压。因此，工作溶液浓度越高，输出功率越大。

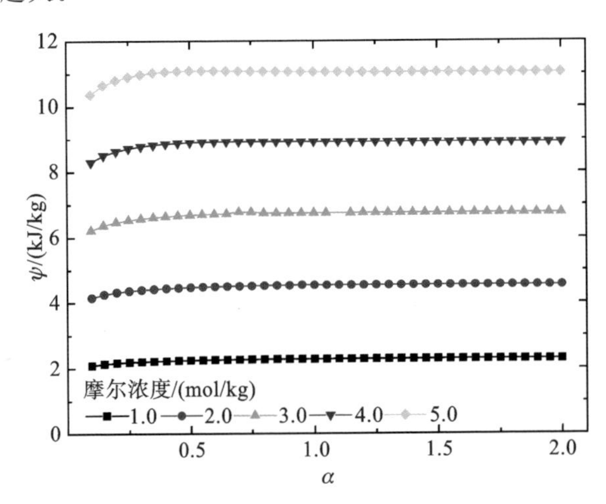

图 7-33　溶液的单位功势 $\psi(C_1)$ 随相对流量的变化

如图 7-34 所示，在不同工作溶液浓度下，电效率与相对流量成凹函数关系。如图 7-35 所示，存在一个最优 α，使电效率达到最大，对应比热负荷的最小值，但它不是图 7-35 所示的热分离过程中的吸热最小值点。我们还可以看到，工作溶液浓度越高，比热负荷越高，电效率也越高，这是因为反向电渗析高电压对电效率的

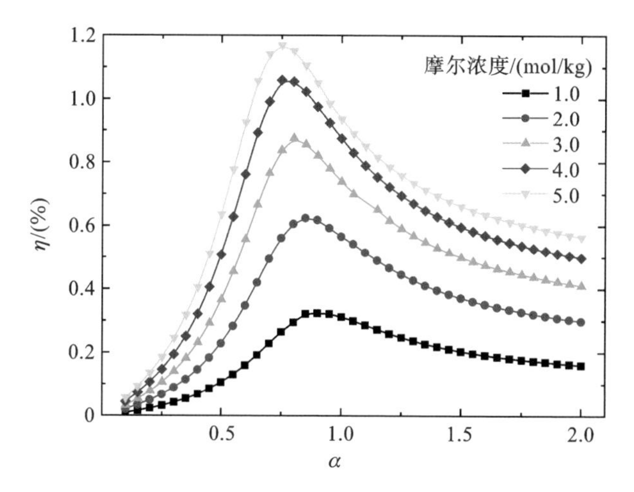

图 7-34　基于直接接触式膜蒸馏与反向电渗析的渗透热机的电效率随相对流量的变化

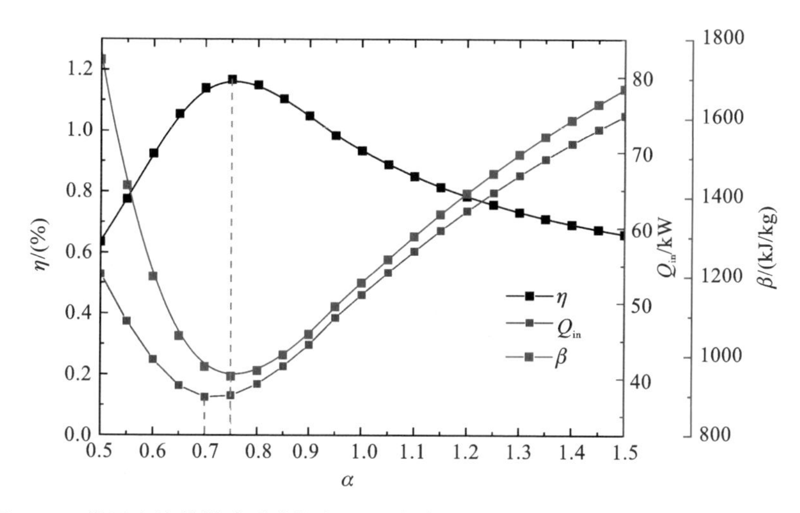

图 7-35　基于直接接触式膜蒸馏与反向电渗析的渗透热机的吸热量、比热负荷和电效率随相对流量的变化

(其中工作溶液浓度为 5.0 mol/kg)

有利影响超过了更大的 β 带来的负面影响，这意味着在热分离过程中 DCMD 模块需要更多的热能。

7.4.3　电效率的热力学极限

根据前述分析，存在与最小比热负荷和最优相对流量相对应的最大电效率。对于给定的工作温度，电效率 $\eta=\frac{P_{\max}}{Q_{\mathrm{H}}}\approx\frac{\psi(C_1)}{\beta}=\frac{\xi\psi(C_1)}{c_{\mathrm{p},1}(T_3-T_2)}$。因此 $\eta_{\max}\approx\frac{\psi(C_1)}{\beta_{\min}}$。与前述分析类似，我们研究了工作溶液浓度分别为 2.0 mol/kg 和 5.0

mol/kg 时基于直接接触式膜蒸馏与反向电渗析的渗透热机的性能。图 7-36(a)显示了给定 T_C (20 ℃)下最大电效率 η_{max} 与 T_H 之间的关系。最大电效率随着 T_H 的升高而增大,因为通常情况下,热源温度越高,吸热过程中工质的平均温度越高,从而使基于直接接触式膜蒸馏与反向电渗析的渗透热机的电效率越高。工作溶液浓度越高,最大电效率越大。最小比热负荷与热源温度 T_H 的关系如图 7-36(b)所示。可以看出,最小比热负荷(β_{min})为 T_H 的递减函数,但它随着工作溶液浓度的增加而增加,通过图 7-32(b)也可以发现这一现象。最优相对流量随热源温度和工作溶液浓度的增加而减小。较大的工作溶液浓度会使得最优 α 减小,相应地,质量回收率也随之减小,如图 7-36(d)所示,因此 β_{min} 增大。

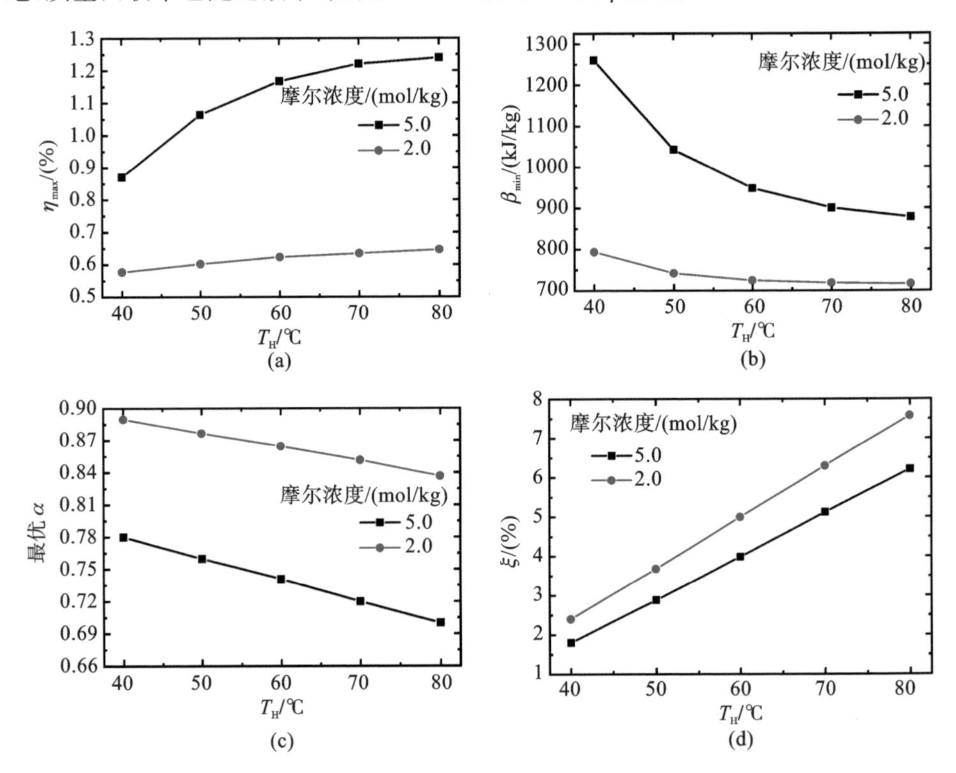

图 7-36 基于直接接触式膜蒸馏与反向电渗析的渗透热机的最大电效率、最小比热负荷、最佳相对流量和质量回收率随热源温度的变化

(a)最大电效率;(b)最小比热负荷;(c)最佳相对流量;(d)质量回收率

7.5 本章小结

(1) 研究一种基于吸附式蒸馏与反向电渗析的渗透热机,以实现冷电联产。研究了吸附/解附时间、切换时间、工作溶液浓度、工作溶液质量和吸附剂种类对系统的电效率、制冷系数和㶲效率的影响。研究表明，延长吸附时间和切换时间，降低工作溶液的浓度，增加工作溶液的质量，可以提高制冷性能。如果要提高发电性能，可以缩短吸附时间、缩短切换时间、提高工作溶液的浓度和质量。如果着眼于能源的综合利用程度，也即提高㶲效率，可以缩短吸附时间、延长切换时间、降低工作溶液的浓度、增加工作溶液的质量。以 CAU-10 为吸附剂，在吸附/解附时间 900 s、切换时间 10 s、工作溶液浓度 8 mol/kg 时，其㶲效率为 30.04%，电效率和 *COP* 分别为 0.39%和 0.84%。

（2）进一步提出了两种具有热量回收的基于吸附式蒸馏与反向电渗析的渗透热机构型，来提高其发电性能：蒸发器中产生的冷量用于冷凝器中的冷凝（构型Ⅰ）和蒸发器耦合在冷凝器内（构型Ⅱ）。与原构型相比，构型Ⅰ的有效冷凝温度降低以及构型Ⅱ的增压效果显著提高了吸附能力，从而导致输出的功增加。在较低的工作溶液浓度和较短的吸附时间下，构型Ⅱ可以提高电效率，而在较高的工作溶液浓度和较长的吸附时间下，构型Ⅱ降低了电效率。

（3）对吸附式渗透热机的“吸附剂-盐溶液”体系进行了高通量筛选。基于包含 311 种吸附剂的实验性水吸附等温线数据库，系统分析了吸附剂性能、吸附剂结构特征和盐溶液性质与系统性能的关系。通过机器学习获得了“吸附剂-盐溶液”特性和系统能量效率的函数关系。进一步基于遗传算法以能量效率为优化目标，获得了最优的“吸附剂-盐溶液”体系的物理化学特征。

（4）提出了一种基于直接接触式膜蒸馏与反向电渗析的渗透热机。对其进行数学建模与分析。系统地讨论了膜蒸馏系统的相对流量对质量回收率、比热值、吸收的热量和功率输出的影响。在给定的工作温度下，在不同的工作溶液浓度下，存在一个最佳的相对流量，使渗透热机的电效率取得最大值。进一步推导了功率输出和电气效率近似解析表达式。当工作溶液 NaCl 浓度为 5 mol/kg，热源温度和冷源温度分别为 60 ℃和 20 ℃时，该基于直接接触式膜蒸馏与反向电渗析的渗透热机的电效率可达 1.15%。

参考文献

[1] ZHAO Y, LI M, LONG R, et al. Dynamic modelling and analysis of an adsorption-based power and cooling cogeneration system[J]. Energy Conversion and Management, 2020, 222: 113229.

[2] ASKALANY A A, SALEM M, ISMAIL I M, et al. Experimental study on adsorption-desorption characteristics of granular activated carbon/R134a pair[J]. International Journal of Refrigeration, 2012, 35(3): 494-498.

[3] SAHA B B, KASHIWAGI T J A T. Experimental investigation of an

advanced adsorption refrigeration cycle[J]. Ashrae Transactions,1997,103:50.

[4] THU K,CHAKRABORTY A,KIM Y D,et al. Numerical simulation and performance investigation of an advanced adsorption desalination cycle[J]. Desalination,2013,308(none).

[5] RUTHVEN D M. Fundamentals of adsorption equilibrium and kinetics in microporous solids[J]. Springer Berlin Heidelberg,2008.

[6] AMIRFAKHRAEI A,ZAREI T,KHORSHIDI J. Performance improvement of adsorption desalination system by applying mass and heat recovery processes[J]. Thermal Science and Engineering Progress,2020,18:100516.

[7] CHUA H T,NG K C,MALEK A,et al. Modeling the performance of two-bed, sillica gel-water adsorption chillers[J]. International Journal of Refrigeration,1999,22(3):194-204.

[8] ZHAO Y,LI M,LONG R,et al. Advanced adsorption-based osmotic heat engines with heat recovery for low grade heat recovery[J]. Energy Reports,2021,7:5977-5987.

[9] OLKIS C,SANTORI G,BRANDANI S J A E. An Adsorption Reverse Electrodialysis system for the generation of electricity from low-grade heat [J]. Applied Energy,2018,231:222-234.

[10] OLKIS C,BRANDANI S,SANTORI G. Adsorption reverse electrodialysis driven by power plant waste heat to generate electricity and provide cooling[J]. International Journal of Energy Research, 2021, 45(2): 1971-1987.

[11] COLóN Y J,SNURR R Q. High-throughput computational screening of metal-organic frameworks[J]. Chemical Society Reviews,2014,43(16):5735-5749.

[12] PITZER K S,MAYORGA G. Thermodynamics of electrolytes. Ⅱ. Activity and osmotic coefficients for strong electrolytes with one or both ions univalent[J]. The Journal of Physical Chemistry, 1973, 77(19): 2300-2308.

[13] NG K C,BURHAN M,SHAHZAD M W,et al. A Universal isotherm model to capture adsorption uptake and energy distribution of porous heterogeneous surface[J]. Scientific Reports,2017,7(1):10634.

[14] RAMIREZ D,QI S,ROOD M J,et al. Equilibrium and heat of adsorption for organic vapors and activated carbons[J]. Environmental Science and Technology,2005,39(15):5864-5871.

[15] WU J W, HU E J, BIGGS M J. Thermodynamic cycles of adsorption desalination system[J]. Applied Energy, 2012, 90(1): 316-322.

[16] YIP N Y, ELIMELECH M. Thermodynamic and energy efficiency analysis of power generation from natural salinity gradients by pressure retarded osmosis[J]. Environmental Science and Technology, 2012, 46(9): 5230-5239.

[17] LONG R, ZHAO Y, LI M, et al. Evaluations of adsorbents and salt-methanol solutions for low-grade heat driven osmotic heat engines[J]. Energy, 2021, 229: 120798.

[18] NIST/ARPA-E. Database of Novel and Emerging Adsorbent Materials [EB/OL]. https://adsorbents.nist.gov/isodb/index.php#home.

[19] DE LANGE M F, VEROUDEN K J F M, VLUGT T J H, et al. Adsorption-driven heat pumps: The potential of metal-organic frameworks [J]. Chemical Reviews, 2015, 115(22): 12205-12250.

[20] BENOIT, COASNE, ANNE, et al. Adsorption, intrusion and freezing in porous silica: the view from the nanoscale[J]. Chemical Society Reviews, 2013.

[21] LIU Z, LI W, MOGHADAM P Z, et al. Screening adsorbent-water adsorption heat pumps based on an experimental water adsorption isotherm database[J]. Sustainable Energy and Fuels, 2021, 5(4): 1075-1084.

[22] JENNINGS P C, LYSGAARD S, HUMMELSHøJ J S, et al. Genetic algorithms for computational materials discovery accelerated by machine learning[J]. Npj Computational Materials, 2019, 5(1): 46.

[23] LONG R, LI B, LIU Z, et al. Hybrid membrane distillation-reverse electrodialysis electricity generation system to harvest low-grade thermal energy[J]. Journal of Membrane Science, 2017, 525: 107-115.

[24] LIN S, YIP N Y, ELIMELECH M. Direct contact membrane distillation with heat recovery: Thermodynamic insights from module scale modeling [J]. Journal of Membrane Science, 2014, 453: 498-515.

第8章　其他新型热力循环系统

除了以盐溶液为工质的渗透热机外，许多新型的热力循环系统也可以用来回收利用低品位能源。本章针对普通电化学循环系统、连续电化学循环系统、双级电化学循环系统和热释电循环系统进行了理论分析，对不同循环构型以及不同目标下的性能进行了优化研究。

8.1　普通电化学循环系统

8.1.1　数学模型

如图8-1所示，电化学循环(thermally regenerative electrochemical cycle, TREC)由4个过程组成，即吸热、充电、冷却和放电过程[1]。在过程1—2中，电池在开路状态下从温度为 T_L 加热到 T_H。然后在过程2—3中，电池以较低的电压在温度为 T_H 时充电，电池向热源吸收热量，发生电化学反应，并且熵增加。在过程3—4中，电池在开路状态下被冷却到 T_L。此时电池的开路电压增加。最后在过程4—1中，电池保持温度为 T_L，向冷源释放热量，发生电化学反应，并对外放电。在循环结束后电池恢复到其原始状态。从图8-1(b)中我们可以看到其 T-S 图类似于斯特林循环的 T-S 图。由于充电电压小于放电电压，故放电与充电之间的能量差可用来对外输出功，如图8-1(c)所示。

在电化学反应中，电池的等温系数可以表示为[2]

$$\alpha_c = \left(\frac{\partial V_{oc}}{\partial T}\right)_{iso,T} \tag{8-1}$$

式中，V_{oc} 为开路电压，在充电和放电过程中与 α_c 符号相反。对于一个电化学反应的电池，其化学反应可以写为 $\sum v_j C_j = 0$，其中 C_j 为第 j 个反应物/生成物。v_j 为相应的化学计算数，其值对于反应物A为正，对于生成物B为负。因此我们有

$$\alpha_c = \left(\frac{\partial V_{oc}}{\partial T}\right)_{iso} = \frac{\sum v_j s_j}{n\mathrm{F}} \tag{8-2}$$

式中，s_j 为第 j 个反应物/生成物的摩尔熵。n 为每 v_j 摩尔 C_j 反应时传递的电子数目。F为Faraday常数。在温度为 T_H 的充电过程的熵变可以表示为

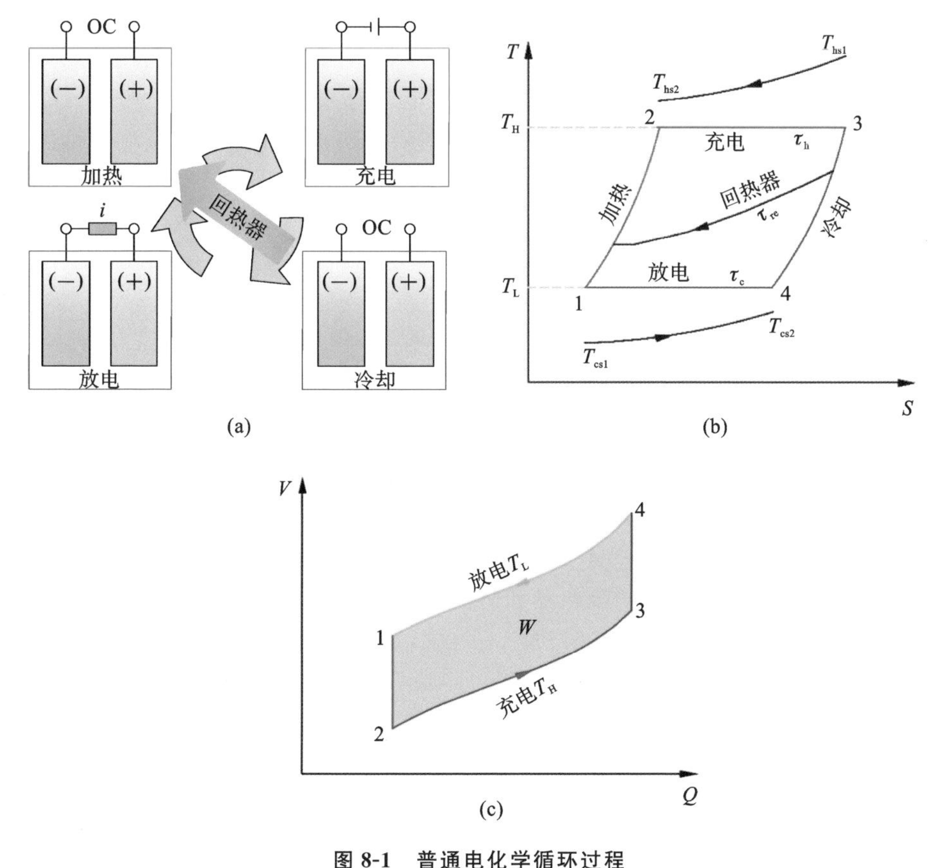

图 8-1　普通电化学循环过程

(a) TREC 系统的示意图；(b) T-S 图；(c) 电压-电量图

$$\Delta S_{\mathrm{H}} = \int_i^f \sum s_j \mathrm{d}n_j \tag{8-3}$$

式中，i 和 f 分别表示反应的开始状态（$\sum$ A）和最终状态（$\sum$ B）。在化学物理中，电化学反应的强度可以表示为 $\xi = (n_j - n_{j0})/v_j$。n_{j0} 为第 j 个化学物质初始的摩尔量，n_j 为 j 个化学物质在反应的任意时刻的摩尔量。于是式(8-3)可以进一步表示为

$$\Delta S_{\mathrm{H}} = \int_i^f \mathrm{d}\xi \sum v_j s_j = \int_i^f \alpha_{\mathrm{c}} nF \mathrm{d}\xi = \bar{\alpha}_{\mathrm{c}} nF \int_i^f \mathrm{d}\xi \tag{8-4}$$

由于 α_{c} 在温度变化不大时，基本保持恒定，于是有 $\bar{\alpha}_{\mathrm{c}} = \alpha_{\mathrm{c}}$ 和 $\Delta S_{\mathrm{H}} = m\alpha_{\mathrm{c}} q_{\mathrm{c\_ch}}$。其中 m 为电池的质量，$q_{\mathrm{c\_ch}}$ 为充电过程中电池的电量密度。$mq_{\mathrm{c\_ch}}$ 为在温度为 T_{H} 时，充电过程中总的充电量。

在充电过程中的吸热量为

$$Q_{\mathrm{H}} = T_{\mathrm{H}} \Delta S_{\mathrm{H}} = m\alpha_{\mathrm{c}} T_{\mathrm{H}} q_{\mathrm{c\_ch}} \tag{8-5}$$

同理，在温度为 T_{L} 的放电过程中的放热量为

$$Q_L = T_L \Delta S_L = m\alpha_c T_L q_{c\_dis} \tag{8-6}$$

式中，q_{c_dis}为放电过程中电池的电量密度。为了便于分析，这里假设 $q_{c\_ch} = q_{c\_dis} = q_c$。并且充电和放电过程都是恒电流的，其电流分别为 $I_{ch} = mq_c/\tau_h$ 和 $I_{dis} = mq_c/\tau_c$ 。其中 τ_h 和 τ_c 分别为充电和放电过程的时间。因此充电和放电过程中总的能量损失为

$$E_{loss} = I_{ch}^2 R_{ch} \tau_h + I_{dis}^2 R_{dis} \tau_c \tag{8-7}$$

式中，R_{ch}和 R_{dis}分别为充电和放电过程中电池的内阻。为了方便分析，这里假设 $R_{ch} = R_{dis} = R_i$ 。于是式(8-7)变为

$$E_{loss} = I_{ch}^2 R_{ch} \tau_{ch} + I_{dis}^2 R_{dis} \tau_c = m^2 q_c^2 R_{int} (1/\tau_h + 1/\tau_c) \tag{8-8}$$

由于内阻导致的不可逆熵变为

$$S_{int} = \frac{I_{ch}^2 R_{ch} \tau_h}{T_H} + \frac{I_{dis}^2 R_{dis} \tau_c}{T_L} = m^2 q_c^2 R_{int} (1/T_H \tau_h + 1/T_L \tau_c) \tag{8-9}$$

在一个循环过程中系统对外输出功为

$$W = Q_H - Q_L - E_{loss} \tag{8-10}$$

另外，电池从高温热源的吸热量和向低温热源的放热量还可以表示为

$$Q_H = K_h (LMTD)_h \tau_h = C_h (T_{hs1} - T_{hs2}) \tau_h \tag{8-11}$$

$$Q_L = K_c (LMTD)_c \tau_c = C_c (T_{cs2} - T_{cs1}) \tau_c \tag{8-12}$$

式中，C_h 和 C_c 分别为高、低温热源的热容。T_{hs1} 和 T_{hs2}分别为热源的进、出口温度。T_{cs1}和 T_{cs2}分别为冷源的进、出口温度。K_h 和 K_c 分别为电池与热源和电池与冷源之间的换热热导。在吸热过程中和放热过程中的对数平均温差$(LMTD)_h$ 和$(LMTD)_c$ 分别可以表示为

$$(LMTD)_h = (T_{hs1} - T_{hs2}) / \ln \frac{T_{hs1} - T_H}{T_{hs2} - T_H} \tag{8-13}$$

$$(LMTD)_c = (T_{cs2} - T_{cs1}) / \ln \frac{T_L - T_{cs1}}{T_L - T_{cs2}} \tag{8-14}$$

基于上式有

$$T_{hs2} = T_H + (T_{hs1} - T_H)(1 - \phi_h) \tag{8-15}$$

$$T_{cs2} = T_L - (T_L - T_{cs1})(1 - \phi_c) \tag{8-16}$$

式中，ϕ_h 和 ϕ_c 分别为吸热和放热过程中换热器的性能系数，分别表示为 $\phi_h = 1 - e^{-N_h}$ 和 $\phi_c = 1 - e^{-N_c}$ ，其中 $N_h = K_h/C_h$，$N_c = K_c/C_c$ 。于是有

$$Q_H = C_h \phi_h (T_{hs1} - T_H) \tau_h = \alpha_c T_H m q_c \tag{8-17}$$

$$Q_L = C_c \phi_c (T_L - T_{cs1}) \tau_c = \alpha_c T_L m q_c \tag{8-18}$$

根据上式可以得到

$$\tau_h = \frac{\alpha_c T_H m q_c}{C_h \phi_h (T_{hs1} - T_H)} \tag{8-19}$$

$$\tau_c = \frac{\alpha_c T_L m q_c}{C_c \phi_c (T_L - T_{cs1})} \tag{8-20}$$

为了提高系统的性能，我们在电池加热和冷却过程中使用了回热器。回热损失 ΔQ_{re} 为

$$\Delta Q_{re} = c_p m(1-\eta_{re})(T_H - T_L) \tag{8-21}$$

式中，c_p 为电池的比热容；η_{re} 为回热器的效率。于是系统总的吸热量为 $Q_H + \Delta Q_{re}$，总的放热量为 $Q_L + \Delta Q_{re}$。循环的熵产为

$$S_{heat} = \frac{Q_L + \Delta Q_{re}}{T_{cs}} - \frac{Q_H + \Delta Q_{re}}{T_{hs}} \tag{8-22}$$

式中，$T_{hs} = (T_{hs1} + T_{hs2})/2$，$T_{cs} = (T_{cs1} + T_{cs2})/2$ 分别为平均吸热和放热温度。此外将回热器的时间也考虑在内，假设回热时间正比于回热过程温度变化，则有

$$\tau_{re} = \beta_1(T_H - T_L) + \beta_2(T_H - T_L) = \beta(T_H - T_L) \tag{8-23}$$

式中，β_1 和 β_2 分别为过程1—2与过程3—4的比例常数。此外定义回热时间因子为 $\beta = \beta_1 + \beta_2$ 。于是系统总的一个循环周期所用的时间为 $\tau_h + \tau_c + \tau_{re}$ 。

循环输出的功率和效率分别表示为

$$P = \frac{Q_H - Q_L - E_{loss}}{\tau_h + \tau_c + \tau_{re}} \tag{8-24}$$

$$\eta = \frac{Q_H - Q_L - E_{loss}}{\Delta Q_{re} + Q_H} \tag{8-25}$$

由以上两式可得

$$P = \frac{\alpha_c(T_H - T_L) - R_{int}\left(\dfrac{C_h\phi_h(T_{hs1} - T_H)}{\alpha_c T_H} + \dfrac{C_c\phi_c(T_L - T_{cs1})}{\alpha_c T_L}\right)}{\dfrac{\alpha_c T_H}{C_h\phi_h(T_{hs1} - T_H)} + \dfrac{\alpha_c T_L}{C_c\phi_c(T_L - T_{cs1})} + \dfrac{\beta}{mq_c}(T_H - T_L)} \tag{8-26}$$

$$\eta = \frac{\alpha_c(T_H - T_L) - R_{int}\left(\dfrac{C_h\phi_h(T_{hs1} - T_H)}{\alpha_c T_H} + \dfrac{C_c\phi_c(T_L - T_{cs1})}{\alpha_c T_L}\right)}{\dfrac{c_p}{q_c}(T_H - T_L)(1-\eta_{re}) + \alpha_c T_H} \tag{8-27}$$

8.1.2　最大功率时系统的性能

根据式(8-26)和式(8-27)，我们可以知道，大的内阻会显著影响系统的效率和功率。在不考虑内阻的情况下，对于给定的热源，较大的等温热系数和电量密度将导致较大的效率和功率。电池的比热容对功率没有影响，但是其对效率有影响，较大的比热容导致较高的效率。换热器的换热性能越好，其功率越大，然而对效率没有影响。此外回热器的性能越好，系统的效率越高，但是对输出功率没有影响。

另外，基于式(8-27)，在考虑到内阻和不完全回热的情况下，系统的效率永远达不到卡诺效率。如图8-2所示，对于给定的电池材料和热源，在考虑不完全回热和内阻的情况下，系统的功率效率曲线为抛物线型。系统存在最大输出功率。因此可以通过对吸热放热温度求导，并令 $\partial P/\partial T_H = 0$ 和 $\partial P/\partial T_L = 0$ ，得到系统的最佳工作温度，从而获得最大的输出功率及相应的效率。

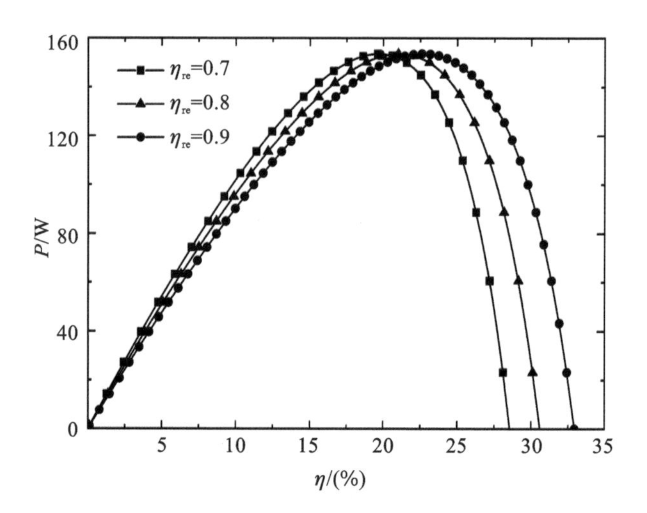

图 8-2　系统的功率效率特性曲线

（其中 $\alpha_c=0.015\ \mathrm{V\cdot K^{-1}}$，$q_c=20\ \mathrm{mA\cdot hg^{-1}}$，$c_p=1.5\ \mathrm{kJ\cdot kg^{-1}\cdot K^{-1}}$，$R_{int}=0.01\ \Omega$，$C_h=C_c=100\ \mathrm{W\cdot K^{-1}}$，$T_{hs1}=800\ \mathrm{K}$，$\phi_h=\phi_c=0.7$，$T_{cs1}=300\ \mathrm{K}$，$m=0.05\ \mathrm{kg}$ 和 $\beta=0.05\ \mathrm{s\cdot K^{-1}}$）

由于关于 T_H 和 T_L 的方程 $\partial P/\partial T_H=0$ 和 $\partial P/\partial T_L=0$ 为超越方程，不能显式求解，因此在这里来将采用数值方法求解方程，来研究系统参数对系统在最大输出功率时性能的影响。在这里 $T_{hs1}=800\ \mathrm{K}$，$T_{cs1}=300\ \mathrm{K}$，$m=0.05\ \mathrm{kg}$ 和 $\beta=0.05\ \mathrm{sK^{-1}}$。

1. 电池材料对性能的影响

根据式(8-26)和式(8-27)，影响系统性能的电池材料性质为等温热系数、电量密度、比热容以及内阻。它们对系统在最大输出功率时相应效率的影响如图 8-3

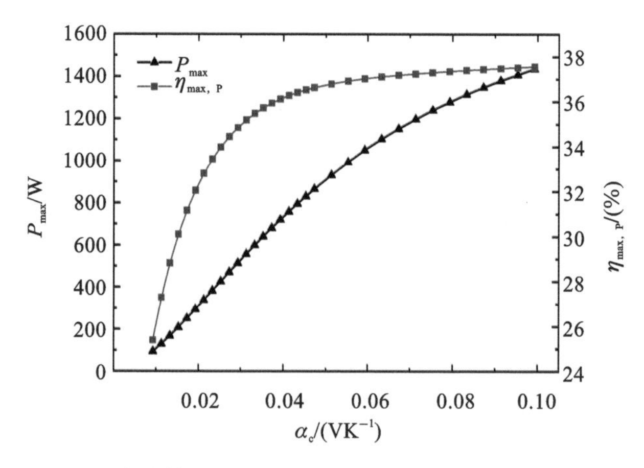

图 8-3　电池等温系数对系统最大功率及相应效率的影响

（其中 $q_c=20\ \mathrm{mA\cdot hg^{-1}}$，$\eta_{re}=0.7$，$c_p=1.5\ \mathrm{kJ\cdot kg^{-1}\cdot K^{-1}}$，$R_{int}=0.01\ \Omega$，$C_h=C_c=100\ \mathrm{W\cdot K^{-1}}$ 和 $\phi_h=\phi_c=0.7$）

至图 8-6 所示。在图 8-3 中可以看到，系统的最大功率及相应的效率随着等温系数的增大而增大。当等温系数大于一定值时，系统在最大功率时的效率保持不变，然而系统的最大功率仍然增大。存在一个最小的等温系数使系统在最大功率时的效率最大。

从图 8-4 中可以看到，最大功率随着电量密度的增加单调增加。然而系统在最大功率时的效率，先增大，后保持不变。存在一个最大值，也存在一个最小的电量密度使系统在最大功率时的效率最大。

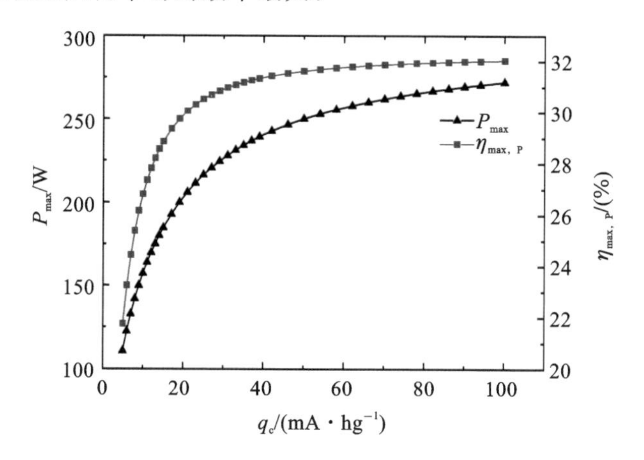

图 8-4　电池电量密度对系统最大功率及相应效率的影响

（其中 $\alpha_c=0.015\ \mathrm{V\cdot K^{-1}}$，$c_p=1.5\ \mathrm{kJ\cdot kg^{-1}\cdot K^{-1}}$，$R_{int}=0.01\ \Omega$，$C_h=C_c=100\ \mathrm{W\cdot K^{-1}}$，$\phi_h=\phi_c=0.7$ 和 $\eta_{re}=0.7$）

电池比热容对最大功率没有影响，然对其对效率影响较大，最大功率时系统的效率随着比热容的增大单调减小，如图 8-5 所示。

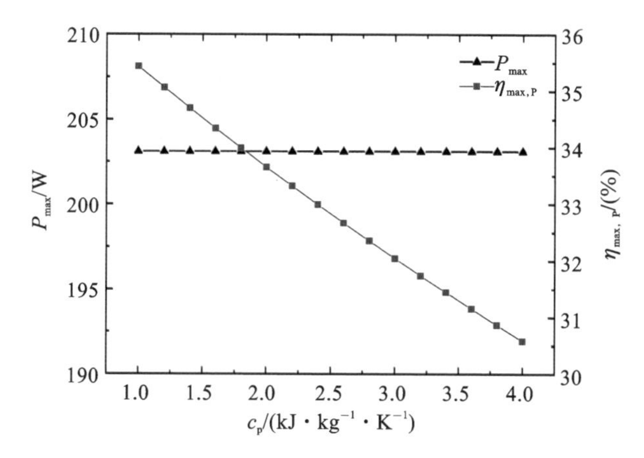

图 8-5　电池比热容对系统最大功率及相应效率的影响

（其中 $\alpha_c=0.015\ \mathrm{V\cdot K^{-1}}$，$\eta_{re}=0.7$，$q_c=20\ \mathrm{mA\cdot hg^{-1}}$，$R_{int}=0.01\ \Omega$，$C_h=C_c=100\ \mathrm{W\cdot K^{-1}}$ 和 $\phi_h=\phi_c=0.7$）

图 8-6 显示了电池内阻对系统的最大功率及其相应效率的影响。我们可以看到最大功率随着内阻的增加而显著减小。然后其相应的效率却呈现出先增大后减小的趋势。存在一个最优的内阻,使系统在最大输出功率时效率最大。

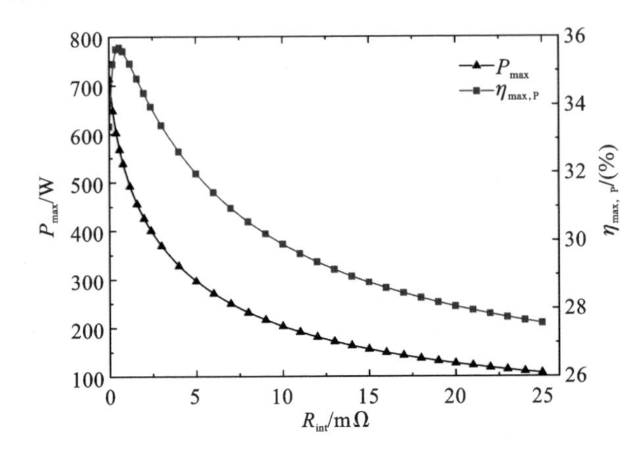

图 8-6　电池内阻对系统最大功率及相应效率的影响

(其中 $\alpha_c=0.015\ V\cdot K^{-1}$,$\eta_{re}=0.7$,$q_c=20\ mA\cdot hg^{-1}$,$c_p=1.5\ kJ\cdot kg^{-1}\cdot K^{-1}$,$C_h=C_c=100\ W\cdot K^{-1}$和 $\phi_h=\phi_c=0.7$)

根据上面分析,要得到较大的输出功率,电池应具有较大的等温系数、电量密度以及较低的内阻。假如同时考虑效率和功率,电池应具有较大的等温系数、电量密度以及合适的内阻。

2. 换热器对系统性能的影响

根据式(8-26)和式(8-27),在换热过程中,影响系统功率和效率的参数有换热器的性能系数、回热器的回热效率,以及回热时间。从图 8-7 中我们可以看到,最

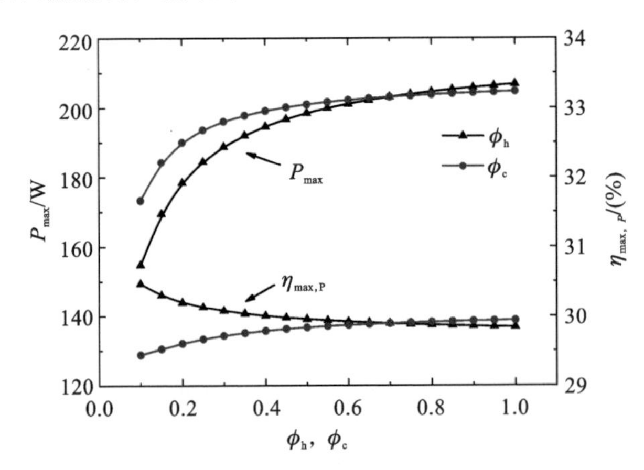

图 8-7　换热器效能系数(ϕ_h 和 ϕ_c)对系统最大功率及相应效率的影响

(其中 $\alpha_c=0.015\ V\cdot K^{-1}$,$q_c=20\ mA\cdot hg^{-1}$,$\eta_{re}=0.7$,$c_p=1.5\ kJ\cdot kg^{-1}\cdot K^{-1}$,$R_{int}=0.01\ \Omega$ 和 $C_h=C_c=100\ W\cdot K^{-1}$)

大功率随着换热器的效能系数 ϕ_h 和 ϕ_c 增大而增大。在吸热充电过程中，系统在最大功率时的效率随着 ϕ_h 增大而减小；然后在放热放电过程中，系统在最大功率时的效率随着 ϕ_c 增大而增大，最后趋向平稳。因此高性能的换热器可以提高最大输出功率，但是不能保证高的效率。

回热器的回热效率对系统的最大输出功率没有影响，但是对在最大输出功率下的效率有显著影响。系统在最大输出功率下的效率随着回热效率的增大而单调增大，如图 8-8 所示。此外 β 越大，意味着回热时间越长，回热效果更好，但是会降低最大输出功率，如图 8-9 所示。

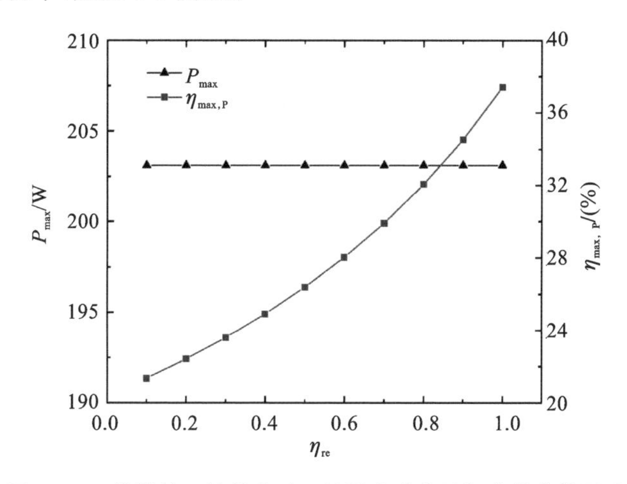

图 8-8　回热器的回热效率对系统最大功率及相应效率的影响

（其中 $\alpha_c=0.015\ \mathrm{V\cdot K^{-1}}$，$q_c=20\ \mathrm{mA\cdot hg^{-1}}$，$c_p=1.5\ \mathrm{kJ\cdot kg^{-1}\cdot K^{-1}}$，$R_{int}=0.01\ \Omega$，$C_h=C_c=100\ \mathrm{W\cdot K^{-1}}$ 和 $\phi_h=\phi_c=0.7$）

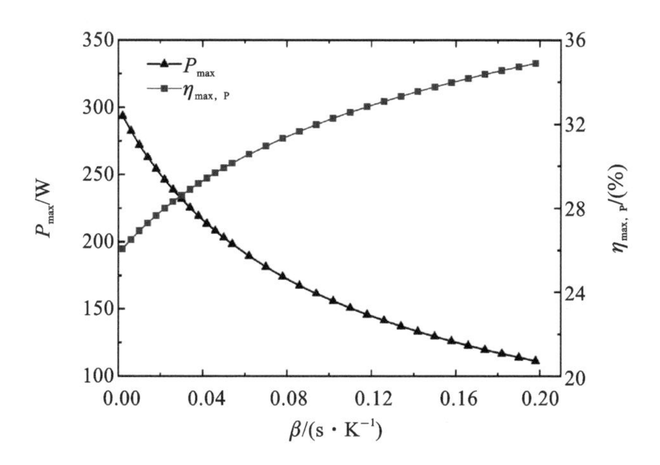

图 8-9　回热器的回热时间因子对系统最大功率及相应效率的影响

（其中 $\alpha_c=0.015\ \mathrm{V\cdot K^{-1}}$，$q_c=20\ \mathrm{mA\cdot hg^{-1}}$，$\eta_{re}=0.7$，$c_p=1.5\ \mathrm{kJ\cdot kg^{-1}\cdot K^{-1}}$，$R_{int}=0.01\ \Omega$，$C_h=C_c=100\ \mathrm{W\cdot K^{-1}}$ 和 $\phi_h=\phi_c=0.7$）

3. 热源和冷源对系统性能的影响

热源和冷源热容及其温度对系统性能的影响如图 8-10～图 8-12 所示。在图 8-10中可以看到，系统的最大功率随着热源和冷源热容的增大而增大，然后趋于平稳。在吸热过程中，系统在最大输出功率下的效率随着热源热容 C_h 的增大而减小，达到最小值后保持不变；然而在放热过程中，其随着冷源热容 C_c 的增大而增大，达到最大值后保持不变。因此此系统非常适用于回收低品位热能，例如热容较小的废气。在图 8-11 和图 8-12 中还可以看到，系统的最大输出功率及相应的效率随着热源进口温度的增大而增大，随着冷源进口温度的增大而减小。

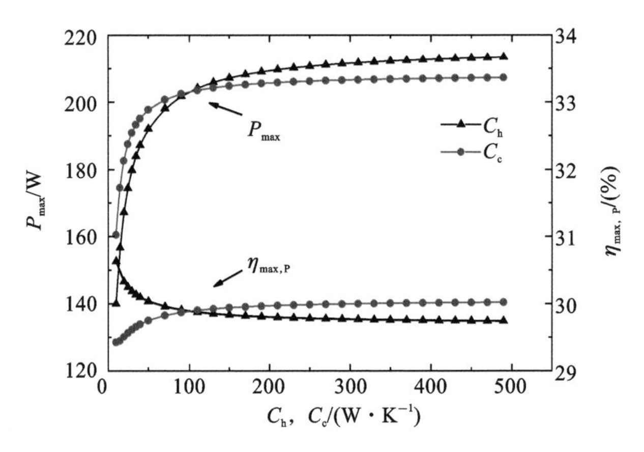

图 8-10　热源和冷源的热容(C_h 和 C_c)对系统最大功率及相应效率的影响

(其中 α_c=0.015 V · K^{-1}, q_c=20 mA · hg^{-1}, c_p=1.5 kJ · kg^{-1} · K^{-1}, R_{int}=0.01 Ω, ϕ_h=ϕ_c=0.7 和 η_{re}=0.7)

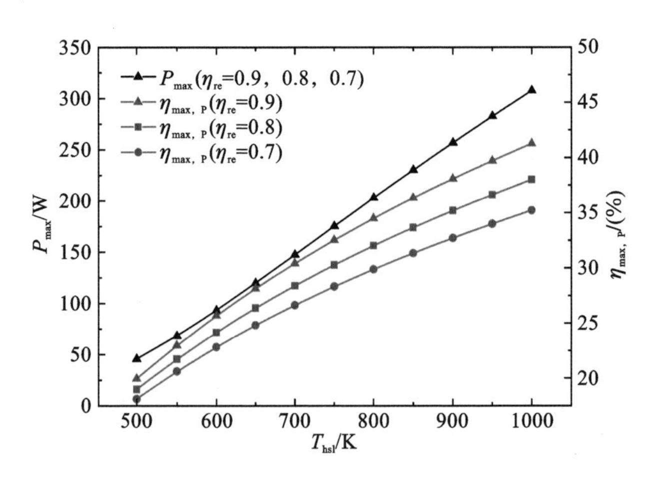

图 8-11　热源温度对系统最大功率及相应效率的影响

(其中 α_c=0.015 V · K^{-1}, q_c=20 mA · hg^{-1}, c_p=1.5 kJ · kg^{-1} · K^{-1}, R_{int}=0.01 Ω, C_h=C_c=100 W · K^{-1}, ϕ_h=ϕ_c=0.7 和 T_{csl}=300 K)

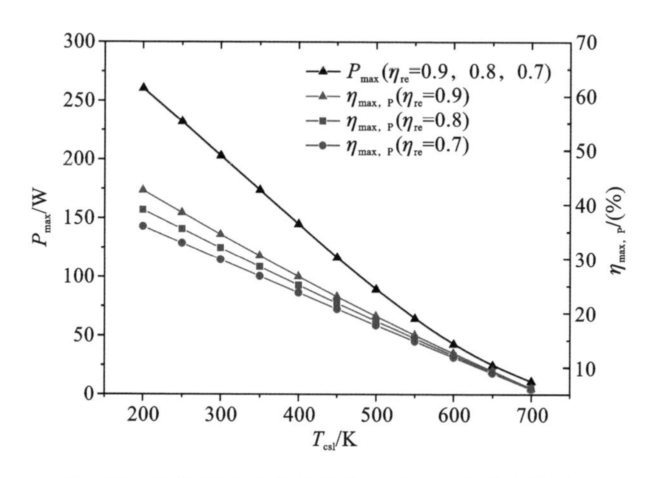

图 8-12　冷源温度对系统最大功率及相应效率的影响

（其中 $\alpha_c=0.015\ \mathrm{V\cdot K^{-1}}$，$q_c=20\ \mathrm{mA\cdot hg^{-1}}$，$c_p=1.5\ \mathrm{kJ\cdot kg^{-1}\cdot K^{-1}}$，$R_{int}=0.01\ \Omega$，$C_h=C_c=100\ \mathrm{W\cdot K^{-1}}$，$\phi_h=\phi_c=0.7$ 和 $T_{hs1}=800$ K）

8.1.3　生态学优化

生态学标准代表收益与损失的一种折中，其目标函数可以表示为[3]

$$E=\frac{W-T_0(S_{heat}+S_{int})}{\tau_h+\tau_c+\tau_R} \tag{8-28}$$

可以进一步表示为

$$\begin{aligned}E=&\frac{\alpha_c(T_H-T_L)-R_{int}\left[\dfrac{C_h\phi_h(T_{hs1}-T_H)}{\alpha_c T_H}+\dfrac{C_c\phi_c(T_L-T_{cs1})}{\alpha_c T_L}\right]}{\dfrac{\alpha_c T_H}{C_h\phi_h(T_{hs1}-T_H)}+\dfrac{\alpha_c T_L}{C_c\phi_c(T_L-T_{cs1})}+\dfrac{\beta}{mq_c}(T_H-T_L)}\\&-T_0\left(\frac{R_{int}\left[\dfrac{C_h\phi_h(T_{hs1}-T_H)}{\alpha_c T_H^2}+\dfrac{C_c\phi_c(T_L-T_{cs1})}{\alpha_c T_L^2}\right]}{\dfrac{\alpha_c T_H}{C_h\phi_h(T_{hs1}-T_H)}+\dfrac{\alpha_c T_L}{C_c\phi_c(T_L-T_{cs1})}+\dfrac{\beta}{mq_c}(T_H-T_L)}\right.\\&\left.+\frac{2\left(\dfrac{\alpha_c T_L+\dfrac{c_p}{q_c}(1-\eta_{re})(T_H-T_L)}{T_L-(T_L-T_{cs1})(1-\phi_c)+T_{cs1}}-\dfrac{\alpha_c T_H+\dfrac{c_p}{q_c}(1-\eta_{re})(T_H-T_L)}{T_H+(T_{hs1}-T_H)(1-\phi_h)+T_{hs1}}\right)}{\dfrac{\alpha_c T_H}{C_h\phi_h(T_{hs1}-T_H)}+\dfrac{\alpha_c T_L}{C_c\phi_c(T_L-T_{cs1})}+\dfrac{\beta}{mq_c}(T_H-T_L)}\right)\end{aligned} \tag{8-29}$$

根据式(8-28)和式(8-29)，我们可以得到生态学目标函数与功率和效率的关系，如图 8-13 所示。生态学目标函数、功率与效率的曲线都为抛物线形。生态学目标函数和功率均存在最大值。最大生态学目标函数所对应的效率要大于最大功率所对应的效率。此外不同的回热器的回热效率对最大功率没有影响，但是对生态学目标函数有重要影响。为了研究系统在生态学优化下的性能，我们可以通过把目标函数对吸热放热温度求导，并令$\partial E/\partial T_H=0$和$\partial E/\partial T_L=0$，得到系统在生态学优化下的最佳工作温度，从而获得生态学目标函数的最大值及相应的功率和效率。

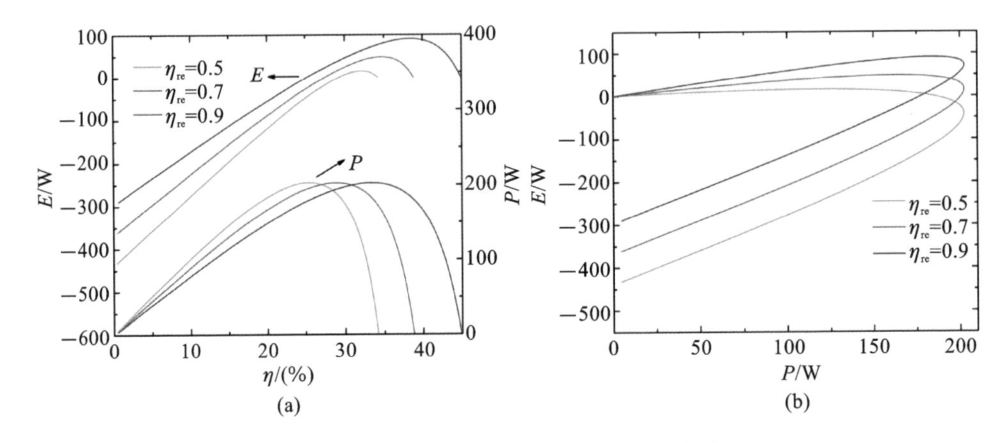

图 8-13　生态学目标函数与功率和效率的关系

(a)生态学目标函数、功率和效率之间的关系；(b)生态学目标函数与功率的关系

(其中$\alpha_c=0.015\ \text{V}\cdot\text{K}^{-1}$，$q_c=20\ \text{mA}\cdot\text{hg}^{-1}$，$c_p=1.5\ \text{kJ}\cdot\text{kg}^{-1}\cdot\text{K}^{-1}$，$R_{int}=0.01\ \Omega$，$C_h=C_c=100\ \text{W}\cdot\text{K}^{-1}$，$T_{hs1}=800\ \text{K}$，$\phi_h=\phi_c=0.7$，$T_{cs1}=300\ \text{K}$，$m=0.05\ \text{kg}$和$\beta=0.05\ \text{s}\cdot\text{K}^{-1}$)

由于关于T_H和T_L的方程$\partial E/\partial T_H=0$和$\partial E/\partial T_L=0$为超越方程，不能显式求解。在这里我们采用数值方法求解方程，来研究系统参数对系统在生态学目标优化下时性能的影响，假设$T_{hs1}=800\ \text{K}$，$T_{cs1}=300\ \text{K}$，$m=0.05\ \text{kg}$，$\beta=0.05\ \text{s}\cdot\text{K}^{-1}$。

1. 电池材料对性能的影响

根据式(8-29)可知，影响生态学目标函数的电池材料性质为等温热系数、电量密度、比热容以及内阻。它们对系统在最大生态学优化目标时性能的影响如图8-14至图8-17所示。从图8-14中我们可以看到，生态学目标函数的最大值，以及相应的功率、效率都随着等温系数的增大而增大。当等温系数大于一定值时，在生态学优化下的效率保持不变，然而此时生态学函数的最大值，以及在生态学优化下的功率仍然缓慢地增大。存在一个最小的等温系数使生态学优化下的功率最大。从图8-15中我们可以看到，在生态学优化下，生态学目标函数的最大值，相应的功率、效率都随着电量密度的增大而增大。然而它们随着比热容的增大而减小，如图8-16所示。在生态学优化下，内阻对生态学目标函数的最大值和相应的功率和效率的影响如图8-17所示。我们可以看到它们都随着内阻的增大而急剧减小。因此具有较大的等温系数、电量密度，以及较低的内阻和比热容的电池会使得系统在生态学优化下具有更好的性能。

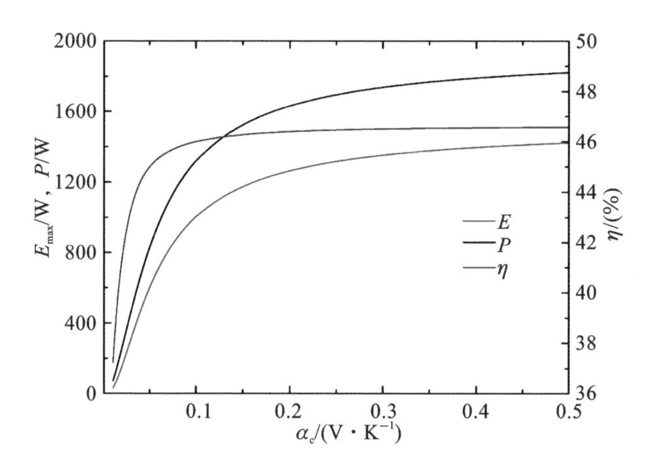

图 8-14　电池等温系数对生态学优化下系统性能的影响

（其中 $q_c=20\ mA\cdot hg^{-1}$，$\eta_{re}=0.7$，$c_p=1.5\ kJ\cdot kg^{-1}\cdot K^{-1}$，$R_{int}=0.01\ \Omega$，$C_h=C_c=100\ W\cdot K^{-1}$ 和 $\phi_h=\phi_c=0.7$）

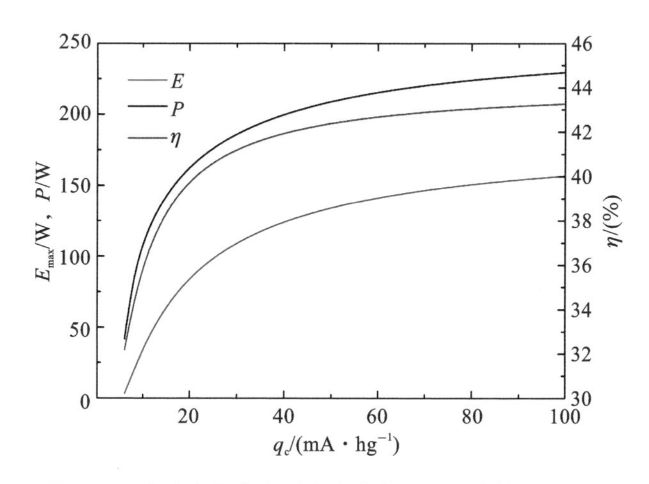

图 8-15　电池电量密度对生态学优化下系统性能的影响

（其中 $\alpha_c=0.015\ V\cdot K^{-1}$，$c_p=1.5\ kJ\cdot kg^{-1}\cdot K^{-1}$，$R_{int}=0.01\ \Omega$，$C_h=C_c=100\ W\cdot K^{-1}$，$\phi_h=\phi_c=0.7$ 和 $\eta_{re}=0.7$）

2．换热器对系统性能的影响

根据式(8-29)，在换热过程中，对系统在生态学优化下，对生态学目标函数值及相应的功率和效率影响的参数有换热器的效能系数、回热器的回热效率以及回热时间。在图 8-18 中，我们可以看到，在生态学优化下，生态学目标函数的最大值及相应的功率随着换热器的效能系数 ϕ_h 和 ϕ_c 增大而增大。当 ϕ_h 和 ϕ_c 大于一定值时，它们增加比较缓慢。在吸热充电过程中，系统在生态学优化下的效率随着 ϕ_h 增大而减小；然后在放热放电过程中，系统在生态学优化下的效率基本不随着 ϕ_c

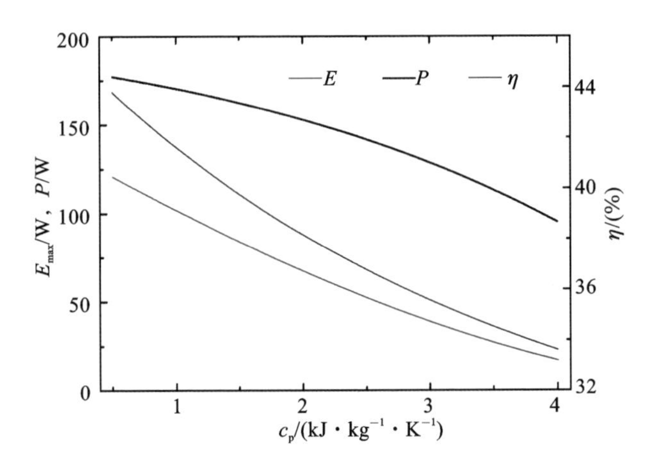

图 8-16　电池比热容对生态学优化下系统性能的影响

(其中 $\alpha_c=0.015\ V\cdot K^{-1}$,$\eta_{re}=0.7$,$q_c=20\ mA\cdot hg^{-1}$,$R_{int}=0.01\ \Omega$,$C_h=C_c=100\ W\cdot K^{-1}$ 和 $\phi_h=\phi_c=0.7$)

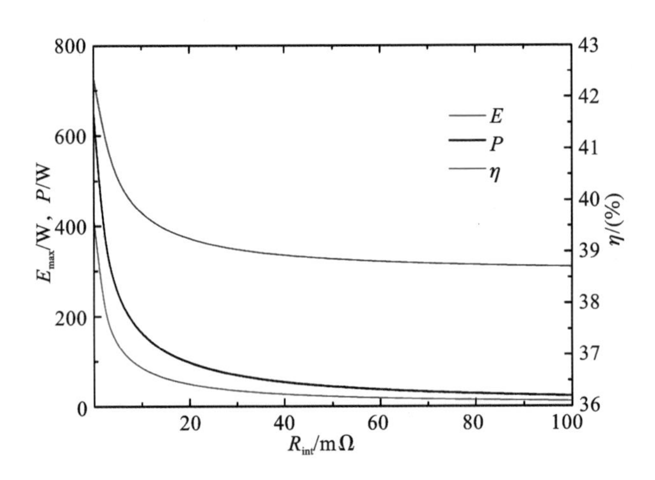

图 8-17　电池内阻对生态学优化下系统性能的影响

(其中 $\alpha_c=0.015\ V\cdot K^{-1}$,$\eta_{re}=0.7$,$q_c=20\ mA\cdot hg^{-1}$,$c_p=1.5\ kJ\cdot kg^{-1}\cdot K^{-1}$,$C_h=C_c=100\ W\cdot K^{-1}$和 $\phi_h=\phi_c=0.7$)

的变化而变化。

此外根据式(8-29),回热器的回热效率对系统对外输出功率没有影响。在图 8-19 中,我们可以看到,回热效率对系统在生态学优化下系统的生态学目标函数的最大值、相应的功率和效率都有影响。它们都随着回热效率的增大而增大。此外 β 越大,意味着回热时间越长,有更好的回热效果。因此系统具有更高的效率。然而其会降低在生态学优化下系统的生态学目标函数的最大值及相应的功率,如图 8-20 所示。

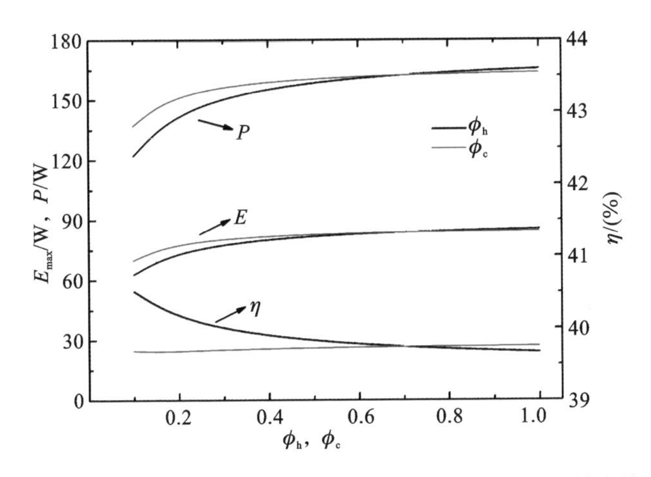

图 8-18　换热器效能系数(ϕ_h 和 ϕ_c)对系统在生态学优化下性能的影响

(其中 $\alpha_c=0.015\ V\cdot K^{-1}$,$q_c=20\ mA\cdot hg^{-1}$,$\eta_{re}=0.7$,$c_p=1.5\ kJ\cdot kg^{-1}\cdot K^{-1}$,$R_{int}=0.01\ \Omega$ 和 $C_h=C_c=100\ W\cdot K^{-1}$)

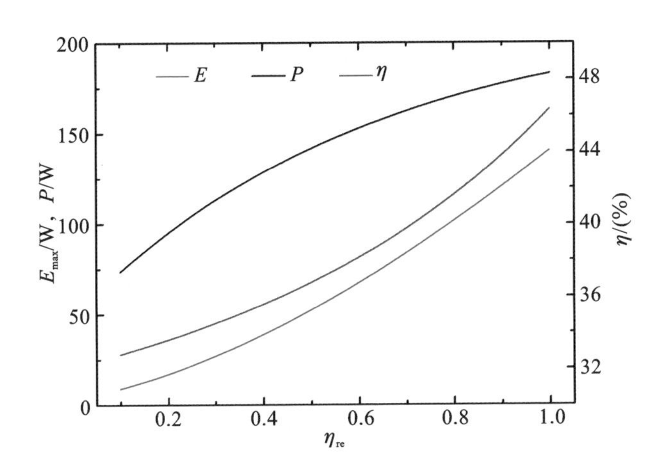

图 8-19　回热器的回热效率对系统在生态学优化下性能的影响

(其中 $\alpha_c=0.015\ V\cdot K^{-1}$,$q_c=20\ mA\cdot hg^{-1}$,$c_p=1.5\ kJ\cdot kg^{-1}\cdot K^{-1}$,$R_{int}=0.01\ \Omega$,$C_h=C_c=100\ W\cdot K^{-1}$和 $\phi_h=\phi_c=0.7$)

3. 热源和冷源对系统性能的影响

热源和冷源热容及其温度对在生态学优化下系统性能的影响如图 8-21～图 8-23 所示。由图 8-21 可以看到,在生态学优化下,系统的生态学目标函数的最大值及相应的功率均随着热源和冷源热容的增大而增大,然后趋于平稳。在吸热过程中,当热源热容 C_h 很小时,系统在生态学优化下的效率随着热源热容 C_h 的增大而减小,随着 C_h 的增大,效率达到最小值后保持不变;然而在放热过程中,其随着

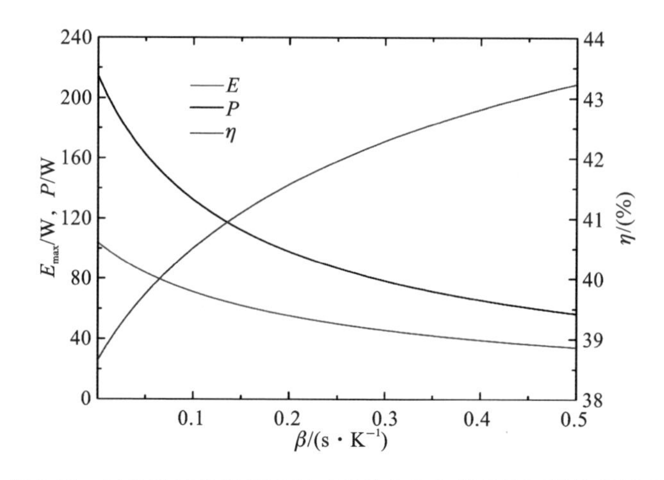

图 8-20　回热器回热时间因子对系统在生态学优化下性能的影响

（其中 $\alpha_c=0.015\ \text{V}\cdot\text{K}^{-1}$，$q_c=20\ \text{mA}\cdot\text{hg}^{-1}$，$\eta_{re}=0.7$，$c_p=1.5\ \text{kJ}\cdot\text{kg}^{-1}\cdot\text{K}^{-1}$，$R_{int}=0.01\ \Omega$，$C_h=C_c=100\ \text{W}\cdot\text{K}^{-1}$ 和 $\phi_h=\phi_c=0.7$）

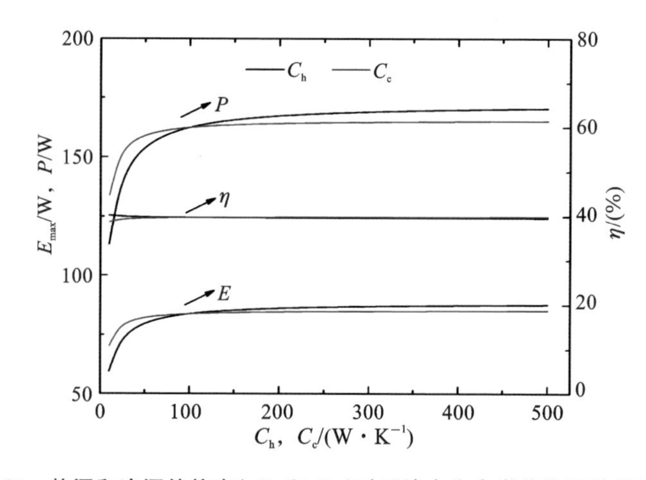

图 8-21　热源和冷源的热容（C_h 和 C_c）对系统在生态学优化下性能的影响

（其中 $\alpha_c=0.015\ \text{V}\cdot\text{K}^{-1}$，$q_c=20\ \text{mA}\cdot\text{hg}^{-1}$，$c_p=1.5\ \text{kJ}\cdot\text{kg}^{-1}\cdot\text{K}^{-1}$，$R_{int}=0.01\ \Omega$，$\phi_h=\phi_c=0.7$ 和 $\eta_{re}=0.7$）

冷源热容 C_c 的增大而增大，达到最大值后保持不变。因此此系统非常适用于回收低品位热能。

在图 8-11 和图 8-12 中我们可以看到，系统的最大输出功率及相应的效率随着热源进口温度的增大而增大，随着冷源进口温度的增大而减小。此外在图 8-22 和图 8-23 中可以看到，在生态学优化下，系统的生态学目标函数的最大值、相应的效率、功率随着热源的进口温度的增大而增大，随着冷源进口温度的增大而减小。

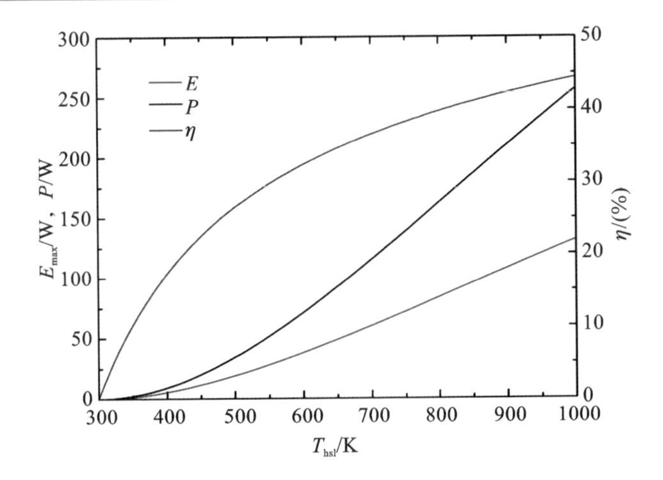

图 8-22　热源温度对系统在生态学优化下性能的影响

（其中 $\alpha_c=0.015\ V\cdot K^{-1}$，$q_c=20\ mA\cdot hg^{-1}$，$c_p=1.5\ kJ\cdot kg^{-1}\cdot K^{-1}$，$R_{int}=0.01\ \Omega$，$C_h=C_c=100\ W\cdot K^{-1}$，$\phi_h=\phi_c=0.7$ 和 $T_{cs1}=300\ K$）

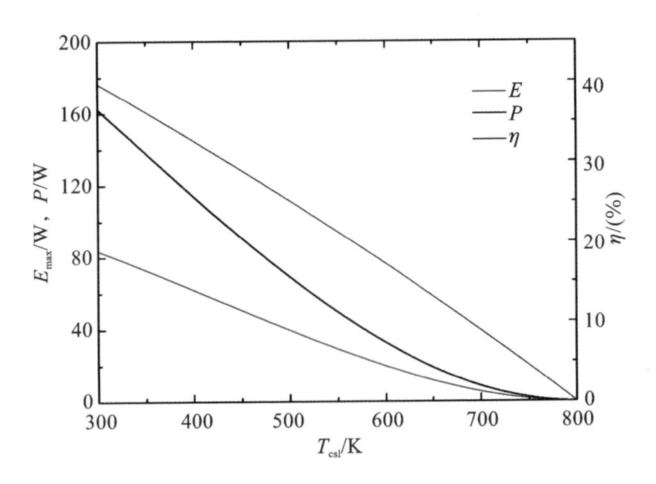

图 8-23　冷源温度对系统在生态学优化下性能的影响

（其中 $\alpha_c=0.015\ V\cdot K^{-1}$，$q_c=20\ mA\cdot hg^{-1}$，$c_p=1.5\ kJ\cdot kg^{-1}\cdot K^{-1}$，$R_{int}=0.01\ \Omega$，$C_h=C_c=100\ W\cdot K^{-1}$，$\phi_h=\phi_c=0.7$ 和 $T_{hs1}=800\ K$）

8.2　连续电化学循环系统

与传统的周期性电化学循环相比，连续介质电化学循环能够更稳定地输出功。一般而言，其功率和效率也较大。为了更好地分析其性能，我们采用 NSGA-Ⅱ算法，以最大㶲效率和最大输出功为目标，采用 TOPSIS 选择算法对其最优性能进行分析。

8.2.1 数学模型

连续电化学循环系统的示意图如图 8-24 所示[4]。它由 2 个电池组成，这两个电池同时也被当作换热器，分别与热源和冷源接触。电解质在两个电池中循环。在电池中有一个阻隔膜，可以防止反应物没有通过外电路交换电子而发生反应[5]。循环的 T-S 图如图 8-25 所示。与周期性 TREC 循环系统类似，连续性 TREC 系统也由四个过程组成：吸热，充电，冷却，放电过程。系统可以通过充放电过程的电压差来对外输出功。

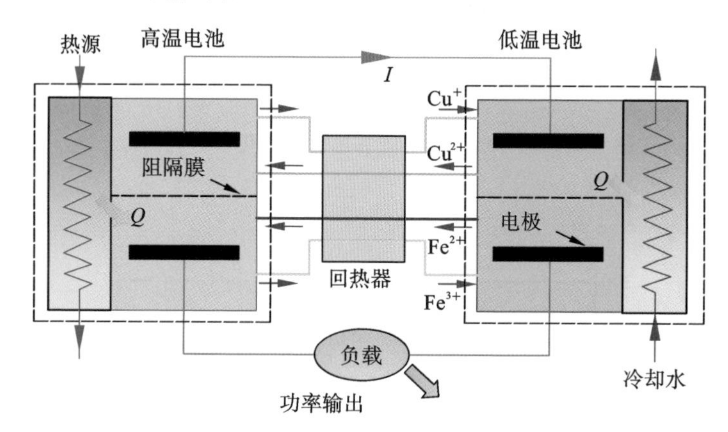

图 8-24 连续电化学循环系统的示意图

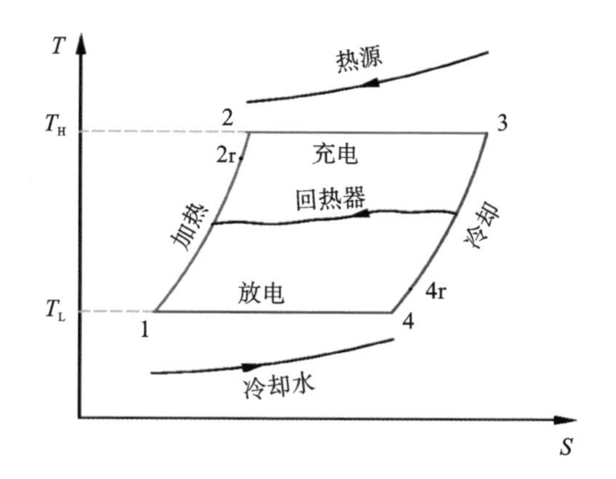

图 8-25 连续电化学循环的 T-S 图

根据前面的分析可知，在充电和放电过程中电池的开路电压可以分别表示为 $V_{\mathrm{H}} = \alpha_{\mathrm{c}} T_{\mathrm{H}}$ 和 $V_{\mathrm{L}} = \alpha_{\mathrm{c}} T_{\mathrm{L}}$，其中 T_{H} 和 T_{L} 分别为高温电池和低温电池的工作温度。α_{c} 为电池的等温系数。

考虑到电池的内阻，则系统对外输出的电压为

$$V = V_{\mathrm{H}} - V_{\mathrm{L}} - 2IR_{\mathrm{int}} \tag{8-30}$$

式中，R_{int} 为电池的内阻，$I = iA$ 为外电路的电量，i 为电流密度，A 为电池的反应

面积。

系统对外输出功率为

$$P = IV = I(V_H - V_L) - 2I^2 R_{int} \tag{8-31}$$

在充电过程中电池反应的吉布斯自由能变化为

$$\Delta G_H = \Delta H_H - T_H \Delta \dot{S}_H \tag{8-32}$$

式中，ΔH_H 为化学反应中电解质溶液的焓变，因化学反应前后比热容可被认为保持不变，因此其值可以忽略不计[6]。于是有 $\Delta G_H = -T_H \Delta \dot{S}_H$。

在充电过程中可逆反应吸收的热量为

$$\dot{Q}_H = T_H |\Delta \dot{S}_H| = |\Delta G_H| \tag{8-33}$$

与周期性电化学循环类似，为了提高系统效率，我们采用了回热器，回热损失 $\Delta \dot{Q}_{re}$ 可以表示为

$$\Delta \dot{Q}_{re} = c_p \dot{n}_{es}(1 - \eta_{re})(T_H - T_L) \tag{8-34}$$

式中，c_p 为电解质溶液的摩尔比热容，$\dot{n}_{es}$ 为电解质溶液的摩尔速率，η_{re} 为回热器的回热效率。考虑到在对外供电过程中，电池内阻产生的热量同样被电解质溶液吸收，于是系统总的吸热量为

$$\dot{Q}_{Total} = \dot{Q}_H + \Delta \dot{Q}_{re} - I^2 R_{int} \tag{8-35}$$

热效率为

$$\eta_{th} = P / \dot{Q}_{Total} \tag{8-36}$$

系统各部分的㶲损失可以表示为

在高温电池中

$$\dot{I}_{HC} = T_0 \left[\dot{n}_{es} c_p \lg \frac{T_2}{T_{2r}} + \Delta \dot{S}_H - \frac{I^2 R_{int}}{T_H} - \dot{m}_{hs} (s_{hs,in} - s_{hs,out}) \right] \tag{8-37}$$

在低温电池中

$$\dot{I}_{CC} = T_0 \left[\dot{m}_{cs} (s_{cs,out} - s_{cs,in}) - (\dot{n}_{es} c_p \lg \frac{T_{4r}}{T_4} + \Delta \dot{S}_H + \frac{I^2 R_{int}}{T_H}) \right] \tag{8-38}$$

在回热器中

$$\dot{I}_{re} = T_0 \dot{n}_{es} c_p \left(\lg \frac{T_{2r}}{T_1} - \lg \frac{T_3}{T_{4r}} \right) \tag{8-39}$$

总的㶲损失为

$$\dot{I}_{TREC} = \dot{I}_{HC} + \dot{I}_{CC} + \dot{I}_{re} \tag{8-40}$$

㶲效率可以表示为

$$\eta_{ex} = P / \Delta Ex_{hs} \tag{8-41}$$

其中热源的㶲变化可以表示为

$$\Delta Ex_{hs} = \dot{m}_{hs} [h_{hs,in} - h_{hs,out} - T_0 (s_{hs,in} - s_{hs,out})] \tag{8-42}$$

8.2.2　结果与分析

一般对于热量的利用，系统有功率、热效率、㶲效率等不同的评价标准，然而其中一些标准不能同时满足，例如，无法同时满足功率和热效率或无法同时满足

功率和㶲效率。在这里,我们采用最大功率输出和最大㶲效率同时作为优化目标来研究系统的性能。㶲效率表征热量的热力学第二效率利用程度,考虑了系统的不可逆损失。功率是用来衡量通过系统可以得到多少能量的一个标准。在实际应用中,系统的功率越大,会导致系统的㶲效率的减小,反之亦然。为了研究系统在同时考虑输出功率和㶲效率下的性能,我们基于 NSGA-Ⅱ算法对系统性能进行分析,利用 MATLAB 求解得到在同时考虑以上两种标准下的系统工作温度的解的 Pareto 集合,并基于 TOPSIS 方法来获取 Pareto 集合中的最优解。TREC 系统的参数如表 8-1 所示。

表 8-1　TREC 系统的参数

参数	符号	值
电池等温系数/(V/K)	α_c	1.19×10^{-3}
热源进口温度/K	$T_{hs,in}$	323.15～393.15
热源质量流量/(kg/s)	$\dot{m}_{hs}$	1
冷却水进口温度/K	$T_{cs,in}$	293.15
冷却水质量流量/(kg/s)	$\dot{m}_{cs}$	5
热端电池的挟点温差/K	$\Delta T_{PPTD,HC}$	4
冷端电池的挟点温差/K	$\Delta T_{PPTD,CC}$	4
回热效率	η_{re}	0.7

1. Pareto 集合和最优点

图 8-26 显示了在不同热源温度下,在多目标优化下系统的 Pareto 解的集合以及基于 TOPSIS 选择的最优值。从图中可以看到最大输出功率和最大㶲效率的矛盾关系,它们分别在两个端点取得最大值。对于每一个点集合,左上点代表

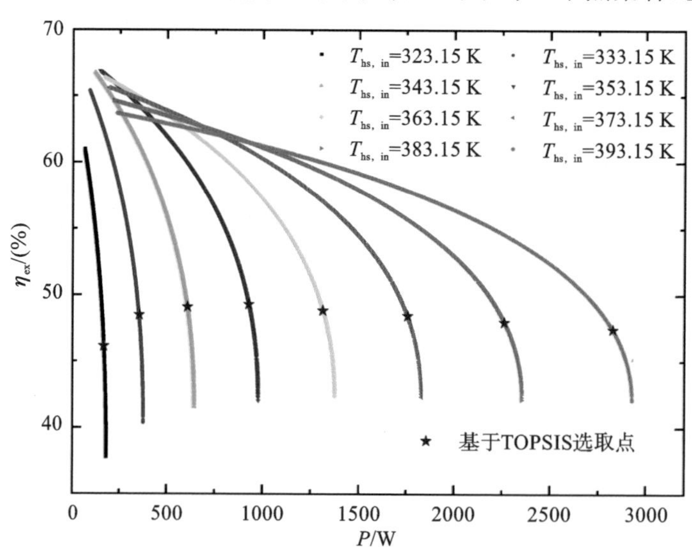

图 8-26　多目标优化下系统的 Pareto 解的集合

最大㶲效率，右下点代表最大功率。在最大功率时，我们可以看到，此时㶲效率最小，同样，在最大㶲效率时，系统的功率最小。基于 TOPSIS 选择算法，可得到这些解中的最优值(图中五角星)。

2. 系统在最优解下的性能

为了更好地分析系统在多目标优化下的性能，我们同时对比了其在最大输出功率和最大㶲效率下系统的性能。

从图 8-27 中，我们可以看到，在不同优化标准下，系统的输出功率随着热源进口温度的升高而增大。在最大㶲效率优化下系统的功率，远小于系统在多目标优化和最大输出功率下的效率。当热源的进口温度很低时，例如 323.15 K，系统在多目标优化和最大输出功率优化下的功率相差不大。但当温度比较高时，这个差值则比较明显。由表 8-2 可知，当热源进口温度为 323.15 K 时，在多目标优化下系统的功率比在最大㶲效率优化时系统的功率高 166.74%，仅比在最大输出功率优化时的小 7.88%。当热源进口温度为 393.15 K 时，在多目标优化下系统的功率比在最大㶲效率优化时系统的功率高 1101.84%，仅比在最大输出功率优化时的小 5.38%。这说明在多目标优化下的功率与在最大输出功率优化下的功率相比，相差并不大。

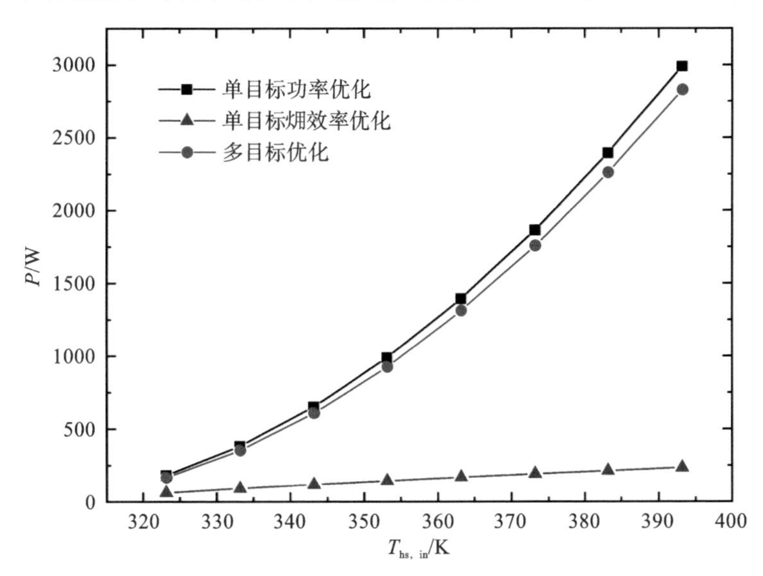

图 8-27　不同优化标准下系统输出功率的比较

表 8-2　不同优化标注下系统性能的比较

热源进口温度	多目标优化相对于最大功率优化时性能的比较			多目标优化相对于最大㶲效率优化时性能的比较		
	P	η_{ex}	η_{th}	P	η_{ex}	η_{th}
323.15 K	−7.88%	22.79%	25.97%	166.74%	−24.35%	−27.91%
393.15 K	−5.38%	14.83%	21.09%	1101.84%	−25.54%	−31.08%

从图 8-28 中我们可以看到，在不同优化标准下系统的㶲效率随着热源进口温度的变化关系。它们都随着热源进口温度的增大，先增大后减小。存在最佳的热源进口温度使系统的㶲效率达到最大。但是在不同优化标准下对应的最优温度不同。在最大功率输出优化下，最大㶲效率所对应的最佳热源进口温度最大。在最大㶲效率优化下，最大㶲效率所对应的最佳热源进口温度最小。当热源进口温度为 323.15 K 时，在多目标优化下系统的㶲效率比最大㶲效率优化下系统的㶲效率小 24.35%，但比在最大功率优化下系统的㶲效率大 22.79%，如表 8-2 所示。

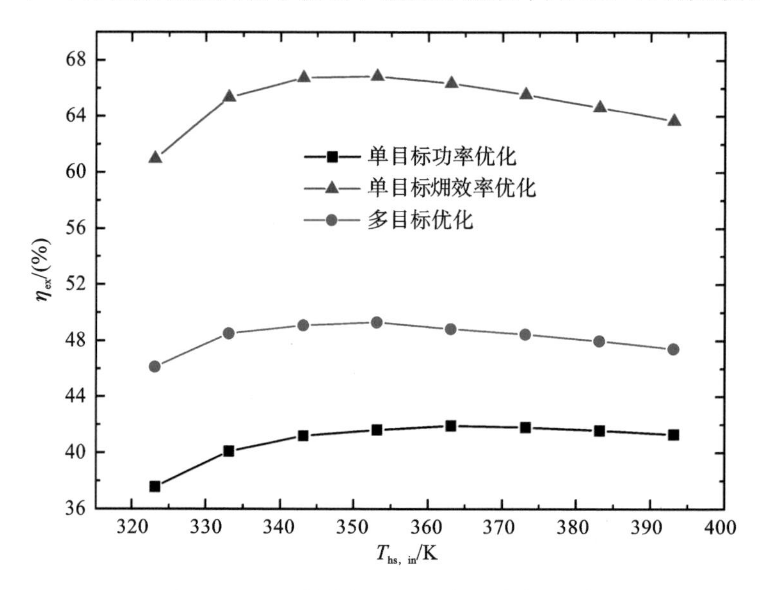

图 8-28　不同优化标准下系统㶲效率的比较

在图 8-29 中我们可以看到，在不同优化标准下，系统的热效率都随着热源进口温度的增大而增大。在最大功率优化下系统的热效率最小，在最大㶲效率优化下，系统的热效率最大。由表 8-2 可知，当热源进口温度为 323.15 K 时，在多目标优化下系统的热效率比在最大㶲效率优化时系统的功率低 27.91%，比在最大输出功率优化时的热效率高 25.97%。与最大功率下性能相比，系统在多目标优化下的㶲效率和热效率分别提高了 22.79%和 25.97%，但是功率仅减少了 7.88%。这说明多目标优化能很好地协调系统的性能，如图 8-30 所示。

在不同优化目标下系统各部分的㶲损失如图 8-31 所示。在图中可以看到系统各部分㶲损失随着热源进口温度的升高而增大。在最大㶲效率优化下系统的㶲损失最小，在最大输出功率优化下系统的㶲损失最大，如图 8-32 所示。在多目标优化下，系统各部分在不同热源进口温度下㶲损失所占的比重不同。从图 8-33 中我们可以看到，当热源进口温度为 323.15 K 时，系统在多目标优化下，冷端电池的㶲损失最大，其次分别为热端电池和回热器的㶲损失。然而当热源进口温度为 393.15 K 时，系统中回热器的㶲损失所占的比重最大，而热端电池㶲损失所占的比重最小。

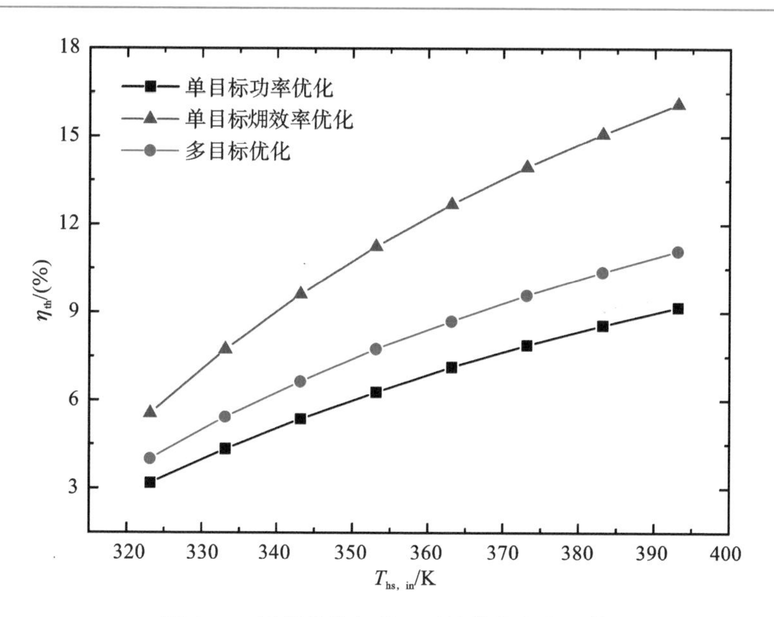

图 8-29　不同优化标准下系统热效率的比较

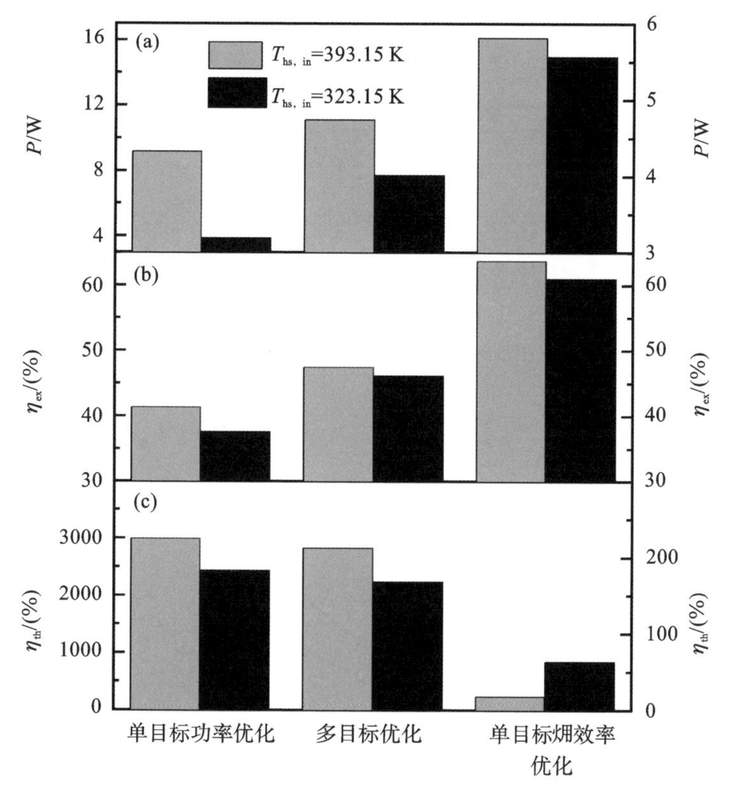

图 8-30　不同优化标准下系统参数的比较

(a)功率;(b)㶲效率;(c)热效率

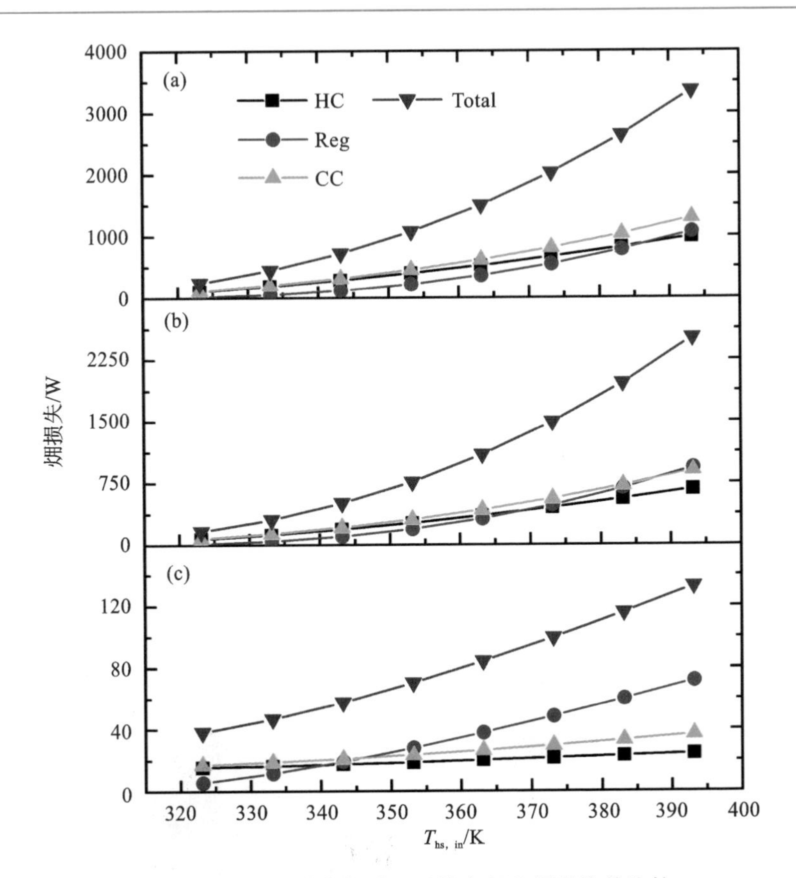

图 8-31 在不同优化标准下系统各部分㶲损失的比较

(a)单目标功率优化;(b)多目标优化;(c)单目标㶲效率优化

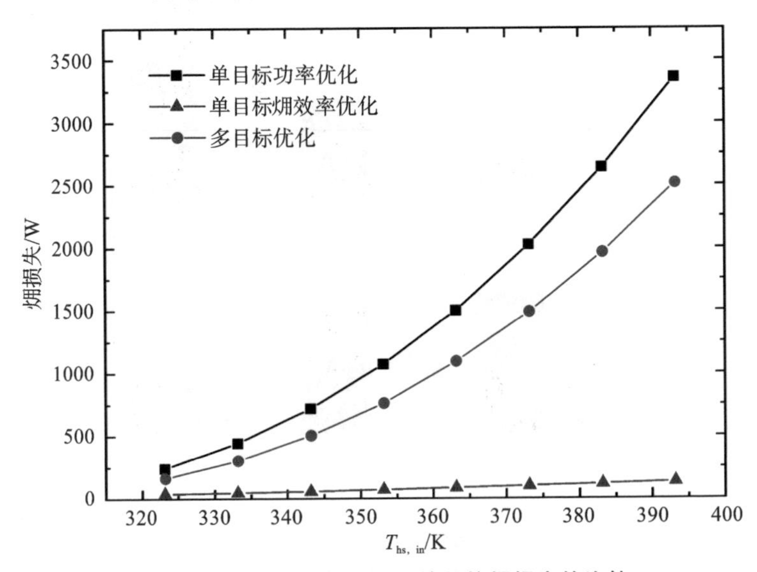

图 8-32 不同优化标准下系统总的㶲损失的比较

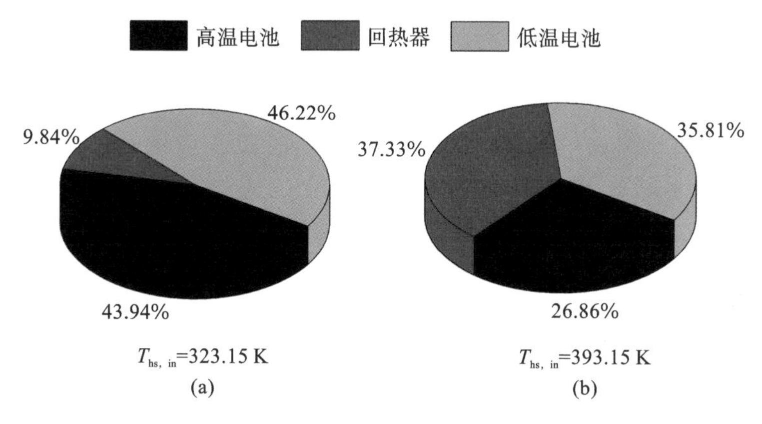

图 8-33　系统在多目标优化下部件㶲损失所占的比重

(a)进口温度为 323.15 K；(b)进口温度为 393.15 K

8.3　双级电化学循环系统

传统的电化学循环(TREC)系统的示意图如图 8-34(a)所示。它由 2 个电池组成，在电池中发生电化学反应，这两个电池同时也具有换热器功能，分别与热源和冷源接触。电解质在两个电池中循环。在电池中设有一个阻隔膜用于防止反应物没有通过外电路交换电子而反应[5]。系统可以通过充放电过程的电压差来对外输出功。为了充分利用热源的能量，本节提出了双级电化学循环(dual loop thermally regenerative electrochemical cycle，DLTREC)系统，如图 8-34(b)所

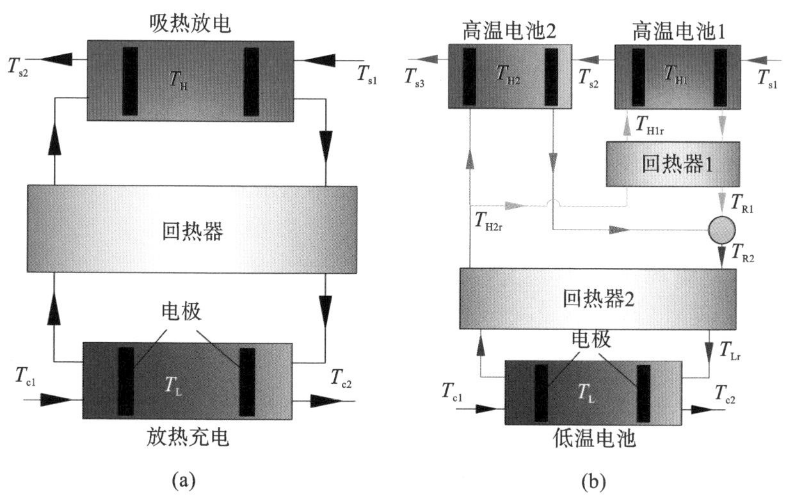

图 8-34　传统的 TREC 系统和本文提出的 DLTREC 系统

示[7]。热源的热量先被高温电池(HC1)利用然后再被高温电池(HC2)利用。为了减小系统损失和提高效率,采用了 2 个回热器。从低温电池出来的电解质分为 2 条支路,一路进入高温电池(HC2),另一路进入高温电池(HC1)。发生电化学反应后的电解质在混合器中混合,然后进入低温电池(CC)发生电化学反应,向冷源放热。传统的 TREC 系统和本文提出的 DLTREC 系统的电路图如图 8-35 所示。对于传统 TREC 系统,高温电池与低温电池的电流相等,对于 DLTREC 系统,低温电池的电流等于 2 个高温电池的电流之和。

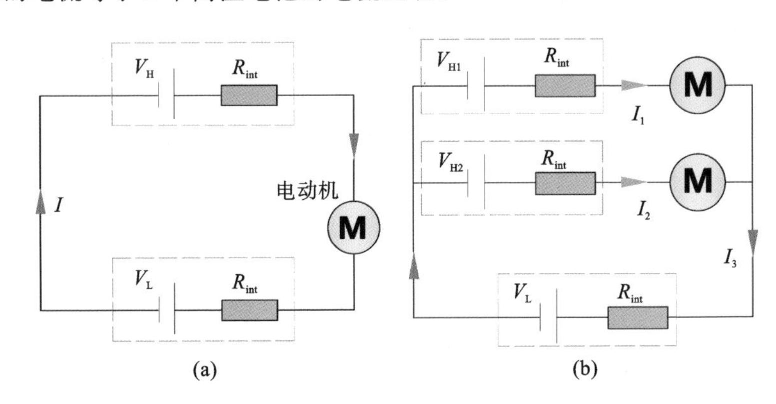

图 8-35 系统的电路图

(a)传统的 TREC 系统;(b)DLTREC 系统

8.3.1 数学模型

在高温电池(HC1)中,电池的开路电压为 $V_{H1}=\alpha_c T_{H1}$,可逆电化学过程吸收的热量为

$$\dot{Q}_{H1}=T_{H1}\Delta\dot{S}_{H1}=\alpha_c\dot{n}_{e1}T_{H1}F \tag{8-43}$$

式中,$\dot{n}_{e1}=I_1/F$ 为反应离子的摩尔速率;$I_1=i_1A$ 为电流,其中 i_1 为电流密度,A 为反应面积;$\Delta\dot{S}_{H1}$ 为电化学反应中的可逆熵变。

在高温电池(HC1)中的内阻产生的热量为

$$\dot{Q}_{loss1}=I_1^2R_{int} \tag{8-44}$$

由于不完全回热所引起的回热损失为

$$\Delta\dot{Q}_{Re1}=c_p\dot{n}_{es1}(1-\eta_{re1})(T_{H1}-T_{H2r}) \tag{8-45}$$

式中

$$T_{H2r}=T_L+\eta_{re2}(T_{H2}-T_L) \tag{8-46}$$

式中,η_{re1} 和 η_{re2} 分别为回热器的回热效率;$\dot{n}_{es1}$ 为化学反应中的电解质的摩尔流量。

高温电池(HC1)吸收的总热量为

$$\dot{Q}_{S1}=\dot{Q}_{H1}+\Delta\dot{Q}_{Re1}-\dot{Q}_{loss1} \tag{8-47}$$

同理对于高温电池(HC2)有以下关系。

开路电压为 $V_{H2}=\alpha_c T_{H2}$，可逆电化学反应吸收的热量为

$$\dot{Q}_{H2}=T_{H2}\Delta\dot{S}_{H2}=\alpha_c\dot{n}_{e2}T_{H2}F \tag{8-48}$$

式中，$\dot{n}_{e2}=I_2/F$，为反应离子的摩尔速率；I_2 为电流。

由内阻引起的热量损失为

$$\dot{Q}_{loss2}=I_2^2R_{int} \tag{8-49}$$

回热器不完全回热的热量损失为

$$\Delta\dot{Q}_{Re2}=c_p\dot{n}_{es2}(1-\eta_{re2})(T_{H2}-T_L) \tag{8-50}$$

式中，$\dot{n}_{es2}$ 为化学反应中的电解质的摩尔流量。

高温电池(HC2)总的吸收的热量为

$$\dot{Q}_{S2}=\dot{Q}_{H2}+\Delta\dot{Q}_{Re2}-\dot{Q}_{loss2} \tag{8-51}$$

对于低温电池(CC)有以下关系。

开路电压为 $V_L=\alpha_c T_L$。可逆电化学反应释放的热量为

$$Q_L=T_L\Delta S_L=\alpha_c n_{e3}T_LF \tag{8-52}$$

式中，$\dot{n}_{e3}$ 为反应离子的摩尔速率。

由内阻引起的热量损失为

$$\dot{Q}_{loss3}=I_3^2R_{int} \tag{8-53}$$

回热器不完全回热的热量损失为

$$\Delta\dot{Q}_{Re3}=c_p\dot{n}_{es3}(1-\eta_{re1})(T_{H2}-T_L) \tag{8-54}$$

式中，$\dot{n}_{es3}$ 为化学反应中的电解质的摩尔流量。

低温电池(CC)释放的总热量为

$$\dot{Q}_C=\dot{Q}_L+\dot{Q}_{loss3}+\Delta\dot{Q}_{Re3} \tag{8-55}$$

高温电池向热源吸收的总热量为

$$\dot{Q}_S=\dot{Q}_{S1}+\dot{Q}_{S2} \tag{8-56}$$

系统的输出功率可以表示为

$$\begin{aligned}P&=\dot{Q}_S-\dot{Q}_C\\&=\alpha_cI_1(T_{H1}-T_L)+\alpha_cI_2(T_{H2}-T_L)-I_1^2R_{int}-I_2^2R_{int}-(I_1+I_2)^2R_{int}\end{aligned} \tag{8-57}$$

系统的效率为

$$\eta_e=P/\dot{Q}_S \tag{8-58}$$

系统各部分的㶲损失可以表示为

高温电池(HC1)

$$\dot{I}_{HC1}=T_0\left[\dot{n}_{es1}c_p\lg\frac{T_{H1}}{T_{H1r}}+\Delta S_{H1}-\frac{I_1^2R_{int}}{T_{H1}}-\dot{m}_{hs}(s_{s1}-s_{s2})\right] \tag{8-59}$$

高温电池(HC2)

$$\dot{I}_{HC2} = T_0\left[\dot{n}_{es2}c_p\lg\frac{T_{H2}}{T_{H2r}} + \Delta S_{H2} - \frac{I_2^2R_{int}}{T_{H2}} - \dot{m}_{hs}(s_{s2} - s_{s3})\right] \tag{8-60}$$

低温电池(CC)

$$\dot{I}_{CC} = T_0\left[\dot{m}_{cs}(s_{c2} - s_{c1}) - \dot{n}_{es3}c_p\lg\frac{T_{Lr}}{T_L} + \Delta S_L + \frac{I_3^2R_{int}}{T_L}\right] \tag{8-61}$$

回热器(Reg1)

$$\dot{I}_{Re1} = T_0\dot{n}_{es1}c_p\left(\lg\frac{T_{H1r}}{T_{H2r}} - \lg\frac{T_{H1}}{T_{R1}}\right) \tag{8-62}$$

回热器(Reg2)

$$\dot{I}_{Re2} = T_0c_p(\dot{n}_{es1} + \dot{n}_{es2})\left(\lg\frac{T_{H2r}}{T_L} - \lg\frac{T_{R2}}{T_{Lr}}\right) \tag{8-63}$$

混合器

$$\dot{I}_{mix} = T_0c_p\left(\dot{n}_{es2}\lg\frac{T_{R2}}{T_{H2}} - \dot{n}_{es1}\lg\frac{T_{R1}}{T_{R2}}\right) \tag{8-64}$$

系统总的㶲损失为

$$\dot{I}_{Total} = \dot{I}_{HC1} + \dot{I}_{HC2} + \dot{I}_{CC} + \dot{I}_{Re1} + \dot{I}_{Re2} + \dot{I}_{mix} \tag{8-65}$$

系统的㶲效率为

$$\eta_{ex} = P/\Delta E_{hs} \tag{8-66}$$

其中热源的㶲变化为

$$\Delta E_{hs} = \dot{m}_{hs}[h_{s1} - h_{s3} - T_0(s_{s1} - s_{s3})] \tag{8-67}$$

8.3.2 结果与分析

为了更好地分析系统的性能,我们基于遗传算法,以最大输出功率为目标,对系统进行优化分析。优化参数为高温电池(HC1 和 HC2)的工作温度和低温电池(CC)的工作温度,其他参数保持不变,如表 8-3 所示。为了探讨系统的性能,下面分析和比较了在相同参数下传统的 TREC 系统在最大输出功率下的性能。

表 8-3 DLTREC 系统的参数设置

参数	符号	值
等温系数/(V/K)	α_c	1.19×10^{-3}
热源温度/K	$T_{hs,in}$	323.15～393.15
热源质量流量/(kg/s)	$\dot{m}_{hs}$	1
冷却水温度/K	$T_{cs,in}$	293.15
冷却水质量流量/(kg/s)	$\dot{m}_{cs}$	5

续表

参数	符号	值
热端挟点温差/K	$\Delta T_{PPTD,HC}$	4
冷端挟点温差/K	$\Delta T_{PPTD,CC}$	4
回热器 1 的回热效率	η_{re1}	0.7
回热器 2 的回热效率	η_{re2}	0.7

图 8-36 显示了传统的 TREC 和 DLTREC 系统的最大功率随着热源进口温度的变化关系。这两个系统的最大输出功率都随着热源进口温度的增大而增大。系统的电效率也呈现相同的趋势，如图 8-37 所示。在热源进口温度给定时（如 393.15 K），DLTREC 系统的最大输出功率比传统的 TREC 循环系统高 50.11%。在最大输出功率下，DLTREC 系统的电效率比传统的 TREC 系统高 13.31%，如表 8-4 所示。图 8-38 为传统的 TREC 和 DLTREC 系统在最大功率时的㶲效率随着热源进口温度的变化关系。在最大输出功率下，DLTREC 系统的㶲效率随着热源进口温度的增大而增大，然而，传统的 TREC 系统的㶲效率随着热源进口温度的增大先增大后减小。当热源的进口温度为 393.15 K 时，在最大输出功率下，DLTREC 系统的㶲效率比传统的 TREC 系统高 19.41%。因此相对于传统的 TREC 系统，DLTREC 系统能更加高效地利用热源热量。

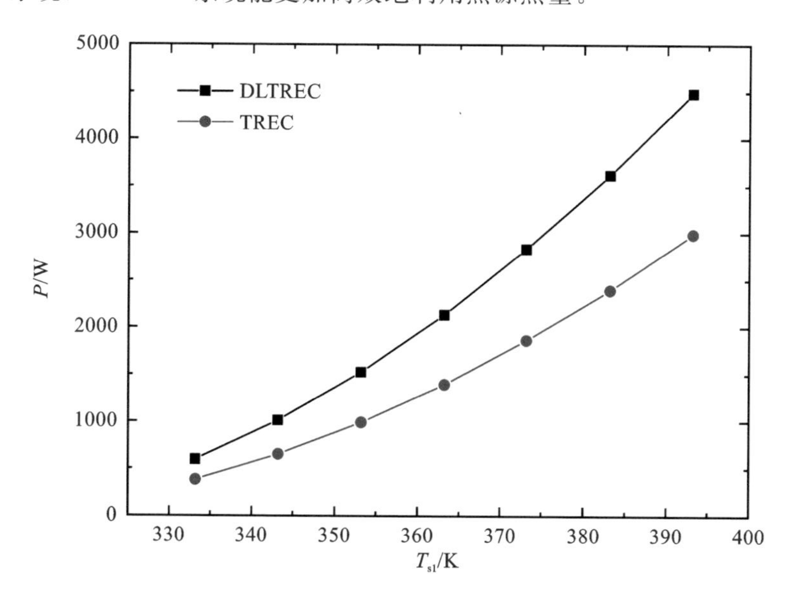

图 8-36　传统的 TREC 和 DLTREC 系统的最大功率随热源进口温度的变化关系

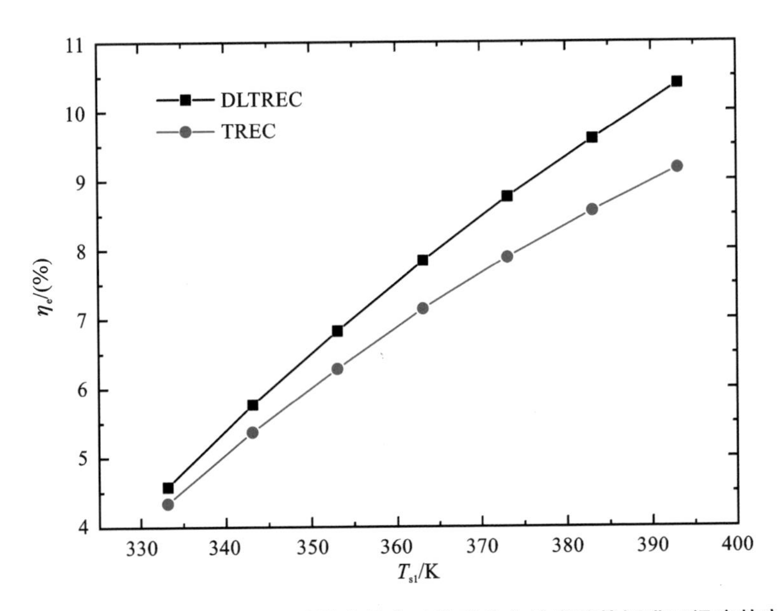

图 8-37　传统的 TREC 和 DLTREC 系统在最大功率时的电效率随热源进口温度的变化关系

表 8-4　传统的 TREC 和 DLTREC 系统在最大功率时性能的比较

热源进口温度/K	TREC 与 DLTREC 性能的比较		
	P	η_{ex}	η_{th}
333.15	56.20%	5.46%	11.41%
343.15	55.11%	7.37%	13.52%
353.15	54.06%	8.66%	14.93%
363.15	53.00%	9.70%	15.99%
373.15	51.99%	11.05%	17.31%
383.15	51.05%	12.09%	18.31%
393.15	50.11%	13.31%	19.41%

图 8-39 为传统的 TREC 和 DLTREC 系统在最大功率时的电池开路电压随着热源进口温度的变化关系。在最大输出功率下，传统的 TREC 和 DLTREC 系统中高温电池的开路电压都随热源进口温度的增大而增大。而低温电池的开路电压变化不明显。这是因为冷却水质量流量较大，导致低温电池的工作温度基本保持恒定。传统的 TREC 系统中，高温电池的开路电压比 DLTREC 系统中高温电池(HC1)的开路电压要小，但大于高温电池(HC2)的开路电压。

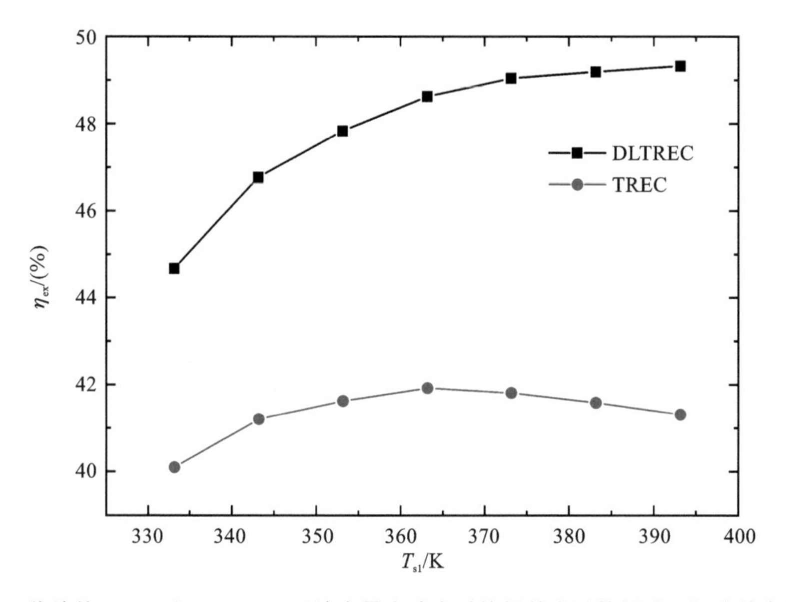

图 8-38　传统的 TREC 和 DLTREC 系统在最大功率时的㶲效率随热源进口温度的变化关系

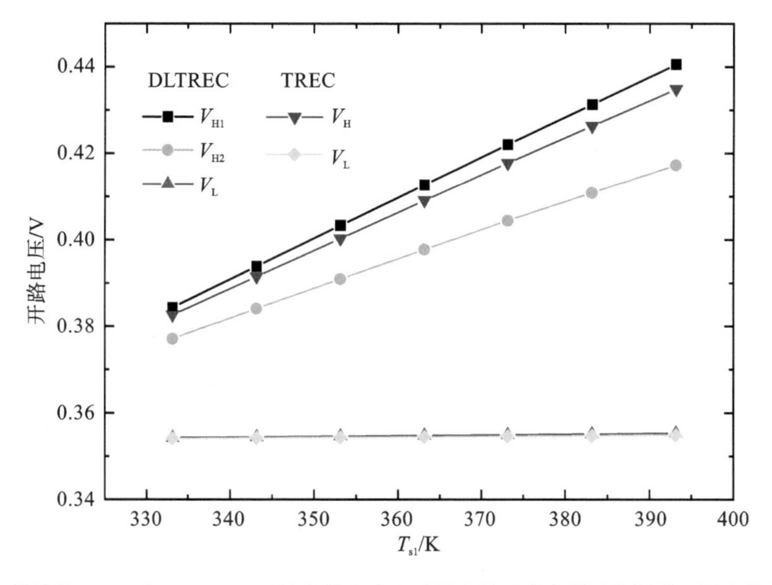

图 8-39　传统的 TREC 和 DLTREC 系统在最大功率时的电池开路电压随热源进口温度的变化关系

从图 8-40 中可以看到，传统的 TREC 和 DLTREC 系统在最大功率时的电流密度随着热源进口温度的升高而增大。DLTREC 中的低温电池电流密度比传统的 TREC 系统大。但 DLTREC 系统的高温电池的电流密度分别都小于传统 TREC 系统中高温电池的电流密度。

传统的 TREC 和 DLTREC 系统在最大功率时各部分㶲损失随热源进口温度的变化关系如图 8-41 所示。系统各部分㶲损失都随着热源进口温度的增大而增

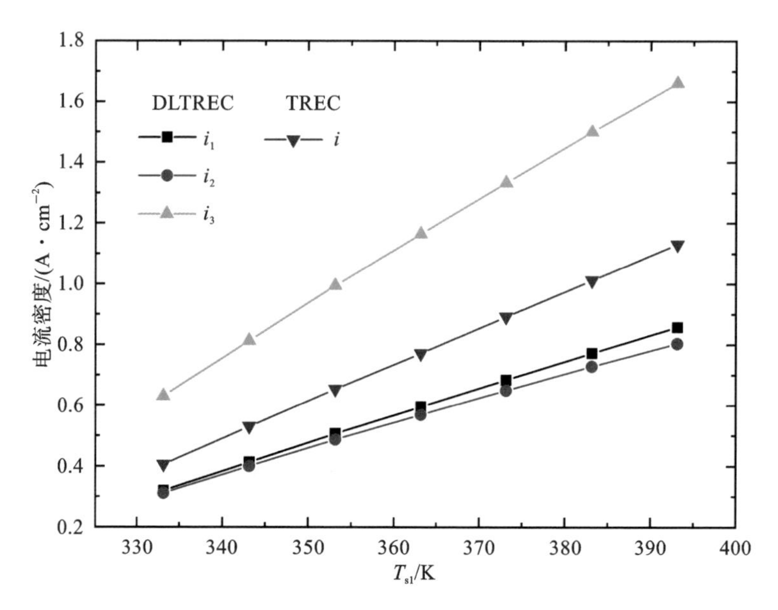

图 8-40　传统的 TREC 和 DLTREC 系统在最大功率时的电流密度随热源进口温度的变化关系

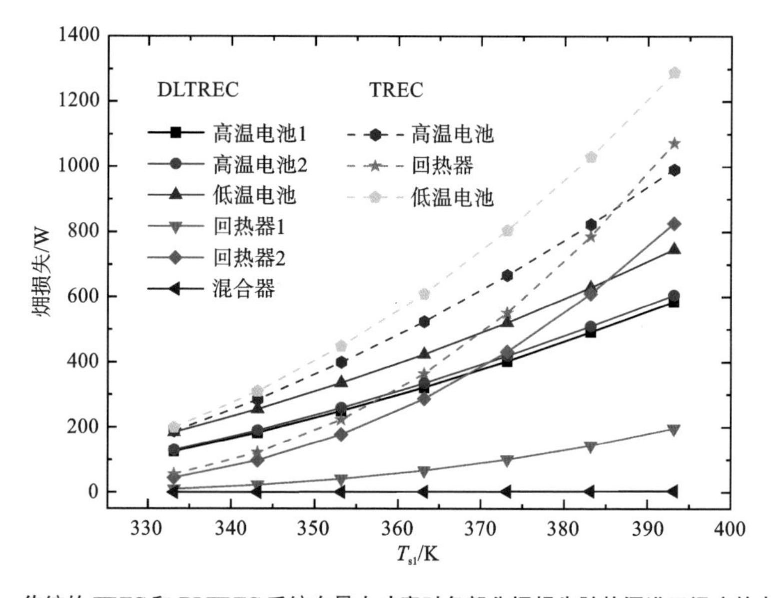

图 8-41　传统的 TREC 和 DLTREC 系统在最大功率时各部分㶲损失随热源进口温度的变化关系

大。当热源进口温度比较低时，低温电池的㶲损失所占比重最大，然而当热源进口温度比较高时，回热器㶲损失所占比重最大。如图 8-42 所示，对于 DLTREC 系统，当热源进口温度为 333.15 K 时，低温电池㶲损失所占比重最大，接着是高温电池 HC2 和 HC1。当热源进口温度为 393.15 K 时，回热器(Reg2)㶲损失所占比例最大，接着是低温电池。此外混合器的㶲损失所占比重最小。

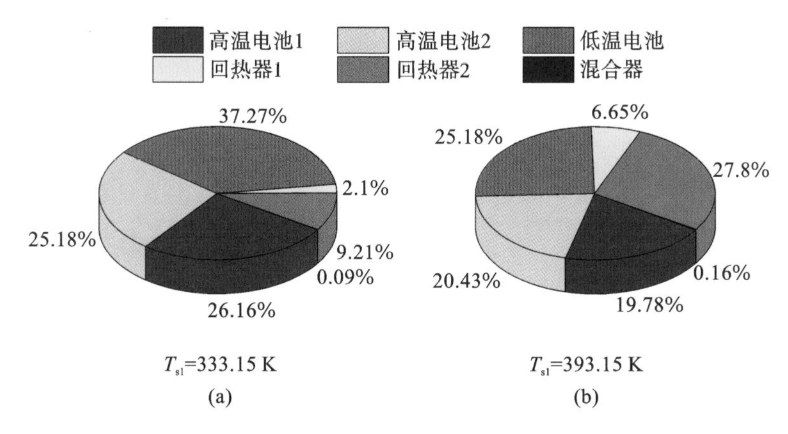

图 8-42　在最大输出功率下，DLTREC 系统在热源进口温度为 333.15 K 和 393.15 K 时各部分㶲损失所占比重

在图 8-43 中，我们可以看到，当热源进口温度小于 353.15 K 时，传统的 TREC 系统的总㶲损失小于 DLTREC 系统，然而当热源进口温度大于 353.15 K 时，传统的 TREC 系统的㶲损失大于 DLTREC 系统，而且随着热源进口温度的增加，差别更加明显。当热源进口温度较低时，DLTREC 系统的㶲损失加大，主要是由于系统的复杂性造成的。当热源进口温度较高时，DLTREC 系统的高温电池（HC1 和 HC2）可以显著减少热源吸热过程中的㶲损失，与此同时，回热器的㶲损失也因为采用双回热器而减小。因此总的㶲损失得到改善。

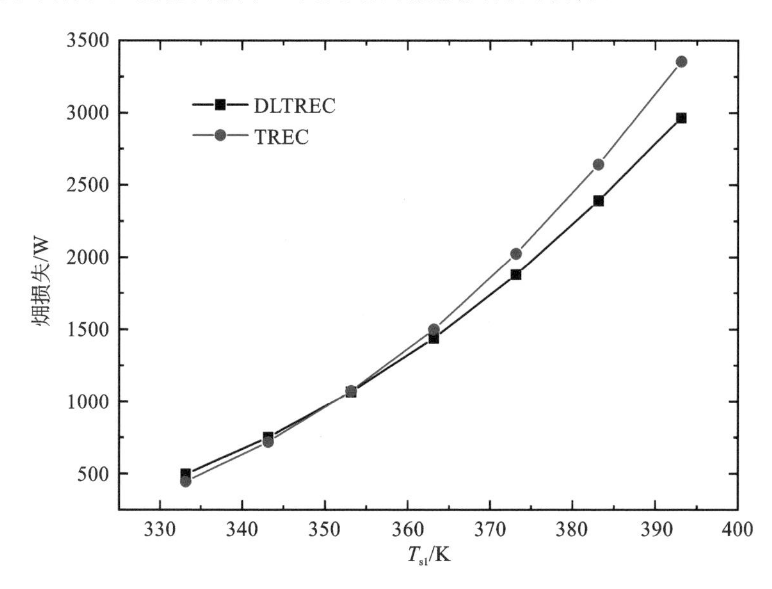

图 8-43　传统的 TREC 和 DLTREC 系统在最大功率时总㶲损失随热源入口处温度的变化关系

8.4 热释电循环系统

8.4.1 数学模型

如图 8-44 所示，热释电循环(regenerative ericsson pyroelectric cycle，REPC)系统由 4 个过程组成，即 2 个等电场强度过程(过程 1—2 和 3—4)和 2 个等温过程(过程 2—3 和 4—1)。在过程 1—2 中，在等电场强度中，材料从温度为 T_L 加热到 T_H。然后在过程 2—3 中，等温吸热，温度为 T_H，此时电场强度降到最低值。在这两个过程中材料都对外放电。由于材料向热源吸热，因此材料的熵会增加。在过程 3—4 中，在等电场强度中，材料的温度从 T_H 冷却到 T_L，然后在过程 4—1 中等温放热，温度为 T_L，电场强度升高到最大值。在这两个过程中材料处于充电过程。由于材料向冷源放热，材料的熵减小。循环结束后材料恢复到其原始状态。由于充电和放电过程存在能量差，因此系统可以对外做功，如图 8-44 所示。

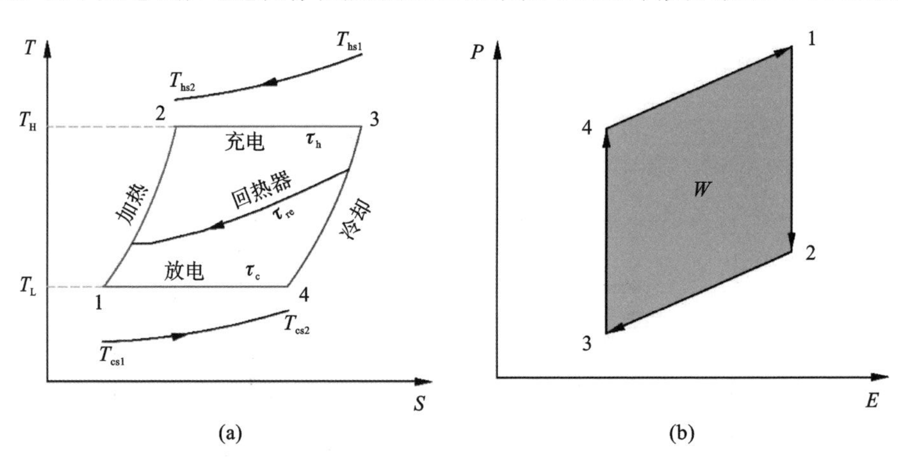

图 8-44 REPC 的 *T-S* 图和极化-电场图

热释电材料的特性方程为

$$dD = \varepsilon_{33}^{T} dE + p dT \tag{8-68}$$

$$dS = p dE + c \frac{dT}{T} \tag{8-69}$$

式中，D、E、T 和 S 分别为电位移、电场强度、温度和熵。上式中的系数可以表示为

$$\varepsilon_{33}^{T} = \left.\frac{dD}{dE}\right|_{T}, c_E = \left.\frac{dU}{dT}\right|_{E}, p = \frac{dD}{dT} = \frac{dS}{dE} \tag{8-70}$$

式中，U 为内能，ε_{33}^{T}、p、c_E 分别为介电常数、热释电系数、等电场强度热容。为了

便于理论分析，我们假设热释电常数在工作温度范围内保持不变，材料热容与电场强度无关。

在过程 1—2 中，材料在加热过程中所需热量为

$$Q_{1-2} = \left| \int_{T_L}^{T_H} c_E VT \frac{dT}{T} \right| = c_E V(T_H - T_L) \tag{8-71}$$

式中，V 为材料的体积。在过程 2—3 中，向热源吸收的热量为

$$Q_H = T_H \left| \int_{E_M}^{0} pV dE \right| = pVE_M T_H \tag{8-72}$$

式中，E_M 为所加电场强度的最大值，同理，在过程 3—4 中，材料在降温过程中释放的热量为 $Q_{3-4} = Q_{1-2}$。在过程 4—1 中，材料向冷源释放的热量可以表示为

$$Q_L = pVE_M T_L \tag{8-73}$$

因此在一个循环周期内，系统对外做功为

$$W = Q_H - Q_L = pVE_M(T_H - T_L) \tag{8-74}$$

另外，材料从高温热源的吸热量和向低温热源的放热量还可以表示为

$$Q_H = K_h (LMTD)_h \tau_h = C_h(T_{hs1} - T_{hs2})\tau_h \tag{8-75}$$

$$Q_L = K_c (LMTD)_c \tau_c = C_c(T_{cs2} - T_{cs1})\tau_c \tag{8-76}$$

式中，C_h 和 C_c 分别为高温热源和低温热源的热容。T_{hs1} 和 T_{hs2} 分别为热源的进、出口温度。T_{cs1} 和 T_{cs2} 分别为冷源的进、出口温度。K_h 和 K_c 分别为电池与热源、电池与冷源之间的换热热导。τ_h 和 τ_c 分别为吸热过程和放热过程的时间。在吸热过程中和放热过程中的对数平均温差 $(LMTD)_h$ 和 $(LMTD)_c$ 分别可以表示为

$$(LMTD)_h = (T_{hs1} - T_{hs2})/\ln \frac{T_{hs1} - T_H}{T_{hs2} - T_H} \tag{8-77}$$

$$(LMTD)_c = (T_{cs2} - T_{cs1})/\ln \frac{T_L - T_{cs1}}{T_L - T_{cs2}} \tag{8-78}$$

根据上式，我们可以得到

$$Q_H = C_h \phi_h (T_{hs1} - T_H)\tau_h = pVE_M T_H \tag{8-79}$$

$$Q_L = C_c \phi_c (T_L - T_{cs1})\tau_c = pVE_M T_L \tag{8-80}$$

式中，ϕ_h 和 ϕ_c 分别为吸热和放热过程中换热器的效能系数，分别表示为 $\phi_h = 1 - e^{-N_h}$ 和 $\phi_c = 1 - e^{-N_c}$，其中 $N_h = K_h/C_h$，$N_c = K_c/C_c$。于是有

$$\tau_h = \frac{pVE_M T_H}{C_h \phi_h (T_{hs1} - T_H)} \tag{8-81}$$

$$\tau_c = \frac{pVE_M T_L}{C_c \phi_c (T_L - T_{cs1})} \tag{8-82}$$

为了提高系统的性能，我们在材料加热和冷却过程中使用了回热措施。回热损失 ΔQ_{re} 为

$$\Delta Q_{re} = c_E V(1 - \eta_{re})(T_H - T_L) \tag{8-83}$$

式中，η_{re} 为回热效率。此外回热器的时间也考虑在内，假设回热时间正比于回热过程温度变化，则回热时间表示为

$$\tau_{re} = \beta_1(T_H - T_L) + \beta_2(T_H - T_L) = \beta(T_H - T_L) \tag{8-84}$$

式中，β_1 和 β_2 分别为过程 1—2 与过程 3—4 的比例常数。此外为我们定义 $\beta = \beta_1 + \beta_2$ 。于是系统总的一个循环周期所用的时间为 $\tau_h + \tau_c + \tau_{re}$ 。

系统的输出功率和效率可以分别表示为

$$P = \frac{Q_H - Q_L}{\tau_h + \tau_c + \tau_{re}} \tag{8-85}$$

$$\eta = \frac{Q_H - Q_L}{\Delta Q_{re} + Q_H} \tag{8-86}$$

根据前面的分析，功率和效率可以分别进一步写为

$$P = \frac{pVE_M(T_H - T_L)}{\dfrac{pVE_M T_H}{C_h\phi_h(T_{hs1} - T_H)} + \dfrac{pVE_M T_L}{C_c\phi_c(T_L - T_{cs1})} + \beta(T_H - T_L)} \tag{8-87}$$

$$\eta = \frac{pE_M(T_H - T_L)}{c_E(1 - \eta_{re})(T_H - T_L) + pE_M T_H} \tag{8-88}$$

8.4.2 结果与分析

根据式(8-87)和式(8-88)，在给定系统的工作温度的条件下，材料的热释电系数越大，所加外电场强度越大，循环的功率和效率越高，在与热源接触过程中，换热器的性能越高，循环输出功率越大，但是不影响系统的效率。材料的热容对循环输出功率没有影响，但是影响其效率。热容越大，效率越高。此外回热过程的效率也对系统性能有很大影响。回热效率越高，循环的效率也越高，但是其不影响系统的对外输出功。另外，回热过程的时间因子 β 越大，系统的功率越低，但其对效率没有影响。如图 8-45 所示，当所选热释电材料为 PMN-0.25PT 时，系统对外输出功率随着效率的增大先增大后急剧减小。存在一个最佳的效率使系统的功率最大，此时最大功率时的效率非常接近于循环的最大效率。

我们可以将式(8-87)对吸热过程和放热过程的时间求导，并令$\partial P/\partial T_H=0$ 和 $\partial P/\partial T_L=0$，有

$$\frac{T_L}{C_c\phi_c(T_{cs1} - T_L)} + \frac{-T_L T_{hs1} + T_H T_H}{C_h\phi_h(T_H - T_{hs1})^2} = 0 \tag{8-89}$$

$$\frac{T_H}{C_h\phi_h(T_{hs1} - T_H)} + \frac{-T_H T_{cs1} + T_L T_L}{C_c\phi_c(T_L - T_{cs1})^2} = 0 \tag{8-90}$$

通过求解上式，在 $C_c\phi_c \neq C_h\phi_h$ 时，系统的最佳工作温度 T_H^{op} 和 T_L^{op} 分别为

$$T_H^{op} = \frac{K_c T_{cs1} - xK_h T_{hs1} + \sqrt{K_c K_h T_{cs1}(T_{cs1} + T_{hs1} - 2xT_{hs1})}}{x(K_c - K_h)} \tag{8-91}$$

$$T_L^{op} = \frac{K_c T_{cs1} - xK_h T_{hs1} + \sqrt{K_c K_h T_{cs1}(T_{cs1} + T_{hs1} - 2xT_{hs1})}}{K_c - K_h} \tag{8-92}$$

式中，$K_h = C_h\phi_h$，$K_c = C_c\phi_c$ 和 $x = \sqrt{T_{cs1}/T_{hs1}}$ 。

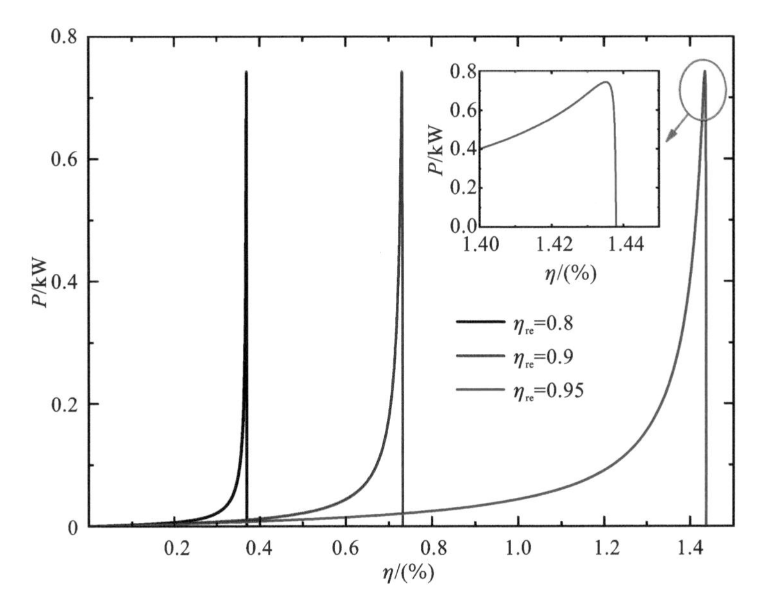

图 8-45　热释电循环的功率效率特性

（其中材料为 PMN-0.25PT，$T_{hs1}=500$ K，$E_M=2.5$ kV·mm^{-1}，$\phi_h=\phi_c=0.7$，$T_{cs1}=300$ K，$V=0.25$ m^3，$\beta=0.1$ s·K^{-1}和 $C_h=C_c=2000$ W·K^{-1}）

当 $C_c\phi_c = C_h\phi_h$ 时

$$T_H^{op} = \frac{\sqrt{T_{cs1}T_{hs1}}(T_{hs1}-T_{cs1})}{2(\sqrt{T_{hs1}T_{cs1}}-T_{cs1})} \tag{8-93}$$

$$T_L^{op} = \frac{T_{cs1}(T_{hs1}-T_{cs1})}{2(\sqrt{T_{hs1}T_{cs1}}-T_{cs1})} \tag{8-94}$$

将 T_H^{op} 和 T_L^{op} 代入式(8-87)和式(8-88)，我们可以得到系统的最大输出功率及相应的效率。

当 $C_c\phi_c \neq C_h\phi_h$ 时

$$P_{max} = \frac{pVE_M M}{\beta M + \dfrac{pVE_M N}{K_h(K_c T_{cs1} - xK_c T_{hs1} + A)} - \dfrac{pVE_M N}{K_c(K_h T_{cs1} - xK_h T_{hs1} + A - xK_c T_{hs1})}} \tag{8-95}$$

当 $C_c\phi_c = C_h\phi_h$ 时

$$P_{max} = \frac{pVE_M K_h((x-4)T_{cs1}^2 + (6x-4)T_{cs1}T_{hs1} + xT_{hs1}^2)}{\beta x K_h T_{hs1}^2 - 4xpVE_M T_{hs1} - \beta(4-x)K_h T_{cs1}^2 - 4(2-x)pVE_M T_{cs1} + 6\beta K_h T_{hs1} T_{cs1}} \tag{8-96}$$

$$\eta_{max,p} = \frac{pE_M(1-x)}{c_E(1-\eta_{re})(1-x) + pE_M} \tag{8-97}$$

式中，

$$A = \sqrt{K_c K_h T_{cs1}(T_{cs1} + T_{hs1} - 2xT_{hs1})}$$

$$N = K_c T_{cs1} - xK_h T_{hs1} + \sqrt{K_c K_h T_{cs1}(T_{cs1} + T_{hs1} - 2xT_{hs1})}$$

$$M = \frac{N}{K_c - K_h} - \frac{N}{x(K_c - K_h)}$$

1. 热释电材料对系统性能的影响

根据式(8-95)～式(8-97)，我们可以得到材料的热释电系数和热容对系统最大输出功率及相应的效率的影响，如图 8-46 和图 8-47 所示，从图 8-46 可以看到，系统的最大功率及相应的效率都随着热释电系数的增大而增大。材料的热容对系统的最大输出功率没有影响，但是其对最大输出功率时的效率影响较大。系统在最大输出功率时的效率随着材料的热容的增大而单调减少，如图 8-47 所示。因此在选择热释电材料时，应选择具有较高热释电系数和较低热容的材料。

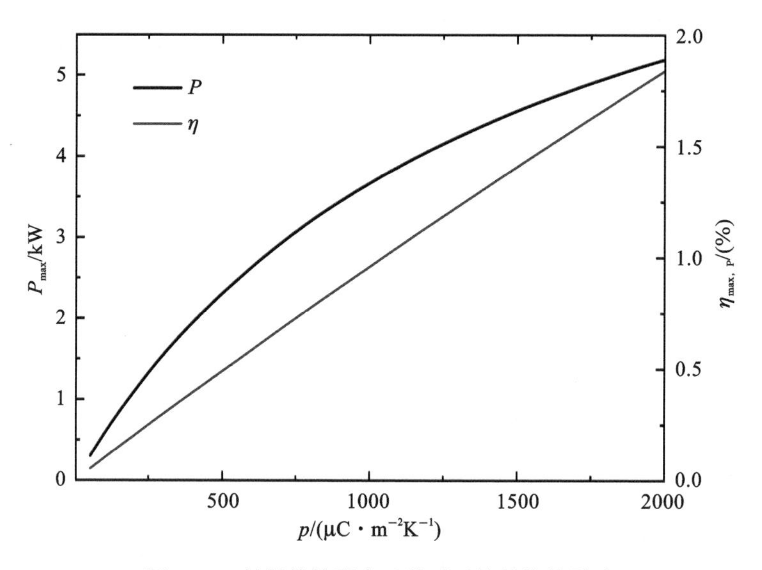

图 8-46　材料的热释电系数对系统性能的影响

(其中 $\phi_h = \phi_c = 0.7$，$C_h = C_c = 2000\ \mathrm{W \cdot K^{-1}}$，$V = 0.25\ \mathrm{m^3}$，$\beta = 0.1\ \mathrm{s \cdot K^{-1}}$，$c_E = 2.5\ \mathrm{MJ \cdot m^{-3} \cdot K^{-1}}$，$\eta_{re} = 0.9$，$E_M = 2.5\ \mathrm{kV \cdot mm^{-1}}$，$T_{hs1} = 500$ K 和 $T_{cs1} = 300$ K)

外加电场对系统的最大输出功率及相应的效率的影响如图 8-48 所示。系统的最大输出功率及在最大输出功率下的效率都随着外加电场的增大而增大。因此增加系统工作时的外部电场强度可以改善系统的性能。然而系统的电场强度的最大值受到材料的性质所束缚。从文献中，我们可以得到在材料能承受的最大电场强度下，系统的对外输出的功率为[8]～[9]

$$P^{opt} = \frac{p^2 V (T_H - T_L)^2}{2\pi\varepsilon_{33}^T(\tau_h + \tau_c + \tau_{re})} \tag{8-98}$$

基于式(8-88)和式(8-98)，将 P^{opt} 对 T_H 和 T_L 求导，我们可以得到材料的介

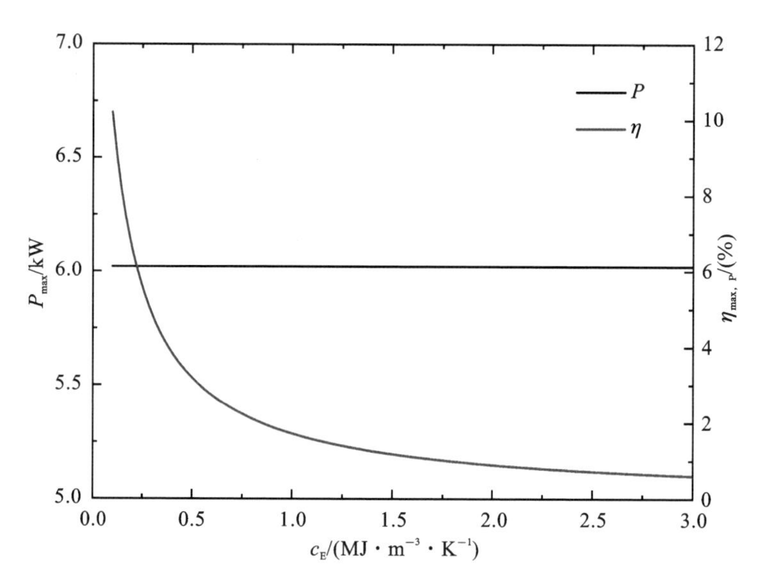

图 8-47　材料的热容对系统性能的影响

(其中 $\phi_h=\phi_c=0.7$,$C_h=C_c=2000$ W · K^{-1},$V=0.25$ m^3,$\beta=0.1$ s · K^{-1},$p=746$ μC · m^{-2} · K^{-1},$\eta_{re}=0.9$,$E_M=2.5$ kV · mm^{-1},$T_{hs1}=500$ K 和 $T_{cs1}=300$ K)

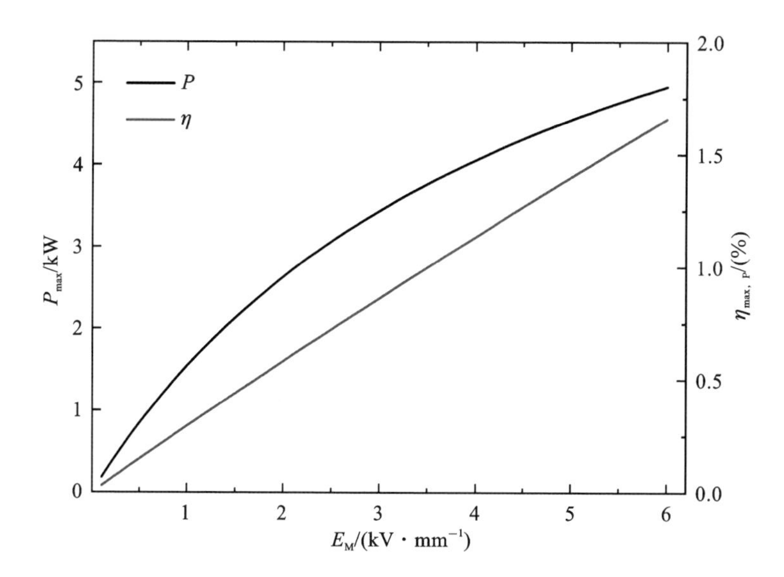

图 8-48　外加电场强度对系统性能的影响

(其中 $\phi_h=\phi_c=0.7$,$C_h=C_c=2000$ W · K^{-1},$V=0.25$ m^3,$\beta=0.1$ s · K^{-1},$c_E=2.5$ MJ · m^{-3} · K^{-1},$p=746$ μC · m^{-2}K^{-1},$\eta_{re}=0.9$,$T_{hs1}=500$ K 和 $T_{cs1}=300$ K)

电常数对系统性能的影响,如图 8-49 所示。材料的介电常数越大,系统的最大输出功率及相应的效率越小,因此在选择热释电材料时应选取介电常数较小的材料。

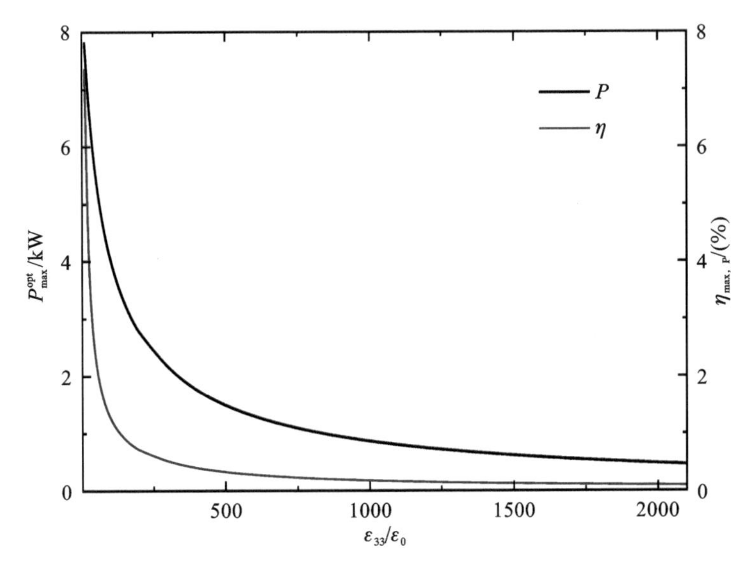

图 8-49　相对介电常数对系统性能的影响

(其中 $\phi_h=\phi_c=0.7$,$C_h=C_c=2000\ W\cdot K^{-1}$,$V=0.25\ m^3$,$\beta=0.1\ s\cdot K^{-1}$,$c_E=2.5\ MJ\cdot m^{-3}\cdot K^{-1}$,$p=746\ \mu C\cdot m^{-2}\cdot K^{-1}$,$\eta_{re}=0.9$,$E_M=2.5\ kV\cdot mm^{-1}$,$T_{hs1}=500$ K 和 $T_{cs1}=300$ K)

2. 换热过程对系统性能的影响

基于式(8-95)至式(8-97)可知影响系统性能的参数主要有在吸热和放热过程中的效能系数、回热器的回热时间因子及效率。这些参数对系统在最大输出功率下性能的影响如图 8-50 至图 8-53 所示。由图 8-50～图 8-51 所示,系统的最大输出功率随着换热线的效能系数(ϕ_h 和 ϕ_c)的增加而增加。回热时间因子 β 越大,系统的回热过程越长,导致系统的输出功率越小,如图 8-52 所示。但是换热器的效能系数和回热过程的时间因子 β 不影响系统在最大功率下的效率。此外在图 8-53 中我们可以看到,回热效率对系统的最大输出功率没有影响,但是其对系统在最大输出功率时的效率影响较大,其随着回热系数的增大而急剧增大。因此提高回热过程的效率对提高系统的效率具有重要的意义。

3. 热源和冷源对系统性能的影响

热源与冷源特性对系统在最大输出功率时的性能的影响如图 8-54 至图 8-57 所示。从图 8-54 和图 8-55 可以看到,系统的最大输出功率随着热源与冷源热容(C_h 和 C_c)的增加而增加,然而其对系统在最大功率时的效率没有影响。在图8-56 和图 8-57 中我们可以看到系统的最大输出功率随着热源温度的升高而增大,随着冷源温度的升高而减小。在最大输出功率下的效率随着热源进口温度的增加,先急剧增加,后基本保持恒定。当冷源温度较小时,系统在最大输出功率下的效率随着冷源温度的增加先缓慢减小,当温度高于一定值后急剧减小。综上所述,REPC 比较适合用于回收低温热能。

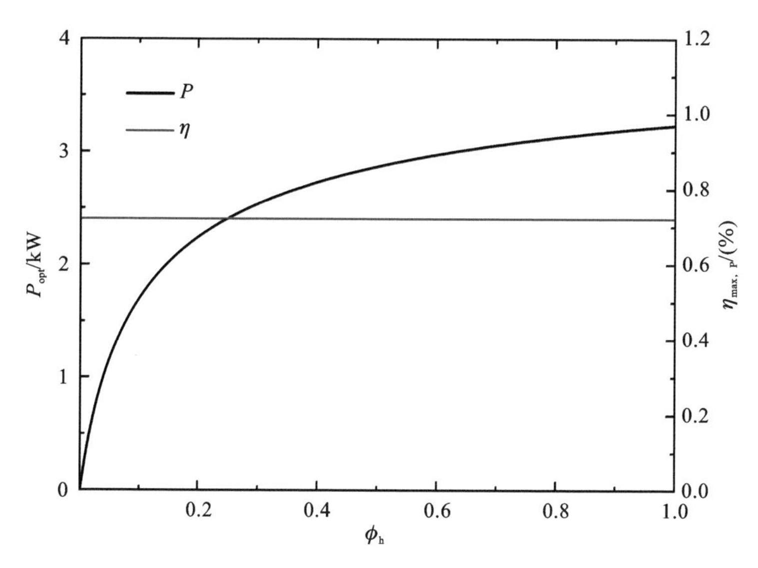

图 8-50　吸热过程的效能系数对系统性能的影响

(其中 $\phi_c=0.7$, $C_h=C_c=2000$ W·K^{-1}, $V=0.25$ m^3, $\beta=0.1$ s·K^{-1}, $c_E=2.5$ MJ·m^{-3}·K^{-1}, $p=746$ μC·m^{-2}·K^{-1}, $\eta_{re}=0.9$, $E_M=2.5$ kV·mm^{-1}, $T_{hs1}=500$ K 和 $T_{cs1}=300$ K)

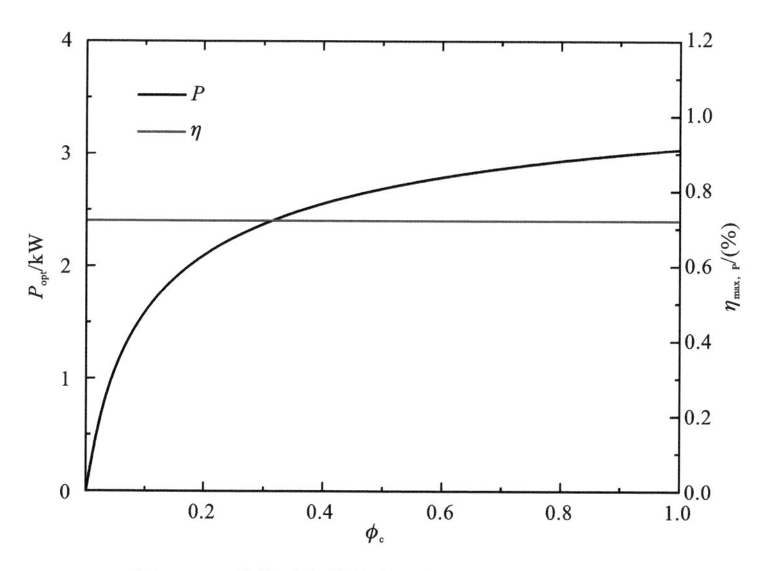

图 8-51　放热过程的效能系数对系统性能的影响

(其中 $\phi_h=0.5$, $C_h=C_c=2000$ W·K^{-1}, $V=0.25$ m^3, $\beta=0.1$ s·K^{-1}, $c_E=2.5$ MJ·m^{-3}·K^{-1}, $p=746$ μC·m^{-2}·K^{-1}, $\eta_{re}=0.9$, $E_M=2.5$ kV·mm^{-1}, $T_{hs1}=500$ K 和 $T_{cs1}=300$ K)

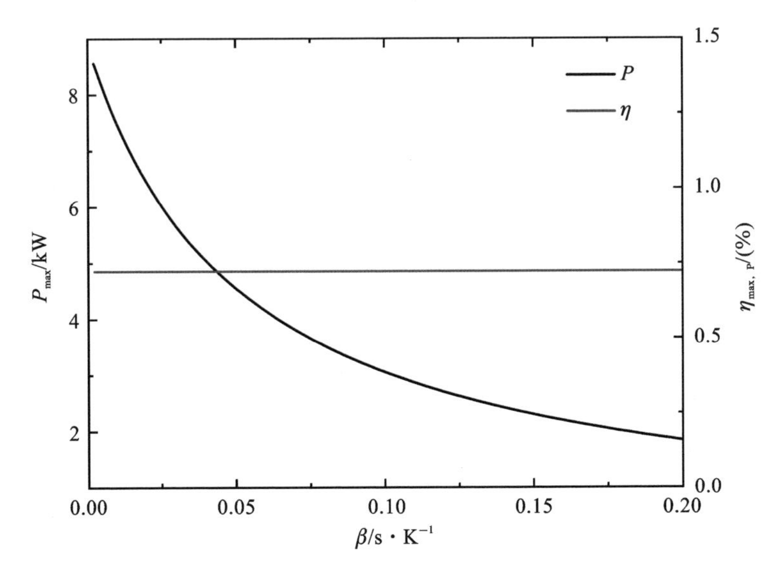

图 8-52　回热时间因子对系统性能的影响

(其中 $\phi_h=\phi_c=0.7$,$C_h=C_c=2000$ W·K^{-1},$V=0.25$ m^3,$c_E=2.5$ MJ·m^{-3}·K^{-1},$p=746$ μC·m^{-2}·K^{-1},$\eta_{re}=0.9$,$E_M=2.5$ kV·mm^{-1},$T_{hs1}=500$ K 和 $T_{cs1}=300$ K)

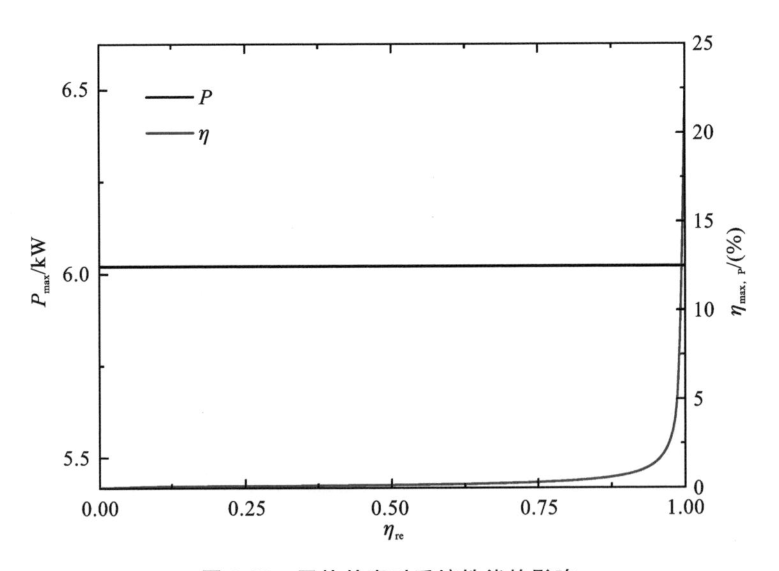

图 8-53　回热效率对系统性能的影响

(其中 $\phi_h=\phi_c=0.7$,$C_h=C_c=2000$ W·K^{-1},$V=0.25$ m^3,$\beta=0.1$ s·K^{-1},$c_E=2.5$ MJ·m^{-3}·K^{-1},$p=746$ μC·m^{-2}·K^{-1},$E_M=2.5$ kV·mm^{-1},$T_{hs1}=500$ K 和 $T_{cs1}=300$ K)

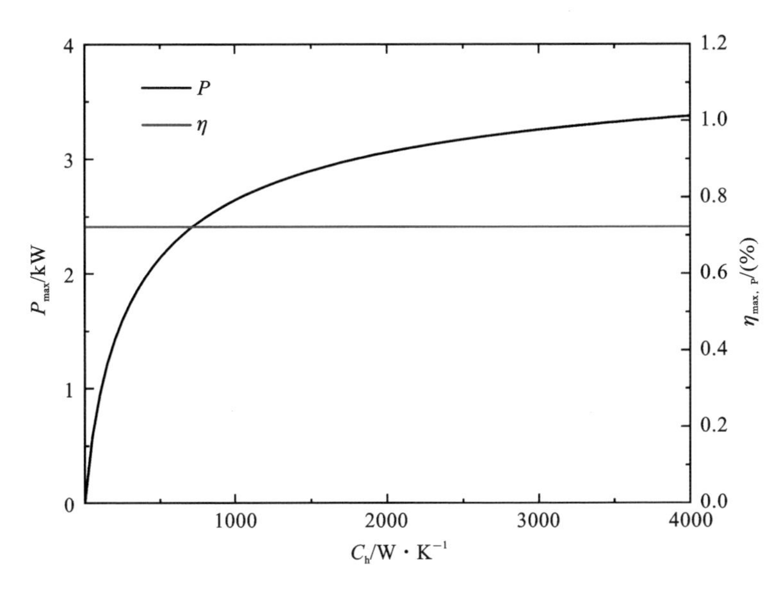

图 8-54　热源热容对系统性能的影响

（其中 $\phi_h=\phi_c=0.7$，$C_c=2000\ \mathrm{W\cdot K^{-1}}$，$V=0.25\ \mathrm{m^3}$，$\beta=0.1\ \mathrm{s\cdot K^{-1}}$，$c_E=2.5\ \mathrm{MJ\cdot m^{-3}\cdot K^{-1}}$，$p=746\ \mu\mathrm{C\cdot m^{-2}\cdot K^{-1}}$，$\eta_{re}=0.9$，$E_M=2.5\ \mathrm{kV\cdot mm^{-1}}$，$T_{hs1}=500$ K 和 $T_{cs1}=300$ K）

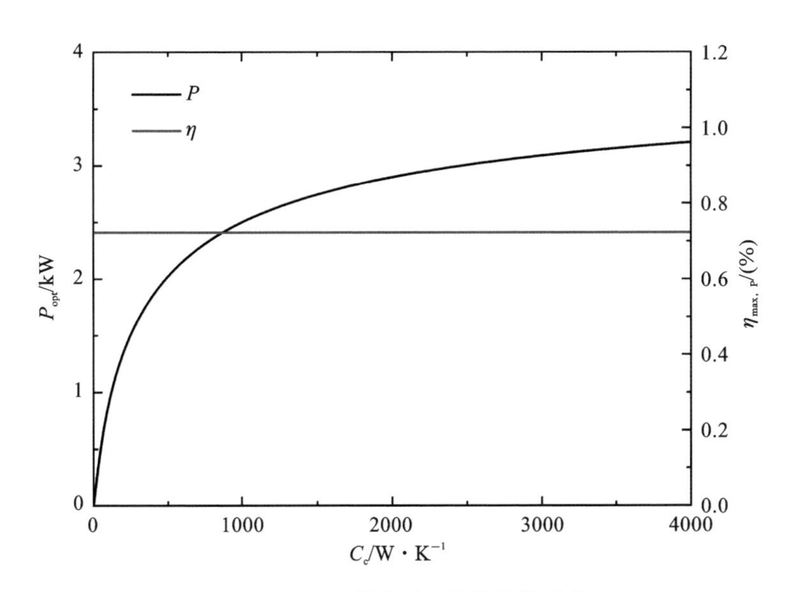

图 8-55　冷源热容对系统性能的影响

（其中 $\phi_h=\phi_c=0.7$，$C_h=2000\ \mathrm{W\cdot K^{-1}}$，$V=0.25\ \mathrm{m^3}$，$\beta=0.1\ \mathrm{s\cdot K^{-1}}$，$c_E=2.5\ \mathrm{MJ\cdot m^{-3}\cdot K^{-1}}$，$p=746\ \mu\mathrm{C\cdot m^{-2}\cdot K^{-1}}$，$\eta_{re}=0.9$，$E_M=2.5\ \mathrm{kV\cdot mm^{-1}}$，$T_{hs1}=500$ K 和 $T_{cs1}=300$ K）

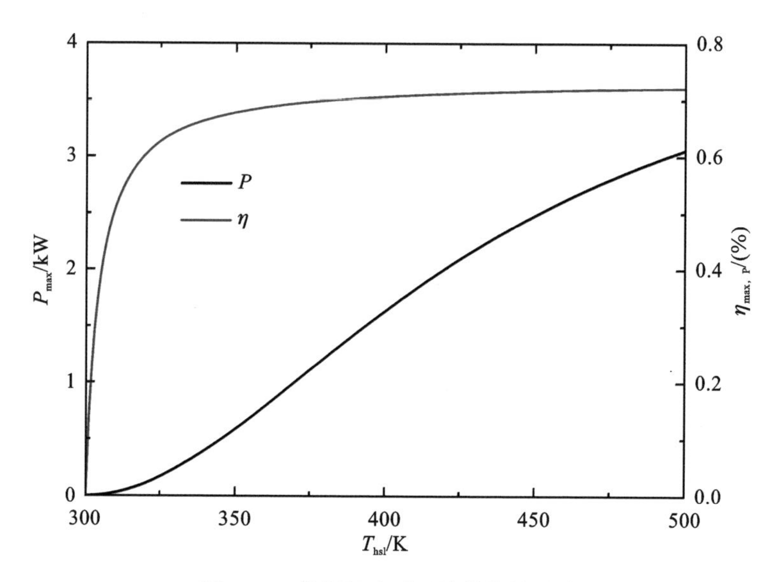

图 8-56　热源温度对系统性能的影响

(其中 $\phi_h=\phi_c=0.7$,$C_h=C_c=2000\ W\cdot K^{-1}$,$V=0.25\ m^3$,$\beta=0.1\ s\cdot K^{-1}$,$c_E=2.5\ MJ\cdot m^{-3}\cdot K^{-1}$,$p=746\ \mu C\cdot m^{-2}\cdot K^{-1}$,$\eta_{re}=0.9$,$E_M=2.5\ kV\cdot mm^{-1}$和 $T_{cs1}=300\ K$)

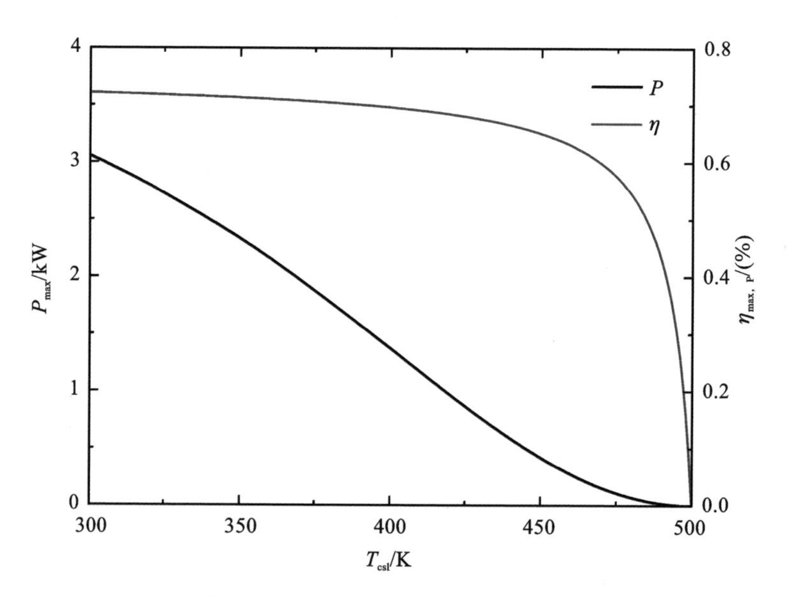

图 8-57　冷源温度对系统性能的影响

(其中 $\phi_h=\phi_c=0.7$,$C_h=C_c=2000\ W\cdot K^{-1}$,$V=0.25\ m^3$,$\beta=0.1\ s\cdot K^{-1}$,$c_E=2.5\ MJ\cdot m^{-3}\cdot K^{-1}$,$p=746\ \mu C\cdot m^{-2}\cdot K^{-1}$,$\eta_{re}=0.9$,$E_M=2.5\ kV\cdot mm^{-1}$和 $T_{hs1}=500\ K$)

8.5　本章小结

（1）对普通的电化学循环系统回收低品位余热进行分析后可知，具有较高等温系数、电量密度和较低的内阻会导致系统有较高的最大输出功率，但是存在一个最佳的内阻使系统处于最大功率时的效率最高。较高的换热器的性能系数不能保证系统具有较高的性能，考虑到设备成本等因素，应选择合适性能的换热器。

（2）基于NSGA-Ⅱ算法对连续性电化学循环系统进行了多目标优化，其优化目标为输出功率和㶲效率。并与相应单目标优化进行了对比。在多目标优化下，系统的输出功率相较于最大输出功率优化下的功率略微减少，但是其㶲效率显著增大。与最大㶲效率优化时相比，在多目标优化下系统的输出功率显著增大，但是㶲效率下降的不多。

（3）构建了双级电化学循环系统来提高电化学系统的性能，与传统的单级电化学系统性能进行了比较和分析。在热源温度为393.15 K时，双级电化学循环系统的最大输出功率比单级电化学循环系统提高了50.11%，发电效率提高了13.31%。㶲效率提高了19.41%。这说明双级电化学循环系统比单级电化学循环系统更能有效回收余热资源。

（4）热释电循环系统为余热资源的利用提供了一种新的方式。对于热释电循环系统，本章利用有限时间热力学的方法分析了热释电循环系统的性能，当热释电材料具有较高的热释电系数、较低的热容和介电常数时系统具有较高的输出功率。

参考文献

[1] LONG R, LI B, LIU Z, et al. Performance analysis of a thermally regenerative electrochemical cycle for harvesting waste heat[J]. Energy, 2015, 87: 463-469.

[2] DEBETHUNE A, LICHT T, SWENDEMAN N. The temperature coefficients of electrode potentials: The isothermal and thermal coefficients—the standard ionic entropy of electrochemical transport of the hydrogen ion[J]. Journal of the Electrochemical Society, 1959, 106(7): 616-625.

[3] LONG R, LI B, LIU Z, et al. Ecological analysis of a thermally regenerative electrochemical cycle[J]. Energy, 2016, 107: 95-102.

[4] LONG R, LI B, LIU Z, et al. Multi-objective optimization of a continuous

thermally regenerative electrochemical cycle for waste heat recovery[J]. Energy,2015,93,Part 1:1022-1029.

[5] GERLACH D W, NEWELL T A. An investigation of electrochemical methods for refrigeration[J]. Journal of the American Chemical Society, 2004.

[6] LEE S W, YANG Y, LEE H-W, et al. An electrochemical system for efficiently harvesting low-grade heat energy[J]. Nature Communications, 2014,5:3942.

[7] LONG R,LI B,LIU Z,et al. Performance analysis of a dual loop thermally regenerative electrochemical cycle for waste heat recovery[J]. Energy, 2016,107:388-395.

[8] SEBALD G, SEVEYRAT L, GUYOMAR D, et al. Electrocaloric and pyroelectric properties of 0. 75 Pb ($Mg_{1/3}$ $Nb_{2/3}$) O_3-0. 25 $PbTiO_3$ single crystals[J]. Journal of Applied Physics,2006,100(12):124112.

[9] SEBALD G, PRUVOST S, GUYOMAR D. Energy harvesting based on Ericsson pyroelectric cycles in a relaxor ferroelectric ceramic[J]. Smart Materials and Structures,2008,17(1):015012.

第9章　新型热力循环系统应用举例

化石燃料的燃烧造成了非常严重的环境污染，比如酸雨、含有重金属的废气、温室效应等。对低品位清洁能源的利用和对余热资源的再利用可以有效减少一次燃料的消耗。在低品位清洁可再生能源中，利用最广泛的为太阳能。太阳能发电得到了广泛的研究。此外燃料电池工作释放的热能、发动机排放的高温气体等都可以被进一步回收利用。本章针对太阳能和燃料电池低温余热利用以及低温余热梯级利用提出了几种新的解决方案。

9.1　太阳能热驱动的固态热机

太阳能热驱动固态热机的系统示意图如图9-1所示。这个发电系统由复合抛物面集热器(compound parabolic collector，CPC)、固体氧化物电解装置(solid oxide electrolyzer，SOE)和质子交换膜燃料电池(proton exchange membrane fuel cell，PEMFC)组成[1]。由于电解所需要的温度较高，故这里采用CPC来为SOE工作提供高温环境和热量。在CPC中导热油被加热到较高温度，然后进入SOE系统。在SOE系统中，由PEMFC反应生成的水吸收导热油带来的热量，并在PEMFC产生的电能的驱动下电解为氢气和氧气。产生的气体随后进入PEMFC系统，发生电化学反应产生电能，反应中产生的热量被冷源带走。由SOE和PEMFC系统组成的固态热机如图9-2所示。为了提高系统的效率，我们采用了回热装置将电解反应生成的高温气体来加热PEMFC生成的水。

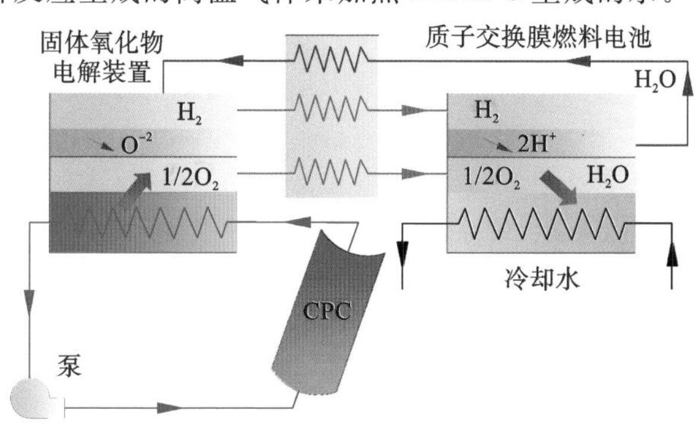

图9-1　太阳能热驱动固态热机的系统示意图

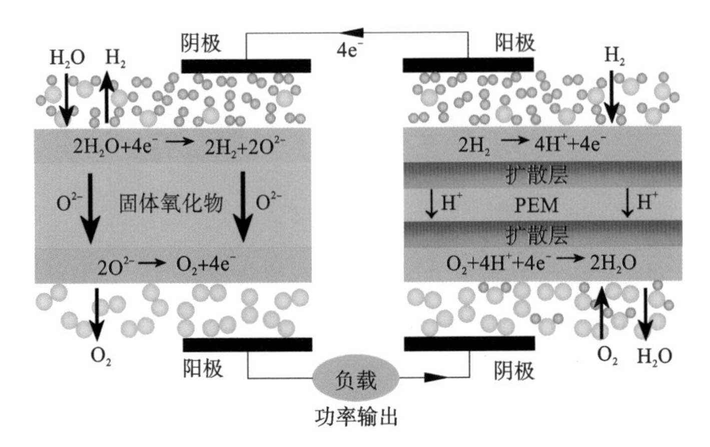

图 9-2　由固体氧化物电解(SOE)和质子交换膜燃料电池(PEMFC)组成的固态热机

9.1.1　数学模型

1. 复合抛物面太阳能集热器系统

不考虑泵功的情况下，单个集热器搜集的能量为

$$Q_r = m_{oil} c_{p,oil}(T_1 - T_2) \tag{9-1}$$

式中，m_{oil}为导热油的质量流量，$c_{p,oil}$为接收器中导热油的比热容，T_1 和 T_2 分别为接收器的进口温度和出口温度。此外搜集的能量 Q_r 还可以表示为

$$Q_r = F_R A_{ap}\left[S - \frac{A_r}{A_{ap}} U_L (T_{ro} - T_0)\right] \tag{9-2}$$

式中，F_R 为热迁移因子，A_{ap}为采光面积，A_r 为接收器面积，U_L 为太阳能集热器的总的热损失系数，S 为集热器吸收的有效能量。由下式给定[2]

$$S = G_b \tau \rho_c \alpha \gamma K_\gamma \tag{9-3}$$

式中，G_b 为直接太阳辐射强度，τ、ρ_c、α、γ、K_γ 分别为透射率、反射比、吸收比、吸热器截断因子、入射角修正系数。

热迁移因子可以表示为

$$F_R = \frac{m_{oil} c_{p,oil}}{A_r U_{lo}}\left[1 - \exp\left(\frac{-F' U_L A_r}{\dot{m}_{oil} c_{p,oil}}\right)\right] \tag{9-4}$$

式中，F' 为集热器效率因子。

照射在集热器的太阳能，即系统输入的总能可以表示为

$$\dot{Q}_{solar} = A_{ap} F_R S Col_r Col_s \tag{9-5}$$

式中，Col_r 和 Col_s 分别为模块串联的数目和集热器总的排数。

2. 固体氧化物电解系统

在固体氧化物电解系统中，发生反应：H_2O+热量+电能→$H_2+0.5O_2$。SOE 系统的总电压为[3]

$$V_{SOE}=E_{SOE}+V_{ac,SOE}+V_{ohm,SOE}+V_{con,SOE} \tag{9-6}$$

式中，E_{SOE}为理论电动势，可以表示为

$$E_{SOE}=E_{0,SOE}+\frac{RT}{2F}\ln\left(\frac{p_{H_2}p_{O_2}{}^{1/2}}{p_{H_2O}}\right) \tag{9-7}$$

式中，R 为普适气体常数。F 为 Faraday 常数，p_{H_2}、p_{O_2}和 p_{H_2O}分别为氢气、氧气和蒸汽的分压，$E_{0,SOE}$为标准电动势。

式(9-6)中，欧姆过电压($V_{ohm,SOE}$)、活化过电压($V_{ac,SOE}$)和浓差极化过电压($V_{con,SOE}$)分别为[3]~[4]

$$V_{ohm,SOE}=iL\times 2.99\times 10^{-5}\exp\left(\frac{10300}{T}\right) \tag{9-8}$$

$$V_{ac,SOE}=\frac{RT}{F}\left[\sinh^{-1}\left(\frac{i}{2i_{0,a}}\right)+\sinh^{-1}\left(\frac{i}{2i_{0,c}}\right)\right] \tag{9-9}$$

$$V_{con,SOE}=\frac{RT}{2F}\ln\left(\frac{1+iRTd_c/2FD_{H_2O}^{eff}P_{H_2}^0}{1-iRTd_c/2FD_{H_2O}^{eff}P_{H_2O}^0}\right)+\frac{RT}{4F}\ln\left(\frac{\sqrt{(P_{O_2}^0)^2+iR\mu Td_a/2FB_g}}{P_{O_2}^0}\right) \tag{9-10}$$

式中，$D_{H_2O}^{eff}$为蒸汽的有效扩散系数[5]。阳极和阴极的交换电流密度可以分别表示为[4]

$$i_{0,a}=\gamma_a\exp\left(-\frac{E_{act,a}}{RT}\right) \tag{9-11}$$

$$i_{0,c}=\gamma_c\exp\left(-\frac{E_{act,c}}{RT}\right) \tag{9-12}$$

为了提高系统的效率，系统中采用了回热器，回热损失 ΔQ_{re}可以表示为

$$\begin{aligned}\Delta Q_{re}=&\dot{n}_{H_2O}[c_{p,g,H_2O}(T_{SOE}-T_{sat})+\gamma+c_{p,l,H_2O}(T_{sat}-T_{PEMFC})]\\&-(\dot{n}_{H_2}c_{p,H_2}+0.5\dot{n}_{O_2}c_{p,O_2})(T_{SOE}-T_{PEMFC})\end{aligned} \tag{9-13}$$

式中，c_{p,g,H_2O}、c_{p,l,H_2O}、c_{p,H_2}和 c_{p,O_2}分别为蒸汽、液态水、氢气和氧气的摩尔比热容，n_{H_2O}、n_{H_2}和 n_{O_2}分别为水、氢气和氧气的摩尔流量。在电解过程中，消耗的水的摩尔流量可以表示为

$$n_{H_2O}=N_{cell}\frac{I}{2F} \tag{9-14}$$

式中，N_{cell}为电解单元个数。

电解过程中向 CPC 系统吸收的热量为

$$Q_{in}=N_{cell}T_6\left(\frac{I}{2F}\Delta s_{re,SOE}-I\frac{V_{ac,SOE}+V_{ohm,SOE}+V_{con,SOE}}{T_{SOE}}\right)+\Delta Q_{re} \tag{9-15}$$

式中，T_6 为电解温度，$\Delta s_{re,SOE}$为在电解过程中可逆熵变。

3. 质子交换膜燃料电池系统

此系统中，“$H_2+0.5O_2\rightarrow H_2O$+热量+电能”反应的 Nernst 方程为[6]

$$E_{PEMFC} = E_0 - 0.85 \times 10^{-3}(T - 298.15) + 4.3085 \times 10^{-5} T[\ln(P_{H_2}^*) + 0.5\ln(P_{O_2}^*)] \tag{9-16}$$

式中，$P_{H_2}^*$ 和 $P_{O_2}^*$ 为氢气在阳极和氧气在阴极的分压，分别为[7]

$$P_{H_2}^* = (0.5P_{H_2O}^{sat})\left[\frac{1}{\exp(1.653i/T^{1.334})x_{H_2O}^{sat}} - 1\right] \tag{9-17}$$

$$P_{O_2}^* = (P_{H_2O}^{sat})\left[\frac{1}{\exp(4.192i/T^{1.334})x_{H_2O}^{sat}} - 1\right] \tag{9-18}$$

式中，$x_{H_2O}^{sat} = P_{H_2O}^{sat}/P$，为饱和状态下蒸汽的摩尔分数；$P$ 为电池的工作压力。蒸汽的饱和压力可以通过下式计算[7]

$$\log_{10}(P_{H_2O}^{sat}) = -2.1794 + 0.02953(T - 273.15) - 9.1837 \times 10^{-5}(T - 273.15)^2 + 1.4454 \times 10^{-7}(T - 273.15)^3 \tag{9-19}$$

一般来说，由于活化过电压（$V_{ac,PEMFC}$）、欧姆过电压（$V_{ohm,PEMFC}$）和浓差极化过电压（$V_{con,PEMFC}$）损失的存在，燃料电池的实际输出功率要小于根据 Nernst 方程计算的理论值。实际输出电压可以表示为

$$V_{PEMFC} = E_{PEMFC} - V_{ac,PEMFC} - V_{ohm,PEMFC} - V_{con,PEMFC} \tag{9-20}$$

关于活化过电压的半经验公式为[8]

$$V_{ac,PEMFC} = -[-0.9514 + 0.00312T + 0.000074T\ln(C_{O_2,con}) - 0.000187T\ln(I)] \tag{9-21}$$

式中，I 为电池电流，$C_{O_2,con}$ 为燃料电池中氧气浓度，可以表示为[7]~[8]

$$C_{O_2,con} = 1.97 \times 10^{-7} P_{O_2}^* \exp(498/T) \tag{9-22}$$

欧姆过电压是由于电池内阻引起的，可以表示为[9]

$$V_{ohm,PEMFC} = I\frac{181.6[1 + 0.03i + 0.62(T/303)^2 i^{2.5}L}{A_{cell}(14 - 0.634 - 3i)\exp[4.18(1 - 303/T)]} \tag{9-23}$$

式中，L 为膜的厚度，A_{cell} 为活化面积。

由于浓度变化引起的浓差过电压可以表示为[8]

$$V_{con,PEMFC} = \frac{RT}{nF}\ln\frac{i_L}{i_L - i} \tag{9-24}$$

式中，i_L 为临界电流密度。

燃料电池电化学反应中，向冷源的放热量 Q_{out} 为

$$Q_{out} = N_{cell}T_3\left(\frac{I}{2F}\Delta s_{re,PEMFC} + I\frac{V_{ac,PEMFC} + V_{ohm,PEMFC} + V_{con,PEMFC}}{T_3}\right) \tag{9-25}$$

式中，$\Delta s_{re,PEMFC}$ 为反应的可逆熵变。

4. 系统的性能

整个系统对外输出的功率为

$$P_{Net} = N_{cell}(E_{SOE} - E_{PEMFC}) - N_{cell}I(V_{ac,SOE} + V_{ohm,SOE} + V_{con,SOE} + V_{ac,PEMFC} + V_{ohm,PEMFC} + V_{con,PEMFC}) \tag{9-26}$$

系统的电效率为

$$\eta_e = P_{Net} / Q_{solar} \tag{9-27}$$

9.1.2　结果与分析

1. 工作参数对系统性能的影响

为了更好地研究本文所提出的太阳能热驱动固体热机系统的性能，我们研究了系统的工作条件对系统性能的影响，系统的输入参数如表 9-1 所示。

表 9-1　系统的输入参数

参数	符号	值
CPC 系统		
环境温度/K	T_0	293.15
单个集热器宽度/m	W	2.76
单个集热器长度/m	l	12.27
接收器表层直径/m	D	0.121
接收器外径/m	d	0.07
导热油比热容/(J·kg^{-1}·K^{-1})	$c_{p,oil}$	2350
集热器效率因子	F'	0.8
反射比	ρ_c	0.94
吸热器阶段因子	γ	0.92
透射率	τ	0.93
吸收比	α	0.96
入射角度修正系数	K_γ	1
总热损失系数	U_L	7.5
集热器串联个数	Col_s	1
集热器并联个数	Col_r	1
导热油质量流量/(kg/s)	m_{oil}	0.05
SOE 系统		
工作温度/K	T_{SOE}	873.15
工作压力/bar	P	1.0
阳极交换电流密度指前因子/(A/m^2)	γ_a	2.051×10^9
阴极交换电流密度指前因子/(A/m^2)	γ_c	1.344×10^{10}
阳极活化能/(J/mol)	$E_{act,a}$	1.2×10^5
阴极活化能/(J/mol)	$E_{act,c}$	1.0×10^5

续表

参数	符号	值
电极孔隙率	n	0.4
电极曲率	ξ	5.0
电解质厚度/μm	L	50
阴极厚度/μm	d_c	50
阳极厚度/μm	d_a	500
活化面积/cm^2	A_{SOE}	3500
PEMFC 系统		
工作温度/K	T_{fc}	363.15
电堆数量	N_{cell}	10500
活化面积/cm^2	A_{cell}	500
临界电流密度/(A/cm^2)	i_L	1.5
膜厚度/cm	L	0.00254
挟点温差/K	$\Delta T_{PPTD,solar}$	4

如图 9-3 所示为 SOE 系统的工作温度对太阳能发电系统性能的影响。在其他参数给定的情况下，SOE 系统的工质温度越高，在电解过程中所需要的热量也越高。这意味着能够被电解生成氢气和氧气的水的量减小。因此系统的电流密度减小如图 9-3(d)所示。此外，SOE 系统的工作温度越高，电解过程所需的电压也越低，因此 SOE 系统所消耗的功减小，如图 9-3(a)所示。低的电流密度，会减小 PEMFC 系统的过电压损失。于是 PEMFC 系统的电压升高。然而电压的增量不能弥补电流的减小量，因此 PEMFC 系统的输出功率随着 SOE 的工作温度的升高而减小。然后整个系统对外输出的净功，即 PEMFC 系统输出功与 SOE 系统消耗功之差，随着 SOE 系统工作温度的升高，先增大后减小。也就是说存在最佳的 SOE 工作温度使系统对外输出的功最大。在图 9-3(b)中，我们可以看到 CPC 系统的效率随着 SOE 工作温度的升高而减小。然而由 SOE 系统和 PEMFC 系统组成的固态热机的效率随着 SOE 系统工作温度的升高而增大。总的太阳能发电系统的效率随着 SOE 系统工作温度的升高，先增大后减小。也就是说存在最佳的 SOE 工作温度使系统的效率最大。其最优的温度与最大输出功率时的最优温度相同，也就是说存在最优的 SOE 系统工作温度使太阳能发电系统的功率和效率同时达到最大。

从图 9-4 中我们可以看到，PEMFC 系统的工作温度对本文所提出来的太阳能发电系统性能的影响。在图 9-4(a)中，PEMFC 系统产的电能、SOE 系统消耗的电能以及系统对外输出的净功都随着 PEMFC 工作温度的升高而减小。根据式

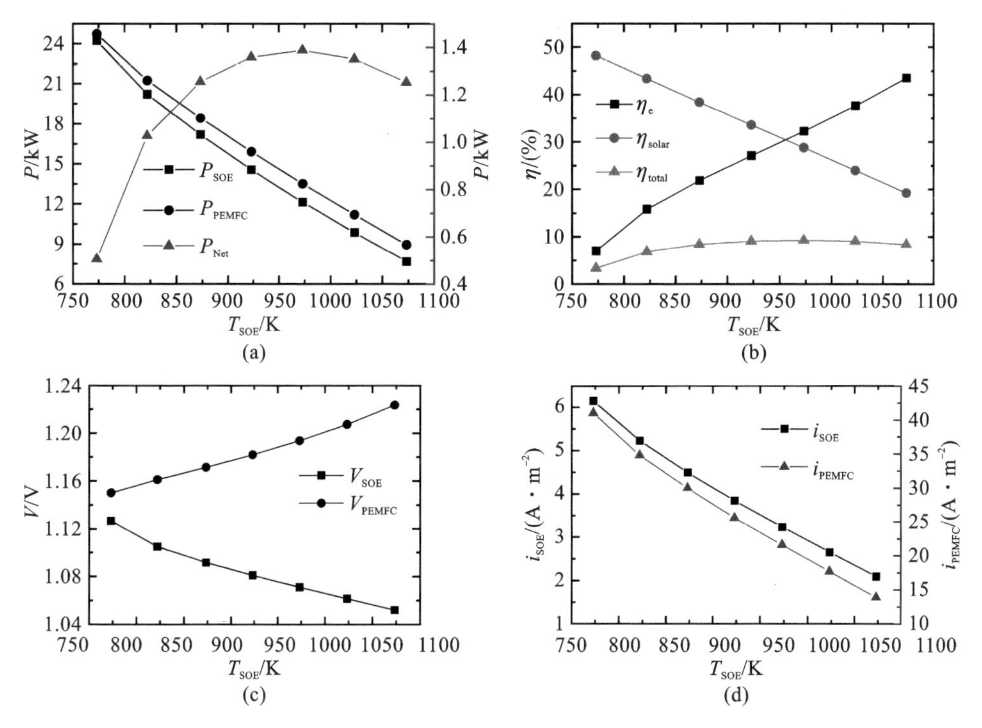

图 9-3 功率、效率、电压和电流密度随 SOE 系统工作温度的变化关系

(a)功率；(b)效率；(c)电压；(d)电流密度

(9-13)，PEMFC 系统的工作温度越高，在回热过程中需要将水加热到 SOE 系统的工作温度所需的热量越少，于是 CPC 系统提供的热量能更多地被 SOE 系统利用，更多的水能够被电解，因此电流密度增加，如图 9-4(d)所示。虽然电流密度的增加会导致过电压损失增加，但由于 PEMFC 系统的可逆电压随着工作温度的升高而增大，补偿了由于过电压引起的电压损失，因此 PEMFC 系统的电压仍然随着其工作温度的升高而增大。在图 9-4(c)中，我们可以看到 SOE 系统的电压增加得较为缓慢，太阳能发电系统的对外输出电压增加，净功率也增大。如图 9-4 (b)所示，CPC 系统的效率基本不随着 PEMFC 工作温度的变化而变化，但是由于 SOE 系统和 PEMFC 系统组成的固态热机的效率随着 PEMFC 工作温度的升高而增大，因此太阳能发电系统的效率增大。

如图 9-5 所示，太阳辐射强度对本文所提出来的太阳能发电系统性能的影响。太阳辐射强度 G_b 越大意味着更多的太阳能被 CPC 系统吸收，因此更多的能量可以用来供 SOE 系统电解水，生成更多的氢气和氧气，于是系统的电流密度增加，如图 9-5(d)所示。电流密度增加会导致 SOE 系统和 PEMFC 系统的过电压损失的增加，因此 PEMFC 系统输出的电压减小，SOE 系统的工作电压增加，系统通过对外输出的电压减小。如图 9-5(a)所示，PEMFC 系统产的电能和 SOE 系统消耗的电能随着太阳辐射强度的增加而增加。然而系统对外输出的净功随着太阳辐

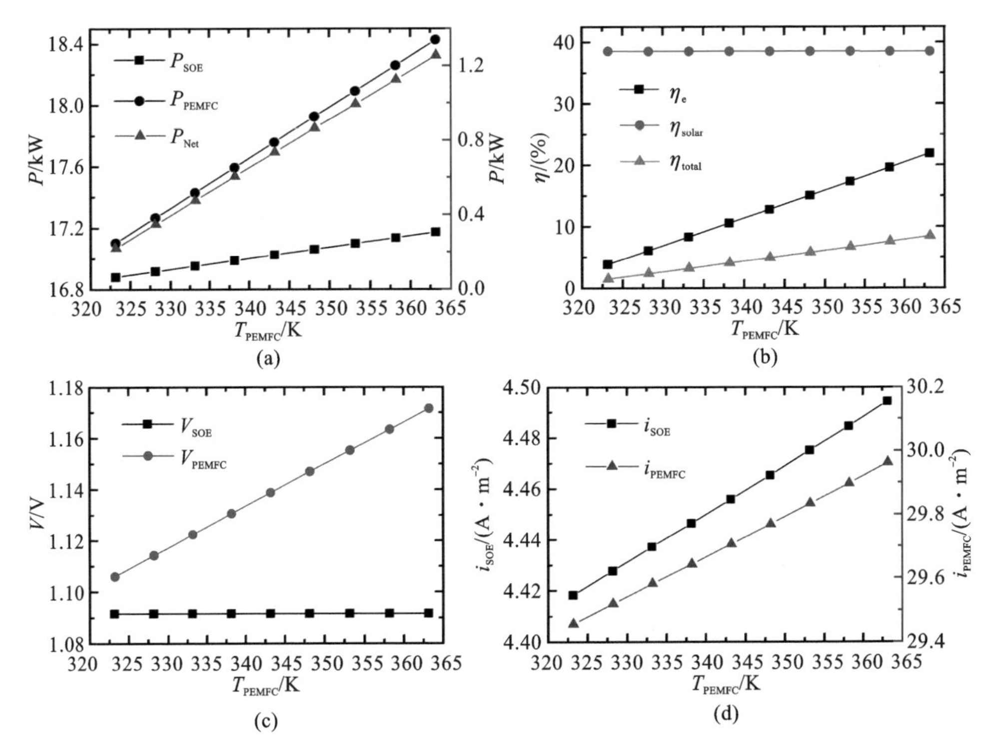

图 9-4　功率、效率、电压、电流密度随 PEMFC 系统工作温度的变化关系

(a)功率;(b)效率;(c)电压;(d)电流密度

射强度的增大,先增大后减小,也就是说存在最佳的太阳辐射强度 G_b 使系统对外输出的净功最大。在图 9-5(b)中我们可以看到,CPC 系统的效率随着太阳辐射强度 G_b 的增加而增加。然而由 SOE 系统和 PEMFC 系统组成的固态热机的效率随着太阳辐射强度的增加而减小。太阳能发电系统总的效率随着太阳辐射强度的增大,先增大后减小。存在一个最优的太阳辐射强度使系统的效率最大。但是最大效率对应的太阳辐射强度要小于最大功率所对应的太阳辐射强度。

2. 系统实际运行的模拟

如果系统能投入实际运行,其在一天中的性能变化应该被考虑到。我们假设在某处,太阳 6 点上山,18 点下山。太阳的辐射强度满足下面的抛物线关系:

$$G_b=\begin{cases}0, & 0<t<6\\ -3+0.66667t-0.02778t^2, & 6\leqslant t\leqslant 18\\ 0, & 18<t<24\end{cases} \tag{9-28}$$

一天中系统输出功率随时间的变化如图 9-6 所示。在 6 点至 8 点左右,系统不能对外输出功率,这是因为,CPC 系统提供的热量不能满足水从 PEMFC 的工作温度上升到 SOE 工作温度。因此系统不能运行。同理,在 16 点至 18 点系统也无法运行。在 8 点至 9 点,15 点至 16 点,系统的输出功率急剧变化。从 9 点至 15

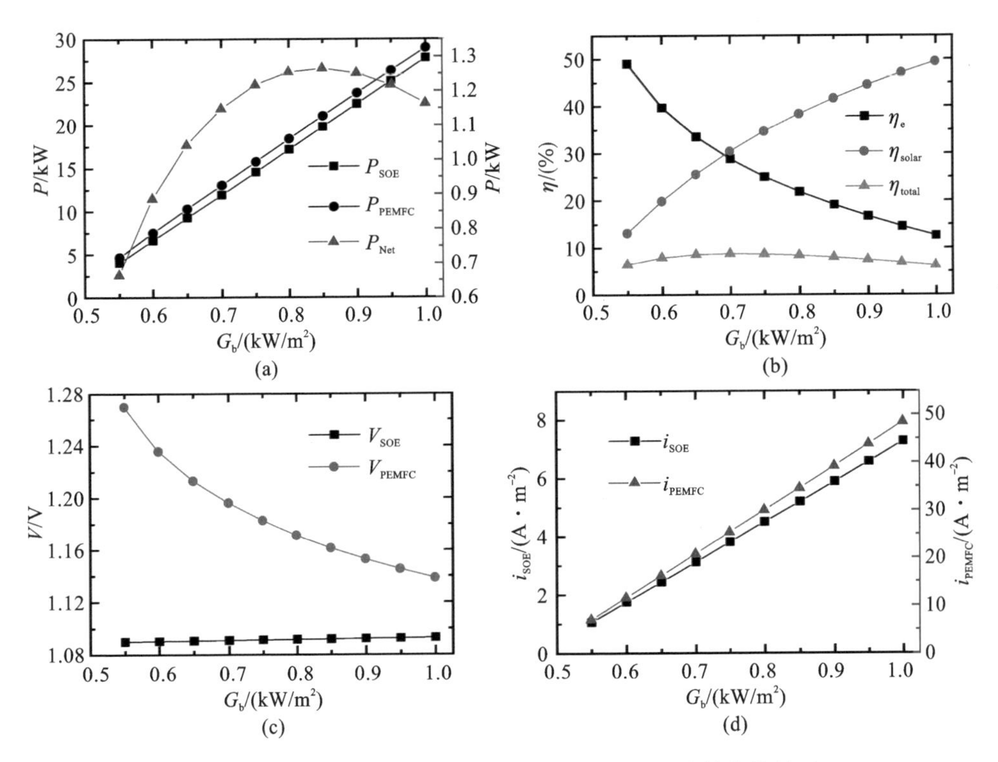

图 9-5　功率、效率、电压、电流密度随太阳辐射强度的变化关系

(a)功率;(b)效率;(c)电压;(d)电流密度

点,系统输出功率在 11.5 kW 至 12.7 kW 之间变化。其变化量较小,说明了系统比较稳定。对于实际偏远地区,或者外太空等,该太阳能发电系统具有一定的应用前景。

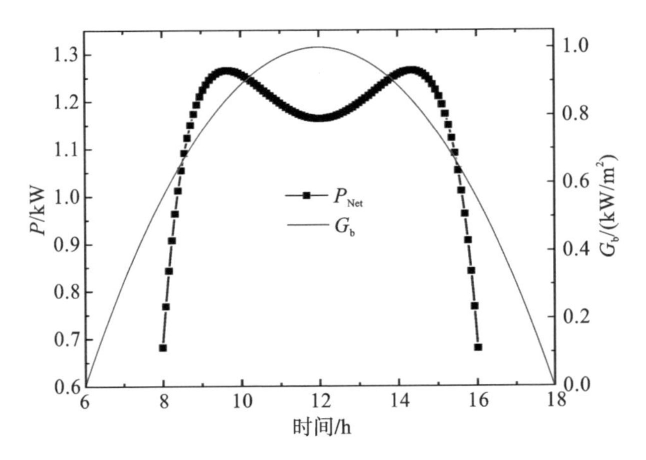

图 9-6　一天中系统输出功率随时间的变化

9.2 基于渗透热机的太阳能利用

9.2.1 系统描述

图 9-7 展示了基于渗透热机的太阳能利用系统的示意图,它由复合抛物面集热器(CPC)系统以及第七章中具有热量回收的基于吸附式蒸馏与反向电渗析的渗透热机(构型Ⅱ)组成[10]。CPC 系统收集太阳能并将导热油加热至较高温度,然后将热油收集到的热量传输至吸附式蒸馏系统的热水回路。吸附式蒸馏系统包括蒸发器、冷凝器和吸附床这三个主要部件。在吸附式蒸馏过程中,盐溶液被送入蒸发器,溶剂在蒸发器中蒸发,剩余溶液因此被浓缩。然后,蒸汽被吸附床持续吸附,直到吸附床饱和,同时冷却水在吸附床中循环以去除吸附过程的吸附热。然后将冷却水切换为 CPC 出口的热水,蒸汽从吸附床中解附并在冷凝器中冷凝,从而产生稀溶液。吸附和解附之间存在一段切换时间以对吸附床进行预冷/预热,采用两床模式可实现半连续运行。在构型Ⅱ中使用蒸发器内部包含冷凝器的结构,用于回收冷凝潜热和蒸发过程中释放的冷量。吸附式蒸馏系统产生的浓溶液和稀溶液交替充入反向电渗析隔室中,其中 IEM 和 AEM 交替排布,阳离子和阴离子在盐度梯度的驱动下向相反方向移动,从而在电极之间建立电位差。最后,电极上的氧化还原反应将离子电流转化为电流,并由外部负载提取电能。排出的溶液重新混合注入吸附式蒸馏系统,以恢复初始浓度。

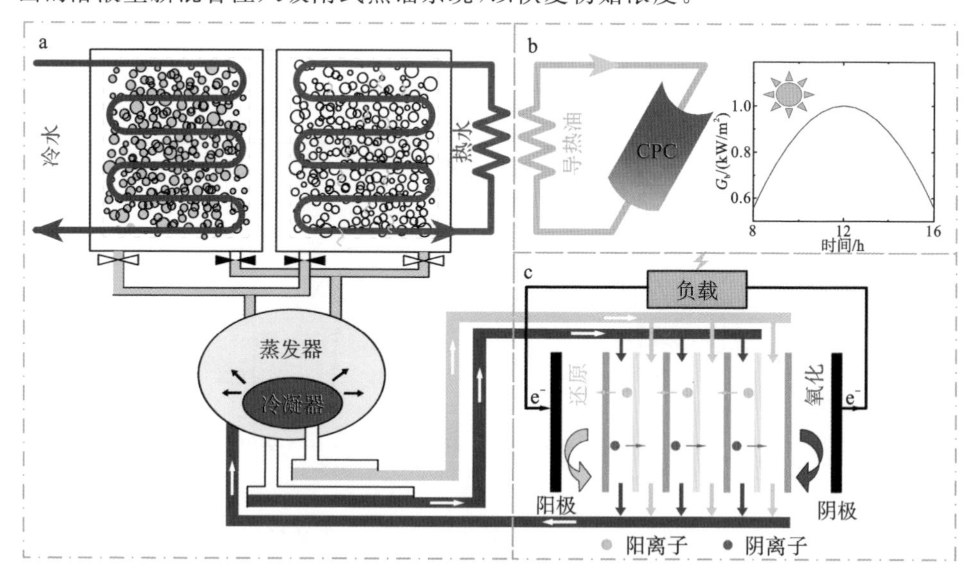

图 9-7 基于渗透热机的太阳能利用系统的示意图

9.2.2　结果与分析

1. 从瞬态过渡至循环稳态的动态响应

为了说明有热量回收的基于吸附式蒸馏与反向电渗析的渗透热机的运行过程，以 7 mol/kg 的 NaCl 溶液和 SG A++为吸附剂，首次对渗透热机在特定工况下的动态特性进行了研究，其中冷却水温度设定为 293.15 K，与环境温度相等，吸附时间和切换时间分别为 460 s 和 20 s，并采用了 12 点钟的直接太阳辐射强度。图 9-8(a)显示了吸附床、蒸发器和冷凝器的温度-时间关系。值得注意的是，自开始计算后，系统在 14～15 个循环后达到循环稳态。每个床在一次循环中经历预冷、吸附、预热和解附四个过程，渗透热机中吸附式蒸馏模块的两床运行模式可实现半连续操作，从而导致温度的周期性变化。由于蒸发器和冷凝器之间的温差，可以通过“冷凝器耦合在蒸发器中”的方案将冷凝器中释放的潜热回收到蒸发器中，以促进蒸发和冷凝。产水量随时间的变化如图 9-8(b)所示，在一个循环中，始终有一个床层处于吸附过程，有另一个床层处于解附过程，导致产水量周期性变化。产水量先增加，直到解附过程结束时达到峰值，然后在切换时间内保持不变。循环结束时，产生的稀溶液与蒸发器中的浓溶液被排放到 RED 模块中，产水量变为零。

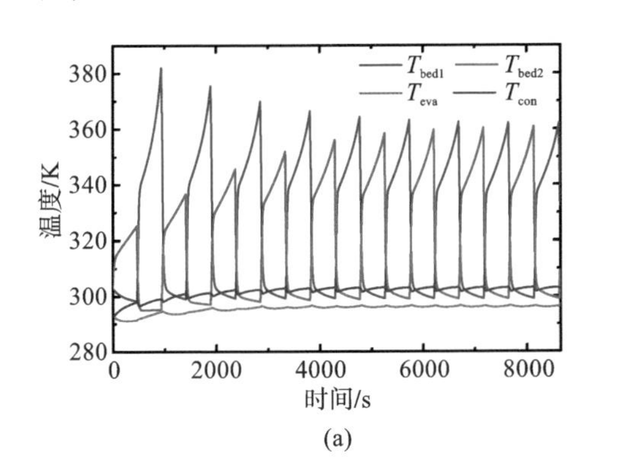

(a)

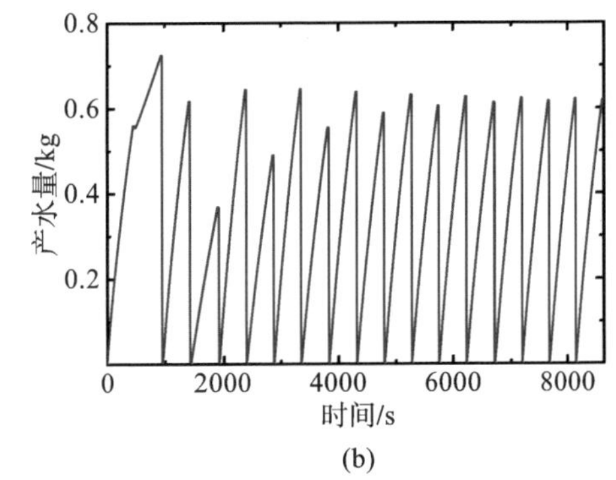

(b)

图 9-8　吸附床、蒸发器、冷凝器的温度和产水量从瞬态过渡至循环稳态的示意图

(a)吸附床、蒸发器、冷凝器的温度；(b)产水量

2. 循环稳定状态下运行条件的影响

在 14～15 个循环后，系统处于循环稳定状态，状态参数在每个循环中呈现规律性和周期性变化。这里研究了循环稳态下太阳能驱动的渗透热机在不同工况下的性能。图 9-9 显示了在 12 点钟的太阳直接辐射强度下，吸附/解附时间和工作浓度对系统性能的影响。

吸附剂的吸附容量表示 1 kg 吸附剂所吸附的吸附质的质量。如图 9-9(b)所示，由于吸附床与蒸汽之间的接触时间较长，吸附剂的吸附容量随着 t_{bed} 的延长而增加，所需的总吸热量与吸附容量正相关，因此，Q_{reg} 随着 t_{bed} 的延长而增加。根据吸附等温线特性，较高的浓度会降低蒸发压力，导致吸附剂的吸附容量降低。

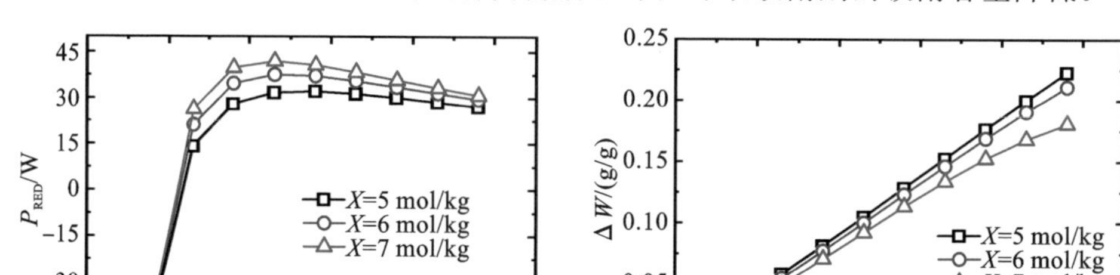
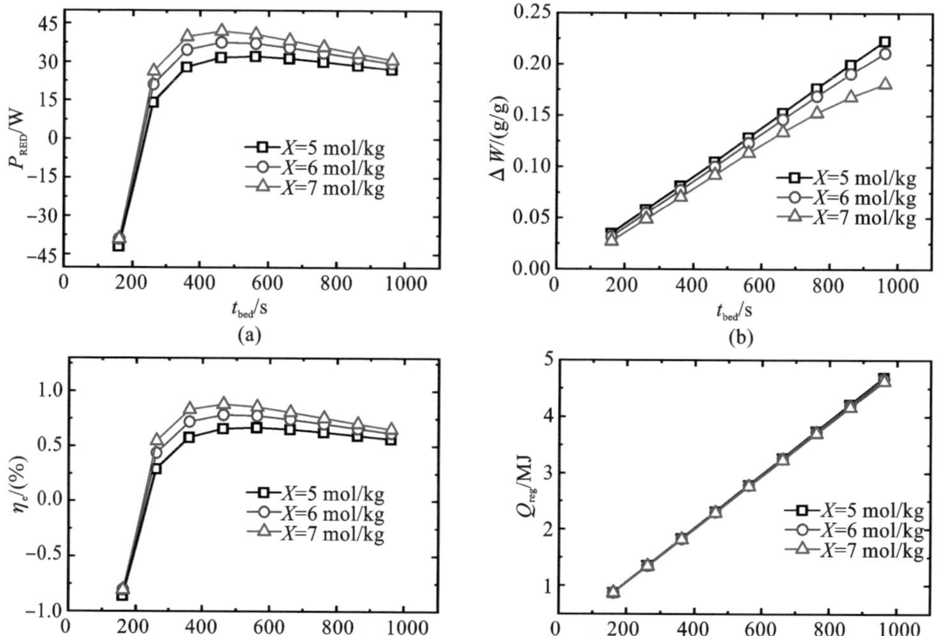

图 9-9　在 12 点钟的太阳直接辐射强度下，吸附/解附时间和工作浓度对系统性能的影响

(a)一个循环内渗透热机的电功率；(b)吸附剂的工作容量；(c)电效率；(d)总吸热量

如图 9-9(a)所示，存在使电功率最大的最佳吸附时间。在较短的 t_{bed} 下，较小的吸附容量意味着在 RED 中产生的功较少，但泵损耗较大，导致功率为负。在功率达到峰值后，功的增加小于循环周期的延长，导致功率随 t_{bed} 的延长而降低。虽然高浓度会降低吸附容量，但 RED 中盐度梯度的增加影响更为显著，因此，随着浓度的增加，电功率会增加。在较短的吸附时间内，由于吸附容量的增加，输出功随着 t_{bed} 的增加而增加，这有助于提高效率。然而，总吸热量也随着 t_{bed} 的增加而增加，如图 9-9(d)所示，并且在较长的吸附时间内，吸热量的增加更为显著，并超过了吸附容量增加的影响，因此电效率降低。电效率存在最大值，并且其对应的 t_{bed} 等于最大电功率对应的 t_{bed}，如图 9-9(a)和图 9-9(d)所示，存在一个最佳吸附/解附时间，同时使电功率和效率最大，可获得的最大电效率为 0.88%。

图 9-10 显示了太阳直接辐射强度对太阳能驱动的渗透热机的性能影响。t_{bed} 设定为 460 s，选择了 8 点到 16 点之间 17 个时间点的太阳直接辐射强度。G_b 的变化服从抛物线关系，以 12 点为对称轴。G_b 越大，意味着 CPC 系统可以利用的太阳能更多，输入 AD 系统的能量越多，解附效果越好，从而导致吸附剂的吸附容量和电功率都随着 G_b 的增加而增加，如图 9-10(a)和(b)所示。然而，随着 G_b 的增加，电效率降低，这可以归因于吸热量显著增加，如图 9-10(c)和(d)所示。

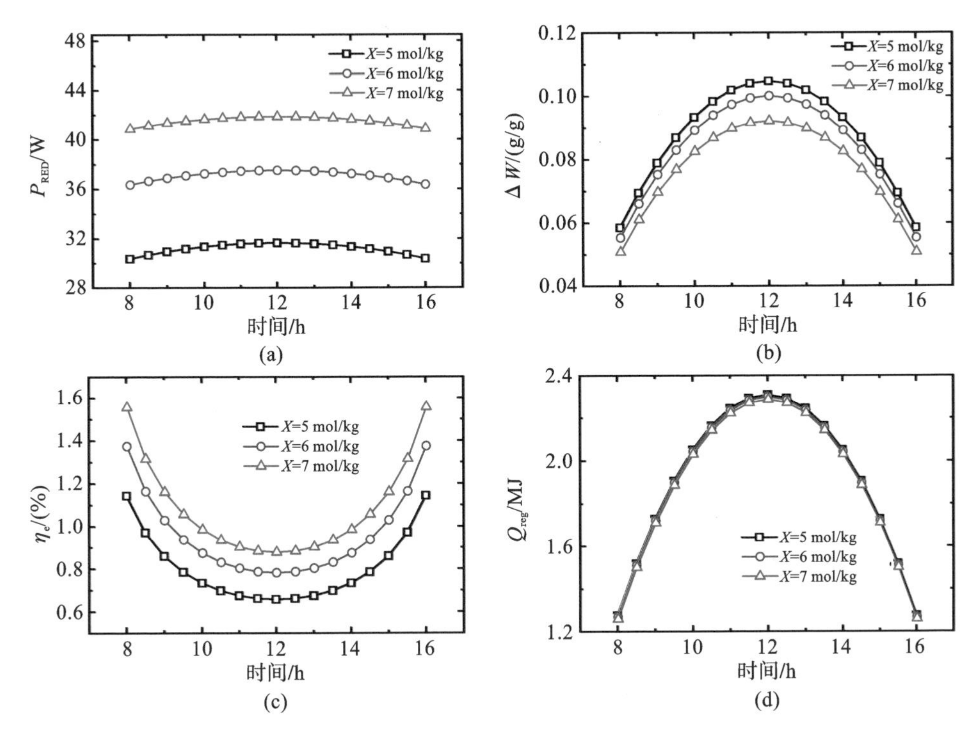

图 9-10　太阳直接辐射强度对太阳能驱动的渗透热机的性能影响(t_{bed}为 460 s)

(a)一个循环的电功率;(b)吸附剂的吸附容量;(c)电效率;(d)总吸热量

3. 太阳能驱动的渗透热机的实际模拟

在实际应用场景中,由于太阳直接辐射强度随时间变化而不断变化,因此太阳能驱动的渗透热机始终处于瞬态运行。假设当每个吸附床经历一次完整的吸附和解附过程时,两个循环期间的直接太阳辐射强度恒定为平均值。采用浓度为 7 kg/mol 的 NaCl 溶液作为工作溶液,吸附时间和切换时间分别设置为 460 s 和 20 s。图 9-11(a)描绘了一天中吸附床、蒸发器和冷凝器的温度变化。可以看出,由于 12 点钟太阳直接辐射强度最高,AD 系统的四个主要部件的温度均在中午相对较高。但是,最高温度并不是在 12 点出现,而是在 12 点以后出现,这是因为在一次循环结束时 AD 系统部件中的高温等于下一次循环的初始温度分布,导致下一次循环中的温度升高。然后,由于太阳直接辐射强度显著降低,温度逐渐下降。产水量和电功率的变化与温度变化一致,这是因为在较高温度下脱盐效果更好。从图 9-11(b)和图 9-11(d)中还可以看出,由于瞬态下两个床层的初始运行环境不同,在具有相同太阳辐射强度的两个循环中,产水量和电功率不同。图 9-11(c)显示了累积的每小时产水量,更直观地反映了一天中太阳辐射强度变化引起的产水量变化。

4. 瞬态下运行条件的影响

一天内的循环次数 N 表示每个吸附床在一天内(从 8 点到 16 点)经历完整的

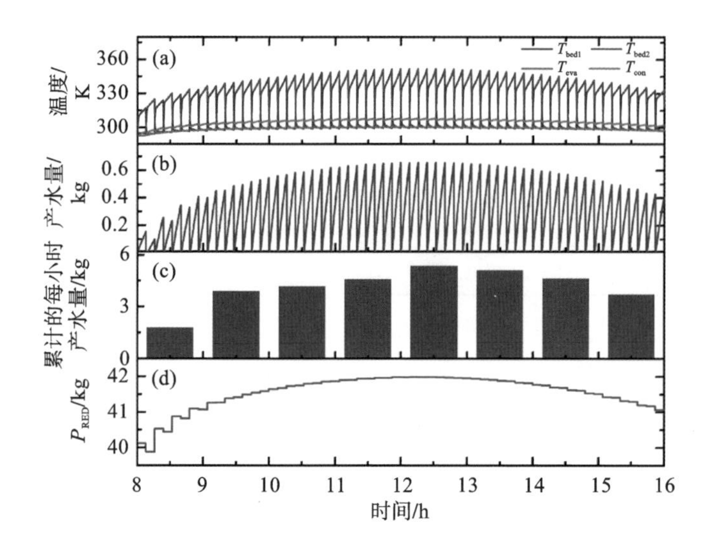

图 9-11　一天内吸附床、蒸发器、冷凝器的参数变化

(a)温度变化;(b)产水量;(c)累积的每小时产水量;(d)功率

切换过程和吸附/解附过程的次数。例如,$N=60$ 表示系统每天执行的循环次数为 60,因此循环周期为 480 s。图 9-12 展示了一天内循环次数对太阳能驱动系统

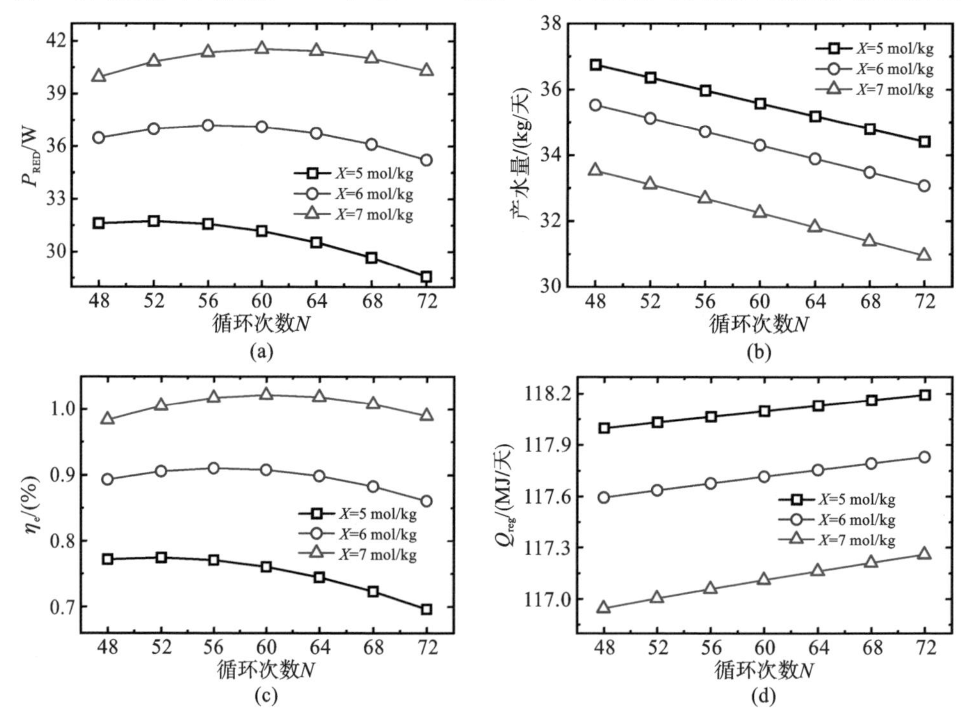

图 9-12　不同循环次数和工作浓度下参数的变化

(a)一天内的平均电功率;(b)产水量;(c)电效率;(d)吸热量

性能的影响。切换时间设定为 20 s，采用 SG A＋＋作为吸附剂。N 的大小可以通过改变每次循环的周期进行调整，这意味着 N 越大，t_{bed}越短。图 9-12 显示了在不同循环次数和工作浓度下一天内的平均电功率、产水量、电效率、吸热量的变化，但无法反映每次循环的细节。

为了更好地说明一天内循环次数 N 的影响，我们进一步研究了在循环次数分别等于 52、60 和 68 的三种情况下，一天内每次循环的产水量、输出功和吸热量，如图 9-13 所示。平均电功率首先随着 N 的增加而增加，达到最大值，然后减小(图 9-12(a))。如图 9-13(a)～(c)所示，N 越大，由于相应的 t_{bed}越小，每个周期的产水量也就越少，因此一天的总产水量减少(图 9-12(b))。在较大 N 值下，产水量的减少和泵损失的增加都会导致输出功减少，从而降低平均电功率。在较小的 N 值下，周期数增加使一天中提取的总功增加，超过了每个周期输出功减少的影响。如图 9-13(d)所示，在 7 mol/kg 浓度下，对应于 $N=60$ 的每天提取的总功高于 N 为 52 和 68 时输出功。此外，随着 N 的增加，每次循环中的吸热量减少(图 9-13(a)～(c))，这是由于产水量减少，但每天的总耗热是增加的，如图 9-12(d)所示。

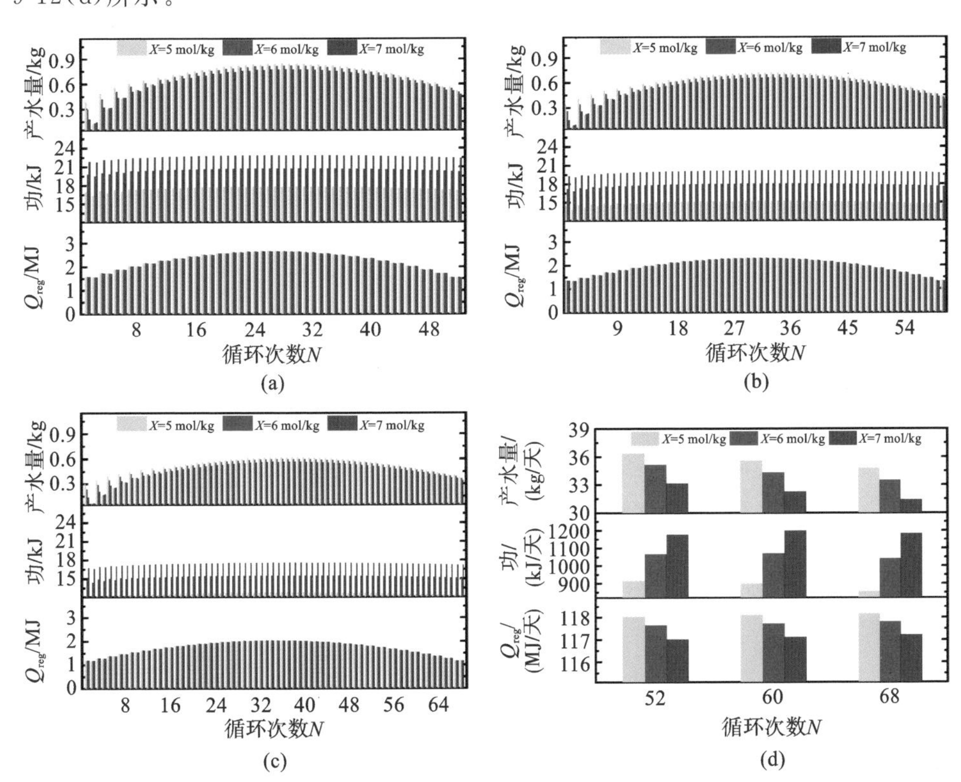

图 9-13 循环次数等于 52、60 和 68 的情况下参数的变化

(a)～(c)一天内每次循环的产水量、输出功和吸热量；(d)一天内总产水量、提取的总功和总吸热量太阳能驱动的渗透热机在 10 种吸附剂下的性能如图 9-14 所示。每天的循环次数设置为 60 次,工作溶液为 7 mol/kg 的 NaCl 溶液。从图中可以看出,产水量较高的吸附剂会导致较高的平均电功率,这是由于产水量越高,产生的盐差能越大。吸热量与产水量呈正相关。平均功率较高的吸附剂的效率相对较低,但由于不同类型吸附剂的等温线特性不同,因此功率与效率之间并不存在严格的负相关关系。以 MIL-101 作为吸附剂的系统平均电功率最高,以 Zeolite 13X 作为吸附剂的系统电效率最高。

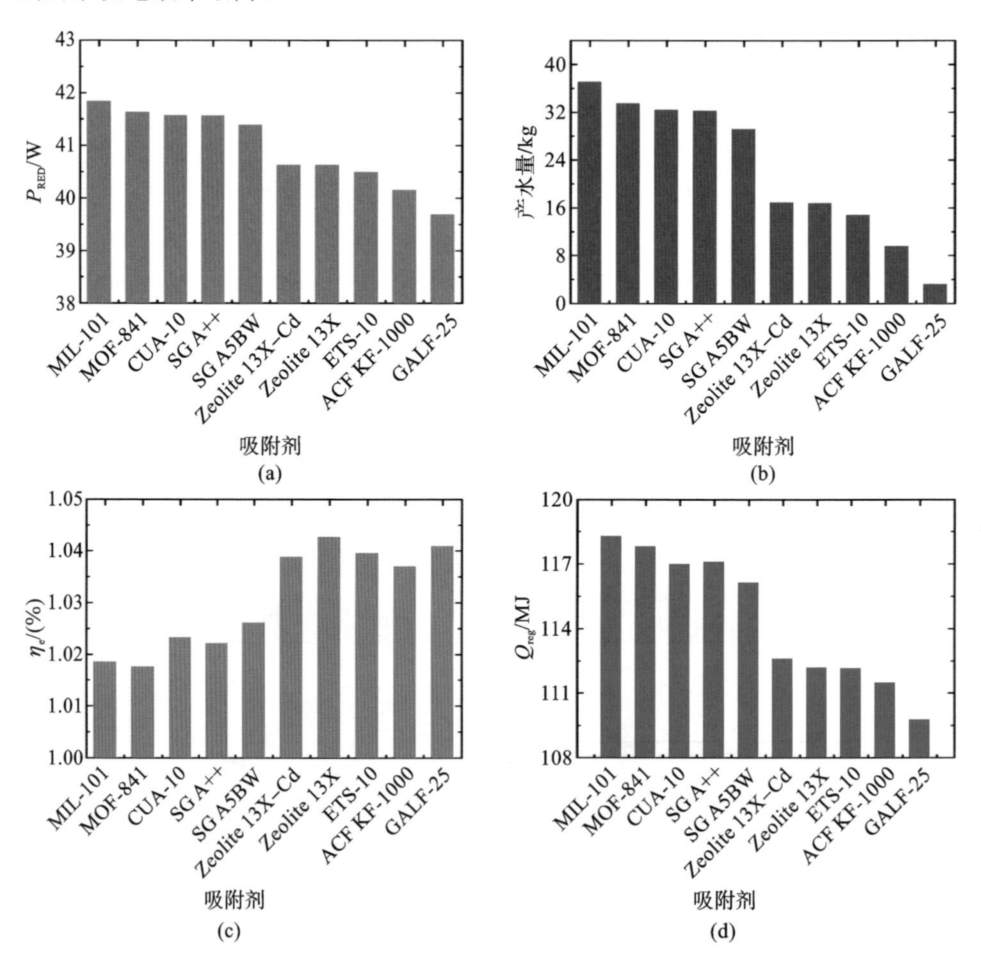

图 9-14　太阳能驱动的渗透热机在 10 种吸附剂下的性能

(a)一天内的平均电功率;(b)产水量;(c)电效率;(d)吸热量

我们选择了分别对应于最高平均功率和电效率的两种吸附剂,并比较和分析它们在一天内每次循环的电功率和电效率。如图 9-15 所示,当使用 MIL-101 作为吸附剂时,每次循环的电功率较高,但每个循环的电效率较低,这可归因于较高的吸热量。当使用 Zeolite 13X 作吸附剂时,情况则正好相反。

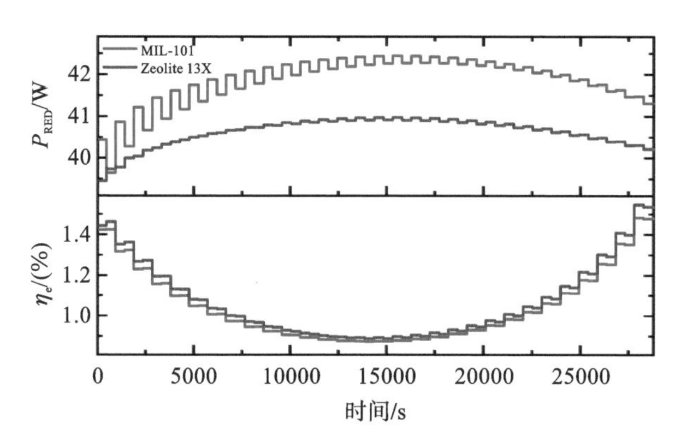

图 9-15　对应于最高平均功率和电效率的两种吸附剂下，一天内每次循环的电功率和电效率

(a)电功率；(b)电效率

9.3　利用电化学循环回收燃料电池废热

9.3.1　系统描述

图 9-16 为电化学循环（TREC）系统回收燃料电池（PEMFC）热量的示意图[11]。对于 PEMFC 系统，其电化学反应为 $H_2+0.5O_2=H_2O$。在阳极，氢原子失去电子变成质子，通过质子交换膜到达阴极。在阴极，氧原子得到电子，与质子结合生成水。由于电子通过外电路传递，系统对外输出电能。在发生电化学反应的同时，电池产生热量。在燃料电池中，阳极和阴极的电化学反应如下。

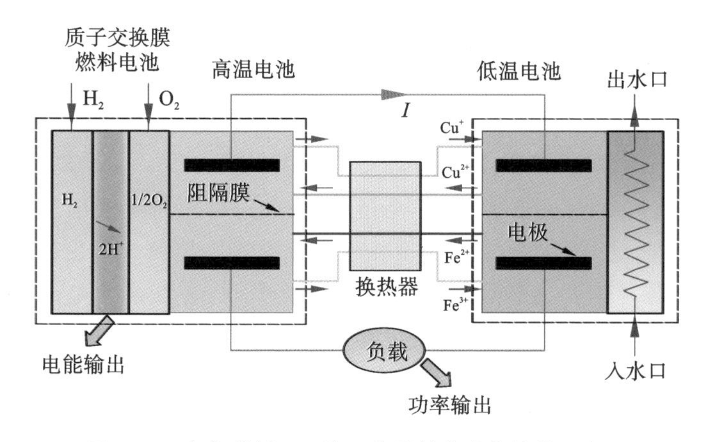

图 9-16　电化学循环系统回收燃料电池热能的示意图

阳极：$H_2 \rightarrow 2H^+ + 2e^-$

阴极：$2H^+ + 2e^- + 0.5O_2 \rightarrow H_2O$＋热量＋电能

电化学循环(TREC)系统由两个电池组成，在电池中发生电化学反应，这两个电池同时也当做换热器，分别与热源和冷源接触。热源为 PEMFC 释放的热量。电解质在两个电池中循环。在电池中设有一个阻隔膜防止反应物没有通过外电路交换电子而混合与反应[12]。其 T-S 图如图 9-17 所示。

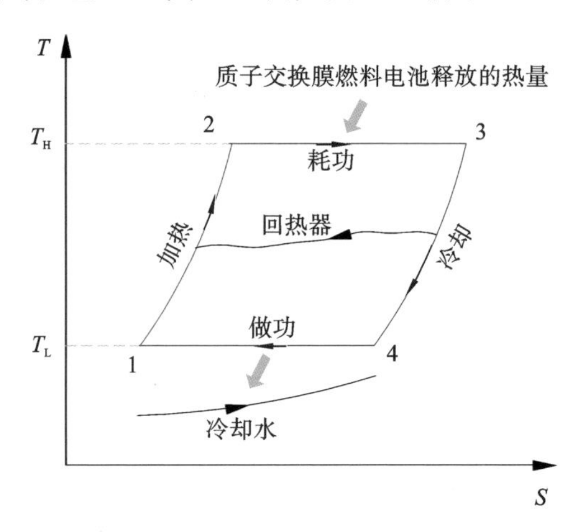

图 9-17 TREC 系统的 T-S 图

9.3.2 结果与分析

1. 系统性能分析

当 PEMFC 和 TREC 系统选定后，影响系统性能的参数主要有电池的氢气和氧气的摩尔速率和 TREC 系统的电解质的摩尔速率。这两个摩尔速率可以通过 PEMFC 和 TREC 的电流密度来反映。因此我们研究了上述两个电流密度对 PEMFC 和 TREC 复合系统输出功率和效率的影响。

图 9-18 显示了复合系统中燃料电池的电压和功率随着燃料电池电流密度的变化关系。燃料电池的电压随着其电流密度的增大而减小。然而其功率随着燃料电池的电流密度先增加后减小，存在一个最大值。

在图 9-19 中，TREC 系统的功率随着燃料电池电流密度的增大而单调增大。这是因为燃料电池电流密度越大，燃料电池消耗的氢气和氧气也越多，电化学反应生成的热量也越大。这些热量被 TREC 系统吸收，并转换为电能，故燃料电池的电流密度越大，TREC 系统对外输出功也就越大。TREC 系统输出的功相比于燃料电池的输出功较小。因此总的功率呈现出和燃料电池系统相类似的曲线，都随着燃料电池电流密度的增大，先增大后减小。当燃料电池输出功最大时，其电流密度要小于复合系统的总的功率最大时燃料电池的电流密度。从图 9-20 中我们可以看到，燃料电池的效率随着其电流密度的增大而减小，然而 TREC 系统的效率随着燃料电池电流密度的增大而增大。由于相比于燃料电池的效率，TREC

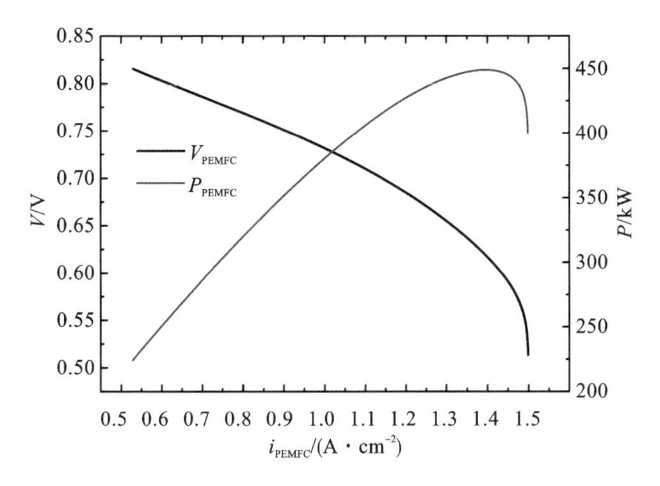

图 9-18　复合系统中燃料电池的电压和功率随着燃料电池电流密度的变化关系

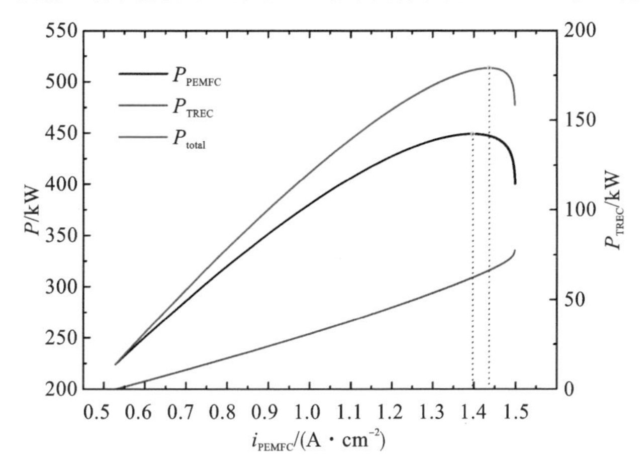

图 9-19　复合系统中系统各部分功率及总功率随着燃料电池电流密度的变化关系

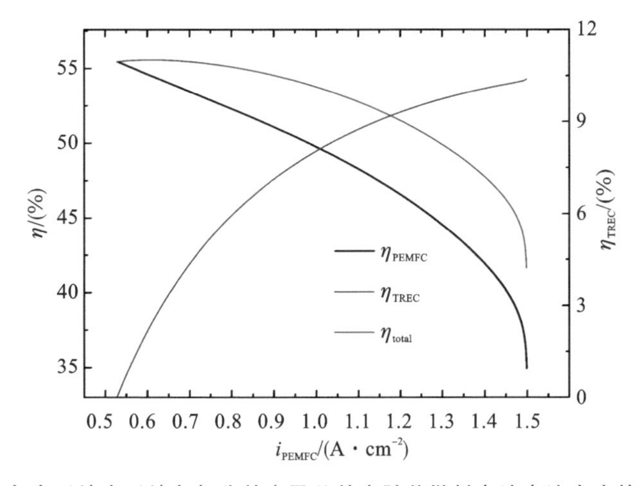

图 9-20　复合系统中系统各部分效率及总效率随着燃料电池电流密度的变化关系

系统的效率较小，因此复合系统总的效率随着燃料电池电流密度的增大而减小。

图 9-21 显示了复合系统中 TREC 系统的电压和功率随着 TREC 系统电流密度的变化关系。TREC 系统的电压随着其电流密度的增大而减小。然而其功率随着电流密度的增大，先增大后减小。存在一个最佳的电流密度使 TREC 系统的功率最大。

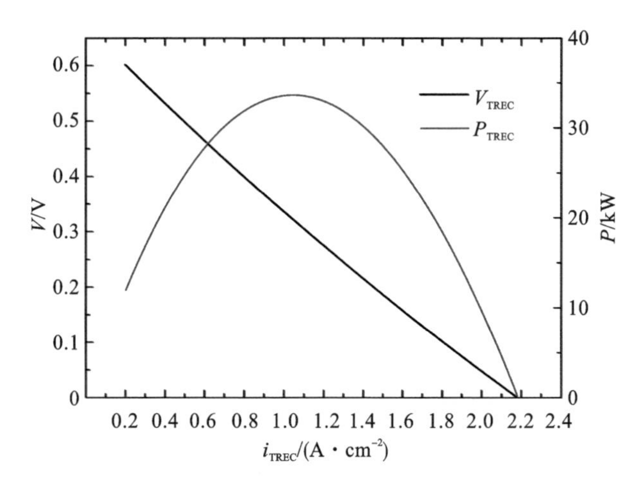

图 9-21 复合系统中 TREC 系统的电压和功率随着 TREC 系统电流密度的变化关系

在图 9-22 中，我们可以看到，TREC 系统的电流密度并不影响 PEMFC 系统的功率。因此复合系统的功率随着 TREC 系统电流密度的变化与 TREC 系统输出功率随着其电流密度的变化关系相同。

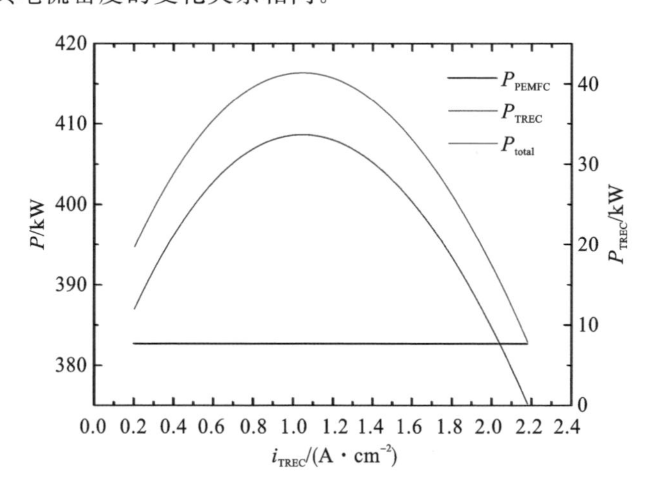

图 9-22 复合系统中各部分的功率及总功率随着 TREC 系统电流密度的变化关系

图 9-23 为复合系统中各部分的效率及总效率随着 TREC 系统电流密度的变化关系。从图中我们可以看到，PEMFC 系统的效率也不受 TREC 系统的影响。TREC 系统的效率随着其电流密度的增大，先增大后减小。因此总的效率的趋势

也与 TREC 系统效率的变化趋势一致，TREC 系统存在一个最佳的电流密度使 TREC 系统以及复合系统的效率同时达到最大值。

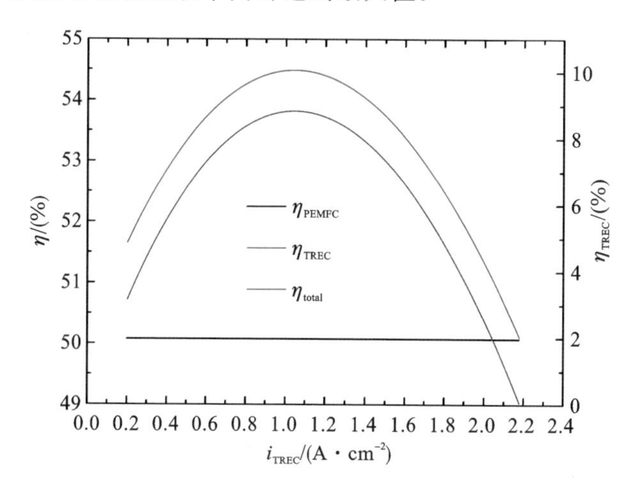

图 9-23　复合系统中各部分的效率及总效率随着 TREC 系统电流密度的变化关系

2. 系统性能优化

根据前面的分析可知，存在最优的 PEMFC 系统的电流密度和 TREC 系统的电流密度使复合系统的功率最大。由于系统的非线性性质，不能解析求解其最大功率及其在最大输出功率下的效率，因此我们以复合系统最大输出功率为目标函数，采用遗传算法来求解符合系统在最大输出功率时最优的 PEMFC 系统的电流密度和 TREC 系统的电流密度，进而可以得到复合系统的相关性能参数。通过遗传算法分析了燃料电池在不同工作温度下，复合系统在最大输出功率下的性能。

图 9-24 显示了在最大功率优化下，系统各部分的功率及总功率随着 PEMFC 工作温度的变化关系。在最大功率输出优化下，复合系统各部功率及其总功率都随着燃料电池工作温度的升高而增大。复合系统的效率及其子系统的效率也呈现出相同的趋势，都随着 PEMFC 工作温度的升高而增大，如图 9-25 所示。但是在最大输出功率优化下，PEMFC 子系统的效率基本保持不变。当 PEMFC 系统工作温度为 368.15 K 时，复合系统的输出功率比单独的 PEMFC 系统功率高 20.59%。复合系统总效率比单独的 PEMFC 系统高 8.27%。当 PEMFC 系统工作温度为 343.15 K 时，TREC 系统的效率为 4.56%。复合系统输出功率比单独的 PEMFC 系统高 6.85%，总的效率增加了 2.74%，这说明 TREC 系统可以有效地回收 PEMFC 系统工作中释放的热量。

在图 9-26 和图 9-27 中，我们可以看到，在最大输出功率优化下，PEMFC 系统和 TREC 系统的输出电压和电流密度都随着 PEMFC 工作温度的升高而增大。但是 PEMFC 系统的输出电压和电流密度变化较缓慢，而且随着 PEMFC 工作温

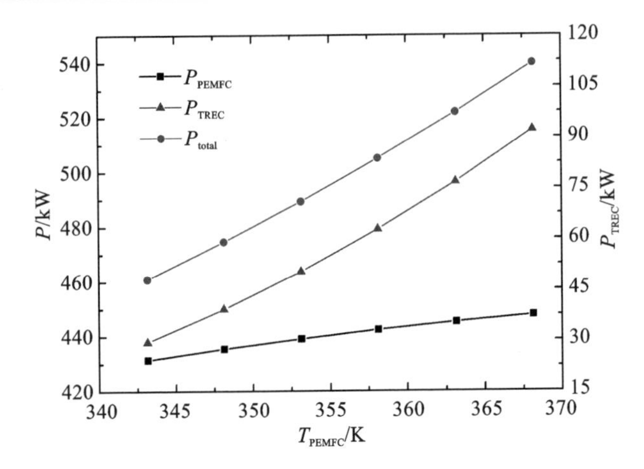

图 9-24　最大功率优化下系统各部分的功率及总功率随着 PEMFC 工作温度的变化关系

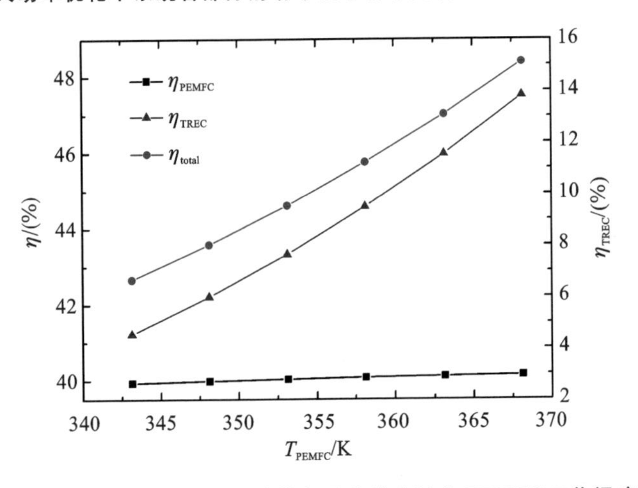

图 9-25　最大功率优化下系统各部分的效率及总效率随着 PEMFC 工作温度的变化关系

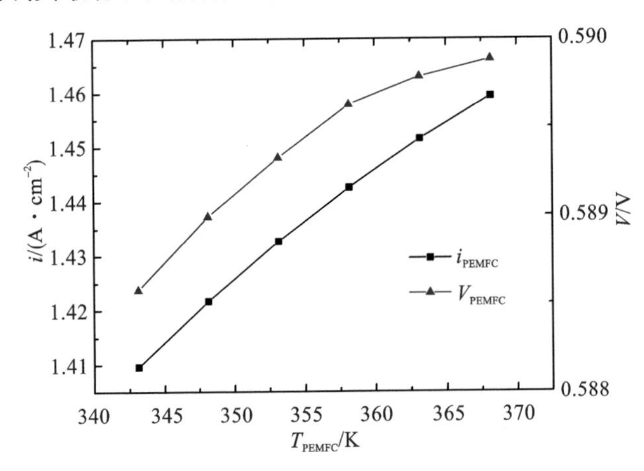

图 9-26　最大功率优化下 PEMFC 系统电压和电流密度随着 PEMFC 工作温度的变化关系

度增大，增大的幅度变小。当工作温度从343.15 K增大到368.15 K时，PEMFC系统输出电压从0.5886 V增大到0.5899 V，PEMFC系统的电流密度从1.4097 A/cm²增大到1.4594 A/cm²。但是TREC系统的输出电压和电流密随着PEMFC工作温度的增大，增加的比较明显，并且幅度越来越大。当工作温度从343.15 K增大到368.15 K时，TREC系统输出电压从0.3213 V增大到0.5255 V，TREC系统的电流密度从0.92 A/cm²增大到1.7544 A/cm²。

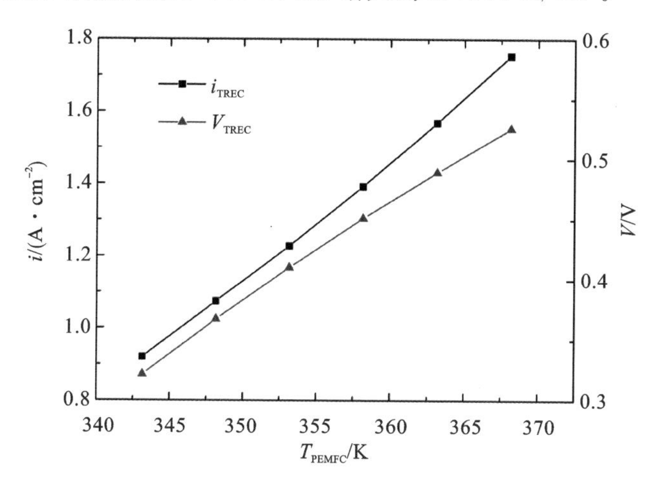

图9-27　最大功率优化下TREC系统电压和电流密度随着PEMFC工作温度的变化关系

9.4　基于有机物朗肯循环与电化学循环梯级热能利用系统

9.4.1　系统描述

在低温热能的利用过程中，单一的循环系统往往不能高效地实现“热—电”转换。在“能势对口，梯级利用”原则的指导下，我们研究了基于有机物朗肯循环与电化学循环梯级热能利用系统[13]。由于TREC系统为类斯特林系统，其具有较高的效率，因此，低温余热先经过ORC系统被利用，然后再进入TREC系统中被进一步利用，其示意图如图9-28所示。

影响梯级热能利用系统性能的主要参数有ORC系统的蒸发温度和TREC系统电池的工作温度。对于ORC系统，为了防止膨胀机出口叶片的腐蚀，我们这里仅考虑等熵工质或者干工质。所研究的工质如表9-2所示。计算过程中工质的物性参数来自REFPROP[14]。对于TREC系统，所选工质的等温系数为1.19 mV/K，电量密度为32.43 mA·h/g。电解质比热容为2048 kJ/(kg·K)。由于系统的非线性性质，我们采用遗传算法获得梯级热能利用系统在给定热源进口温度下的最

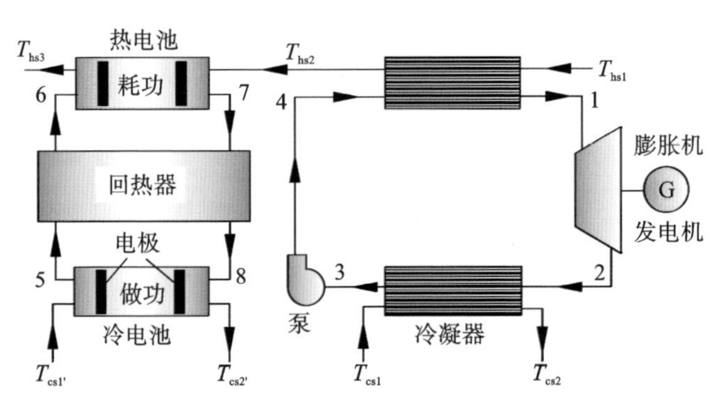

图 9-28　基于 ORC 和 TREC 梯级热能利用系统的示意图

优性能。为了便于分析和比较，我们也计算了在给定热源进口温度下，只使用 ORC 系统或者 TREC 系统的最大输出功率及相应的性能指标。

表 9-2　ORC 系统工质的性质

工质种类	分类	临界温度/K	标准沸点/K	分子量/(kg/kmol)	*ODP*	*GWP*
R601a	干工质	469.65	300.95	72.15	0	～20
R141b	等熵工质	477.65	305.2	116.95	0.11	630
Butane	干工质	425.15	272.63	58.12	0	～20
R123	等熵工质	456.85	300.95	152.93	0.012	77
R245ca	干工质	447.57	298.28	134.05	0	560
R245fa	干工质	427.21	288.29	134.05	0	820

9.4.2　结果与分析

1. 系统的最大输出功率

图 9-29 为梯级系统、ORC 系统和 TREC 系统的最大输出功率随着热源进口温度的变化关系。梯级系统、ORC 系统和 TREC 系统的最大输出功率都随着热源进口温度的增大而增大。当热源进口温度小于 383.15 K 时，有机工质对 ORC 系统和梯级系统的最大输出功率影响不明显。当热源进口温度较高时，具有较低的临界温度的工质，会导致 ORC 系统具有较大的最大功率。对于梯级系统而言，具有较高的临界温度的工质导致梯级系统具有较高的输出功率。

从图 9-30 中，我们可以看到，在最大功率优化下，在给定热源进口温度下，梯级系统中的 TREC 子系统的功率基本不随着 ORC 子系统中工质的变化而变化。此时，有机工质对 ORC 子系统的影响决定着有机工质对梯级系统的影响。在最大输出功率优化下，有机工质对梯级系统最大输出功率的影响等价于有机工质对 ORC 子系统的输出功率的影响。在最大输出功率优化下，当热源进口温度一定时，具有较高的临界温度的工质将导致梯级系统中 ORC 子系统具有较高的输出功率。此时梯级系统的最大输出功率也较大。

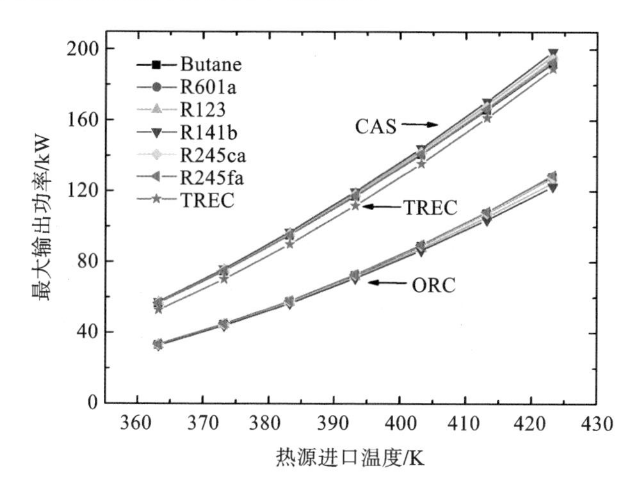

图 9-29　梯级系统，ORC 系统，TREC 系统的最大输出功率随着热源进口温度的变化关系
（其中 ORC 表示仅使用 ORC 系统，TREC 表示仅使用 TREC 系统，CAS 表示 ORC 系统与 TREC 系统组成的梯级系统）

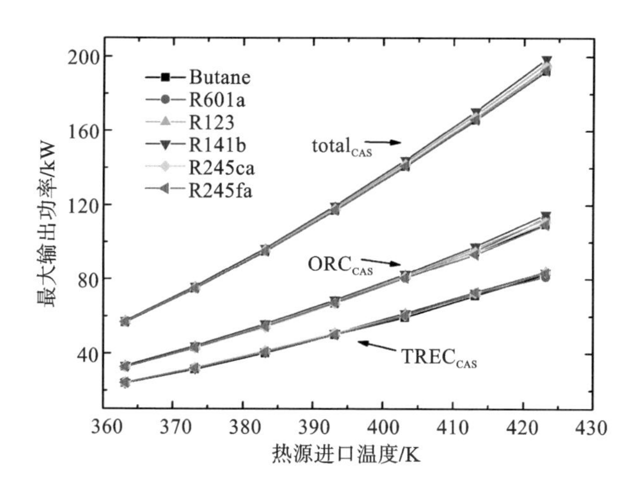

图 9-30　最大功率优化下梯级系统及其子系统的功率随着热源进口温度的变化关系
（其中 ORC$_{CAS}$表示梯级系统中 ORC 子系统，TREC$_{CAS}$表示梯级系统中 TREC 子系统）

从图 9-31 中我们可以看到，在给定热源进口温度下，梯级系统的最大输出功率大于仅使用 TREC 系统和 ORC 系统时的最大输出功率。当热源进口温度为 423.15 K 时，有机工质为 R141b 时，梯级系统的最大输出功率比仅使用 ORC 系统高 62.3%，比仅使用 TREC 系统高 5.2%。这说明梯级系统更能充分地利用热源热能。

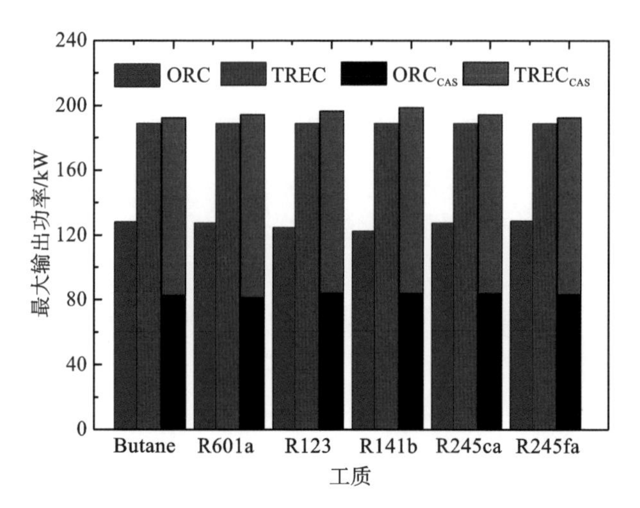

图 9-31　最大输出功率优化下不同系统的最大功率的比较

（其中热源进口温度为 423.15 K）

2. 最大输出功率下热效率的比较

图 9-32 显示了梯级系统、ORC 系统和 TREC 系统在最大输出功率时的热效率随着热源进口温度的变化关系。系统在最大输出功率下热效率都随着热源进口温度的增大而增大。对于 ORC 系统和梯级系统，在最大输出功率下，具有较高临界温度的有机工质导致系统具有较高的热效率。

如图 9-33 所示，当热源进口温度效率 395 K 时，梯级系统在最大输出功率下的热效率比单独的 ORC 系统或者 TREC 系统在最大输出功率下的热效率高。当温度大于 395 K 时，在最大输出功率情况下，ORC 系统的热效率最高。当热源进口温度小于 378 K 时，在最大输出功率情况下，ORC 系统的热效率最低，然而当热源进口温度大于 378 K 时，TREC 系统的热效率最低。

3. 最大输出功率下㶲效率的比较

图 9-34 显示了梯级系统、ORC 系统和 TREC 系统在最大输出功率时的㶲效率随着热源进口温度的变化关系。梯级系统和 TREC 系统在最大输出功率下㶲效率都随着热源进口温度的增大而减小。然而，ORC 系统在最大输出功率下的㶲效率随着热源进口温度的增大而增大。梯级系统的㶲效率最高，ORC 系统的㶲效率最低。在给定热源进口温度的条件下，具有较高临界温度的工质导致梯级系统具有较高的㶲效率。当热源进口温度为 423.15 K 时，有机工质为 R141b 时，梯级系统的㶲效率比单独 ORC 系统的高 14.7%，比单独 TREC 系统的高 7.3%。

4. 最大输出功率下㶲损失的比较

图 9-35 为梯级系统、ORC 系统和 TREC 系统在最大输出功率时的㶲损失随着热源进口温度的变化关系。在最大输出功率条件下，系统的㶲损失都随着热源

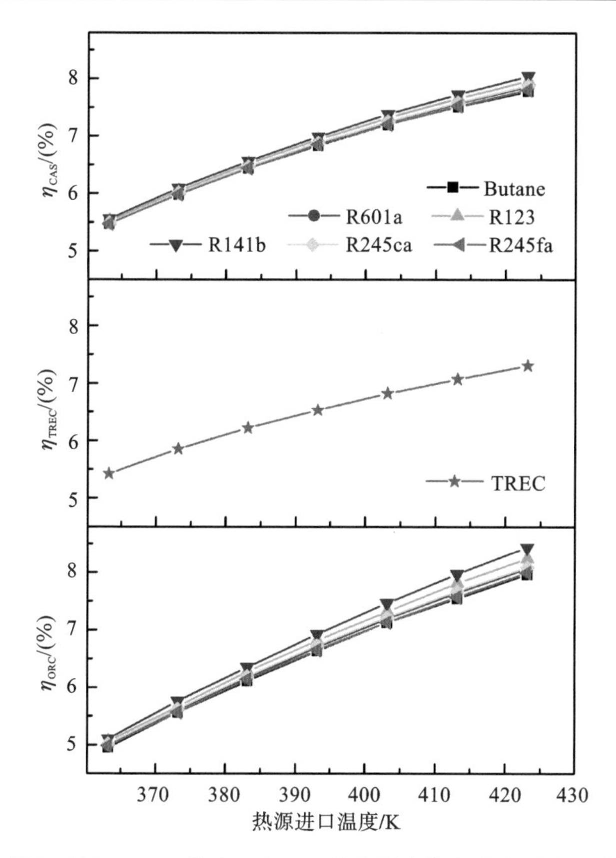

图 9-32　梯级系统、ORC 系统和 TREC 系统在最大输出功率时的热效率随着热源进口温度的变化关系

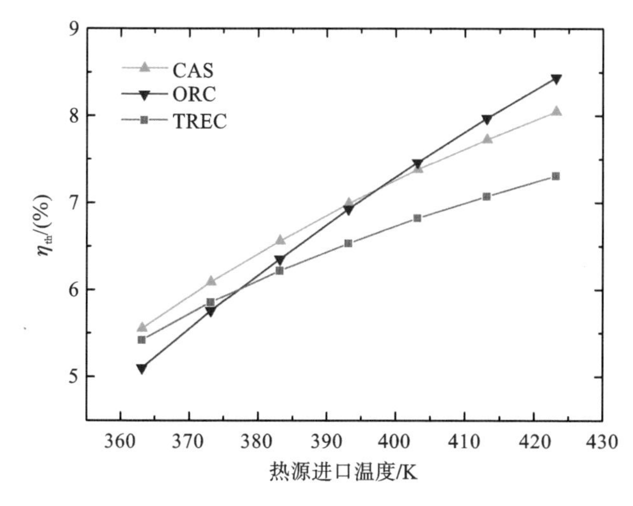

图 9-33　梯级系统、ORC 系统和 TREC 系统在最大输出功率时的热效率的比较

（其中有机工质为 R141b）

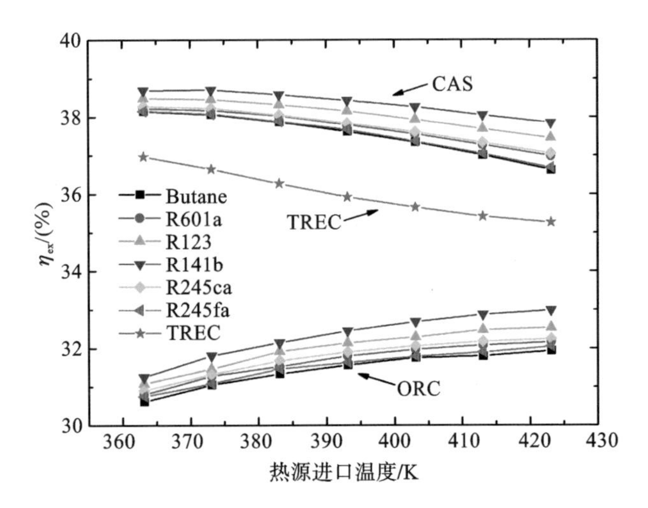

图 9-34　梯级系统、ORC 系统和 TREC 系统在最大输出功率时的㶲效率随着热源进口温度的变化关系

进口温度的增大而增大。梯级系统的㶲损失比单独的 ORC 系统或者 TREC 系统的㶲损失大。当热源进口温度小于 413.15 K 时，单独 ORC 系统的㶲损失小于单独 TREC 系统的㶲损失。当热源进口温度大于 413.15 K 时，ORC 系统的㶲损失超过了 TREC 系统的㶲损失，但是仍然远小于梯级系统的㶲损失。在最大输出功率情形下，不同系统的各部分㶲损失的比较如图 9-36 所示。在梯级系统中，ORC 子系统的冷凝器㶲损失最小，其他部分损失比例大致相同。这与单独 ORC 系统或者 TREC 系统各部分㶲损失分布不同。

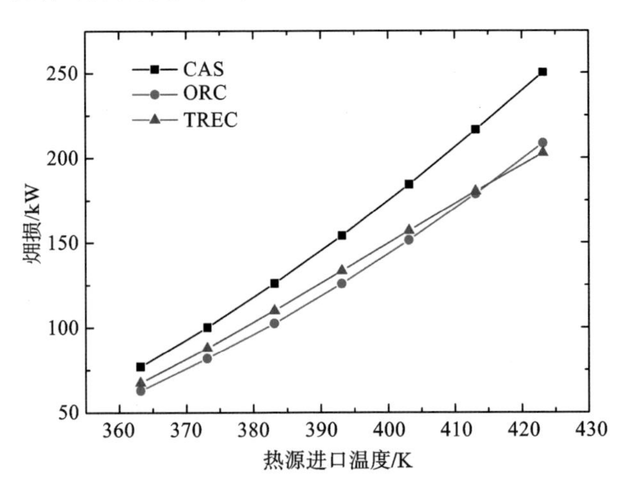

图 9-35　梯级系统、ORC 系统和 TREC 系统在最大输出功率时的㶲损失随着热源进口温度的变化关系

（其中有机工质为 R123）

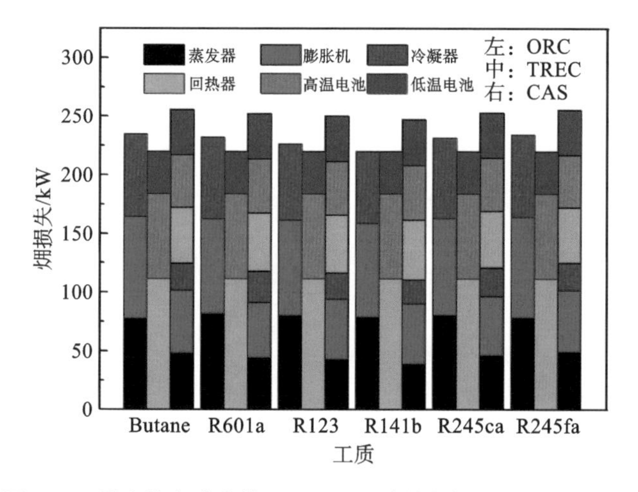

图 9-36　最大输出功率情形下不同系统的各部分㶲损失的比较

（其中热源进口温度为 423.15 K）

9.5　本 章 小 结

(1) 提出了太阳能驱动的固态热机系统，利用复合抛物面集热器来驱动由固体氧化物电解装置(SOE)和质子交换膜燃料电池(PEMFC)组成的热机循环来发电。研究了 SOE 和 PEMFC 系统工作温度和太阳辐射强度对太阳能发电系统性能的影响。存在最优的 SOE 工作温度使系统的功率和效率同时达到最大值。PEMFC 系统的工作温度越高，太阳能发电系统的功率和效率也越大。存在不同的太阳辐射强度使系统的功率和效率分别达到最大值。

(2) 提出了一种太阳能驱动的渗透热机系统，对渗透热机在一天内利用太阳能发电进行了实际模拟。系统在一天内存在一个最佳的循环次数，使平均功率和效率最大。在 60 次循环次数下，以 7 mol/kg NaCl 溶液为工作溶液时，基于 MIL-101 吸附剂的系统平均输出电功率最高，为 41.8 W；基于 Zeolite 13X 吸附剂的系统能量利用效率最高，为 1.04%。

(3) 提出了利用电化学循环(TREC)系统来回收质子交换膜燃料电池(PEMFC)热量的系统。对影响系统性能的因素进行了分析，发现存在最优的 TREC 和 PEMFC 电流密度使系统总的输出功率最大。为了研究其最优值，利用遗传算法以最大输出功率为优化目标获取了在不同 PEMFC 工作温度下系统的最优性能。结果表明混合系统的最大输出功率比单一的 PEMFC 高 6.85%～20.59%。混合系统的发电效率比单一的 PEMFC 系统高 4.56%～13.81%。这说明 TREC 可以有效回收燃料电池的热能。

(4) 提出了利用有机物朗肯循环(ORC)和电化学循环(TREC)组成的梯级能

量利用系统来实现余热资源的高效利用。将该梯级能量利用系统的性能与 ORC 系统和 TREC 系统进行了比较和分析，当热源进口温度为 423.15 K、工质为 R141b 时，梯级能量利用系统比 ORC 利用系统的功率高 62.3%，比 TREC 系统的功率高 5.2%。梯级能量利用系统的㶲效率比 ORC 系统高 14.7%，比 TREC 系统的高 7.3%。这说明该梯级能量利用系统能更加有效利用余热资源的热能。

参考文献

[1] LONG R, LI B, LIU Z, et al. Performance analysis of a solar-powered solid state heat engine for electricity generation[J]. Energy, 2015, 93, Part 1: 165-172.

[2] AL-SULAIMAN F A. Exergy analysis of parabolic trough solar collectors integrated with combined steam and organic Rankine cycles[J]. Energy Conversion and Management, 2014, 77: 441-449.

[3] AKIKUR R, SAIDUR R, PING H, et al. Performance analysis of a co-generation system using solar energy and SOFC technology[J]. Energy Conversion and Management, 2014, 79: 415-430.

[4] NI M, LEUNG M K H, LEUNG D Y C. Parametric study of solid oxide steam electrolyzer for hydrogen production[J]. International Journal of Hydrogen Energy, 2007, 32(13): 2305-2313.

[5] HERNáNDEZ-PACHECO E, SINGH D, HUTTON P N, et al. A macro-level model for determining the performance characteristics of solid oxide fuel cells[J]. Journal of Power Sources, 2004, 138: 174-186.

[6] MIANSARI M, SEDIGHI K, AMIDPOUR M, et al. Experimental and thermodynamic approach on proton exchange membrane fuel cell performance [J]. Journal of Power Sources, 2009, 190(2): 356-361.

[7] AMPHLETT J C, BAUMERT R, MANN R F, et al. Performance modeling of the Ballard Mark IV solid polymer electrolyte fuel cell II. Empirical model development[J]. Journal of the Electrochemical Society, 1995, 142 (1): 9-15.

[8] ZHAO P, WANG J, GAO L, et al. Parametric analysis of a hybrid power system using organic Rankine cycle to recover waste heat from proton exchange membrane fuel cell[J]. International Journal of Hydrogen Energy, 2012, 37(4): 3382-3391.

[9] COZZOLINO R, CICCONARDI S, GALLONI E, et al. Theoretical and

experimental investigations on thermal management of a PEMFC stack[J]. International Journal of Hydrogen Energy,2011,36(13):8030-8037.

[10] ZHAO Y, LI M, LONG R, et al. Dynamic modeling and analysis of an advanced adsorption-based osmotic heat engines to harvest solar energy [J]. Renewable Energy,2021,175:638-649.

[11] LONG R, LI B, LIU Z, et al. A hybrid system using a regenerative electrochemical cycle to harvest waste heat from the proton exchange membrane fuel cell[J]. Energy,2015,93,Part 2:2079-2086.

[12] GERLACH D W, NEWELL T. An investigation of electrochemical methods for refrigeration[J]. Journal of the American Chemical Society, 2004.

[13] 隆瑞.不可逆热力循环分析及低品位能量利用热力系统研究[D].华中科技大学,2016.

[14] MCLINDEN M O, KLEIN S A, LEMMON E W, et al. NIST standard reference database 23: NIST Thermodynamic Properties of Refrigerants and Refrigerant Mixtures-REFPROP, Version 6. 0[S]. National Institute of Standards and Technology,Gaithersburg,1998.